I0072862

Naturkräfte.

Siebzehnter Band.

Fels und Erdboden.

Lehre von der

Entstehung und Natur des Erdbodens

von

Dr. Ferdinand Senft,

Hofrath, Professor und Lehrer der Naturgeschichte an der Forstlehranstalt zu Eisenach,
Ritter des Großherzogl. S. weißen Falkenordens I. Classe und Mitglied vieler
naturwissenschaftlicher Gesellschaften.

Mit 17 Holzschnitten.

München.
Druck und Verlag von R. Oldenbourg.
1876.

Inhaltsverzeichniß.

II. Abschnitt.

Der Steinschutt und Erdboden.

1. Capitel.

Vom eigentlichen Felsschutte.

I. Nähere Betrachtung des groben Felsschuttes oder Geröllschuttes.

II. Nähere Betrachtung des sandartigen Schuttes.

Seite

Der Erdboden und die Pflanze.

Einleitung.

§. 1. **Verhalten der Felsgesteine zur Erd=
bodenbildung im Allgemeinen.** — Feste, kaum durch
Gewalt zertrümmerbare, Felsmasse, und lockere, schon durch
einfachen Fingerdruck zerreibliche oder doch knetbare, Erdkrume!
Welch' greller Gegensatz! — Und doch verhält sich die letztere
zur ersteren, wie das Kind zur Mutter; denn all' die Erd=
bodenablagerungen, welche die Erdoberfläche bedecken und den
behaglichen Wohnsitz des mächtigen Reiches der Gewächse
bilden, sind nichts weiter als Zersetzungsprodukte der Fels=
arten und verhalten sich zu diesen in ganz ähnlicher Weise,
wie die schwarze Erde, welche aus der Verwesung aller Thier=
und Pflanzenkörper entsteht, zu diesen letzteren. Das Folgende
wird diesen Ausspruch anschaulicher machen und bestätigen.

Wenn Felsmassen längere Zeit den Strömungen der
atmosphärischen Luft ausgesetzt sind, so überziehen sie sich all=
mählich an ihrer Oberfläche mit einer unreinfarbigen — bald
weißlichen, bald lederbraunen, bald braunrothen — Rinde,
welche anfangs so dünn wie ein Hauch ist und der Gesteins=
fläche fest anhaftet, bei weiterer Entwicklung aber dicker,
erdig und abreiblich wird. Dieser, durch die Einwirkung der
Atmosphärilien auf die Bestandesmasse der Mineralien ent=
stehende, Felsüberzug ist der Keim alles Erdbodens,
aber zugleich auch das Bett, welches die feuchten Dunstwellen
der Atmosphäre mit den, von ihnen überall umhergeflutheten,
Keimen einer mikroskopisch kleinen Pflanzenwelt — der soge=
nannten Schurf=Flechten — bestreuen, deren Sprößlinge dann

das von den Atmosphärenstoffen begonnene Zersetzungswerk
der Felsgesteine fortsetzen und vollenden oder doch beschleunigen.
Diese winzig kleinen, wie bunte Staubkörnchen aussehenden
und doch den Felswänden äußerst fest anhaftenden, Pflänzchen
nemlich, welche der Nichtkenner für die Verwitterungsrinde
der Gesteine selbst hält, saugen zunächst Luft und Feuchtigkeit
an und halten sie fest, so daß die atmosphärischen Gase
(— Sauerstoff und Kohlensäure —) nun nachhaltig und ätzend
auf ihre Felsunterlage einwirken können; sodann aber scheiden
sie bei ihrem Absterben mancherlei Säuren aus, durch welche
die von ihnen bewohnte Felsfläche zersetzt und in Erdkrume
umgewandelt wird.

Die in dieser Weise an der Oberfläche des festen Fels=
gesteines geschaffene, dünne Lage von Erdkrume wird dann
gewöhnlich durch Regenströme von ihrer Mutterstätte weg=
gefluthet, so daß eine neue, noch frische Felsoberfläche zum
Vorschein kommt, welche nun ebenso, wie die erste Oberflächen=
masse wieder in Erdkrume umgewandelt wird. Und indem nun
diese Bildung von Erdkrume und diese Wegspülung derselben
abwechselnd und unaufhörlich durch Jahrtausende hindurch vor
sich geht, wird die Felsmasse allmählich immer niedriger, immer
kleiner, bis auch die letzte Spur derselben zu krümlicher Erde
geworden ist.

So ist denn also das feste Gestein die Mutter
alles Erdbodens, das Magazin, aus welchem die Natur
mit Hülfe der Wärme, der Atmosphärenstoffe und der Pflan=
zenwelt selbst unaufhörlich nicht nur den Grund und Boden
schafft, auf welchem allein das Reich der Pflanzen und Thiere
sich entwickeln kann, sondern zugleich auch die Nahrungsstoffe
erzeugt, welche die einzelnen Glieder des Pflanzenreiches zu
ihrem vollen Gedeihen brauchen.

Da nun aber „nicht jeder Boden vermag auch jegliche
Pflanze zu pflegen," wie schon der römische Dichter Virgilius

richtig erkannt hat, da also hiernach die Pflanzenerzeugungs=
kraft des Bodens sehr verschieden ist, und da die Natur eines
jeden — noch nicht von Menschenhand cultivirten und man=
nichfach umgeänderten — Bodens abhängt von der minerali=
schen und chemischen Zusammensetzung seines Muttergesteines,
so ist es absolut nothwendig, alle diejenigen Mineralmassen
ihrer ganzen Natur nach genau kennen zu lernen, aus denen
irgend eine Bodenart entsteht; denn nur dann ist man im
Stande, sich ein scharfes Bild über die Pflanzenproduktions=
kraft eines jeden Erdbodens entwerfen zu können.

Ehe wir daher im Folgenden zur Betrachtung des Bodens
selbst schreiten, müssen wir zuvor diejenigen Mineralien und
Felsarten, welche für die Bildung der Erdbodenarten von
Wichtigkeit sind, sowie auch die Mittel und Processe kennen
lernen, durch welche überhaupt feste Gesteine in Erdkrume
umgewandelt werden.

I. Abschnitt.

Von den Bildungsmassen der Erdrinde.

§. 2. **Bestandesmassen der Erdrinde im All=
gemeinen.** — Der Erdkörper besitzt ebenso, wie alle auf
seiner Oberfläche lebenden Organismen, eine Schale, Haut
oder Rinde, welche die Bestandesmassen seines Innern oder
Kernes von der Außenwelt abschließt. Der Grundbau dieser
Rinde nun ist, soweit er bis jetzt dem Menschen bekannt ge=
worden, aus fest zusammenhängenden Gesteinsmassen, welche
man Felsarten oder auch Gesteine nennt, und aus losen
oder nur locker zusammenhängenden Anhäufungen theils von
größeren oder kleineren Steintrümmern — sogenanntem Fels=
oder Steinschutte — theils von krümeligen oder staub=

1 *

körnigen Massen, welche als Erdboden bekannt sind, zu=
sammengesetzt.   Diese letztgenannten, aus Steinschutt und
Erdboden bestehenden Erdrindelagen, bilden in der Regel die
Decke der Felsarten, sind aus ihrer Zerstörung oder Zersetzung
hervorgegangen und gleichen gewissermassen der mannichfach
zerrissenen Borke, welche die eigentliche Rinde der Bäume
bedeckt und aus der abgestorbenen Masse derselben besteht.

I. Capitel.
Die Felsarten.

§. 3. Begriff. — Wie eben schon angedeutet wor=
den ist, so versteht man unter Felsarten oder Gesteinen
alle diejenigen mineralartigen Substanzen, welche in fest zu=
sammenhängenden Massen schon für sich allein große Strecken
der Erdrinde zusammensetzen. — Stein= und Braunkohlen
sind hiernach ebenso gut Felsarten wie Kalkstein, Granit und
Basalt; ja auch der Torf muß zu denselben gerechnet werden,
sobald seine Masse jede Spur von Pflanzenstruktur verloren
hat und ein dichtes, gleichartiges Ganzes bildet.   Dagegen
gehören die losen Anhäufungen des Sandes und die schlam=
migen, krümeligen oder staubigen Massen des Erdbodens
wenigstens so lange nicht zu den Felsarten, als sie keine
compacten, fest zusammenhängenden Lagen bilden, wenn sie
auch noch so weit ausgedehnte Strecken der Erdoberfläche
einnehmen.   Aber sie können im Laufe der Zeit zu wahren
Felsarten werden, wenn ihre Theile durch irgend ein Mittel
— sei es durch Zusammenpressen ihrer Masse, sei es durch
irgend einen Kitt — fest zusammenhängende Lagen bilden.
Dieses beweisen die Sandsteine, welche aus zusammengekitteten
Sandkörnern bestehen, die Schieferthone, Mergelschiefer und
auch manche Thonschiefer, welche gegenwärtig zu den wahren
Felsarten gehören, aber ehedem schlammige oder krümelige
Erdbodenmassen waren.

§. 4. Unterscheidung der Felsarten nach ihrer mineralischen Zusammensetzung. — Nach dem eben Angegebenen können aus dem Steinschutte und Erdboden Felsarten werden, wenn durch irgend ein Mittel ihre losen Aggregationen zu fest zusammenhängenden Gesteinsmassen werden. Wir müssen daher von vorn herein je nach ihrem Bildungsmateriale und der Art ihrer Theile=Verbindungen von den Felsarten zwei große Abtheilungen oder Classen unterscheiden, nemlich:

1) Felsarten, deren Masse aus Mineralien besteht, welche in der Natur auch in der Gestalt von Krystallen, d. i. als krystallinische Mineralien auftreten und in den aus ihnen gebildeten Felsarten immer unmittelbar unter sich verwachsen erscheinen, also nie durch irgend ein mit den bloßen Augen erkennbares Bindemittel zusammengekittet sind; und

2) Felsarten, deren Masse vorzüglich theils aus der fest oder steinhart gewordenen Verwitterungserde, theils aus groben oder kleinen, durch irgend ein Bindemittel zusammengekitteten Trümmern von Felsarten besteht.

Die zur ersten Abtheilung gehörigen Felsarten nennt man nun eben nach ihrer Zusammensetzung aus krystallinischen Mineralien krystallinische Felsarten; die der zweiten Abtheilung angehörigen Felsarten dagegen werden eben, weil sie aus den Produkten der Zertrümmerung oder Zersetzung vorherrschend der krystallinischen Gesteine bestehen, Trümmergesteine oder klastische (d. i. aus Trümmern gebildete) Felsarten genannt.

§. 5. Abtheilung der krystallinischen Felsarten in Ordnungen. — Der Kalkstein besteht in seiner ganzen Masse nur aus kohlensaurem Kalk, der Gyps nur aus Gypsmasse, der Quarz nur aus Quarzmasse; jede dieser Felsarten besteht also in ihrer ganzen Masse nur aus

einer und derselben krystallinischen Mineralart.
Aus diesem Grunde nennt man sie einfache krystallinische
Felsarten. — Wenn man dagegen einen Granit oder Porphyr
betrachtet, so läßt schon die bunte, gefleckte Färbung der
Oberfläche dieser Felsarten darauf hindeuten, daß sie aus
einem Gemenge verschiedener Mineralarten bestehen. In der
That zeigt dann auch die weitere Untersuchung, daß der
Granit aus einem Gemenge von krystallinischen Körnern des
Quarzes und Feldspathes mit Glimmerblättchen, der Porphyr
aber aus einem Gemenge von Feldspath und Quarz besteht.
Man nennt daher alle Felsarten, welche aus einem Gemenge
verschiedener Mineralien bestehen, gemengte krystalli=
nische Felsarten.

Solange nun die einzelnen Gemengtheile einer Felsart
groß genug sind, um sie schon mit bloßem Auge von einander
unterscheiden zu können, sind die beiden eben angegebenen
Ordnungen leicht zu erkennen; wenn aber diese Gemengtheile
so klein wie Staubkörnchen und noch dazu recht innig durch
einander gemischt erscheinen, dann kann man sehr leicht ein
gemengtes mit einem einfachen Gesteine verwechseln. Recht
auffallend tritt dieses bei dem Basalte hervor. Dieser sieht
gewöhnlich ganz einfarbig grauschwarz aus, obgleich seine
Masse ein inniges Gemenge von grauem Feldspath oder
Nephelin, schwarzem Augit und ebenso gefärbtem Magneteisen
ist; man findet aber auch basaltische Gesteine, deren Masse
aus deutlich unterscheidbaren Krystallkörnern der ebengenannten
Mineralarten besteht und demgemäß nun auch deutlich grau
und schwarz gefleckt erscheint. Es ist dieses Mischungs=
verhältniß bei dem Basalte demnach gerade so, als wenn man
Kohlen = und Kreidestückchen unter einander mengt. Solange
diese Stückchen noch die Größe von deutlichen Körnern haben,
sind sie auch noch gut von einander zu unterscheiden, sobald
man sie aber in einem Mörser zu zartem Pulver zerstampft

und tüchtig durch einander reibt, dann bildet ihr Gemenge ein einfarbig grauschwarzes Pulver.

Es fragt sich nun, wie man in solchen zweifelhaften Fällen ein gemengtes Gestein von einem einfachen unterscheiden kann. Oft kann man schon mit einem einfachen Vergrößerungsglase d. i. einer sogenannten Loupe noch die einzelnen Gemengtheile einer solchen scheinbar einfachen Felsart erkennen; nicht selten aber geht dieses erst dann, wenn man ein Stückchen derselben zu einer dünnen, durchsichtigen Platte schleift und diese dann unter einem Mikroskope betrachtet. Aber wie oft hat man gar keine Gelegenheit, sich solche Stein = Dünnschliffe zu verschaffen, wie dann? — In der That gibt es in diesem Falle nur zwei Wege, welche zum Ziele führen. Entweder nemlich muß man die zweifelhafte Felsart chemisch untersuchen, das ist der schwierigste Weg; oder man lernt diejenigen Mineralarten, welche nur als einfache Felsarten auftreten, genau kennen, das ist der leichteste Weg, da diese wenigen Minerale so auszeichnende und leicht aufzufindende Merkmale besitzen, daß sie leicht zu erkennen sind. Bei der Beschreibung der einzelnen der beiden obengenannten Felsarten=Ordnungen soll dieses noch ausführlich angegeben werden.

§. 6. Abtheilung der klastischen Gesteine in Ordnungen. — Thon entsteht aus der Zersetzung von feldspathhaltigen krystallinischen Felsarten; er gehört demnach zu den klastischen Gesteinen, sobald er zu Thonstein oder Schieferthon erhärtet ist. Da nun ferner derselbe in seiner ganzen Masse aus einer und derselben Mineralsubstanz besteht, so bildet er als Thonstein oder Schieferthon auch nur ein einfaches klastisches Gestein. Wenn man nun aber feingeschlämmten Thon entweder mit feinem Sande oder mit gröberen Steintrümmern (Geröllen) gehörig untermengt und durch Brennen erhärten läßt, so erhält man eine entweder aus Sand und Thon oder aus Geröllen und Thon gemengte klastische Felsart. Es gibt mithin, wie bei den krystallinischen Felsarten, auch bei den klastischen zwei Ordnungen, deren erste die einfachen, die zweite aber die gemengten klastischen Gesteine umfaßt. Ja, die oben erwähnte Mengung von Thon mit Sand oder Geröllen zeigt sogar, daß man in der zweiten der beiden Ordnungen nochmals zwei Gruppen unterscheiden kann, nemlich: Sandsteine, deren Masse aus zusammengekitteten Sandkörnern und Conglome= rate, deren Massen aus zusammengekitteten Geröllen besteht.

§. 7. Uebersichtliche Zusammenstellung der Classen und Ordnungen der Felsarten. Nach allem in den vorigen §§. Mitgetheilten lassen sich also die aus mineralischen Substanzen bestehenden Felsarten in folgender Weise gruppiren:

Die Felsarten
sind:

I. krystallinische,	II. klastische,
wenn sie aus krystallinischen Mineralien bestehen, deren Individuen unmittelbar unter einander verwachsen sind. Je nach ihrem Bestande zerfallen sie in:	wenn sie aus Zertrümmerungs= und Zer= setzungsmassen namentlich der krystallini= schen Felsarten, bisweilen aber auch älterer klastischer Gesteine entstanden sind. Je nach ihrem Bestande zerfallen sie in:

a) einfache,	b) gemengte,	a) einfache,	b) gemengte,
welche in ihrer gan= zen Masse nur aus Individuen einer und derselben Mineralart besteht.	welche aus zwei oder mehreren Mineral= arten zusammenge= setzt sind.	nur aus einer Mine= ralsubstanz bestehend.	in welchen Gesteins= trümmer durch ein Bindemittel verkittet sind. Je nach der Größe ihrer Trüm= mer sind sie:

1) Sandsteine,	2) Conglomerate,
deren Trümmer höchstens erbsengroß sind.	deren Trümmer größer als eine Erbse sind.

A. Nähere Betrachtung der kryftallinifchen Felsarten.

§. 8. Ihre Bildungsmineralien. — Da nach dem oben aufgeftellten Begriffe die kryftallinifchen Felsarten maffige Verbindungen von kryftallinifchen Mineralien find, fo ift es nothwendig, diefe ihre Bildungsmineralien zunächft kennen zu lernen, weil ohnedem eine Befchreibung, Beurtheilung und Beftimmung der aus ihnen beftehenden Felsgefteine nicht möglich ift. Betrachten wir daher im Folgenden zunächft diefe Felsbildungsmittel etwas genauer. Um aber dem Laien in der Mineralogie die Unterfuchung und Beftimmung derfelben zu erleichtern, wollen wir fie vor allem in einer Ueberficht zufammenftellen, nach welcher fie mittelft einfacher Hilfsmittel leicht zu unterfcheiden und zu beftimmen find, fobald man nur Schritt für Schritt von Klammer zu Klammer fchreitet und bei jeder Klammer die unter derfelben angegebenen beiden Gegenfätze genau unterfucht. Die bei diefer Unterfuchung nothwendigen Beftimmungsmittel find: ein durchfcheinender fcharfeckiger Feuerftein, ein fpitzeckiges Stückchen Fenfter- oder (beffer) Spiegelglas, ein Meffer mit Feuerftahl und ein Gläschen voll Salzfäure, welches man wohlverwahrt in einer Blechbüchfe oder gut fchließenden Schachtel bei fich führt.

Damit nun aber der Anfänger nach der folgenden Ueberficht leicht unterfuchen lernt, möge hier ein Beifpiel Platz finden. Ein gegebenes Mineral X wird unterfucht:

1) Nach den Gegenfätzen I und II. Dasfelbe zeigt kein metallifches Anfehen; es gehört mithin zum Satze I.

2) Unter diefem Satze I befinden fich die Sätze A und B. Bei Durchlefung derfelben findet man, daß das Mineral X keinen Gefchmack an der Zunge erregt und demnach zum Satze B gehört.

3) Unter diefem Satze B befinden fich indeffen wieder die beiden Gegenfätze a und b. Bei der Unterfuchung der-

Mineralien

I. ohne metallisches Ansehen (bisweilen mit metallischem Schimmer):

- A. an der Zunge rein oder widerlich salzig schmeckend, also im Wasser löslich (Salze).
  - α. rein salzig schmeckend: **Kochsalz.**
  - β. widerlich salzig schmeckend:
    - 1. süßlich zusammenziehend: **Alaun.**
    - 2. kühlend und widerlich: **Salpeter und Salmiak.**
- B. an der Zunge keinen Geschmack erregend und demnach im Wasser nicht oder nur sehr schwer löslich
  - a. mit Salzsäure betropft nicht aufschäumend.
  - b. mit Salzsäure betropft aufschäumend und sich lösend:
    - α. stark schäumend u. sich rasch lösend: **Calcit.**
    - β. schwach aufbrausend u. sich langsam lösend:
      - 1. Lösung schmeckt bitter und ist farblos: **Dolomit.**
      - 2. Lösung schmeckt tintenartig und ist grünlich: **Eisenspath.**

II. mit metallischem, silberweißen, messing= oder eisenfarbigen Ansehen:

- A. in dünnen Blättchen durchsichtig. Mit dem Fingernagel ritzbar: **Glimmer.**
- B. in dünnen Blättchen undurchsichtig. Mit dem Fingernagel nicht ritzbar:
  - b. eisenschwarz oder schwarzgrau:
    - α. im Rize oder gelb oder braunroth: **Braun und Rotheisenerz.**
    - β. im Rize schwarz= grau: **Magneteisenerz.**
  - b. speis= oder messinggelb. Am Stahl funkend: **Eisenkies.**

α. Vom Feuerſtein nicht ritzbar, aber auch ihn nicht ritzend: **Quarz.**

β. Vom Feuerſtein ritzbar.

  a. nicht oder nur ſchwer vom Meſſer ritzbar:

    aa. Das Fenſterglas ritzend und auch wohl am Stahle funkend.

      1. Vom Glaſe nicht ritzbar. Weiß, röthlich, braun, grau und farblos.

        In heißer Salzſäure unlöslich: **Kieſelſeldſpathe** (Orthoklas und gemeiner Oligoklas).

        In heißer Salzſäure ganz oder theilweiſe löslich: **Kalkfeldſpathe** (Kalkoligoklas, Labrador u. Anorthit).

      2. Vom Glaſe mehr oder weniger leicht ritzbar. Schwarz, grünlich, braun.

        Auf friſchen Flächen glaſig, aber nicht metalliſch ſchimmernd. (Schwarz.) **Amphibole.** (Hornblende und Augit.)

        Auf friſchen Flächen metalliſch ſchimmernd. In Blätter ſpaltbar: **Hyperite** (Hypersthen und Diallag.)

  b. vom Meſſer leicht ritzbar:

    aa. aber nicht vom Fingernagel: Unrein gelb-, grau- bis ſchwarzgrün: **Serpentin.**

    bb. auch vom Fingernagel ritzbar:

      1. weiß oder grau; **Gyps.**

      2. Unrein grün, fettig: **Chlorit.**

      3. Ockergelb, braun: **Eiſenoxyd.**

    bb. Das Fenſterglas nicht ritzend:

      1. auch nicht von ihm geritzt werdend. In Salzſäure ganz löslich. Gelb, grün, weiß. **Apatit (Phosphorit).**

      2. vom Glas geritzt werdend. In warmer Salzſäure unlöslich oder eine weiße Gallerte gebend:

        Schwarz, braun, grünlich: (ſ. **Amphibolite**).

        Weiß, gelb. Mit Salzſäure gelatinirend: **Zeolithe.**

selben findet man, daß das Mineral X nicht mit Salzsäure aufbraust und demnach zum Satze a gehört.

4) Geht man nun vom Satze a weiter abwärts, so gelangt man zu den Gegensätzen « und β und findet nun endlich bei der Untersuchung, daß X die Merkmale « zeigt und demnach Q u a r z ist.

B e m e r k u n g. Schließlich sei hier noch darauf aufmerksam gemacht, daß man bei der Untersuchung der Löslichkeit eines Minerales in Säuren ein hirsekorngroßes Stückchen desselben pulverisirt und in einem kleinen Probirgläschen mit drei Tropfen Salzsäure, welcher man vorher einen Tropfen Wasser zugesetzt hat, über einem Lichte, z. B. einer Spiritusflamme, erwärmt.

a. Nähere Betrachtung der für die Bildung der Fels- und Bodenarten wichtigen Mineralien.

I. Die Salze.

§. 9. W e s e n u n d W i r k u n g s k r e i s d e r S a l z e i m A l l g e m e i n e n. — Wenn man mit einer wässerigen Lösung von Natriumoxyd Salzsäure mischt und das Gemisch an einem warmen Orte verdampfen läßt, so erhält man eine weiße, krystallinische Substanz, welche grade so salzig schmeckt, wie unser Kochsalz und in der That auch nichts weiter ist, als dieses letztgenannte Salz; wenn man ebenso eine Lösung von Natriumoxyd oder Natron mit Schwefelsäure versetzt und dieselbe verdampfen läßt, so erhält man ein widerlich bitter schmeckendes Salz, welches allgemein bekannt ist unter dem Namen Glaubersalz. — Es sind also diese beiden Salze aus der Vermischung und Verbindung einer Säure mit einem Metalloxyde entstanden. Und wie in diesen beiden Fällen, so entstehen stets Salze, sobald sich irgend eine Säure mit einem Metalloxyde (Metallroste) chemisch verbindet. Demgemäß sind also S a l z e s t e t s die Producte aus der Verbindung von einer Säure mit einem oder meh=

reren Metalloxyden oder Salzbasen (— wie man
alle diejenigen verrosteten Metalle oder Metalloxyde nennt,
welche durch Säuren in Salze umgewandelt werden —).
Nun besteht der Kalkstein aus Kohlensäure und Calciumoxyd
oder Kalkerde, der Thon aus Kieselsäure und Aluminiumoxyd
oder Thonerde, der Schwerspath aus Schwefelsäure und Ba=
ryumoxyd oder Barytterde u. s. w.; es sind demnach diese im
Wasser ganz unlöslichen und demgemäß an der Zunge auch
gar keinen Geschmack erregenden Mineralien ebenso gut Salze,
wie das Koch= und Glaubersalz und von diesen letzteren eben
nur durch ihre Unlöslichkeit in reinem Wasser unterschieden.
Hiernach hat man also in der Mineralienwelt zweierlei Salze,
nemlich: im Wasser unlösliche, zu denen die bei Weitem
meisten Mineralien gehören, und im Wasser lösliche zu
unterscheiden. Von diesen letzteren allein soll im Folgenden
weiter die Rede sein.

Wenn nun auch diese im Wasser löslichen Salze im All=
gemeinen nur eine untergeordnete Rolle bei der Bildung der
Felsarten spielen, da ja nur eins derselben — unser allbe=
gehrtes Koch= oder Steinsalz — als selbständige Felsart auf=
tritt, so haben sie doch im Haushalte der Natur einen un=
übersehbar weiten Wirkungskreis; denn einerseits sind sie es
ganz allein, welche der Pflanzenwelt und durch diese auch
dem Reiche der Thiere die Hauptnahrungsmittel darreichen,
und andererseits bilden sie die Mittel, durch welche die Natur
aus altem, zerfallenden Gesteine neue, feste Felsarten schafft,
die im Gemäuer der Erdrinde klaffenden Ritze und Spal=
ten mit glänzenden Krystallrinden wieder ausfüllt, im Schooße
des Oceans den Grundstein zum Baue von neuen Erdtheilen
legt, kurz einen fortwährenden Kreislauf der Mineralmaterie
und durch sie einen nimmer ruhenden Stoffwechsel im starren
Reiche der Steine hervorruft. Ein Beispiel wird diese An=
gaben klar machen und bestätigen.

Wenn mit Kohlensäure versehenes Atmosphärenwasser durch Spalten in das Innere z. B. einer Granitmasse eindringt, so zieht es aus dem, Kali und Kalkerde haltigen, Feldspathe dieser Masse nach und nach alles Kali und alle Kalkerde, indem es mit diesen beiden Bestandtheilen des Feldspathes im Wasser lösliche doppeltkohlensaure Salze bildet. Weiter hinzutretendes Wasser laugt nun nach und nach diese Salze vollständig aus dem Feldspathe heraus, so daß von ihm nichts weiter übrig bleibt, als kieselsaure Thonerde mit Wasser verbunden, also reiner Thon oder Porzellanerde. Aber das Wasser gelangt nun mit seinen gelösten Salzen bei seiner weiteren Wanderung durch die Höhlungen der Erdrinde in eine Spalte, in welcher sich z. B. Kupferglanz d. i. Schwefelkupfer befindet. Da beginnt auch schon die steinumwandelnde Thätigkeit sowohl des kohlensauren Kalis wie der doppeltkohlensauren Kalkerde. Von großer Begierde nach Schwefelsäure getrieben regt sowohl das Kali wie auch die Kalkerde das Schwefelkupfer an, daß es Sauerstoff anzieht und sich hierdurch in schwefelsaures Kupferoxyd d. i. in Kupfervitriol umwandelt. Es hat demnach die Lösung der beiden doppeltkohlensauren Salze schon eine Umwandlung vollbracht; denn sie hat unlösliches stahlgraues Schwefelkupfer in löslichen blauen Kupfervitriol umgewandelt. Aber noch nicht genug. Kaum hat sich der letztere gebildet und im Wasser gelöst, so tauscht sowohl das kohlensaure Kali wie auch der kohlensaure Kalk mit dem Vitriol die Säure, so daß aus ihm unlösliches kohlensaures Kupferoxyd d. i. theils himmelblaue Kupferlasur, theils schön grüner Malachit, aus dem kohlensaurem Kali aber schwefelsaures Kali und aus dem kohlensaurem Kalk schwefelsaurer Kalk d. i. Gyps entsteht. Also wieder zwei neue Umwandlungen, welche durch das gelöste Kali= und Kalksalz hervorgebracht worden sind. Der hierbei entstandene Gyps ist aber ein nur in sehr vielem

Waſſer lösliches Salz; er bleibt daher vorerſt an dem Orte
seiner Bildung sitzen, und wenn auch Waſſer im Zeitver=
laufe ein Theilchen nach dem anderen von ihm auflöſt und
fortfluthet, so hat er doch scheinbar die Eigenschaft verloren,
unter den gewöhnlichen Verhältnissen umwandelnd auf andere
Mineralien einzuwirken, weil seine Kalkerde zu der mit ihr
verbundenen Schwefelsäure eine größere Verbindungskraft
besitzt als zu den meisten anderen Mineralsäuren. Anders
ist es dagegen mit dem schwefelsauren Kali. Dieses leicht im
Waſſer lösliche Salz wird von dem Orte seiner Entstehung
fortgefluthet und kann, wenn es anders nicht auf seiner Wan=
derung durch die Erdrinde von Pflanzenwurzeln als will=
kommene Nahrung aufgesogen wird, noch auf mannichfache
Weise umwandelnd auf andere Mineralien einwirken. So
kann es z. B. sich mit schwefelsaurer Thonerde zu Alaun ver=
binden, kohlensaure Baryterde in schwefelsaure d. i. in Schwer=
spath und kohlensaures Bleioxyd in Bleivitriol umwandeln,
wobei es selbst wieder, wie vom Anfang an, in kohlensaures
Kali umgewandelt wird und hierdurch auch seine alte Um=
wandlungskraft erlangt, während es bei seiner Verbindung
mit der schwefelsauren Thonerde zu Alaun gefeſſelt und zu
weiteren Umwandlungsgeschäften unfähig gemacht wird.

Welchen großen Kreislauf hat das aus dem Feldspathe
durch Einwirkung der Kohlensäure entstandene kohlensaure
Kali vollendet! welch' verschiedene Mineralien hat es auf dem=
selben umgewandelt! Schwefelkupfer hat es in Malachit, Weiß=
bleierz in Bleivitriol, kohlensauren Baryt in Schwerspath und
schwefelsaure Thonerde in Alaun umgewandelt, wodurch in=
deſſen seiner Thätigkeit ein Ende gemacht wurde.

Wie aber das kohlensaure Kali, so führt nun auch jedes
im Waſſer lösliche Salz eine Umwandlung von Mineralien
herbei, sobald es mit einem Minerale in Berührung kommt,
welches einen Bestandtheil besitzt, zu welchem

das gelöste Salz eine sehr starke oder geradezu
stärkere Verbindungsneigung hat, als zu dem
schon mit ihm verbundenen. — Die hierdurch herbei=
geführten Umwandlungen nun lassen sich im Allgemeinen durch
folgende Erfahrungssätze ausdrücken: Das im Wasser ge=
löste Salz

1) raubt einem anderen Minerale einen Bestandtheil,
ohne ihm einen anderen dafür wiederzugeben. So gibt z. B.
kohlensaures Kali und schwefelsaures Eisenoxyd:

schwefelsaures Kali und einfaches Eisenoxyd, weil das
letztere keine Verbindungsneigung zur Kohlensäure hat;

2) tauscht mit einem anderen Minerale einen Bestand=
theil aus, zu welchem es größere Verbindungsneigung hat,
als zu einem schon in ihm vorhandenen, z. B.

kohlensaures Kali und schwefelsaures Kupferoxyd tauschen
ihre Säuren, so daß

schwefelsaures Kali und kohlensaures Kupferoxyd entsteht;

3) gibt einem Minerale Bestandtheile, ohne ihm welche
zu nehmen, z. B.

schwefelsaures Kali und schwefelsaure Thonerde verbinden
sich mit einander zu:

schwefelsaurer Kali=Thonerde (Alaun).

Dieser Fall tritt hauptsächlich dann ein, wenn zwei
Salze mit einander in Berührung treten, welche gleiche
Säuren besitzen.

Wenn man alle diese Fälle berücksichtigt, so wird man
zugeben, daß ein im Wasser gelöstes Salz auf seinem Zuge
durch die Erdrinde unaufhörlich und um so mehr Gelegenheit
finden wird, seine Umwandlungskraft wirken zu lassen, je ver=
schiedenartiger die Mineralmassen sind, mit denen es in Be=
rührung kommt. Es wird alsdann unter den gewöhnlichen
Verhältnissen so lange in Wirksamkeit bleiben, als es sich
noch nicht mit einem Stoffe hat verbinden können, zu welchem

einer seiner beiden Bestandtheile bie größte Verbindungskraft besitzt, wie dieses z. B. bei der Magnesia der Fall ist, wenn sie sich mit der Schwefelsäure verbunden hat. Entsteht nun vollends in diesem Falle aus einem löslichen Salze ein un= lösliches, dann hat ein solches Salz unter den gewöhnlichen Verhältnissen seine umwandelnde Kraft verloren und bildet nun einen stabilen Bestandtheil der Erdrinde.

Soviel vorerst über den Wirkungskreis der im Wasser löslichen Salze im Gebiete der Mineralienwelt. Das bis jetzt Mitgetheilte war nothwendig, nicht nur um zu zeigen, daß alle diese Salze, wenn sie auch nicht als Felsgemeng= theile und scheinbar nur in geringen Mengen im Gebiete der Erdrindenmassen auftreten, doch eine nicht unbedeutende Rolle im Haushalte der Natur spielen, — sondern auch um wenig= stens die allgemein gültigen Gesetze zu erklären, nach denen diese Salze sich wirksam zeigen. Aber ebenso waren diese Mittheilungen nothwendig, um zu zeigen, daß man wenigstens die am häufigsten in und auf der Erdrinde vorkommenden Salze kennen lernen muß. Im Folgenden sollen sie daher näher beschrieben werden.

§. 10. Das Koch= oder Steinsalz (auch Chlor= natrium genannt, weil es aus 40 Theilen Natrium und 60 Theilen Chlor besteht). — Dieses am meisten bekannte, benutzte, begehrte und vorkommende Salz bildet im Innern der Erdrinde unermeßlich weit ausgedehnte und bisweilen wahrhaft colossal mächtige Ablagerungsmassen, welche hie und da (z. B. am Südabhange der Pyrenäen bei Cardona) auch in Felsriffen aus der Erdoberfläche hervortreten, ferner wohl= ausgebildete Würfelkrystalle und eckige Körner, welche theils in Höhlungen der derben Salzmassen, theils in Gyps und Thon eingewachsen vorkommen, oder mehl= und schnee= flockenähnliche Ueberzüge auf Lavamassen in der nächsten Um= gebung von noch thätigen Vulcanen; endlich einen nie fehlen=

den Bestandtheil allen Meerwassers. — Im ganz reinem
Zustande erscheint es farblos, durchsichtig und glasglänzend;
sind aber seiner Masse Theilchen von anderen Substanzen
beigemengt, dann zeigt sie sich trübe, weiß (z. B. von Gyps=
beimengungen), ockergelb oder braunroth (von beigemischtem
Eisenoxyd), grünblau (von Kupferoxyd), braun oder braun=
grau (von beigemengten erdigen oder erdharzigen Substanzen),
bisweilen auch schön blau (von organischen Beimischungen).
Solches durch chemische oder mechanische Beimengungen ver=
unreinigte Salz hat auch nicht mehr den, für das Kochsalz
so bezeichnenden, rein salzigen Geschmack; ja es entwickelt
dann auch nicht selten beim Reiben einen eigenthümlichen Ge=
ruch nach Erdpech. — Nächst dem Geschmacke zeigt das reine
Kochsalz noch die Eigenthümlichkeit, daß einerseits seine derben
durchsichtigen Massen sich in lauter kleine Würfel zerschlagen
lassen und andererseits namentlich das zerkleinte Salz an
feuchter Luft zerfließt. Es gehört nemlich zu den im Wasser
leicht löslichen Salzen, indem ein Theil desselben grade nur
einen Theil Wassers zu seiner Lösung bedarf. Um so auf=
fallender muß es daher erscheinen, daß große Massen des
Steinsalzes selbst an feuchter Luft äußerlich immer so trocken
erscheinen, daß sie beim Zerschlagen stäuben. Recht auffallend
tritt diese Erscheinung bei den zu Tage stehenden Salzfelsen
unweit Cardona oder auch bei den gewaltigen Steinsalzmassen
im Innern der Salzbergwerke z. B. bei Staßfurt, Reichen=
hall, Hallein u. s. w. hervor. Um diese eigenthümliche Er=
scheinung sich zu erklären, muß man daran denken, daß alle
Wassertropfen, welche von Außen her auf eine Steinsalzmasse
fallen, rasch von allen innern Theilen der letzteren aufgesogen
und dann so fein zertheilt werden, daß sie nicht mehr lösend
auf das Ganze einwirken können. Nur wenn Wasser in
solcher Menge einwirkt, daß alle Theile des Salzes rasch mit
Wasser gesättigt werden können, tritt eine Lösung derselben

ein. — Unter den übrigen Eigenschaften des Kochsalzes sind namentlich noch folgende zu erwähnen: Seine Härte ist gering, so daß es sich schon durch den Fingernagel ritzen läßt; sein specifisches Gewicht ist = 2,₁ — 2,₂. Löst man es in warmem Weingeiste und zündet dann diesen an, so färbt es die Flamme des letzteren hochgelb. Das ist schon ein sehr gutes Erkennungsmerkmal des Kochsalzes, allein dasselbe zeigt nur den Natrongehalt dieses Salzes an. Wenn man aber eine Flüssigkeit, welche Kochsalz enthält, mit ein paar Tropfen Silberlösung versetzt, so entsteht zuerst eine milchige Trübung und dann ein flockiger, weißer, an der Luft sich allmählich schwärzender, Niederschlag, welcher den Chlorgehalt des Kochsalzes angibt. Durch diese, wie durch die erstgenannte, Reaction erkennt man also genau die beiden Bestandtheile unseres Salzes, nemlich das Natrium und das Chlor. — Man kann indessen das Kochsalz in einem Boden oder in einem Wasser, zumal wenn es in größerer Menge vorhanden ist, auch schon an gewissen Pflanzen, denen dieses Salz ein Lebensbedürfniß ist, und die sich darum immer auf einem salzhaltigen Boden ansiedeln, erkennen. Zu diesen Salzpflanzen gehört unter anderen das Glasschmalzkraut (Salicornia herbacca), der Strandbreizack (Triglochin maritimum), die Strandnelke (Arenaria maritima), die Strandsternblume (Aster tripolium) und die Seebinse (Scirpus maritimus).

Soviel über die Natur des Kochsalzes. — Betrachten wir nun auch noch die Orte und die Art seines Vorkommens in und auf der Erdrinde.

Wie oben schon angegeben, so bildet dieses Salz gewaltige Ablagerungsmassen im Gebiete der Sandstein, Gyps, Mergel, Kalkstein und Dolomit führenden Formationen, so vorzugsweise in der Zechstein-, Bundsandstein-, Muschelkalk-, Keuper- und Quadersandsteinformation. In der Regel lagert

2*

es dann unter oder auch zwischen Schichtmassen von Thon, wasserfreiem und wasserhaltigen Gyps und Mergel. Atmosphärisches Wasser, welches durch Spalten und Ritzen allmählich zu solchen Steinsalzlagern gelangt, löst von denselben auf, fluthet das Gelöste fort und gibt es theils an Erdbodenarten und Gesteinslagen, die es durchsintert, so namentlich an thonhaltige Sandsteine, Schieferthone oder Mergel, ab, theils an Quellen, Bäche und Flüsse, welche es dem Oceane, diesem Sammelbecken aller im Wasser gelösten und geschlämmten Mineralsubstanzen, zuführen. Von diesem aus gelangt es durch Spalten ins Innere der Erde zu dem ewigthätigen Heerde der Vulcane, die es dann bei jeder ihrer Eruptionen theils in Dampfform wieder an die Erdoberfläche senden, theils mit ihren Steinschmelzen mischen, woher es auch kommt, daß die meisten der vulcanischen Felsarten in ihrer Masse mehr oder weniger, schon durch gewöhnliches Wasser auslaugbares, Kochsalz enthalten. Aber von dem Meere aus gelangt es endlich auch noch in alle die Bodenbildungen, welche seine, den flachen Strand überfluthenden, Wogen auf diesem letzteren absetzen und die üppigfruchtbaren M a r s c h e n darstellen.

§. 11. S a l z e, w e l c h e g e w ö h n l i c h i n d e r G e s e l l s c h a f t d e s S t e i n s a l z e s v o r k o m m e n. — Sowohl im Meereswasser, wie auch auf Steinsalzlagerstätten zeigen sich in der Gesellschaft des Kochsalzes mehrere Salzarten, welche theils innig mit dem letzteren gemischt erscheinen, theils selbständige Ablagerungen zwischen oder über den Steinsalzlagern bilden und namentlich aus Chlorcalcium, Chlorkalium und Chlormagnesium oder aus schwefelsaurem Kali, schwefelsaurem Natron und schwefelsaurer Magnesia bestehen. Alle diese Salze zeigen sich schon am Strande des Meeres da, wo in Bodenvertiefungen sich Meereswasser ansammelt und vollständig verdampft, aber in großer Mächtigkeit kommen sie in manchen Steinsalzgebieten vor. Dieses ist z. B. der Fall in der prachtvollen Steinsalzformation bei Staßfurt in der preußischen Provinz Sachsen, wo sie über dem gewaltigen Steinsalzlager eine, aus abwechselnd weißen und rothen Lagen bestehende, 180 Fuß mächtige, Zone bilden. Da die Salze dieser Zone in der neueren Zeit vielfach, namentlich aber als Bodendüngungsmittel, benutzt werden, so sollen sie hier etwas näher beschrieben werden. Es gehört zu ihnen:

1) der Carnallit, welcher farblos, weiß oder durch beigemengtes Eisenoxyd fleisch= bis braunroth aussieht, häßlich, laugenhaft schmeckt, sich leicht im Wasser löst und im reinen Zustande aus 36 Theilen Chlormagnesium, 27 Theilen Chlorkalium und 37 Theilen Wasser besteht, aber häufig auch 4,5 Proc. Chlornatrium, 2,8 Proc. Chlorkalium und etwas Gyps enthält. — Mit ihm verwachsen zeigt sich häufig der wachs= oder braungelbe, an der Luft sehr schnell zerfließende und aus Chlorcalcium und Chlormagnesium bestehende Tachydrit;

2) der Kieserit, welcher zwischen dem Carnallit 1—6 Zoll mächtige Lagen bildet, weiß oder graulich, seltner braunroth ist, sich im Wasser nur schwer löst und aus 58 Theilen Schwefelsäure, 29 Theilen Magnesia und 13 Theilen Wasser besteht;

3) der Kaïnit, welcher gelblich gefärbt ist, sich im Wasser leicht auflöst, widerlich bitter schmeckt und aus einem Gemenge von schwefelsaurer Magnesia und schwefelsaurem Kali besteht, häufig aber auch noch Kochsalz enthält.

§. 12. Der Salmiak oder das Chlorammonium. — Er ist ein farbloses, weißes oder durch beigemengte Kohlenstoff=Substanzen bräunlich gefärbtes Salz, welches aus 32 Proc. Ammoniak und 68 Proc. Salzsäure besteht, einen kühlenden, stechend salzigen, bisweilen auch etwas urinösen Geschmack zeigt und sich sehr leicht im Wasser löst.

Erhitzt man es auf einer glühenden Kohle, so verflüchtigt es sich vollständig; und reibt man es mit Aetzkali oder Natron zusammen, z. B. in einem Mörser, so entwickelt es einen starken Ammoniakgeruch.

In der Natur kommt dieses Salz hauptsächlich auf Klüften brennender Steinkohlenlager oder im Krater und in der nächsten Umgebung von noch thätigen Vulcanen vor. Außerdem aber zeigt es sich auch bisweilen in Bodenarten, welche mit dem Dünger von Zweihufern stark versorgt sind, ja in dem Dünger dieser Thiere selbst, so namentlich der Kameele. In der Regel bildet es dann an seinen Lagerorten flockige oder mehlige Ueberzüge, nicht selten von bedeutender Mächtigkeit, so z. B. in der Umgebung von tobenden Vulcanen. Auf Klüften tritt es auch in Wandüberzügen und Stalaktiten, aber selten nur in achtflächigen Krystallen auf.

Wenn nun auch der Salmiak nie als Gebirgsart oder Felsgemengtheil auftritt, so hat er doch für den Menschen einen hohen Werth, da er nicht nur als Medicin und zur Bereitung von Ammoniak benutzt wird, sondern auch ein kräftiges Nahrungsmittel für viele Pflanzen, z. B. für alle Obstbäume, abgibt.

§. 13. Die kohlensauren Alkalien. — Alle die zu ihnen gehörigen Salze sind farblos, weiß oder graulich, haben einen laugenhaften Geschmack, ätzen auch wohl die menschliche Haut, lösen sich leicht im Wasser und auch in Weingeist und werden durch jede andere Säure unter starkem Aufschäumen zersetzt und aufgelöst. Auf diese Weise bilden sie auch mit Schwefel- und Phosphorsäure Lösungen, wodurch sie sich von allen übrigen kohlensauren Salzen unterscheiden. — In dieser ihrer leichten Löslichkeit aber liegt nun auch der Grund, warum man sie so selten in namhaften Mengen in der Erdrinde antrifft. In einem mit Pflanzen bewachsenen Erdboden kommt noch dazu, daß die in der Bodenfeuchtigkeit gelösten kohlensauren Alkalisalze gierig von den Wurzeln aller Pflanzen aufgesogen werden, da bekanntlich diese Salze ein Hauptnahrungsmittel für die Pflanzen sind. Ferner aber ist auch nicht zu übersehen, daß gerade die gelösten kohlensauren Alkalien die größte Begierde haben, mit jedem schwefel=, salpeter=, phosphor= und kieselsaurem Salze der alkalischen Erden und Schwermetalle, mit welchem ihre Lösungen in Berührung kommen, die Säuren zu tauschen. Und endlich werden sie vom Thon und jedem anderen thonhaltigen Bestandtheile des Erdbodens, ja selbst von allen Humussubstanzen begierig aufgesogen und festgehalten. Am ersten wird man sie daher noch bemerken, wenn man Thon= und Humussubstanzen mit heißem Wasser auslaugt und die hierdurch erhaltene Lösung bis zur Trockenheit eindampft.

Trotz allem dem spielen sie aber, wie aus dem eben Angegebenen schon hervorgeht, eine sehr wichtige Rolle in dem Reiche der Gesteine und Pflanzen, so daß man behaupten darf, daß in dem Gebiete der Erdrinde und des Erdbodens überall da die meisten Veränderungen in der Masse der Felsgesteine vor sich gehen und die Pflanzenwelt am üppigsten gedeiht, wo sich kohlensaure Alkalien fort und fort entwickeln. — Wo aber findet dieses Statt?

Eine Hauptquelle für die Bildung von kohlensauren Alkalien sind die kieselsauren Mineralien oder Silicate, welche neben kieselsaurer Thonerde auch kieselsaures Kali und kieselsaures Natron enthalten, wie dieses z. B. bei mehreren Feldspathen (Orthoklas und Oligoklas) der Fall ist. Wirkt auf diese Silikate Kohlensäure haltiges Wasser ein, so zieht dieses nach und nach alle Alkalien aus ihnen heraus und wandelt sie in kohlensaure Salze um, so daß von der Masse solcher Silicate zuletzt nur noch die kieselsaure Thonerde übrig bleibt, welche, nun mit Wasser verbunden, Thon bildet. Wo demnach Felsarten vorhanden sind, welche viele der obengenannten Silicate, so namentlich Feldspathe, enthalten, da ist auch eine zwar langsam sprudelnde und nur wenig auf einmal spendende, aber unaufhörlich und auf lange Zeiträume wirksame Quelle für die Bildung von kohlensauren Alkalien vorhanden. Und ähnlich wie diese Felsarten in ihrer Gesammtmasse, so wirken nun auch ihre als Gerölle und Sandkörner in einem Erd=boden auftretenden Trümmer. Ein mit Feldspath haltigen Steintrümmern, z. B. mit Granitsand, untermengter Boden besitzt daher in jedem seiner Sandkörner ein kleines Magazin, welches kohlensaure Alkalien producirt. — Wasser löst nun weiter die eben erst entstandenen Salze auf und leitet sie theils in die Tiefe, um sie zur Umwandlung der verschiedenen Erdrindenmassen zu verwenden, theils aufwärts in den Erd=boden, um sie den Wurzeln der Pflanzen als willkommene Nahrung zu spenden. Die Pflanzen aber sammeln sie in ihrem Körper haushälterisch an und geben sie dann später, wenn ihre Körperglieder absterben und der Verwesung an=heim fallen, dem Boden, der sie gepflegt und ernährt hat, im reichlichen Maaße zur weiteren Verwendung wieder zurück. So sind denn auch die auf einem Boden wachsenden, leben=den und sterbenden Pflanzen Magazine für die Bildung von kohlensauren Alkalien. Ein Boden wird daher keineswegs dieser Salze beraubt, wenn die auf ihm wuchernde Pflanzen=welt nur nicht in ihren Lebensverhältnissen gestört oder ge=hemmt wird; im Gegentheile wird sein Gehalt an diesen Salzen größer, denn die auf ihm wohnenden Pflanzen nehmen während ihres Lebens diese Salze nur in homöopathischen Mengen aus ihm und geben sie ihm bei ihrer vollständigen Verwesung in allopathischen Quantitäten wieder zurück.

Die in dem Gebiete der Erdrindenmassen am meisten vor=kommenden kohlensauren Alkalien sind nun namentlich folgende:

1) Das kohlensaure Kali (oder die Potasche), welches stets nur im Wasser aufgelöst vorkommt, aber auch

da nur in sehr kleinen Mengen, weil es am meisten nicht nur von allen Pflanzen aufgesogen wird, sondern auch vermöge seines stark basischen Oxydes am gierigsten nach allen möglichen Säuren ist, ja sogar andere, noch keine Säuren besitzende, Stoffe zur Säurenbildung anregt und dann unter Ausstoßung seiner Kohlensäure sich mit der neuen Säure verbindet. In dieser Weise regt es Schwefelmetalle zur Bildung von Schwefelsäure sowie Stickstoff haltige Organismenreste und Ammoniak zur Bildung von Salpetersäure an und bildet alsdann mit diesen Säuren schwefel- und salpetersaures Kali. — Am ersten zeigt es sich noch in Quellwassern, welche aus kalireichen Gesteinen hervortreten, oder im Wasser von Bodenarten, welche reich an verwesenden Pflanzenresten sind. Um sein Vorhandensein, z. B. in einem Boden, ausfindig zu machen, muß man eine Hand voll Erde mit warmem Wasser auslaugen, dann die Flüssigkeit abfiltriren und bis zur vollständigsten Trockenheit abdampfen. Löst man dann den übrig gebliebenen Rückstand wieder mit wenig warmem Wasser und heißem Weingeist, so brennt dieser letztere mit röthlich violetter Farbe, sobald man ihn anzündet. Außerdem aber kann man das Kali auch noch daran erkennen, daß bei seinem Vorhandensein ein weißer Niederschlag entsteht, sobald man einige Tropfen Weinsteinsäure zusetzt und umrührt, während ein strohgelber Niederschlag sich bildet, wenn man zu einer Kali haltigen Lösung ein paar Tropfen Platinlösung fügt. Endlich läßt sich auch der Kaligehalt eines Bodens an den wild auf demselben wachsenden Pflanzenarten, unter denen sich namentlich der Erdrauch (Fumaria officinalis) und der Ackergauchheil (Anagallis) bemerklich machen, erkennen.

2) Das kohlensaure Natron (oder die Soda), ein farbloses oder weißes, scharf laugenhaft schmeckendes und im Wasser leicht auflösliches, Salz, welches an der Luft zu Mehl zerfällt (d. h. verwittert) und im Weingeist gelöst die

Flamme desselben hochgelb färbt, mit Salzsäure aber unter
starkem Aufschäumen sich löst und dann Kochsalz bildet. Es
kommt in der Natur nicht selten vor, erscheint dann aber gewöhnlich mit anderen Salzen, so namentlich mit Kochsalz,
Glaubersalz, Chlorkalium, Potasche und schwefelsaurem Kali,
untermengt. In dieser Weise bildet es mehlähnliche oder auch
flockige Ueberzüge auf Spalten und Klüften verwitternder Felsarten, welche unter ihren Gemengtheilen reichlich Natronfeld-
spathe (z. B. Oligoklas oder Labrador) enthalten, z. B. des
Basaltes, Basalttuffes, Klingsteines, Trachytes, Trasses u. s. w.
Außerdem aber findet es sich in dem Wasser des Meeres und
manchen Seen (z. B. der sogenannten Natronseen Aegyptens
und Asiens) und wird dann theils an den Ufern derselben
in Krusten abgesetzt, theils bei deren Ueberfluthung dem Boden
einverleibt, so daß es bei dem Austrocknen desselben oft schnee-
ähnliche Ueberzüge auf seiner Oberfläche bildet, wie dieses
z. B. der Fall ist bei manchen Marschländereien am Strande
des Meeres, aber noch mehr in den Ebenen Ungarns bei
Debreczin und in den asiatischen Steppenländern.

3) Das kohlensaure Ammoniak, ein Salz, welches
im Wasser leicht löslich ist, auf glühenden Kohlen sich ganz
verflüchtigt, mit Aetzkali zusammengerieben oder auch erwärmt
einen sehr stark stechenden Geruch (Ammoniakgeruch) entwickelt
und mit Salzsäure unter starkem Aufschäumen Salmiak bildet. Es entwickelt sich aus allen Stickstoff haltigen Organismenresten bei deren Zersetzung, aber es entsteht auch aus stickstoff-
freien Pflanzenresten bei deren Verkohlung, indem die Kohle
derselben atmosphärische Luft nebst Wasserdunst in sich aufsaugt und durch Zusammenpressung derselben den Stickstoff der
Luft nöthigt, mit dem Wasserstoff des Wasserdunstes sich zu
Ammoniak zu verbinden, welches dann seiner Seits wieder
die Kohle zur Bildung von Kohlensäure anregt, die sich nun
mit dem Ammoniak verbindet. Quellen zur Bildung dieses

Salzes sind also in einem mit verwesenden Organismenresten
wohl versorgten Erdboden oder in Torf=, Braun= und Stein=
kohlenlagern oder auch in Gesteinsschichten, welche von kohligen
Substanzen durchdrungen sind, in Fülle vorhanden, aber trotz
allem dem bemerkt man dieses Salz nur selten, ja nur aus=
nahmsweise, im Gebiete der Erdrindenmassen. Der Grund
davon nun liegt nicht blos in der Begierde, mit welcher alle
Pflanzen dieses kostbare Nahrungsmittel aufsaugen, auch nicht
blos in der Flüchtigkeit dieses Salzes, sondern auch in der
leichten Zersetzbarkeit desselben durch alle kohlensauren Salze
des Kali, Natron und der Kalkerde. Sobald nemlich sich
Ammoniak aus Stoffen entwickelt, welche zugleich eins der
ebengenannten Salze enthalten, oder doch mit der Lösung eines
dieser Salze in Berührung stehen, so treiben die starken Basen
derselben das eben erst entstandene Ammoniak an sich durch
Anziehung von Sauerstoff in Salpetersäure umzuwandeln,
mit welcher sich nun diese Basen zu salpetersauren Salzen,
also zu Kali=, Natron= oder Kalksalpeter, verbinden. Man
kann diesen Salpeterbildungsproceß auf allen Kalk oder Kali
haltigen Aeckern, welche vom Vieh beweidet und mit deren
Unrath gedüngt werden, an dem Kalkmörtel von Mauern, an
denen Hunde ihren Unrath absetzen, und an allen thierischen
Abwürfen beobachten, welche mit Asche, die bekanntlich viel
kohlensaures Kali enthält, gemischt werden.

§. 14. Die schwefelsauren Salze. — Alle hier=
her gehörigen Salze sind im Wasser lösliche Verbindungen
der Schwefelsäure mit Metalloxyden und durch ihren wider=
lichen, bald bitterlich salzigen, bald süßlich zusammenziehenden,
bald auch tintenartigen, Geschmack, sowie durch die meist
schmerzhafte Einwirkung, welche sie auf den Magen aus=
üben, ausgezeichnet. Ganz besonders bezeichnend aber ist
für alle, daß schon ein paar Tropfen Barytwasser
in ihren Lösungen einen weißen, in zugesetzter

Salzsäure nicht wieder lösbaren, Niederschlag
erzeugen.

Wenn auch mehrere der hierher gehörigen Salze, so das
schwefelsaure Natron (oder das Glaubersalz) und die schwefelsaure Magnesia (oder das Bittersalz) schon fertig theils im
Meereswasser, theils in Steinsalzlagern auftreten, so entstehen doch die meisten derselben noch gegenwärtig überall da,
wo Schwefelmetalle durch Anziehung von Sauerstoff sich zu
schwefelsauren Metalloxyden oxydiren. In dieser Weise bilden sich aus dem Eisen= oder Schwefelkies schwefelsaures
Eisenoxydul oder Eisenvitriol, aus dem Schwefelkupfer, sei es
nun Kupferglanz oder Kupferkies, schwefelsaures Kupferoxyd
oder Kupfervitriol, aber auch in den Jauchen verwesender
Organismenreste aus dem gewöhnlich in ihnen vorhandenen
Schwefelkalium, Schwefelnatrium oder Schwefelammonium bei
fortwährendem Zutritt von Luft schwefelsaures Kali, schwefelsaures Natron oder schwefelsaures Ammoniak, — lauter
Salze, durch welche die Pflanze allein den Schwefel empfängt,
welchen sie zur Erzeugung ihres Eiweißes und überhaupt
ihrer Stickstoffsubstanzen braucht. So bilden also die Schwefel=
metalle das Magazin, aus welchem die Natur das Material
für die Bildung der schwefelsauren Salze entnimmt. Ganz
besonders gilt dieses von den in den Massen der Felsarten
so häufig vorkommenden Schwefelschwermetallen, so namentlich
von dem überall sich bemerklich machenden Eisen= oder Schwefelkiese, einem wahren mineralischen Hans in allen Ecken.
Aber die aus diesen Schwefelschwermetallen entstehenden und
meist leicht im Wasser löslichen schwefelsauren Salze sind
nicht sowohl durch sich selbst, als vielmehr dadurch von großer
Wichtigkeit für die Massen der Erdrinde, daß sie alle
kohlensauren und kieselsauren Mineralien,
deren Hauptbestandtheile Kali, Natron, Baryt=
erde, Kalkerde, Magnesia und Thonerde sind,

durch ihre Schwefelsäure in schwefelsaure Salze
umwandeln, so daß also aus kohlensaurem Natron schwefel=
saures oder Glaubersalz, aus kohlensaurem Baryt schwefel=
saurer oder Schwerspath, aus kohlensaurem Kalk Gyps, aus
kohlensaurer oder kieselsaurer Magnesia Bittersalz, aus kiesel=
saurer Kali=Thonerde Alaun wird. Wer weiß es, ob nicht
vielleicht alle die letztgenannten Salze, vor allen das Bitter=
salz, der Gyps und Alaun zum größten Theile aus der Ein=
wirkung von schwefelsauren Schwermetallsalzen auf Dolomit,
Serpentin, Kalkstein, Thonschiefer u. s. w. entstanden sind? —

Die wichtigsten dieser schwefelsauren Salze sind nun folgende:

1) Das Glaubersalz oder schwefelsaures Na=
tron, ein leicht lösliches, widerlich und kühlend bitter schmecken=
des Salz, welches ein treuer Begleiter des Steinsalzes ist und
sich daher nicht blos in der Masse desselben selbst, sondern
in den, dasselbe begleitenden, Gesteinsablagerungen, so nament=
lich in Gyps, Thon und Mergel, außerdem aber auch in
Salzsoolen oder in Quellen, welche aus dem Gebiete der
Steinsalzformation hervortreten, zeigt. Bei dem Gradiren
der Salzsoole setzt es sich in Untermischung mit Gyps an
den Reißigwellen der Gradirhäuser ab und beim Absieden
der Salzsoole bildet es den Bodensatz in den Siedepfannen.
Da es für viele Pflanzen ein vortreffliches Nahrungsmittel
bildet, so namentlich für die Hülsenfrüchtler, so wird es in
Untermischung mit Gyps als Dornenstein häufig zum Düngen
der Aecker gebraucht.

2) Das Bittersalz oder die schwefelsaure Mag=
nesia, ein häßlich salzig bitter schmeckendes Salz, welches
in seinen Lösungen nicht nur mit Barytwasser, sondern auch
mit phosphorsauren Natron einen weißen, unlöslichen Nieder=
schlag bildet. Es entsteht überall da, wo Lösungen von
schwefelsauren Metalloxyden, z. B. von Eisenvitriol auf kohlen=
saure oder kieselsaure Mineralien, welche viel Magnesia ent=

halten, einwirken. Ganz vorzüglich ist dieses der Fall bei
allen Eisenkies haltigen Dolomitmergeln, Dolomiten, Chlorit=
schiefern, Serpentinen und Grünsteinen. Darin liegt der
Grund, warum dieses Salz so häufig nicht blos als mehliger
Beschlag auf den Klüften dieser Gesteine, sondern auch in
dem auf diesen Gesteinen lagernden Boden und in den aus
ihnen hervortretenden Quellen vorkommt.

3) Der Alaun, ein im Wasser leicht lösliches, süßlich
zusammenziehend schmeckendes und in regelmäßigen Acht=
flächnern krystallisirendes, Doppelsalz, welches aus einem
Theile schwefelsaurer Thonerde, einem Theile schwefelsauren
Alkalis (Kali, Natron oder Ammoniak) und 24 Theilen
Wassers besteht. Er bildet theils faserige Platten, theils
mehlige Beschläge auf Gesteinsklüften oder auch an der Ober=
fläche von solchen Felsarten oder Bodenmassen, aus deren Zer=
setzung er durch den Einfluß von vitriolescirenden Schwefelmetal=
len, namentlich von Eisenvitriol, entsteht. Am häufigsten zeigt er
sich in dieser Weise an oder in Thonschiefern und Schieferthonen,
welche stark von Schwefelkiesen durchzogen sind, oder auch auf
dem Grunde von Mooren und streng thonigen Bodenarten oder
in den schwarzen, oft von Einfachschwefeleisen durchzogenen, Thon=
schlammmassen alter Cloaken und stehender Wasserpfuhle. Man
kann ihn leicht daran erkennen, daß in dem Wasser, mit welchem
man die genannten Mineralmassen ausgelaugt hat, zunächst mit
Ammoniak ein weißer, in Kalilauge wieder lösbarer, dann mit
Barytwasser ein weißer, unlöslicher Niederschlag entsteht.

4) Der Eisenvitriol oder wasserhaltiges schwe=
felsaures Eisenoxydul, ein gewässert blaugrünes, an der
Luft sich gelb überziehendes, leicht lösliches, tintenartig schmecken=
des Salz, welches mit Galläpfeltinctur eine blaß schwarzblaue
Tinte und mit gelbem Blutlaugensalze einen blauen Niederschlag
gibt. Es bildet auf Klüften von Eisenkies haltigen Gesteinen grüne
oder ockergelbe Ueberzüge und Stalaktiten, aber auch fast wie

Schimmel aussehende haarige Beschläge, und entsteht, wie schon angegeben, stets aus der Oxydation von Eisenkiesen. Der Schlamm von Mooren, alten Cloaken, Teichen und auch nicht selten vom Meere ist oft reich an schwarzen Körnchen von Schwefeleisen, so daß er fast wie Schießpulver aussieht (— sogenannte Pulvererde —). Breitet man diesen Schlamm an der Luft aus, so überzieht er sich bald mit einem haarigen, nach Tinte schmeckenden, Ueberzuge von Eisenvitriol; pflügt man ihn aber, ehe sich sein Schwefeleisen hat oxydiren können, unter Ackererde, so entzieht er allen auf derselben wachsenden Pflanzen, sowie auch den Düng= stoffen des Bodens den ihnen nöthigen Sauerstoff, weshalb man ihn auch Bettelerde nennt. — Auf Pflanzen scheint überhaupt der Eisenvitriol nicht gut einzuwirken, dagegen übt er auf alle in einem Boden vorkommenden, unlöslichen Mineral= substanzen in sofern einen guten Einfluß aus, als er sie zersetzt und in lösliche schwefelsaure Salze umwandelt, während er da= bei selbst gewöhnlich in eine unlösliche Substanz umgewandelt wird. In manchen Fällen indessen wird er grade durch diese umwandelnde Kraft recht schädlich für die Fruchtbarkeit eines Bodens. Kommt er nemlich in dem letzteren mit den kohlen= sauren oder auch phosphorsauren Salzen der Alkalien und der Kalkerde in Berührung, so wandelt er diese, wie oben schon gezeigt worden ist, in lösliche schwefelsaure Salze um, während er selbst zu kohlensaurem oder phosphorsaurem Eisen= oxydul, also zu einem unlöslichen Salze wird, welches sich an allen Pflanzenwurzeln absetzt und sie mit einer festen, un= durchdringlichen und sie tödenden Rinde umschließt und außer= dem auch bei hinreichender Menge eine feste, undurchdring= liche Lage in dem Boden bildet, welche alles Wurzelwachs= thum der Pflanzen hemmt. In diesem Falle also kann der Eisenvitriol zum Bildungsmittel des von jedem Pflanzenzüchter so gefürchteten und gehaßten Raseneisensteines werden.

§. 15. Die salpetersauren Salze oder Sal=
peterarten. — Lauter im Wasser leicht lösliche, unangenehm salzig kühlend schmeckende, auf glühenden Kohlen mehr
oder weniger lebhaft verpuffende und umherspritzende Salze,
welche vorherrschend aus der Verbindung der Salpetersäure
mit Kali, Natron, Ammoniak oder Kalkerde entstehen, wonach
man unter ihnen Kali=, Natron=, Ammoniak= und
Kalksalpeter unterscheidet. Im Allgemeinen entstehen sie
in der Natur überall da, wo faulige oder verwesende Stick=
stoff haltige Organismenreste mit kohlensaurem Kali, Natron,
Kalk u. s. w. in Berührung treten, indem, — wie auch schon
bei dem kohlensauren Ammoniak erwähnt worden ist — die
nach starken Säuren gierigen Basen der genannten Carbonate
den Stickstoff oder auch das schon aus ihm entstandene Am=
moniak anregen, durch Sauerstoffanziehung Salpetersäure zu
bilden, mit welcher sie sich dann unter Ausstoßung ihrer
Kohlensäure zu Salpeter verbinden. Am meisten findet dieses
statt in Bodenarten, welche Kalk oder verwitterte Feldspath=
trümmer enthalten oder künstlich mit Kalkschutt, Asche oder
Seifensiedeabfällen gemengt worden sind, sobald diese Boden=
arten von Viehheerden beweidet oder tüchtig mit thierischem
Dünger versorgt werden. Aber auch in Klüften und Höh=
lungen von Kalksteingebirgen, von leicht verwitternden Trachyt=,
Phonolith= und Basalttuffbergen findet man bisweilen Ueber=
züge von Salpeter in beträchtlicher Menge, sobald die Wände
dieser Klüfte von thierischen Fäulnißflüssigkeiten oder Dünger=
jauchen berieselt werden. Berühmt durch die Menge ihres
Kalisalpeters ist die Umgegend von Kálló in Ungarn, von
Belgrad, Homburg, Algerien u. s. w., während in den Thon=
und Sandablagerungen bei Iquique und Tarapaca im De=
partement Arequiba in Bolivien große Massen von Natron=
oder Chilesalpeter vorkommen. Am meisten jedoch macht sich
der Kalksalpeter bemerklich. An Mauern, welche aus Kalk=

stein oder kalkhaltigen Sandsteinen bestehen und an den mit
Kalkmörtel belegten Wänden der Viehställe zeigt sich derselbe
gar bald als ein mehlartiger Ueberzug, sobald dieselben mit
den Flüssigkeiten thierischer Abfälle oder auch mit den Ammo=
niak haltigen Dünsten dieser letzteren in Berührung kommen;
ja an den Wänden der menschlichen Wohnzimmer bildet sich
derselbe, wenn dieselben mit einem Mörtel bekleidet worden
sind, welchem Kuhhaare als Kittungsmittel beigemengt worden
waren. Wem ist nicht der Kehr= oder Mehlsalpeter oder Mauer=
fraß bekannt? Er besteht vorherrschend aus Kalksalpeter. —

Große Verehrer aller Salpeterarten sind übrigens alle
zweihufigen Säugethiere. Werden sie durch die Straßen der
Städte und Dörfer getrieben, so untersuchen und belecken sie
alle Wände der Mauern und Häuser, wo vielleicht durch den
flüssigen Unrath eines Hundes irgend eine Spur von Kalk=
salpeter entstanden ist. Aber eben so sehr werden diese Sal=
peterarten von den Pflanzen begehrt. Sie brauchen dieselben
zur Bildung ihres Eiweißes, Kaseïns und Fibrins. Daher
kommt es auch, daß an allen, aus thierischen und pflanzlichen
Resten in Untermengung mit Trümmern von Kalk oder auch mit
Asche bestehenden, Schutthaufen sich ein üppig wachsendes Volk
von Brennnesseln, schwarzem Nachtschatten, Schöllkraut, Stech=
apfel und Schwämmen, vor allen von Champignons, kurz von
lauter, nach Stickstoff reicher Nahrung begierigen, Gewächsen
behaglich ansiedelt. Alle diese Pflanzen deuten demnach auf
Salpeter im Boden hin; will man aber auf sichere Weise
denselben ausfindig machen, so darf man nur eine kleine
Probe eines Bodens auf glühende Kohlen streuen, beim Vor=
handensein von Salpeter spritzt dann derselbe mit Funken=
sprühen umher; oder man versetzt ein Pröbchen des aus dem
Boden ausgelaugten Wassers mit einem Krümchen grünen
Eisenvitriols und ein paar Tropfen Schwefelsäure: wird der
Eisenvitriol braun, so zeigt dieses Salpetersäure an.

II. Die Spathe.

§. 16. **Im Allgemeinen.** — An die im Wasser
leicht löslichen Salze schließen sich diejenigen Mineralien an,
welche in reinem Wasser gar nicht oder doch nur sehr wenig
lösbar erscheinen, sich aber gewöhnlich noch in Säuren (z. B.
in Salzsäure) oder auch in den Lösungen von kohlensauren
Alkalien (z. B. von Soda) zersetzen lassen und vorherrschend
aus der Verbindung von **Kohlen-, Schwefel-** und
**Phosphorsäure mit Kalkerde, Baryterde, Mag-
nesia oder auch mit Eisen- oder Manganoxydul**
bestehen, dabei aber auch das Eigenthümliche haben, daß
sich ihre Krystalle und krystallinischen Massen
in rhomboëdrische, rectanguläre oder rhombisch-
tafelförmige Theilkrystalle zerschlagen oder zerspalten lassen (woher auch ihr Namen: „Spathe" rührt).

Die meisten von diesen Spathen kommen gewöhnlich in
der näheren Umgebung der im Vorigen beschriebenen Salze
vor, sind in vielen Fällen das Bildungsmittel derselben und
bilden meist weit ausgedehnte Berg- oder Gebirgszüge.

Die wichtigsten von ihnen sind folgende:

§. 17. **Der Gyps** oder das **schwefelsaure Kalk-
erdehydrat** (auch Gypsspath, Alabaster, Frauenglas genannt).
— Der Gyps kommt theils in Krystallen, theils auch in derben
Massen von oft gewaltiger Mächtigkeit vor. Seine
Krystalle bilden entweder kurze schiefe Säulen,
welche gewöhnlich an ihren breiten Seiten von
zwei rhomboïdalen Flächen begrenzt werden,
während sie an jeder ihrer schmalen Seiten zugeschärft erscheinen (s. Fig. 1.), oder lange dünne
Stangen, welche theils strahlig, theils parallel

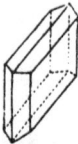

Fig. 1.

mit einander verwachsen sind und so im ersten
Falle stern- oder blumenförmige Gestalten (als **Stern-** und
Blumengyps), im zweiten Falle aber stengelige oder faserige

Aggregate (als S t a n g e n =, F a f e r = und S e i d e n g y p s) dar=
stellen. Die derben Maffen des Gypfes aber zeigen sich je
nach der Gestalt der sie zusammensetenden Gypstheile theils
späthig, wenn sie sich in lauter rhomboïdale Tafeln und Blät=
ter zerspalten laffen (z. B. der Gypsspath oder späthige Gyps,
welcher auch unter dem Namen F r a u e n = oder M a r i e n =
g l a s bekannt ist), theils kryftallinisch= oder zuckerkörnig, wenn
sie aus lauter kleinen Kryftallkörnern bestehen und oft dem
Zucker sehr ähnlich sind (z. B. der sogenannte A l a b a ster),
theils ganz dicht, so daß ihre Theile wie Staub aussehen
(der g e m e i n e G y p s). Mag nun aber der Gyps kryftalli=
sirt oder derb sein, immer ist er leicht an folgenden Merk=
malen erkennbar: Er ist so weich, daß er sich schon vom Finger=
nagel ritzen läßt, dabei so milde, daß man aus seinen Maffen
leicht alle möglichen Gestalten schneiden, drechseln oder schleifen
kann. Sein sp. Gewicht beträgt 2,s bis 2,4. — Der kryftal=
lisirte und späthige Gyps ist in dünnen Platten und Blättern
farblos, durchsichtig und stark glasglänzend; der stengelige
und faserige aber ist meist weiß, durchscheinend und glas= bis
seidenglänzend; der körnige und dichte endlich zeigt sich theils
schneeweiß und glänzend oder auch matt, theils durch Bei=
mischungen von Eisenoxyd, erdigen Theilen oder erdpechartigen
Substanzen ockergelb, braunroth, rauchbraun oder erdgrau
gefleckt, gestreift oder geadert. — Recht bezeichnend für ihn
ist sein Verhalten gegen Hitze, Waffer und chemische Reagen=
tien. Erhitzt man ein Stückchen Gyps in einer Glasröhre,
so schwitzt es so viel Waffer aus, daß die Wände der Röhre
ganz naß werden. Dabei wird der Gyps selbst so mürbe,
daß er sich schon zwischen den Fingern zu Mehl zerreiben
läßt; ja der durchsichtige wird dabei ganz undurchsichtig und
glanzlos. Schüttet man nun auf solchen gebrannten Gyps
viel Waffer, so bildet er zwar anfangs eine Milch, später
aber wird er wieder ganz hart. Die Anwendung des Gypses

zu Mörtel und Gypsfiguren gründet sich auf diese Eigenschaft
desselben.   Wenn man aber so viel Wasser auf das Gyps=
pulver schüttet, daß etwa auf 1 Theil Gyps 400 Theile
Wasser kommen, dann löst es sich ganz auf.   Demnach ist
doch der Gyps im Wasser löslich, wenn er auch große
Mengen desselben braucht.   Eigenthümlich ist es, daß der
Gyps sich in Wasser, in welchem sich aufgelöstes Koch= und
Glaubersalz befindet, weit leichter und in größerer Menge
löst, als in reinem Wasser.   Gegen Säuren dagegen ist er
scheinbar ganz unempfindlich, durch kochende Potasche aber
wird er zersetzt und in kohlensauren Kalk umgewandelt, während
die Potasche zu schwefelsaurem Kali wird. — Chemischer
Bestand: Der reine Gyps enthält in 100 Theilen seiner
Masse 46,5 Schwefelsäure, 31,6 Kalkerde und 20,9 Wasser.

Vorkommen. Der Gyps bildet bedeutende Ablage=
rungen in den verschiedenen Formationen der Erdrinde; am
massigsten jedoch tritt er auf in der Formation des Zechsteins,
Bundsandsteines, Muschelkalkes und Keupers.   In der Regel
steht er dann im Verbande mit thonigen, abwechselnd grau,
ockergelb und rothbraun gefärbten Mergelschichten, Dolomiten,
Thonlagern und auch wohl Steinsalzstöcken und zwar in der
Weise, daß über ihm zunächst Mergel und dann zu oberst
Dolomit, unter ihm aber entweder wasserfreier Gyps (Anhy=
drit) oder sogleich Thon und Steinsalz lagert.   Außerdem
finden sich seine krystallinischen, späthigen und faserigen Ab=
arten gar nicht selten nester=, platten= und adernweise in Rissen,
Spalten und Höhlungen von Thonablagerungen oder auch
gradezu in der Masse dieser letzteren eingebettet.   Endlich
aber zeigt er sich häufig im Boden= und Quellwasser aufge=
löst und dann gar nicht selten in solchem, welches in gar
keinem Verband mit irgend einer Gypsablagerung steht.
Wüßte man nun nicht, daß überall da, wo vitrioleszirende
Eisenkiese und deren Lösungen mit Kalkerde haltigen Minera=

lien, — mögen diese nun zu den Arten des Kalksteins und Dolomites oder der Feldspathe, Hornblenden und Augite gehören, — in Berührung kommen, Gyps gebildet wird, so würde man sich sein Erscheinen nicht blos in dem Wasser gar vieler, nicht aus Gypslagern kommender, Quellen, sondern auch in den Spalten von Basalten, Serpentinen, Grünsteinen, Graniten und Thonlagern nicht erklären können. Recht auffallend tritt diese eigenthümliche Bildung von Gyps durch Eisenvitriol in Mergelmassen, welche Eisenkiese enthalten, hervor; denn überall in diesen Mergeln erscheint der kohlensaure Kalk derselben da, wo er mit den Lösungen der vitriolescirenden Eisenkiese in Berührung kam, in Gyps umgewandelt, so daß nun die Masse derselben nicht mehr aus kohlensaurem Kalk und Thon, sondern aus Gyps und Thon, also aus sogenanntem Gypsmergel oder Thongyps besteht.

Bedeutung des Gypses im Haushalte der Natur. — Obgleich nach dem eben Mitgetheilten der Gyps als Felsart eine nicht unbedeutende Rolle spielt, so ist er doch als Bodenbildungsmittel nur von vorübergehendem Werthe, indem er verhältnißmäßig bald vom Wasser des Bodens aufgelöst wird, zumal wenn der ihn besitzende Boden eine feuchte Lage hat oder vorherrschend aus Thon oder Lehm besteht. In diesem Falle wird überhaupt ein Boden sich nur dann immer gypshaltig zeigen, wenn er entweder unmittelbar auf oder an dem Fuße von Gypsfelsmassen lagert. Indessen grade in der Löslichkeit des Gypses liegt nun sein hoher Werth für das Pflanzenleben; denn durch diese wird er der Hauptspender des Schwefels, welchen die Pflanzen zur Erzeugung des Eiweißes hauptsächlich in ihren Samen brauchen.

Um übrigens das Vorhandensein von Gyps im Brunnenoder Bodenwasser zu beobachten, versetzt man ein Pröbchen des letzteren mit einigen Tropfen Barytwasser und ein

zweites mit oxalsaurem Ammoniak: Entsteht in beiden
Fällen in dem Wasser ein weißer Niederschlag, so ist Gyps
in demselben vorhanden.

§. 18. Der Anhydrit oder Muriazit, ein treuer
Gefährte des Gypses und wie dieser aus Schwefelsäure und
Kalkerde bestehend, aber kein Wasser (daher auch sein
Namen, welcher auf deutsch „ohne Wasser" bedeutet) ent=
haltend, weßhalb er auch bei seiner Erhitzung in einer
Glasröhre diese letztere nicht mit Wassertröpfchen beschlägt.
Aber grade durch diese Eigenschaft, sowie auch durch seine
größere Härte, der zu Folge er sich nicht wie der Gyps
vom Fingernagel ritzen läßt, ist er am leichtesten von
diesem letzteren zu unterscheiden. In seiner Farbe dagegen
ist er dem Gypse meistens sehr ähnlich, wiewohl man ihn auch
häufig bläulich oder bläulichgrau gefärbt findet.

Wohl in jedem mächtig entwickelten Gypsstocke ist An=
hydrit zu finden; in der Regel bildet er dann entweder den
Kern oder die unteren Lagen der Gypsmasse. Am meisten
jedoch und am mächtigsten entwickelt zeigt er sich dann, wenn
unter dem Gypse Steinsalzlager auftreten; in diesem Falle
bildet er theils Zwischenlager zwischen, theils die unmittelbare
Decke über diesen letzteren, so daß man vermuthen möchte,
daß er aus der Entwässerung des Gypses durch das mit
diesem in Berührung stehende und immer nach Wasser gierige
Steinsalz entstanden ist.

Zur Bereitung von Mörtel ist übrigens der Anhydrit
sowenig wie zum Düngen der Felder zu gebrauchen, einer=
seits weil er durch das Brennen härter wird und sich nur
schwer pulvern läßt, andererseits weil er als Pulver mit
Wasser weder einen Schlamm bildet, noch sich in ihm lösen
läßt. Aber eben aus diesem Grunde muß man ihn kennen
lernen, damit man ihn vom Gyps unterscheiden kann und
nicht von Gypshändlern betrogen wird.

Bemerkung. Der Betrug mit Düngmitteln ist heutigen Tages sehr zur Mode geworden. Ganz besonders aber ist dieses der Fall mit dem Gypse, Mergel und Phosphorit. Es ist darum gut, daß man nicht blos die brauchbaren, sondern auch die un brauch= baren Düngmittel kennen lernt. Zu diesen letzteren gehört nun außer dem Anhydrit auch noch der Schwer= oder Barytspath, ein in seinem Ansehen theils dem Gyps=, theils dem Kalkspathe sehr ähnliches Mineral, welches aus 55,4 Baryterde und 34,6 Schwefel= säure besteht und durch sein großes specifisches Gewicht, welches = 4,3 bis 4,8 beträgt, ausgezeichnet ist, aber sich vom Gypse und Kalk (also auch vom Mergel) außer seiner großen Schwere noch unterscheidet

1) durch größere Härte, indem er sich nicht vom Fingernagel ritzen läßt und den Kalkspath ritzt;

2) durch seine Wasserlosigkeit und gänzliche Unlöslichkeit im Wasser;

3) durch seine Unempfindlichkeit gegen Säuren, indem er nicht wie der Kalkspath beim Betropfen mit Salzsäure aufschäumt.

§. 19. Der phosphorsaure Kalk. (Apatit und Phosphorit.) a) Im Allgemeinen. — Der phosphor= saure Kalk bildet zwar in keiner, bis jetzt bekannt gewordenen Felsart einen wesentlichen Gemengtheil, ja auch für sich allein nicht einmal Erdrindemassen von bedeutender Mächtigkeit und Verbreitung; trotzdem aber ist er ein wichtiges Mineral, denn er ist es, welcher der Pflanzenwelt ihren Bedarf an Phosphor und durch diese den Thieren das Hauptmaterial zur Bildung ihres Knochengerüstes und anderer Körpertheile liefert. Wohl ist er daher ein von jedem Pflanzenzüchter geschätztes und gesuchtes Mineral und deshalb einer näheren Betrachtung werth.

Er tritt theils in — gewöhnlich kurzen — sechsseitigen Säulenkryſtallen, theils in stängeligen oder faserigen oder auch nieren=, trauben= oder stalaktitenförmigen Aggregaten, theils in derben Massen mit dichten oder porösen Gefüge auf. Seine Masse ist spröde, läßt sich wohl vom Glase, aber nicht oder nur schwer vom Messer ritzen und zeigt ein spec. Gewicht = 3,13 bis 3,24. Von Farbe erscheint er

theils gelblich= oder bläulichgrün, theils graulich=, gelblich=
oder röthlichweiß, bisweilen auch gradezu braun oder grau,
aber im Ritze stets weiß. — In Salz= und Salpeter=
säure löst er sich leicht und vollständig auf. In
seinen Lösungen entsteht dann durch Barytwasser
ein weißer, in Salzsäure wieder löslicher, durch
Silberlösung ein schön gelber oder gelblichweißer,
durch Eiweißlösung aber kein Niederschlag. Ebenso
erzeugt Salmiak, Ammoniak und Bittersalz in denselben einen
weißen Niederschlag, so lange sie nicht sauer reagiren; ist
dieses letzte aber der Fall, dann entsteht durch Eisenchlorid
und essigsaures Natron ein solcher Niederschlag. Alle diese
Reaktionen zeigen das Vorhandensein von Phosphorsäure an;
dagegen zeigt der weiße Niederschlag, welchen oxalsaures
Ammon in den Lösungen des phosphorsauren Kalkes erzeugt,
die Gegenwart von Kalkerde an. — Phosphorsäure
und Kalkerde sind demnach die Hauptbestand=
theile unseres Minerales. Außerdem aber besitzt es
häufig auch Fluor oder statt dessen Chlor. Der erste
dieser beiden Bestandtheile färbt ein feuchtes Fernambukpapier
gelb, wenn man ein Pröbchen des Minerales mit etwas ge=
schmolzenen und gepulvertem Phosphorsalz in einer offenen
Glasröhre erhitzt; das Chlor dagegen bildet mit Silberlösung
in der salpetersauren Lösung des Minerales einen weißen,
in Ammoniak sich wieder lösenden Niederschlag.

Außer in Salz= oder Salpetersäure löst sich der phos=
phorsaure Kalk nun auch noch in Flüssigkeiten, welche humin=
und quellsaure Alkalien (namentlich quellsaures Ammoniak)
enthalten, wie dieses z. B. der Fall ist bei der Düngerjauche.
Ob er sich aber auch in Kohlensäure haltigen Wasser löst,
ist noch zweifelhaft; wenigstens soll nach G. Bischof 1 Theil
gepulverten Apatites bei ruhigem Stehen 393,000 Theile solchen
Wassers zu seiner Lösung brauchen.

b) Von dem phosphorsaurem Kalke sind hauptsächlich folgende Arten zu unterscheiden:

1) Der Apatit oder Spargelstein, welcher in sechs=seitigen Säulen krystallisirt und auch in derben Massen vor=kommt, gewöhnlich gelb= oder blaugrün (spargelgrün) gefärbt, nicht selten aber auch weißlich, erscheint und sich gewöhnlich theils eingewachsen im Granit, Gneiß, Glimmer= und Chlorit=schiefer oder auch im Dolerit, Basalt, Phonolith und Trachyt, theils auf Gängen und Lagern im Gebiete dieser ebengenann=ten Gesteine zeigt.

2) Der Phosphorit, welcher derbe Massen mit kör=nigem, faserigen oder dichtem Gefüge, stalaktitische Ueberzüge oder auch länglich eirunde Knollen von weißlicher, gelblicher, röthlicher, brauner oder grauer Farbe bildet und in der Regel neben seiner Kalkerde auch noch Eisenoxyd, Thonerde und Magnesia, sowie neben seiner Phosphorsäure auch noch Kohlen=säure, ja bisweilen auch noch etwas Schwefelsäure enthält, weßhalb man ihn in vielen Fällen als ein Gemisch von eigent=lichen Apatit mit kohlensaurem Kalk betrachten muß. Von ihm unterscheidet man:

α) den Osteolith oder Knochenstein, welcher weiß, erdig und knochenähnlich aussieht und kleine Lager und Nester im Gebiete der Basalte, Dolerite, Phonolithe und Trachyte bildet;

β) den thonigen Knollenphosphorit, welcher ein mit Thon, Kalk=, Magnesia und Eisenoxydulcarbonat ver=unreinigter Fluor=Apatit zu sein scheint und lagenweise ver=theilte Knollen in den Mergel= und Thonschichten der Jura= und Kreideformation bildet;

γ) den gemeinen Phosphorit, welcher bald wie ein grauweißer Kalkstein, bald wie ein gelblichgrauer, poröser oder zelliger Dolomit aussieht, nicht selten auch Versteinerungen einschließt, nesterweise in den verschiedenen Kalkformationen auftritt und häufig nichts weiter als ein, mit phosphorsaurem Kalk untermischter, Kalkstein, Dolomit oder auch Mergel ist.

Ueber die Benutzung des phosphorsauren Kalkes sei schließlich hier bemerkt, daß derselbe am schnellsten und besten als Düngmittel wirkt, wenn er pulverisirt und mit Mistjauche untermischt wird. Versuche haben gelehrt, daß Phosphorit- und Apatitpulver sich viel leichter in Düngerjauche löst, als Stücken dieses Minerales. Es verhält sich in dieser Weise grade wie Knochenpulver.

§. 20. Der Kalk (kohlensaurer Kalk; Calcit; Kalkspath; Aragonit; Kalkstein; Kalktuff; Marmor und Kreide). — Der kohlensaure Kalk ist unstreitig eins der interessantesten Minera- lien des Erdkörpers nicht nur wegen seiner so verschiedenartigen Köperbildungen und Eigenschaften, sondern auch wegen seiner außerordentlichen Verbreitung in und auf der Erde und wegen des gewaltigen Einflusses, welchen er im Haushalte der Natur und namentlich des Pflanzen- und Thierreiches besitzt. Wohl ist es daher der Mühe werth, denselben recht genau kennen zu lernen.

Betrachten wir demgemäß zunächst seine Körperbil- dungen. —

Der kohlensaure Kalk tritt theils in Krystallen, theils in Aggregaten der verschiedensten Gestalt, theils in derben, mächtige Gebirge und weit ausgedehnte Länderstrecken zusam- mensetzenden, Massen auf.

Seine zahlreichen Krystallgestalten lassen sich, so verschiedenartig sie auch geformt erscheinen, doch immer nur von zweierlei Grundkrystallformen ableiten, nemlich

entweder von einem Rhomboëder, d. i. von einem schiefen, durch sechs gleichgroße, Rhombenflächen umschlossenen, Würfel; oder von einem rhombischen Achtflächner oder einer Doppel- pyramide, welche von acht gleichgroßen, aber ungleichseitigen Dreiecken umschlossen ist und beim Abschlagen irgend einer Ecke eine rhombischen Fläche wahrnehmen läßt.

Man hat darum in der Mineralogie zweierlei Arten des kohlensauren Kalkes, nemlich

1) den Calcit oder Kalkspath, dessen Krystallgestalten sich alle von einem Rhomboëder ableiten lassen, und

2) den Aragonit, dessen Krystallformen sämmtlich von einem Rhombenoktaëder ableitbar erscheinen,

unterschieden. Beide Arten sind gleich interessant und beide von großer Bedeutung für Fels= und Bodenbildung, aber am meisten vorkommend und am weitesten verbreitet ist doch

1) der Calcit oder Kalkspath, dessen derbe Massen unter dem Namen Marmor oder Kalkstein allgemein be= kannt sind.

Wenn man auf ein Stück späthigen Calcites schlägt, so zerspringt es in größere und kleinere Rhomboëder (Fig. 2), deren jedes beim Darauf= schlagen abermals in kleinere schiefe Würfel zerspringt. Ganz dasselbe geschieht, wenn man irgend einen Calcitkrystall nach drei schief auf einander stehen= den Richtungen zerspaltet. Man nennt daher das Rhomboëder die Grundgestalt des Calcites, aus welcher sich alle andere Krystallgestalten desselben ab=

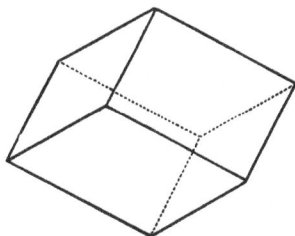

Fig. 2.

leiten lassen, je nachdem man entweder die Ecken oder die Kanten oder auch beide zugleich von diesem Rhomboëder ab= geschnitten und durch Flächen ersetzt denkt. Die hierdurch entstehenden abgeleiteten Gestalten lassen sich daher in folgende Gruppen vertheilen:

1. Calcitkrystalle, welche eine sechsseitige Säule bilden, die an ihrem oberen und unteren Ende durch eine ziemlich stumpfe Pyramide begrenzt wird. (Fig. 3.) Ist diese Säule

nun burch Wegschnitt ber zickzackig auf unb absteigenden Mit=
telkanten bes Rhomboëbers entstanben, so bestehen ihre Pyra=
miben aus brei Rhombenflächen; ist sie aber burch Wegschnitt
der sechs Mittelecke bes Rhomboëbers
entstanben, so erscheinen diese Pyrami=
ben von brei fünfeckigen Flächen be=
grenzt.

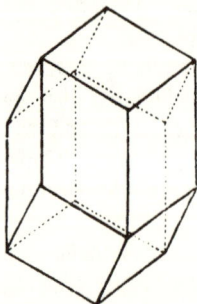

2. Calcitkrystalle, welche eine zwölf=
flächige Pyramibe (ober sechsseitige Dop=
pelpyramibe) bilben, beren sechs Mittel=
ober Querkanten zickzackig auf= unb
absteigen, so baß ihre Pyramibenflächen
abwechselnb größer unb kleiner sinb.
Diese Gestalten, welche man S k a l e =
n o ë b e r nennt, entstehen aus bem
Rhomboëber bann, wenn man seine
brei, in bie obere unb untere Rhomboëberspitze ausgehenben,
Kanten wegschneibet. (Fig. 4.)

3. Calcitkrystalle, welche eine sechsseitige
Tafel bilben, welche an ihren schmalen Seiten=
flächen zickzackig zugeschärft ist unb aus bem
Rhomboëber bann entsteht, wenn man seine
obere unb untere Spitze soweit wegschneibet, baß
nur noch eine bünne Platte ober Tafel übrig bleibt.

B e m e r k u n g. Man kann sehr leicht biese unb
anbere Krystallformen erhalten, wenn man an einem
aus Thon ober Wachs verfertigten Thonrhomboëber
alle bie eben angegebenen Schnitte in Wirklichkeit ausführt. Nur
muß man bas zu bearbeitenbe Rhomboëber stets so auf eine seiner
Spitzen stellen, baß bie zickzackig auf= unb absteigenben sechs Mittel=
kanten quer vor bem Beobachter stehen.

Es sinb übrigens im Vorstehenben nur bie brei Haupt=
formen ber Calcitkrystalle, auf welche sich alle anberen — bis

Fig. 3.

Fig. 4.

jetzt über 160 bekannt gewordenen — Formenarten zurück=
führen laſſen, beſchrieben worden. Dieſe Kryſtalle nun er=
ſcheinen theils (aber ſelten) einzeln ein= oder aufgewachſen,
theils ſind ſie zu mancherlei, z. B. zu büſchel=, garben=, roſet=
ten=, treppen= oder gebißförmigen Gruppen oder Druſen mit=
einander verwachſen.

Außer in Kryſtallen tritt nun aber auch der Calcit noch
in mannichfachen, aus Kryſtalltheilen zuſammengeſetzten Aggre=
gaten, ſo z. B. in Kryſtallrinden und Schalen, in eiszacken=
förmigen Spitzen und Säulen oder ſogenannten Stalaktiten
und in hirſe= bis erbſenkorngroßen Kugeln, welche gewöhnlich
durch ein kalkiges oder auch mergeliges Bindemittel unter
einander verkittet ſind und dann viele der ſogenannten Rogen=
ſteine oder Oolithe bilden, auf. Endlich bildet auch, wie oben
ſchon angegeben worden iſt, der Calcit derbe Maſſen, welche
oft gewaltige Gebirge zuſammenſetzen.

Soviel über die Körperformen des Calcites. Betrachten
wir nun ſeine phyſiſchen Eigenſchaften. — Die Co=
härenz des Calcites zeigt ſich je nach der Art ſeines Ge=
füges verſchieden. Seine Kryſtalle und ſpäthigen Maſſen ſind
ſo ſpröde, daß nicht nur ſchon ein Hammerſchlag hinreicht,
um ſie in lauter kleine Rhomboëder zu zerſprengen, ſondern
auch ſchneidende Inſtrumente unter Knirſchen nur kleine eckige
Stückchen von ihnen abzutrennen vermögen; dagegen laſſen
ſich die derben, körnigen und dichten Maſſen drechſeln und
ſchleifen, und die mit erdigem Geſüge verſehenen Maſſen der
Kreide ſind ſo milde, daß man ſie ſchon mit dem Meſſer leicht
in beliebige Figuren ſchneiden kann. Ebenſo iſt nun auch die
Härte verſchieden; denn während ſich die kryſtalliniſchen und
dichten Maſſen des Calcites nur vom Meſſer, aber nicht vom
Fingernagel ritzen laſſen, reibt ſich der Calcit mit erdigem
Geſüge, z. B. die Kreide, ſchon an der nackten Hand ab und
ſchreibt ſelbſt auf Papier. In ihrem ſpecifiſchen Ge=

wichte dagegen ſtehen alle Abarten zwiſchen 2,5 bis 2,0. —
Aber in der Farbe, der Durchſichtigkeit und dem
Glanze zeigen ſich wieder mannichfache Verſchiedenheiten.
Während nemlich die reinen Kryſtalle nicht ſelten ganz farb=
los, waſſerhell, glänzend und durchſichtig ſind, ja hinter ihren
Rhomboëdern Gegenſtände, z. B. Buchſtaben, ſogar doppelt
erſcheinen laſſen (alſo doppelte Strahlenbrechung beſitzen),
zeigen ſich die derben Maſſen mit ſpäthigem oder kryſtallini=
ſchen Gefüge nur weiß und durchſcheinend, aber immer noch
glänzend, und die derben Maſſen mit dichtem oder erdigen
Gefüge weiß, grau, bräunlich, ſchwarz, auch mannichfach ge=
fleckt und geadert (marmorirt), dabei ganz undurchſichtig und
glanzlos oder matt.

Von beſonderer Wichtigkeit iſt das chemiſche Ver=
halten des Calcites. Wird kohlenſaurer Kalk einer ſtarken
Glühhitze ausgeſetzt, ſo gibt er ſeine Kohlenſäure frei, ſo daß
zuletzt von ihm nur noch die Kalkerde (als ſogenannter Aetz=
kalk oder gebrannter Kalk) übrig bleibt, welche mit
Waſſer befeuchtet ſich ſtark erhitzt und zu Pulver zerfällt,
dann aber bei Mehrzuſatz von Waſſer Kalkbrei und Kalkmilch
bildet und ſich endlich in noch weiter zugeſetztem Waſſer (zu
„Aetzkalkwaſſer“) ganz auflöſt. Leitet man dann in dieſe
Kalkerde=Auflöſung Kohlenſäure, ſo entſteht abermals eine
Milch, welche wieder aus kohlenſaurem Kalk beſteht; welcher
demnach in Waſſer unlöslich iſt. Läßt man nun aber
noch weiter Kohlenſäure in den ſich bildenden Niederſchlag
von kohlenſaurem Kalk dringen, ſo löſt er ſich wieder ganz
auf; er iſt demnach als doppeltkohlenſaurer Kalk
im Waſſer auflöslich. Ganz daſſelbe würde geſchehen,
wenn man Pulver von gewöhnlichem kohlenſaurem Kalk mit
Kohlenſäure haltigem Waſſer in Berührung bringt. Kohlen=
ſäure haltiges Waſſer iſt in der That das Haupt=
löſungsmittel des Kalkſteines in der Natur. Bei

der Verdunstung dieses Lösungsmittels scheidet
er sich dann als unlöslicher einfach kohlensaurer
Kalk wieder aus. Eine große Menge von Erscheinungen
in der Natur gründen sich auf dieses Verhalten des Calcites
zum Kohlensäure haltigen Wasser. Die Kalküberzüge an
Pflanzen, Thierresten und Steinen in der nächsten Umgebung von Gewässern, welche doppelt kohlensauren Kalk gelöst enthalten, die Entstehung von Kalktufflagern und Rogen-
steinen auf dem Grunde und an den Ufern von solchen Gewässern, die Bildung von Stalaktiten und krystallinischen
Sinterüberzügen an den Wänden und Decken von Höhlen in
Kalkbergen; die Mergelung von thonigen Bodenarten, welche
von Kalk führenden Gewässern durchriefelt werden, — alles
das sind Erscheinungen, welche sich auf das eben erwähnte
Verhalten des Kalksteins zum kohlensauren Wasser gründen.
Aber der kohlensaure Kalk ist außerdem auch in allem Wasser
auflöslich, welches humussaure Alkalien (z. B. ulmin-, humin-
und quellsaures Ammoniak) enthält, wie später gezeigt werden
wird. Kommt er dagegen mit starken Säuren, z. B. mit
Oxal-, Schwefel-, Phosphor-, Salpeter-, Essig- oder Salzsäure,
in Berührung, so wird er unter Ausstoßung seiner Kohlensäure
zersetzt, woher es auch kommt, daß er beim Betropfen
mit einer der genannten Säuren stark aufschäumt.
Dabei aber wird man auch bemerken, daß er nur bei der
Behandlung mit Salpeter-, Salz- oder Essigsäure sich auch
ganz auflöst, dagegen mit Oxal-, Schwefel- und Phosphorsäure wohl umgewandelt, aber nicht gelöst wird. Wie die
genannten Säuren, so wirken auch die in Lösung befindlichen
Schwermetallsalze dieser Säuren, z. B. Eisen- und Kupfervitriol umwandelnd auf den Kalkstein ein, indem sie ihm ihre
starken Säuren geben und dafür seine Kohlensäure aufnehmen,
so daß aus ihm schwefelsaurer Kalk wird, wie schon bei der
Beschreibung des Eisenvitriols gezeigt worden ist. Merkwürdig

aber ist sein Verhalten gegen faulende oder verwesende Orga=
nismenreste, welche Stickstoff enthalten. Kommt er nemlich
mit solchen Resten in dauernde Berührung, so treibt er den
Stickstoff derselben an, durch Anziehung von Sauerstoff Sal=
petersäure zu bilden, mit welcher er sich dann zu Kalk=
salpeter verbindet, wie bei der Beschreibung der salpeter=
sauren Salze schon mitgetheilt worden ist. Sind aber solche
Organismenreste frei von Stickstoff, so treibt er den Kohlen=
gehalt derselben an, durch Anziehung von Sauerstoff Humus=
säuren zu bilden, mit denen er sich dann zu humussaurem
Kalk verbindet, welcher jedoch bald unter Anziehung von
Sauerstoff zu im Wasser löslichen doppeltkohlensauren Kalk
umgewandelt wird. Der kohlensaure Kalk ist demnach, zumal
in gepulvertem Zustande, ebenso wie der gebrannte Kalk und
die kohlensauren Alkalien ein gutes Zersetzungsmittel aller
fauligen Organismenreste und darum auch ein gutes
Düngmittel; nur muß Feuchtigkeit vorhanden
sein, denn diese erweicht und zertheilt einerseits die Orga=
nismenreste, so daß sie in innige Berührung treten können mit
den Kalktheilen, und regt andererseits diese letzteren zur Ver=
bindung mit den fein zertheilten Organismenresten an. Da=
her kommt es auch, daß kohlensaurer Kalk auf feuchten,
thonigen oder lehmigen Bodenarten weit besser wirkt als auf
sandreichen Bodenarten, zumal wenn diese eine trockene, sonnige
Lage haben, und daß ein mit einer, die Feuchtigkeit zusammen=
haltenden, Pflanzendecke, z. B. mit Wald, versehener Kalkberg
üppig fruchtbar ist, während derselbe Berg, wenn er seiner
Pflanzendecke beraubt wird, trotz seines Kalkgehaltes unfrucht=
bar erscheint.

Soviel über das chemische Verhalten des Calcites. Was
nun endlich seine chemische Zusammensetzung betrifft,
so besteht er im reinem Zustande aus 56 Theilen Kalkerde
und 44 Th. Kohlensäure. In der Regel aber erscheint zu=

mal der dichte, derbe Kalkstein in seiner Masse auf die
mannichfachste Weise verunreinigt theils durch chemische Bei=
mischungen von Magnesia, Barhterde, Eisenoxhdul, Man=
ganoxhdul, Phosphorit u. s. w. theils durch mechanische Bei=
mengungen von Eisen= und Manganoxhd, pulverige Kieselsäure,
Schwefelcalcium, kohlige und erdharzige Theile (Bitumen) und
Thon.

Erkennungsmerkmale. Der Calcit wird durch
Schwefelsäure unter Schäumen in (unlöslichen) Ghps umge=
wandelt; durch Salzsäure oder Salpetersäure aber ebenfalls
unter starkem Aufbrausen gelöst und gibt dann mit oxalsaurem
Ammoniak, zumal beim Umrütteln der Lösung, einen weißen
unlöslichen Niederschlag.

2) Der Aragonit, welcher ganz dieselbe chemische Zu=
sammensetzung und dieselben chemischen Eigenschaften, wie der
Calcit hat, ist von diesem letzteren nur durch eine größere
Härte, durch ein stärkeres specifisches Gewicht (= 2,9 — 3)
und durch andere Krhstallformen unterschieden. Er bildet
nemlich etwas breitgedrückte sechsseitige Säulen, welche an
ihrem oberen und unteren Ende theils ein zwei=, theils ein
vierflächiges Dach haben, theils auch durch eine gerade, schief=
gestreifte Endfläche begrenzt werden, — oder auch langge=
zogene Doppelphramiden, welche oft wie Nadeln und Spieße
so dünn und dann gewöhnlich zu strahlignadeligen oder strahlig=
faserigen Kugeln (z. B. bei dem Erbsenstein und manchem
Rogenstein) oder auch zu parallelstengeligen Aggregaten (z. B.
an manchen Stalaktiten und Sinterrinden) verbunden sind.

Abarten des Kalkes: Je nach der Art seiner Bil=
dung, je nach den Formen, unter denen er auftritt, und je
nach den Beimengungen seiner Masse hat man eine große
Zahl von Abarten des Calcites aufgestellt. Die wichtigsten
unter diesen sind folgende:

a) Kalkspath oder späthiger Kalkstein, meist

plattenförmige Massen, welche sich in lauter Rhomboëder zer=
schlagen lassen;

b) körnigkrystallinischer Kalkstein oder Mar=
mor, oft dem Zucker sehr ähnlich;

c) Faserkalk;

d) dichter und erdiger Kalk, zu welchem der ge=
meine Kalkstein und die Kreide gehört;

e) poröser und röhriger Kalk, zu welchem der
Kalktuff und Travertin gehört;

f) Kalksinter in dichten oder krystallinischen Rinden
auf den Wänden von Spalten und Höhlen;

g) Rogen= und Erbsenstein (Oolith und Pisolith); hirsen=
bis erbsengroße, strahligfaserige und concentrischschalige Kalk=
kugeln, welche durch ein Kalkbindemittel verkittet sind;

h) Stinkkalk, grauer, dichter oder poröser, durch
Schwefelcalcium verunreinigter und beim Reiben nach Schwe=
felwasserstoff riechender Kalkstein;

i) bituminöser Kalk, ein dichter rauchgrauer bis
schwärzlicher, beim Glühen und Reiben bald nach Erdpech,
bald nach Schwefel riechender, durch Erdharz (Bitumen) ver=
unreinigter Kalkstein;

k) Eisenkalkstein, ockergelb oder rothbraun;

l) Thon= oder Mergelkalkstein, meist gelblich grau,
thonhaltig;

m) sandiger oder Grobkalk, sandhaltig;

n) dolomitischer Kalkstein, ein grauer oder gelblich=
grauer, dichter, poröser und zelliger Kalkstein, welcher aus
einem Gemenge von Kalkstein und Dolomit besteht.

Vorkommen, Bedeutung und Bildungsstätten
des Kalkes. Wohl kein anderes Mineral hat einen so
ausgedehnten Verbreitungskreis in und auf der Erdrinde,
wie der kohlensaure Kalk. Ist er auch in den gemengten
krystallinischen Gesteinen (z. B. im Kalkglimmerschiefer der

Alpen), nur ausnahmsweise als wesentlicher Bestandtheil zu finden, so lange sie noch frisch und unverändert sind; tritt er auch in der Masse dieser nur als Ausscheidung ihrer in der Umwandlung begriffenen ursprünglichen Gemengtheile auf Spalten und Klüften, auf Blasen= und Zellenräumen (z. B. im Mandelstein des Diabas und Melaphyr) auf, so bildet er dafür für sich allein nicht blos das Ausfüllungsmittel der klaffenden Gang= und Höhlenräume zwischen den alternden Erdrindenmassen der verschiedenen Formationen, sondern auch selbstständig auftretende Gebirgsmassen von colossaler Mächtig= keit und Ausdehnung in den verschiedensten Lagen, Zonen und Regionen der Erdoberfläche. In der That, man möchte fragen, wo ist wohl ein Raum auf dem Erdkörper, welcher nicht irgend ein Quantum dieses Minerales enthielte? Da, wo Felsarten auftreten, welche Oligoklas, Labrador, Anorthit, Hornblende, Augit, Diabas, Granat, Epidot oder Zeolithe enthalten, fehlt er sicher ebenso wenig als da, wo Kalksteine, Dolomite, Mergel und Trümmergesteine mit kalkhaltigem Bindemittel ihre Massen ausbreiten; denn alle die zuerst ge= nannten Minerale enthalten kieselsaure Kalkerde und geben sie als Calcit oder Aragonit frei, sobald kohlensaures Wasser auf sie einwirkt. — Und ebenso wenig mangelt er da, wo die Meereswoge ihren Schlamm zu Marschen aufhäuft oder ihren Sand vom Winde zu den flüchtigen Hügelreihen der Dünen aufwerfen läßt; denn im Meere leben Myriaden von Conchylien und Polypen, deren Gehäuse aus kohlensaurem Kalke bestehen und dann von der Meeresfluth zerrieben und zermalmt das Material theils zum Aufbau von unterseeischen Kalksteinablagerungen, theils zur Mischung des Marschbodens oder des Dünensandes liefern. Muß doch selbst die Pflanze zu seiner Darstellung helfen; denn alle Kalksalze, welche sie während ihres Lebens dem Boden entzieht, mögen sie nun salpeter=, phosphor= oder, schwefelsaure sein, zerlegt sie in

4*

ihrem Körper und gibt sie dann beim Verwesen dieses letz=
teren als kohlensauren Kalk dem mütterlichen Boden zurück. —
So möchte sich denn also vielleicht nur da, wo das ewige Eis zu
unwirthsamen Gebirgen sich aufthürmt, oder da, wo Kalkerde
lose Mineralien die Erdoberfläche zusammensetzen, ein kalk=
leerer Flecken finden, — indessen auch nur dann, wenn kein
Vogel auf demselben sich häuslich niederläßt, und kein Wasser ihn
benetzen kann, welches aus kalkhaltiger Umgebung zu ihm gelangt.

Schon aus dieser gewaltigen Ausbreitung des kohlen=
sauren Kalkes ergibt es sich, daß er von außerordentlicher
Wichtigkeit nicht blos für den Aufbau und die Erhaltung der
Erdrinde, sondern auch für die Zusammensetzung der Erd=
krume und für den Ernährungsprozeß aller Organismen sein
muß. — In der That, durch seine leichte Löslichkeit in kohlen=
saurem Wasser und doch auch wieder durch seine leichte Aus=
scheidung aus diesem Lösungsmittel wird er zunächst zum
geeignetesten Mittel, nicht blos die vielfach geborstene und
zerklüftete Erdrinde wieder zusammenzukitten und auf der
Oberfläche der Erde selbst an den Ufern der Gewässer neue
Erdrindelagen zu bilden, sondern auch in Verbindung mit
thierischem Schleim die Gehäuse um den weichen, knochen=
losen Körper der Mollusken, Strahlthiere und Polypen dar=
zustellen; durch diese seine leichte Löslichkeit in kohlensaurem
Wasser wird er ferner zum vortrefflichen Nahrmittel der
Pflanzen, indem er denselben Kohlensäure zuführt; aber da=
durch, daß er sich im Pflanzenkörper leicht durch die in dem=
selben vorhandenen organischen Säuren zerlegen läßt und
dann mit diesen Säuren im Wasser unlösliche Salze bildet,
welche sich an den Wänden des Pflanzenzellgewebes absetzen,
wird er endlich auch zum besten Festigungsmateriale des
Pflanzenkörpers. Kein Wunder daher, daß auf einem mit
Kalk und Verwesungsstoffen wohl versorgten Boden das
reichste und mannigfaltigste Pflanzenleben seinen dauernden

Sitz hat. Zu allem diesen kommt nun noch, daß der kohlen=
saure Kalk, wie später bei der näheren Betrachtung des Erd=
bodens noch weiter gezeigt werden soll, nicht blos als Nahr=
mittel, sondern auch als Bodenbildungsstoff für das Pflanzen=
leben von größter Wichtigkeit ist; denn kann er auch vermöge
seiner Löslichkeit in kohlensäurehaltigem Wasser und in Folge
der Unfähigkeit seines Sandes und Pulvers, Feuchtigkeit an=
zuziehen und festzuhalten, für sich allein keine selbstständige
Erdkrume bilden, so ist er doch in Folge seiner großen Wärme=
haltungskraft das beste Mittel, Bodenarten, welche
ein allzustarkes Vermögen besitzen, Feuchtigkeit
anzuziehen und festzuhalten und in Folge davon
immer naß und kalt zu sein, zu verbessern. In
dieser Weise wandelt er bei gleichmäßiger Untermengung um:

a) den strengen, nassen und kalten, beim Eintrocknen zu
harten Knollen zerberstenden Thon in mürben, mäßig feuchten
und warmen Mergel oder Kalkthon;

b) die nur sauren Humus erzeugende, von Wasser durch=
drungene Vertorfungsmasse abgestorbener Pflanzen in einen
fruchtbaren, milden Humus. Die letztere aber vollbringt er
namentlich auch durch die Begierde seiner Kalkerde, sich mit
Salpetersäure oder mit Humussäure zu verbinden.

§. 21. Dolomit (nach dem franzöf. Mineralogen Do=
lomieu benannt; auch Rauhkalk z. Theil). Ein dem Kalk
oft nicht unähnliches Mineral, welches, wie dieser in Rhom=
boёdern krystallisirt, aber auch in mächtigen, oft wild zerrisse=
nen, prallansteigenden Felsriffen auftritt, deren Masse ge=
wöhnlich stark zerklüftet, zellig und porös, oft aber auch dicht
oder krystallinisch=körnig ist, so daß sie zumal bei weißer Farbe
dem Zucker, Marmor oder selbst einem Sandsteine ähnlich
sieht. Von Farbe ist der Dolomit gewöhnlich gelblich=röth=
lich= oder rauchgrau, bisweilen auch dunkelgraubraun bis fast
schwarz, indessen nicht selten auch weiß.

Von dem, ihm ähnlichen, Kalksteine unterscheidet er sich hauptsächlich durch folgende Merkmale:

1) Er ist härter als der Kalk, indem er sich zwar ebenso wie dieser vom Messer ritzen läßt, aber selbst diesen wieder ritzt;

2) er ist schwerer; denn sein spec. Gewicht beträgt 2,85—2,95;

3) betropft man ihn mit Salzsäure, so schäumt er erst nach einiger Zeit und dann immer nur schwach und allmählich auf, am ersten noch, wenn man ihn pulverisirt und mit warmer Salzsäure betropft;

4) in concentrirter Schwefelsäure löst er sich unter allmählichem Blasenwerfen theilweise und unter Bildung eines weißen Niederschlages von Gyps auf. Versetzt man nun die so erhaltene Mischung mit Wasser, läßt sie ruhig stehen und hängt dann einen wollenen Faden in die, über den Niederschlag befindliche, klare Flüssigkeit, so setzen sich an dem Faden kleine Krystallnadeln ab, welche wie Bittersalz schmecken und in der That auch aus schwefelsaurer Magnesia bestehen, wie der Niederschlag beweist, welchen die Lösung dieser Nadeln sowohl mit Barytwasser wie mit phosphorsaurem Natron gibt.

Aus diesem letzten Versuche ersehen wir zugleich, daß der Dolomit aus kohlensaurem Kalk und kohlensaurer Magnesia, — genauer: aus 54,3 kohlensaurem Kalk und 45,7 kohlensaurer Magnesia, — besteht, dabei aber sehr oft auch etwas kohlensaures Eisenoxydul und Manganoxydul, ja nicht selten auch noch kohlensauren Kalk mechanisch beigemengt enthält, so daß er also in dem letzten Falle als ein Gemenge von kohlensaurem Kalk und kohlensaurer Magnesia=Kalkerde besteht und dann eine Gesteinsmasse bildet, welche als eine Mittelstufe zwischen dem einfachen Kalksteine und dem einfachen Dolomite zu betrachten ist. Der meiste Rauh= und Magnesia= kalkstein oder dolomitische Kalkstein gehört zu diesem

Mittelgesteine, was man übrigens leicht durch sein Verhalten
gegen Säuren, namentlich gegen Essigsäure vom eigentlichen
Dolomite unterscheiden kann. Die Essigsäure nemlich löst nur
den mechanisch beigemengten kohlensauren Kalk, aber nicht den
eigentlichen Dolomit auf. Befeuchtet man daher einen solchen
Rauhkalk mit dieser Säure, so braust und löst er sich nur da
auf, wo grade kohlensaurer Kalk sitzt. Und legt man ein
Stück Rauhkalk in Essigsäure, so zieht diese nach und nach
den mechanischen beigemengten Kalk ganz heraus, so daß nur
ein poröses, zelliges Gerippe von reinem Dolomite übrig
bleibt. Was nun bei diesem Versuche die Essigsäure thut,
das bewirkt in der Natur schon Kohlensäure haltiges Wasser.
Dieses letztere löst aus dem Rauhkalke ebenfalls nur den beigemengten kohlensauren Kalk auf und laugt ihn nun entweder
ganz aus oder setzt ihn bei seiner Verdunstung in allen Zellen
und Spalten des so entstandenen Dolomites theils als Drusen
von Kalkspath= oder Aragonitkrhstallen theils als pulverigen
Kalk (— sogenannte Asche —) wieder ab. Daher kommt
es, daß alle Rauhkalkfelsen, zumal wenn sie stellenweise mit
Wald bedeckt sind, an ihrer Oberfläche so zellig und zerklüftet
aussehen, in der Tiefe aber noch eine dichte, compacte Felsmasse zeigen; in allem diesen liegt aber auch der Grund,
warum auf Rauhkalkbergen, so lange sie durch eine lebende
Pflanzendecke, welche durch ihre jährlich absterbenden Blätter
fort und fort Kohlensäure und Wasser liefert, beschattet und
feucht gehalten werden, eine so üppige und mannichfaltige
Pflanzenwelt auftritt, warum aber auch auf eben diesen Rauhkalkbergen alles Pflanzenleben ausstirbt, sobald dieselben ent-
waldet und den sie ausdürrenden Strahlen der Sonne ausgesetzt werden.

Der aus einem Gemenge von kohlensaurem Kalk und
Dolomit bestehende Rauhkalk kann demnach unter sonst günstigen Verhältnissen zum kräftigen Pflanzenernährer und als

Sand, feuchten, thonigen, lehmigen und auch morastigen Bo=
denarten reichlich beigemengt, zum guten Düngmittel werden.
Nicht so ist es mit dem eigentlichen Dolomit.   Dieser wider=
steht, wie auch schon aus dem Obigen zu bemerken ist, der
Einwirkung des Kohlensäure haltigen Wassers sehr lange;
ja dieses letztere kann nur dann lösend auf seine Masse ein=
wirken, wenn es lange Zeit mit ihr in Berührung bleiben
kann.   Dieses ist aber nur der Fall in den Klüften des Do=
lomites; daher kommt es auch, daß dolomitische Felsmassen,
welche äußerlich noch ganz fest und frisch aussehen, in ihrem
Innern ganz zernagt und höhlenreich sind.

Wie nun der Dolomit der Lösung durch Kohlensäure
haltiges Wasser, so widersteht er auch der chemischen Ein=
wirkung der übrigen Atmosphärenstoffe, aber wenn Wasser
die zahlreichen Spalten und Risse seiner Felsmassen ausfüllt
und plötzlich zu Eis erstarrt, dann zersprengt es diese letzteren
zu einem wilden Chaos von großen und kleineren Blöcken
und diese endlich auch zu Dolomitsand.   Dieser Sand,
welcher in seinem physischen Verhalten, namentlich gegen die
Wärmestrahlen der Sonne, dem Quarzsande nahe kommt,
wirkt auf nasse Bodenarten erwärmend und lockernd ein,
ohne jedoch die Wärme in so starkem Grade zusammenzu=
halten, wie es der kohlensaure Kalk allein thut.   Er gleicht
auch darin noch dem Quarzsande, daß er sich während des
Tages stark erhitzt und dann wieder des Nachts so stark ab=
kühlt, daß er sich stark bethauet.   In allem diesen mag der
Grund liegen, warum man auf dem Sandschutte des Dolo=
mites oft dieselben Pflanzenarten bemerkt, welche sonst nur
dem eigentlichen Sandboden eigenthümlich sind.   Soll er in
einem Boden sich auflösen, so muß er mit reichlichen
Verwesungsstoffen in Berührung gebracht werden; alsdann
wird er durch die fort und fort aus diesen Stoffen sich ent=
wickelnde Kohlensäure und mit Hülfe der Bodenfeuchtigkeit

allmählich doch noch in löslichen doppeltkohlensauren Kalk und lösliche doppeltkohlensaure Magnesia umgewandelt. —

Vorkommen: Obwohl der Dolomit hie und da, z. B. in den St. Gotthard-Alpen, im Gebiete der Hornblende- und Augitgesteine auftritt, so zeigt er sich doch am meisten und massigsten entwickelt in dem Gebiete der Zechstein-, Buntsand- stein-, Keuper- und Juraformation. In der Regel bildet er dann das oberste, durch seine höhlenreichen, wild zerrissenen, Felsriffe ausgezeichnete, Glied dieser Formationen, während unter ihm Mergel und thonige Kalksteine ihre oft buntge- färbten Ablagerungen bemerklich machen.

§. 22. Mergel. Obgleich nicht zu den krystallinischen Mineralien gehörig, sondern theils ein Verwitterungsproduct von Kalk- und Thonerde haltigen Mineralien, theils eine aus kohlensaurem Kalk und Thon oder Lehm zusammengeschwemmte Masse möge der Mergel doch an dieser Stelle seine Beschrei- bung finden, da er einerseits in seinen chemischen Eigenschaften mit dem Kalksteine und Dolomit manches gemein hat, und andererseits mit diesen letztgenannten beiden Gesteinen gewöhn- lich zusammen vorkommt.

Der Mergel ist ein unkrystallinisches, sandigkörniges oder dichtes bis erdiges, oft auch poröses oder auch zelliglückiges Gestein von unrein grauer, bläulicher, grünlicher, ockergelber oder braunrother, seltener weißlicher Farbe und geringem oder gar keinem Glanze; vom Messer ritzbar, nicht selten so- gar zwischen den Fingern zerreiblich. An der Luft liegend zerfällt er allmählich zuerst in scharfkantige, spitzeckige Stück- chen und Blättchen, zuletzt aber in eine feinkrumige bis pul- verige Erde.

Mit Salz- oder Salpetersäure übergossen löst er sich unter bald stärkerem, bald schwächerem Aufschäumen nur theil- weise und unter Abscheidung von Thonschlamm und auch wohl von feinem Sande, bisweilen auch von braunem

Bitumen auf.   Durch Schwefelsäure aber wird er in ein schlammiges Gemisch von Gyps und Thon umgewandelt. Dasselbe geschieht auch, wenn seine Masse viele verwitternde oder vitriolescirende Eisenkiese beigemengt enthält; ja in diesem Falle erscheint seine Masse in allen Ritzen und Spalten, durch welche die Lösung von Eisenvitriol geflossen ist, von — gewöhnlich faserigen oder späthigen — Gyps durchzogen, während die Wände dieser Spalten nur noch aus Thon bestehen. Hierdurch entsteht der sogenannte Gypsmergel oder Gypsthon. — Durch reines Wasser kann er höchstens nur geschlämmt, aber nicht gelöst werden; dagegen löst und laugt Kohlensäure haltiges Wasser aus seiner Masse allmählich allen Kalk aus, so daß von dem Mergel zuletzt nur noch gemeiner Thon übrig bleibt.   Dasselbe geschieht auch, wenn feuchte Verwesungssubstanzen, welche bekanntlich viel Kohlensäure aus sich heraus entwickeln, mit Mergel in stetiger Berührung stehen; daher kommt es auch, daß reiche Mergeläcker, welche gut gedüngt werden, anfangs zwar sehr fruchtbar erscheinen, aber allmählich in dem Grade, wie ihr Kalkgehalt abnimmt, immer unfruchtbarer und zuletzt zu zähen, nassen Thonäckern werden; — mit einem Worte: „ausgemergelt" sind.

Seiner Zusammensetzung nach erscheint der Mergel im Allgemeinen als ein inniges und gleichmäßiges, aber mechanisches, Gemenge von Thon mit mindestens 20 Proz. kohlensaurem Kalk oder auch mit mindestens 15 Proc. Dolomit.   Zu diesem Gemenge indessen treten häufig mehrere Procente amorpher, durch Sodalösung ausziehbarer, Kieselsäure, Eisenoxyd, Bitumen und Sand.   Durch dieses Alles, sowie auch durch das schwankende Mengeverhältniß zwischen seinen Hauptgemengtheilen wird die Masse des Mergels so abgeändert, daß man mehrere Abarten desselben unterschieden hat, unter denen die folgenden am meisten vorkommen:

1) **Kalkmergel**, welcher höchstens 25 Proc. Thon enthält und bei seiner Behandlung mit Salzsäure stark aufschäumt und sich rasch mit einem geringen Absatze von Thon löst;

2) **Thonmergel**, welcher höchstens 20 Proc. Kalk enthält und mit Salzsäure nur langsam braust und bei seiner Lösung einen starken Absatz von Thon gibt;

3) **Dolomitmergel**, welcher erst nach dem Pulverisiren langsam mit Säuren aufbraust und bei der Behandlung mit Schwefelsäure Gyps, Bittersalz und 50 bis 80 Proc. Thonrückstand gibt;

4) **Kieselmergel**, ein von amorpher Kieselsäure mehr oder wenig durchdrungener, vom Messer schwer oder auch gar nicht ritzbarer Mergel, welcher bei der Behandlung mit Salzsäure nächst Thon auch Kieselmehl, welches durch Sodalösung auflösbar wird, gibt und nicht selten auch Drusen von schön ausgebildeten Quarzkrystallen enthält;

5) **Sandmergel**, welcher schon beim Schlämmen seines Pulvers eine kleinere oder größere Menge von Sandkörnchen absondert;

6) **Bituminöser Mergel**, welcher dunkelrauchgrau bis schwärzlich ist, beim Glühen oder Liegen an der Luft licht gefärbt wird und bei der Behandlung mit Salzsäure einen braunen, erdpechähnlich riechenden, Schaum gibt. Oft schiefrig und dann den **bituminösen Mergelschiefer** bildend;

7) **Eisenschüssiger Mergel**, ein durch beigemengtes Eisenoxyd ockergelb oder braunroth gefärbter Mergel.

Vorkommen. Die eben beschriebenen Abarten des Mergels treten in verschiedenen Formationen der Erdrinde, namentlich aber in der Zechstein=, Buntsandstein=, Muschelkalk=, Keuper=, Lias=, Jura= und Kreideformation, auf. Gewöhnlich lagern sie theils unter Dolomit oder auch Kalkstein, theils auf Sandstein und stehen mit Gyps in mannichfachem Ver=

bande. Indeſſen iſt nicht alles, was man Mergel nennt, auch
wirklich ſolcher. So finden ſich z. B. in der Buntſandſtein-
und Keuperformation abwechſelnd grüngrau, ockergelb und
braunroth gefärbte Ablagerungen, welche oft nach allen Richtungen von weißen und rothen Gypsadern durchzogen erſcheinen und unter dem Namen der „bunten Mergel" bekannt
ſind. Aber dieſe Ablagerungen ſchäumen in der Regel gar
nicht mit Salzſäure und löſen ſich auch gar nicht in dieſer
Säure; mithin enthalten ſie auch keinen kohlenſauren Kalk.
Da ſie in der Regel Gyps enthalten, alſo zu den Gyps-
mergeln gehören, ſo iſt es nicht unwahrſcheinlich, daß ſie
früher einmal wirklicher Mergel waren, aber durch vitriolescirende Eiſenkieſe, die ihrer Maſſe beigemengt waren, nach
und nach ihres kohlenſauren Kalkes beraubt und in Gyps
führenden Thon umgewandelt worden ſind.

Außer in den eben angegebenen Ablagerungsorten kommen
aber auch nicht ſelten Mergelbildungen in an ſich thonigen
und lehmigen Ackerbodenarten vor, welche am Fuße bewalde-
ter Kalkberge lagern. Dieſe Mergelbildungen, die unter gün-
ſtigen Verhältniſſen noch fortwährend vor ſich gehen, werden
dadurch hervorgerufen, daß ſich unter dem Einfluſſe der ver-
weſenden und Kohlenſäure entwickelnden Waldabfälle in dem
Kalkboden der Berge löslicher doppeltkohlenſaurer Kalk bildet,
welcher nun durch Regenwaſſer den am Fuße dieſer Berge
liegenden Bodenarten zugeleitet und durch deren Thon- oder
Lehmkrume aufgeſogen und feſtgehalten wird. Sind nun
dieſe Bodenmaſſen pflanzenleer und nicht weiter cultivirt, ſo
häuft ſich in ihrem Thone oder Lehm der zugefluthete Kalk
ſo an, daß ein wahrer Mergelboden entſteht, werden aber
dieſe Bodenarten tüchtig bepflanzt, ſo ſaugen die in ihnen wurzelnden Pflanzen allmählich all den ihnen zugeführten Kalk
in ſich auf, ſo daß trotz alles zugeleiteten kohlenſauren Kalkes
keine Mergelung zum Vorſcheine kommt.

§. 23. Der Eisenspath oder Spatheisenstein
(auch Siderit genannt). — Er bildet wie der Kalkspath und
Dolomit Rhomboëder, welche aber gewöhnlich convexe oder
concave Oberflächen haben, oft aber auch mächtig ausgedehnte,
derbe Massen mit körnig krystallinischem oder dichtem Gefüge
und späthige Aggregate, welche aus lauter Rhomboëdern be=
stehen und sich leicht in dergleichen zerschlagen lassen. Außer=
dem kommt er auch mit Thon innig untermischt in kopf=
bis hirsekorngroßen, kugel= oder eiförmigen Knollen vor, welche
entweder lose neben einander liegen oder durch ein kalkiges
oder eisenoxydisches Bindemittel unter einander verkittet sind
und so den Eisenrogenstein bilden, während die einzelnen,
oft concentrisch schaligen, Kugeln unter dem Namen Sphäro =
siderit bekannt sind.

Die Krystalle, späthigen Aggregate und derben krystalli=
nischen Massen des Eisenspathes könnten ihrem Aeußeren nach
manchmal mit Calcit und Dolomit verwechselt werden, zumal
wenn diese letztgenannten Mineralien durch beigemischtes Eisen=
oxydul gelblich oder gelbbraun gefärbt erscheinen; indessen ist
der Eisenspath leicht von ihnen zu unterscheiden einerseits da=
durch, daß er schwerer ist, indem sein spec. Gewicht 3,5 bis
4,5 beträgt, und seine Masse bei der Erhitzung auf glühenden
Kohlen sich schwärzt und magnetisch wird und andererseits
dadurch, daß er in reinem Zustande sich in Schwefelsäure
ganz zu einer grünlichen (bei begonnener Oxydation
grünlichgelbbraunen) wie Tinte schmeckenden Flüssig=
keit auflöst, die mit Galläpfeltinctur blasse bläulichschwarze
Tinte, mit Kaliumeisencyanür aber einen anfangs hell=, später
dunkelblauen Niederschlag gibt. Im Uebrigen ist über ihn
noch folgendes zu bemerken: Im reinen Zustande besteht er
wesentlich aus 62 Theilen Eisenoxydul und 38 Theilen Kohlen=
säure; in der Regel aber sind seiner Masse mehrere Procente
Manganoxydul, Kalkerde nnd auch Magnesio beigemengt.

Außerdem aber erscheint er auch oft mit Thon in ähnlicher
Weise untermengt, wie der Kalk im Mergel. In seiner Härte
ferner steht er dem Dolomite gleich. Von Farbe ist er gewöhnlich graulichgelb, honiggelb bis gelbbraun und auf den
frischen Flächen seiner Krystalle perlmutterartig glasglänzend.
An der Luft liegend wird er allmählich dunkelgraubraun bis
eisenschwarz, indem er sich höher oxydirt und in Folge davon
seine Kohlensäure frei gibt, woher es auch kommt, daß er
nun nicht mehr mit Säuren aufbraust. In reinem Wasser
erscheint er endlich ganz unlöslich; in Kohlensäure haltigem
Wasser und in den Lösungen von humussauren Alkalien aber
löst er sich auf. Kommt nun eine solche Eisenspathlösung
mit der atmosphärischen Luft in Berührung, wie dieses z. B.
bei den sogenannten Stahlquellen oder auch in einem lockeren
sandigen Boden der Fall ist, dann verdunstet nicht blos ihr
kohlensaures Lösungswasser, sondern ihr Eisenspath wandelt
sich auch unter Anziehung von Sauerstoff und unter Ausstoßung seiner eigenen Kohlensäure in gelbbraunes Eisenoxydhydrat oder Eisenocker (Brauneisenerz und Raseneisenstein) um, welcher sich zuerst als eine zarte Schlamm-
masse an allen Sandkörnern, Erdkrumen und Pflanzenwurzeln absetzt, später bei seinem Austrocknen alle die ebengenannten Körper zusammenkittet und zu einer compacten
Steinmasse umwandelt, wie wir bei der Beschreibung des
Brauneisenerzes und des sogenannten Raseneisensteins noch
näher kennen lernen werden. Es kann demnach der Eisenspath unter Umständen ein gefährlicher Gast für den Erdboden und die in ihm wurzelnden Pflanzen werden, es ist
daher auch von Wichtigkeit,

    das Vorkommen und Bildungsstätten desselben
näher kennen zu lernen. —

    Der Eisenspath ist ein weit verbreitetes und im Gebiete
der verschiedenartigsten Erdrindenmassen vorkommendes Mi-

neral. Hier zeigt es sich massig entwickelt auf Lager= und
Gangräumen zwischen Gneiß, Granit, Glimmer= und Thon=
schiefer, Diorit, Melaphyr, Diabas und Basalt, kurz zwischen
lauter Felsarten, welche reich an Glimmer, Hornblende oder
Augit sind; dort bildet er wieder mächtige Ablagerungen
zwischen Grauwacke, Steinkohlenschiefer, Kalkstein, Mergel,
Dolomit und Schieferthon, kurz zwischen Gesteinsmassen, welche
aus Niederschlägen im Wasser, sei es nun durch chemische
Lösungen, sei es durch Anschlämmungen, entstanden sind. End=
lich aber bemerkt man ihn auch hie und da in Knollen auf
dem Grunde von Mooren und stehenden Gewässern, welche
nur durch Quellen gespeist werden, oder auch im Untergrunde
von thonigen, nassen, gegen die Luft verschlossenen Boden=
massen.   In der That ein sehr mannichfaltiges und verschie=
denartiges Vorkommen, welches sich indessen doch leicht erklären
läßt, sobald man auf die Bildungsweisen des Eisen=
spathes zurückgeht.

   Alle Mineralmassen nemlich, welche unter ihren chemi=
schen Bestandtheilen Eisenoxydul enthalten, wie dieses unter
anderem bei den obengenannten, Glimmer, Hornblende und
Augit haltigen, krystallinischen Felsarten reichlich der Fall
ist, werden unter Abschluß von Sauerstoff besitzender Luft —
z. B. in den tiefgelegenen Spalten= und Höhlenräumen ihrer
Massen — durch Kohlensäure haltiges Wasser, welches von
Außen her zu ihnen gelangt, allmählich all ihres Eisenoxydules
in der Weise beraubt, daß sich doppelt kohlensaures Eisen=
oxydul bildet, welches nun von dem zurieselnden Wasser auf=
gelöst, ausgelaugt und in alle Spalten= und Höhlenräume
zwischen diesen Erdrindenmassen gefluthet wird.   Bleibt es
nun in diesen stehen, so verdunstet allmählich das kohlensaure
Lösungswasser und das in ihm enthaltene kohlensaure Eisen=
oxydul setzt sich in krystallinischen Massen ab und bildet nun
Gänge, Lager und Stöcke von Eisenspath.   Wenn aber das

mit gelöstem kohlensauren Eisenoxydul beladene Wasser durch
Felsklüfte in thonige Ablagerungsmassen gelangt, so saugt der
Thon dieser Massen sich so voll von demselben, daß am Ende
jedes Thontheilchen mit Eisenspath mehr oder wenig gesättigt
wird.   Bei dem Austrocknen solchen Thones entsteht dann
der thonige Spatheisenstein, welcher daher seiner Entstehung nach in den Gebieten solcher Erdrindenmassen vorkommen muß, welche aus der Austrocknung von schlammigen,
thonhaltigen Ablagerungen entstanden sind.   Indessen kann
der Eisenspath in diesen Gebieten, ebenso wie auch auf dem
Untergrunde von Mooren, Teichen und sumpfigen Bodenarten noch auf eine andere Weise entstanden sein und noch
immer entstehen.   Es ist schon bei der Beschreibung des Eisenvitrioles erwähnt worden, daß auf dem Grunde von stehenden, keinen Abfluß besitzenden, Schlammgewässern unter dem
Einflusse von fauligen, Schwefelwasserstoff entwickelnden, Organismenresten sich Schwefeleisen entwickeln kann, wenn der
Erdschlamm dieser Gewässer Eisenoxyd enthält, was ja bei
dem gewöhnlichen Thon und Lehm stets der Fall ist.   Wenn
nun der Boden und die Seitenwände eines solchen Schlamm-
wassertümpfels aus Mergel, kalkigen Sandstein oder Kalkstein
bestehen, so bildet sich durch die aus den Organismenresten
frei werdende Kohlensäure doppeltkohlensaurer Kalk, welcher
sich im Wasser des Tümpfels auflöst.   Kommt aber dieser
gelöste Kalk mit dem Schwefeleisen im Bodenschlamme in Berührung, so treibt er dasselbe an, durch Anziehung von Sauerstoff schwefelsaures Eisenoxydul (d. i. Eisenvitriol) zu bilden,
mit welchem er die Säuren tauscht, so daß schließlich nun
schwefelsaurer Kalk (Gyps) und kohlensaures Eisenoxydul (Eisenspath) entsteht, welches sich mit dem Bodenschlamme mischt und so endlich Veranlassung zur Entstehung
von thonigem Sphärosiderit gibt.   In dieser Weise entsteht
dieses letzgenannte Mineral noch gegenwärtig auf dem Grunde

von Torfmooren, Sümpfen und nassen Bodenarten; ja in diesen letztgenannten kann es sogar durch Düngung mit Kalk hervorgerufen werden, sobald in ihnen viel vitrioleScirende Eisenkiese vorhanden sind, wie dieses z. B. gar nicht selten der Fall ist bei dem, aus Eisenkies reichen Thonschiefer und Schieferthon entstehenden, Boden.

Endlich lehrt noch die Erfahrung, daß auch in Zersetzung begriffene Organismenreste die mittelbare Ursache von der Bildung des Eisenspathes werden können. Kommen nemlich im Untergrunde von eisenoxydreichen Bodenarten, welche durch Wasser oder durch eine dickverfilzte Pflanzendecke (z. B. durch Gras oder Heide) gegen die Luft abgeschlossen sind, abgestorbene Organismenreste mit dem Eisenoxyde des Bodens in stetige Berührung, so entziehen sie demselben einen Theil seines Sauerstoffes, so daß sich aus ihm Eisenoxydul bildet, während aus ihrer eigenen Masse sich Kohlensäure entwickelt, welche sich nun gleich mit dem eben erst entstandenen Eisen= oxydul zu Eisenspath verbindet.

Indessen ist diese, wie jede andere Eisenspathbildung nur so lange von Dauer, als nicht Sauerstoff mit ihr in Be= rührung kommt. Ist dieses Letztere der Fall, dann wird aller Eisenspath, wie oben schon erwähnt worden ist, unter Anziehung von Sauerstoff und Wasser zu Eisenoxydhydrat oder Brauneisenerz; ja es ist mehr als wahrscheinlich, daß dieses Letztere in den allermeisten Fällen aus dem Eisenspathe entstanden ist, wie das Folgende noch weiter zeigen wird.

III. Die Metalloxyde.

(Verbindungen des Eisens mit dem Sauerstoffe; von ockergelber, braunrother, erdbrauner oder eisengrauer Farbe).

§. 24. Die Eisenoxyde (Braun=, Gelb= und Roth= eisenerz; Raseneisenerz; Magneteisenerz). — Ockergelbe, gelb=

braune, braunrothe, erdbraune und eisenschwarze, theils kry=
stallinische, theils derbe und erdige Mineralmassen, deren
Substanz im reinen Zustande entweder aus 2 Theilen
Eisen und 3 Theilen Sauerstoff oder aus 3 Theilen Eisen
und 4 Theilen Sauerstoff besteht, sich in Salz= oder Salpeter=
säure bald leicht bald schwer mit gelb= oder rothbrauner Farbe
löst und dann mit Galläpfeltinctur einen schwarzen und mit
Kaliumeisencyanür einen dunkelblauen Niederschlag gibt.

Die Eisenoxyde spielen im Haushalte der Natur eine
wichtige Rolle. Zunächst bilden sie in vielen Mineralien, so
namentlich in den gelben, braunen, rothen und schwarzen,
z. B. im Glimmer, Feldspath, Augit, Granat, Turmalin und
in der Hornblende, einen chemischen Bestandtheil und gelangen
dann bei deren Zersetzung in den aus ihnen entstandenen
Thon, Lehm, Letten, Mergel, woher es auch kommt, daß diese
letztgenannten Erdbodengemengtheile gewöhnlich ockergelb, gelb=
braun oder rothbraun gefärbt erscheinen. Sodann aber bil=
den sie auch für sich allein weit ausgedehnte und oft massig
entwickelte Ablagerungen im Gebiete der verschiedensten Erd=
rindeformationen, ja auch im Untergrunde des Acker= und
Wiesenbodens, sowie der Moore, Sümpfe und Seen.

Die wichtigsten Arten derselben sind folgende:

1) Das Braun= oder Gelbeisenerz (Brauneisen=
stein, Limonit, Quellerz, Raseneisenerz z. Th.). Es ist noch
nie in Krystallen gefunden worden, sondern bildet in der
Regel derbe Massen mit theils strahligfaserigem, theils kugelig
körnigem, theils dichtem Gefüge; außerdem traubige, nieren
förmige oder stalaktitische Aggregate oder auch kugelige, con
centrischschalige, Massen und schlackig aussehende, zellige
Knollen; endlich auch pulverige oder erdige Zusammenhäufun
gen. Beim Zerschlagen zeigt es sich theils milde, theils spröde.
In seiner Härte aber ist es verschieden, indem es bald vom
Messer kaum oder auch gar nicht geritzt wird, bald sich sogar

vom Fingernagel ritzen läßt. Sein specifisches Gewicht steht
zwischen 3,4 und 3,95. Seine Hauptfarbe ist ockergelb;
diese Farbe zeigt es stets, wenn man es ritzt oder pulvert,
auch wenn es äußerlich — wie es oft der Fall ist — erdgrau,
schwarzbraun oder eisengrau ist. Ganz besonders bezeichnend
für das Brauneisenerz ist auch die Eigenschaft, daß es
beim Erhitzen in einer beiderseits offenen Glas=
röhre Wasser ausschwitzt und braunroth wird,
während es beim Erhitzen in einer, an dem einen Ende zu=
geschmolzenen, Glasröhre schwarzgrau und magnetisch wird,
sobald man es mit Kohle zusammen erhitzt. Im ersten Falle
wird es demnach zu reinem Eisenoxyd, welches bekanntlich
braunroth ist, so daß man annehmen muß, daß es aus der
Verbindung von diesem letzteren mit Wasser be=
steht, weshalb das Brauneisenerz auch gewässertes Eisen=
oxyd oder Eisenoxydhydrat genannt wird; im zweiten
Falle dagegen wird es zu Magneteisenerz, indem ihm die
Kohle beim Glühen unter Luftabschluß etwas Sauerstoff ent=
zieht, so das es zu einem Gemische von Eisenoxydul und
Eisenoxyd wird. Außerdem aber ist noch Folgendes über das
Brauneisenerz zu bemerken. In Salzsäure ist es leicht mit
wein= oder ockergelber Farbe löslich und gibt dann mit Aetz=
ammoniak einen gelbbraunen Niederschlag. Kommt es unter
Luftabschluß — z. B. auf dem Grunde von fauligen Ge=
wässern, Sümpfen oder gegen die Luft abgeschlossenen Boden=
arten — mit abgestorbenen Pflanzenmassen in dauernde
Berührung, so wird es, wie schon bei der Beschreibung des
Eisenspathes mitgetheilt worden ist, in kohlensaures Eisen=
oxydul umgewandelt. Kommt es dagegen mit quell= oder
geïnsaurem Ammoniak, wie es in der Brühe von Torfmooren
vorhanden ist, in Berührung, so wird es unverändert aufge=
löst, dann aber auch wieder unverändert abgesetzt, sobald sich
das geïn= oder quellsaure Ammoniak unter Luftzutritt in

kohlensaures Ammoniak umgewandelt und verflüchtigt hat.
Das hierdurch ausgeschiedene Eisenoxydhydrat setzt sich dann
als eine anfangs schleimige, später aber pulverige oder auch
feste Rinde an allen von ihm berührten Körpern, z. B. an
Sandkörnern und Erdkrumen, ab und verkittet sie zu mehr
oder minder festen, zusammenhängenden Lagen und Knollen.
Gar manche sogenannte Eisensandsteine und Raseneisensteine
mögen auf diese Weise entstanden sein.

Vorkommen und Bildungsweise des Braun=
eisenerzes. — Es ist schon oben mitgetheilt worden, daß aus
dem Eisenspath Brauneisenerz wird, wenn derselbe mit feuchter
Luft in Berührung kommt, aus derselben Sauerstoff und
Wasser anzieht und dafür seine Kohlensäure freigibt. In der
That ist der Eisenspath das Hauptbildungsmineral für das
Brauneisenerz; daher kommt es auch, daß dieses letztere vor=
züglich in der nächsten Umgebung des Eisenspathes vorkommt
und gewöhnlich die umhüllenden Decken von dessen Ablage=
rungen bildet, so daß oft nur noch ein kleiner Kern vom
Eisenspath übrig ist.

Eine interessante Bildung von Brauneisenerz geht nicht
selten, z. B. am Rande von Aeckern, in Wassertümpeln vor
sich, deren Sammelbecken aus ockergelbem Thon oder Lehm
gebildet wird. Zur Sommerzeit wird man nemlich an der
Oberfläche dieser Tümpel oft ein regenbogenfarbiges Schillern
bemerken, welches zuerst röthlichviolett, dann blaugrün, dann
gelbgrün und zuletzt gelb erscheint, dann aber verschwindet,
um kurze Zeit nachher wieder von Neuem zu erscheinen. Diese
Erscheinung, welche oft den ganzen Sommer hindurch dauert,
bisweilen aber auch nur ein paar Wochen lang, läßt sich nun
in folgender Weise erklären. In den Wassertümpeln wachsen
Pflanzen; wenn die kalte Jahreszeit kommt, sterben sie ab
und sinken zu Boden. Nun wollen sie verwesen, aber dazu
brauchen sie Sauerstoff. Da sie jedoch denselben aus ihrem

naffen Grabe nicht aus der Luft erhalten können, so entziehen
sie ihn theilweise dem Eisenoxyde ihrer lehmigen Gruben=
wände. Hierdurch wird dieses letztere in Eisenoxydul umge=
wandelt, während die Verwesungssubstanzen selbst mittelst des
geraubten Sauerstoffes aus ihrem Kohlenstoffgehalte Kohlen=
säure entwickeln, mit welcher sich nun das eben entstandene
Eisenoxydul zu im Wasser löslichen doppeltkohlensauren Eisen=
oxydul verbindet. Hat sich nun das Tümpfelwasser bis zu
seiner Oberfläche hin mit dem genannten Eisensalze versorgt,
dann kommen die in der obersten Wasserlage gelösten Theil=
chen dieses Salzes mit dem Sauerstoffe der Luft in Be=
rührung, wodurch sie allmählich mit der obengenannten Farben=
wandlung in ockergelbes, unlösliches, Eisenoxydhydrat umge=
wandelt werden. Indem sich dieses nun in Folge seiner Un=
löslichkeit im Wassertümpfel zu Boden senkt, gelangt eine neue
Wasserlage mit doppeltkohlensaurem Eisenoxydule an die Ober=
fläche, mit deren Eisengehalte es nun ebenso geht, wie mit der
ersten. Dieser Umwandlungsproceß des kohlensauren Eisen=
oxydules in Eisenocker geht nun auch weiter mit den noch
übrigen Wasserschichten vor sich, bis auch die unterste an die
Oberfläche des Tümpfels gelangt ist. Dann ist das Farben=
spiel desselben am Ende. Entwässert man jetzt den ganzen
Tümpfel, so findet man auf seinem Grunde eine gelbe schlei=
mige Lage, welche an der Luft erhärtet und aus all dem
Eisenoxydhydrat besteht, welches aus dem im Tümpfelwasser
gelöst gewesenen kohlensaurem Eisenoxydul entstanden ist.

Indessen nicht blos durch höhere Oxydation des Eisen=
spathes, sondern auch durch die Zersetzung aller Eisenoxydul
haltigen Mineralien entsteht Brauneisenerz, sobald diese Zer=
setzung unter der Mitwirkung von Sauerstoff haltiger Luft
vor sich geht. Dieses ist namentlich der Fall bei den an
Eisenoxydul reichen, kieselsauren Mineralien, z. B. bei dem
Glimmer, Augit und der Hornblende; daher zeigen auch alle

diese Mineralien bei ihrer Verwitterung eine ockergelbe Rinde. In der Regel ist jedoch in diesem Falle das Eisenoxydhydrat mit Thon untermischt, weil eben diese Mineralien unter ihren Bestandtheilen auch Thonerde enthalten, die bei ihrer Zersetzung als kieselsaures Thonerdehydrat d. i. Thon zurückbleibt. Demnach ist die sogenannte Verwitterungsrinde der Mineralien, sobald sie gelbbraun oder ledergelb gefärbt ist, gewöhnlich ein Gemisch von Thon mit Eisenoxydhydrat, also je nach der in ihm enthaltenen Menge des Letzteren theils thoniges Brauneisenerz, theils eisenoxydreicher Thon.

Soviel über das Brauneisenerz oder Eisenoxydhydrat. Dasselbe spielt nach dem eben Mitgetheilten eine große Rolle bei der Zusammensetzung verschiedener Erdrindemassen. Denn wenn es auch nicht als Gemengtheil von krystallinischen Felsarten auftritt, so bildet es doch theils für sich allein, theils in mechanischer Untermengung mit Thon, Lehm, Mergel und Sand nicht blos mächtige Ablagerungsmassen, sei es als Brauneisenerz, sei es als Raseneisenstein, sondern auch einen fast nie fehlenden Bestandtheil theils der bei weitem meisten Thon=, Lehm=, und Mergelbodenarten, theils aller ockergelben Sandsteine. Und ist in den gewaltigen Sandanhäufungen des norddeutschen Tieflandes nicht jedes Sandkörnchen mit einer ockergelben Schale von Brauneisenerz umhüllt?

2) Das Rasen=, Wiesen=, Sumpf= oder Morasterz, (auch Quell= und Seeerz oder, wie an vielen Orten Norddeutschlands, Ortstein, Uurt und Klump genannt). Eigentlich kein krystallinisches Mineral, aber wegen seiner Bildungsweise und Verwandtschaft mit dem Brauneisenerze hierher gestellt. Es ist eine vielgestaltige Mineralmasse, welche in vielen Gegenden (so namentlich im nordwestlichen und nördlichen Deutschland von der Ems bis zur Weichsel und noch weiter) weit ausgedehnte und oft mächtige Ablagerungsmassen bald dicht unter der Erdoberfläche bald

in den tiefen unteren Lagen des Erdbodens zusammensetzt und daselbst bald lockere, sandsteinähnliche oder derbe, dichte, fest=zusammenhängende Lagen, bald sandige oder schlackige, lose nebeneinander liegende Knollen von verschiedener Gestalt, bald erdige oder pulverige Zusammenhäufungen, bald auch Ueberzüge über Pflanzenwurzeln, Knochen und Steintrüm=mern bildet. Sein vorherrschender Bestandtheil ist Braun=eisenerz und darum erscheint es namentlich ockergelb und gelb=braun oder auch graubraun bis schmutzig schwarzgrau gefärbt. Seinem äußeren Ansehen nach gleicht es bald wahrem Braun=eisenerz, bald einem braunen Sandsteine, bald auch halbver=witterten, löcherigen Eisenschlacken, sowie sie oft in der Um=gebung von Schmelzhütten oder Schmiedewerkstätten vor=kommen. — Im Ritze aber ist es immer ockergelb und bei starker Erhitzung wird es — oft unter Entwicklung eines ammoniakalischen oder wachstalgartigen Geruches — rothbraun.

Aeußerlich zeigt es sich matt, im frischen Bruche aber oft pech= oder eisenartig glänzend. Seiner Härte nach er=scheint es bald sehr weich, bald ziemlich hart und vom Messer kaum ritzbar. Sein specifisches Gewicht schwankt im Allge=meinen zwischen 2,5 und 4,05. — In Salzsäure löst es sich mit gelbbrauner Farbe theils vollständig theils unter Abscheidung einer größeren oder kleineren Menge von Sand, oft auch von Thon oder Verwesungssubstanzen.

Bestand. Viele der sogenannten Ortsteine — und namentlich der Ortsand oder Uur — bestehen aus weiter nichts als aus Sandkörnern, deren jedes eine fest ansitzende Eisenoxydhydratrinde besitzt. Andere dagegen erscheinen als eine durch Sandkörner, Thon oder auch Pflanzenabfälle ver=unreinigte Brauneisenerzmasse, noch andere sind Gemenge von Eisenoxydhydrat, Manganoxyd und phosphorsaurem Eisen=oxyd; endlich bestehen auch welche fast nur aus phosphor=saurem Eisenoxyd. Es hält sehr schwer, für alle diese Erze eine gemeinsame chemische Formel aufzufinden. Man kann deßhalb nur im Allgemeinen angeben:

1) der sogenannte Ortstein oder Ortsand enthält 75 bis 80 pCt. Sand und 25—20 pCt. Eisenoxydhydrat, bisweilen aber auch 90 pCt. Sand und höchstens 10 pCt. Eisen.

2) Der eigentliche Limonit aber besteht aus 4—50 pCt. Sand, aus 80—30 pCt. Eisenoxyd, aus 16—20 pCt. Wasser (und organischen Substanzen), wozu häufig 2—6 pCt. Manganoxyd und 1—6 pCt. Phosphorsäure kommt.

Lagerorte. Die Hauptheimath der Raseneze ist zu suchen vorherrschend in den moorigen Tiefländern und Gebirgsebenen der nördlichen Hemisphäre. Sie erscheinen in diesen Gebieten am mächtigsten entwickelt

a. in Bruch=, Torf= und Moorgegenden oder in Bodenmassen, welche auf ausgetrockneten oder ausgestochenen Torflagern oder doch in der Nähe der letzteren liegen;

b. in den zu Moorungen geneigten Wellenthälern der Dünen;

c. in den mit Haidewäldern oder Borstengräsern filzig bedeckten Sandländergebieten;

d. in Uferländereien zu beiden Seiten der träg ihr Flußgebiet durchschleichenden Flüsse und Ströme im Tieflande (Ems, Elbe, schwarze Elster, Spree, Havel, Oder, Warthe, Netze und Weichsel);

e. in Seen, welche von eisenhaltigem Wasser gespeist werden, oder in Becken von eisenhaltigen Erdrindemassen lagern.

An allen diesen Landgebieten können sie sich zu 1 Zoll bis 5 Fuß mächtigen Ablagerungsmassen entwickeln, wenn sich

a. entweder im Boden dieser Gebiete selbst ockergelber Sand, Lehm oder Letten befindet, oder doch wenigstens Mineraltrümmer vorhanden sind, welche bei ihrer Zersetzung kohlen= oder schwefelsaures Eisenoxydul geben;

b. oder in der nächsten Umgebung dieses Bodens Erd=

rindemassen auftreten, welche bei ihrer Zersetzung kohlen=
saures Eisenoxydul oder Eisenoxydhydrat oder auch Eisen=
vitriol liefern

c. oder endlich Gewässer vorfinden, welche Eisensalze ge=
löst enthalten und das von ihnen durchzogene Bodengebiet
von Zeit zu Zeit überfluthen.

Obgleich über die Bildung des Raseneisenerzes
schon das Wichtigste bei der Beschreibung des Eisenvitrioles,
Eisenspathes und des Brauneisenerzes mitgetheilt worden ist,
so muß hier doch noch mehreres erwähnt werden, was an
den genannten Punkten nicht erwähnt werden konnte.

Nach dem beim Eisenspath und Brauneisenerze Mitge=
theilten kann das Raseneisenerz im Boden entstehen,

a. wenn eisenoxydulhaltige Silicate, wie Glimmer, Horn=
blende, Hypersthen, durch kohlensaures Wasser zersetzt wer=
den und der hierdurch entstandene Eisenspath von kohlen=
saurem Wasser gelöst und zwischen Bodengementheile abge=
setzt wird, so daß er diese umhüllt und gegenseitig verkittet.
Dieser so entstehende Raseneisenstein sieht anfangs weißlich
aus; sobald er aber mit der atmosphärischen Luft in Be=
rührung kommt, wird er durch Anziehung von Sauerstoff zer=
setzt und in ockergelbes Brauneisenerz umgewandelt,

b. wenn Eisenspath=Ablagerungen durch kohlensaures
Wasser theilweise aufgelöst und ihre Lösung dann in luftige,
sandreiche Bodenarten geführt wird,

c. wenn lebende Pflanzen, wie Algen, Wassermoose,
Haide 2c. — Lösungen von kohlensaurem Eisenoxydul in sich
aufsaugen, das letztere dann seiner Kohlensäure berauben und
durch den von ihnen ausgeschiedenen Sauerstoff in Eisen=
oxydhydrat umwandeln. Sterben diese Pflanzen ab, so über=
geben sie ihren Eisengehalt dem Boden,

d. wenn abgestorbene Pflanzenmassen im Untergrunde
nasser Bodenarten oder auf dem Grunde von Sümpfen,

Mooren und Seen mit Gesteinen in Berührung kommen, welche Eisenoxydhydrat enthalten. In diesem Falle wandeln die vegetabilischen Fäulnißmassen das Oxydhydrat zuerst durch Beraubung von Sauerstoff in Oxydul und dann durch die aus ihnen entstandene Kohlensäure in kohlensaures Eisenoxydul um, aus welchem dann wieder durch Luftzutritt Eisenoxyd= hydrat wird,

e. wenn aber vertorfende Pflanzenmassen mit dem in ihrem Lagerbecken vorhandenen Eisenoxydhydrat in Berührung kamen, so lösen sie dasselbe unverändert in den aus ihnen entstehenden Torfsäuren (Geïn= und Quellsäure) auf und setzen es dann auch wieder, sobald sie sich durch Einwirkung der Luft in Kohlensäure umgewandelt haben, an allen Gegen= ständen ihrer Umgebung ab.

Außer diesen Fällen kann aber noch Raseneisenerz ent= stehen,

f. wenn in einem Boden Reste von phosphorsaurem Kalk — z. B. von Knochen, Horn, Haaren — mit vitrio= lescirenden Eisenkiesen in Berührung kommen, denn in diesem Falle wird der aus dem letzteren entstehende Eisenvitriol, so= bald er sich im Wasser gelöst hat, mit dem phosphorsauren Kalke die Säuren tauschen, so daß einerseits im Wasser lös= licher Gyps und andererseits zuerst phosphorsaures Eisen= oxydul, dann aber unter Luftzutritt phosphorsaures Eisenoxyd entstehen. Auf dem Boden von Gewässern, in denen faulige Thierreste liegen, tritt dieser Fall am meisten ein,

g. wenn phosphorhaltige Pflanzen= und Thierreste in einem Boden mit schon vorhandenen humus= oder kohlen= saurem Eisenoxydul in Berührung kommen; denn dann ver= bindet sich die aus den fauligen Organismenresten entstehende Phosphorsäure theilweise mit dem Eisensalze des Bodens, so daß aus ihm ein Gemenge zuerst von phosphorsaurem und humus= oder kohlensaurem Eisenoxydul, dann aber bei Luft=

zutritt von phosphorsaurem Eisenoxyd mit Eisenoxydhydrat entsteht, wie man namentlich an den „Klump" genannten Raseneisenerzen bemerken kann, welche sich in den Bodenarten von ausgetrockneten Sümpfen befinden.

Bemerkung: Die vorstehende Beschreibung ist ihren Hauptzügen nach aus meinen Werken: „Der Felsschutt und Erdboden" und: „Die Humus=, Marsch=, Torf= und Limonitbildungen" entlehnt.

3) Das wasserlose Eisenoxyd oder Rotheisenerz (Röthel), welches aus dem Brauneisenerze entsteht, sobald diesem durch Hitze oder sonst eine Ursache das Wasser entzogen wird, wie man recht deutlich an den rothen Ziegeln und Backsteinen, welche durch das Brennen von ockergelber Thonmasse gewonnen werden, ersehen kann. In der Natur tritt dasselbe theils in glänzendeisenschwarzen, sechsseitigen Tafelkrystallen, Blättern und zarten Schüppchen oder auch in schwarzspiegelnden Ueberzügen von Gesteinsflächen, theils in braunrothen derben, dichten und erdigen Massen oder auch in eisenschwarzen Stalaktiten mit strahligfaserigem Gefüge auf. Außerdem aber erscheint es auch oft als zartes Pulver mit Thon innig und gleichmäßig gemischt und bildet alsdann je nach seiner im Thon vorhandenen Menge theils den thonigen Rotheisenstein und Röthel, theils den braunrothen oder eisenschüssigen Thon, wie man ihn so oft am Schieferthone und rothen Sandsteine bemerken kann. — Seine charakteristische Farbe ist die braun= oder kirschrothe, welche sich auch zeigt, wenn man das äußerlich glänzendschwarze krystallisirte Rotheisenerz oder den sogenannten Eisenglanz ritzt oder pulverisirt. Sein specifisches Gewicht ist $= 5{,}19 — 5{,}28$; es ist also schwerer als das Brauneisenerz. Auch gegen Säuren verhält es sich anders, wie dieses letztgenannte Eisenerz, da es sich nur sehr langsam und schwer selbst in den stärksten Säuren löst und darum auch

mit den Humussäuren wenigstens scheinbar gar keine Ver=
bindungen eingeht.

Vorkommen. Das Rotheisenerz bildet für sich oft be=
deutende Ablagerungsmassen und in seiner Verbindung mit
Thon nicht nur alle rothen Schieferthone, sondern auch das
Bindemittel aller braunrothen Sandsteine und Conglomerate.

4) Das Magneteisenerz oder Eisenoxyduloxyd.
Ein auch als Pulver grau= oder eisenschwarzes, theils in
regelmäßigen Achtflächnern (Oktaëdern) krystallisirendes, theils
in eckigen und rundlichen Körnern auftretendes, theils auch
derbe Felsmassen mit körnigem oder dichtem Gefüge bildendes
Eisenerz, welches sich wohl vom Feuersteine, aber nicht vom
Messer ritzen läßt und ein specifisches Gewicht $= 4{,}9 — 5{,}2$
besitzt. Es ist ausgezeichnet durch seinen starken
Magnetismus, dem zu Folge es theils von jedem magne=
tischen Körper angezogen wird, theils aber auch selbst auf
Eisen und Magnetnadel anziehend einwirkt. In Salzsäure löst
es sich vollständig mit grünlichbrauner Farbe auf; Ammoniak
bildet dann in seiner Lösung einen schmutzig braunen Nieder=
schlag. Seinem chemischen Bestande nach erscheint es als ein
Gemisch von 69 Eisenoxyd und 31 Eisenoxydul oder auch
von 74,8 Eisenoxyd und 25,2 Eisenoxydul. Dieser Gehalt von
Eisenoxydul ist denn auch die Ursache, daß es an feuchter Luft
durch Anziehung von Feuchtigkeit und Sauerstoff sich bald
in ein Gemisch von Braun = und Rotheisenerz umwandelt,
welches dann äußerlich ockergelb, orangegelb oder gelbroth
aussieht.

Vorkommen. Das Magneteisenerz bildet theils für
sich allein, namentlich in den nördlichen Erdgegenden, mächtige
Fels = und Bergmassen, theils auch den Gemengtheil mehrerer
krystallinischer Felsarten, so der basaltischen und anderer
neuerer vulcanischen Gesteine. Im letzten Falle findet es sich
vorzüglich in der Gesellschaft des Augites und der basaltischen

Hornblende, — zweier Mineralarten, welche unter ihren chemischen Bestandtheilen Eisenoxyduloxyd enthalten, so daß in vielen Fällen die Entstehung des Magneteisenerzes aus der Zersetzung dieser Mineralien nicht unwahrscheinlich erscheint, zumal da auch andere Mineralien, welche, wie z. B. der Chlorit und Serpentin, anerkannte Zersetzungsproducte des Augites und der Hornblende sind, in ihrer Masse nicht selten Magneteisen, noch dazu in schön ausgebildeten Krystallen eingewachsen zeigen.

IV. Die Siliciolithe oder Kieselsteine.

§. 25. **Allgemeiner Charakter.** — Alle hierher gehörigen Mineralien bestehen entweder nur allein aus fest- und hartgewordener Kieselsäure (Kieselerde oder Siliciumoxyd = SiO^2) oder aus Verbindungen dieser Säure mit verschiedenartigen basischen Oxyden unter denen jedoch die Thonerde (Aluminiumoxyd = Al^2O^3), das Kali (= KO) und Natron (= NaO), die Kalkerde (= CaO) und Magnesia (= MgO), das Eisen- und Manganoxydul (FeO und MnO) am meisten hervortreten. Sie sind alle in reinem Wasser unlöslich; jedoch werden viele von ihnen durch Säuren, selbst durch Kohlensäure haltiges Wasser in der Weise zersetzt, daß sich ihre basischen Oxyde mit diesen Säuren zu in Wasser löslichen Salzen verbinden, während ihre Kieselsäure als Gallerte, Schleim oder Mehl ausgeschieden wird. Alle jedoch werden durch Flußsäure angeätzt, indem sich diese Säure mit ihrer Kieselsäure zu im Wasser löslicher Kieselfluorwasserstoffsäure verbindet. Werden sie mit Phosphorsalz zusammen vor dem Löthrohre erhitzt, so schmelzen sie entweder gar nicht (so die nur aus Kieselsäure bestehenden) oder nur theilweise, indem ein ungeschmolzener, aus Kieselsäure bestehender Theil ganz von der Gestalt des angewandten Stückchens (als sogenanntes Kieselskelett) in der geschmolzenen

Masse umherschwimmt (so bei allen kieselsauren Salzen oder Silicaten).

Die hierher gehörigen Mineralien sind von der größten Wichtigkeit für die Bildung der Erdrindemassen; denn nicht nur die bei weitem meisten Felsarten, sondern auch alle eigentlichen Erdbodenarten bestehen aus ihnen, wie ja auch die Hauptmasse alles dessen, was man Sand nennt, nichts weiter als eine Zusammenhäufung von zerkleinten Trümmern der Siciliolithe ist. Wohl verdienen sie daher unsere größte Beachtung, wenn wir die Natur der Erdrindemassen und ganz besonders des Erdbodens als Trägers und Ernährers der Pflanzenwelt kennen lernen wollen, noch dazu, da ihre zusammengesetzten Arten bei der Zersetzung den Pflanzen auch ihre Hauptnahrungsmittel liefern. Je nach ihrer Zusammensetzung zerfallen sie in zwei Ordnungen, nemlich

1) in die Ordnung des S i l i c i u m o x y d e s oder K i e = s e l s, dessen Arten im reinen Zustande nur aus Kieselsäure bestehen, und

2) in die Ordnung der Silicate oder kieselsauren Salze, welche als Verbindungen der Kieselsäure mit einem oder mehreren basischen Oxyden zu betrachten sind.

B e m e r k u n g : Um dem Nichtchemiker zu Hülfe zu kommen, sei hier die Bemerkung gestattet, daß man unter b a s i s c h e n O x y d e n oder B a s e n alle diejenigen O x y d e versteht, w e l c h e s i c h m i t S ä u r e n z u S a l z e n v e r b i n d e n k ö n n e n, welche also die Grundlage oder Basis eines Salzes bilden.

1. Arten des Siliciumoxydes.

§. 26. D e r Q u a r z oder K i e s e l. — Dieses bald farblose, bald weiß, rosenroth, fleischroth, braunroth, braun bis schwarz, bald gelbgrün, blau bis violett gefärbte, oft auch mannichfach gefleckte, gestreifte oder geaderte, dabei bald durchsichtige bald nur durchscheinende oder auch ganz undurchsichtige, endlich bald stark glas= oder öligglänzende, bald auch nur schimmernde oder ganz matte Mineral ist zunächst an seiner Härte, der zu Folge es nicht vom Feuer= stein geritzt wird, aber selbst auch ihn nicht ritzt, sodann an seiner Eigenschaft, am Stahle unter Entwicklung eines brenzlichen Geruches stark zu funken und beim Aneinanderreiben zweier Stücken blitzähnlich zu leuchten und dabei ebenfalls brenz= lich zu riechen, endlich an seiner gänzlichen Un= löslichkeit in Wasser, Alkalien und Säuren (mit Ausnahme von Flußsäure) sowie an seinem Verhalten gegen Soda, mit welcher es unter Aufbrausen zu klarem durch= sichtigen Glase zusammenschmilzt, zu erkennen.

Es tritt bald in Krystallen und krystallischen Aggregaten, bald in eckigen oder abgerundeten Körnern, bald in Knollen und Ku= geln, bald auch in derben Massen mit körnigem, faserigen oder dichtem Gefüge auf. Seine Krystalle, welche bisweilen eine kolos= sale Größe haben, bilden eine aus zwölf gleich= schenkeligen, oft aber ungleich großen, Dreiecken umschlossene, Doppelpyramide (Fig. 5), noch häu= figer aber eine sechsseitige, an ihren Seitenflä= chen horizontal gestreifte Säule, welche bei voll= ständiger Ausbildung an ihrem oberen und un= teren Ende durch eine sechsseitige Pyramide zu=

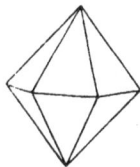

Fig. 5.

gespitzt erscheint. In der Regel aber erscheinen diese Krystalle mit ihrem unteren Ende aufgewachsen, so daß die Pyramide an diesem Ende sich nicht hat entwickeln können, nicht selten auch auf mannichfache Weise unter einander so verwachsen (Fig. 6), daß sich ihre Gestalten gebogen, gedrückt, verschoben und unregelmäßig zeigen. Am regelmäßigsten und ausgebildetsten sind noch die gewöhnlich erbsen= bis haselnußgroßen Krystalle, welche in der Masse von anderen Gesteinen, z. B. im Mar=

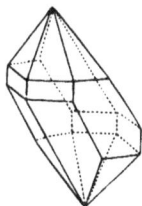

Fig. 6.

mor, Gyps, Thon und Mergel oder auch in manchen Por=
phyren, eingewachsen liegen.   Der Zusammenhalt des Quarzes
ist spröde; seine Bruchflächen aber zeigen sich theils muschelig
theils uneben und splitterig.   Sein specifisches Gewicht ist
= 2,₂—2,₆₅—2,₈.   Im reinen Zustande besteht er aus 47
Theilen Silicium und 53 Theilen Sauerstoff, also nur aus
Kieselsäure.   Indessen sehr häufig ist seine Masse verunreinigt
durch Beimengungen verschiedener Art, so namentlich durch
Oxyde des Eisens, Mangans und Nickels oder auch durch
organische Substanzen, durch welche Beimengungen eben die
Verschiedenheit seiner Farben hervorgebracht wird.   Bisweilen
endlich zeigen sich Krystalle, Nadeln und Schuppen von ver=
schiedenen anderen Mineralien, selbst von Gold eingewachsen
in seiner Masse, namentlich in den Krystallen.

Je nach seinen Körperformen und Beimengungen bildet
der Quarz eine Menge Abarten, unter denen als die wich=
tigsten folgende zu nennen sind:

1) In Krystallen erscheint der farblose, weingelbe,
rauchbraune bis schwarze Bergkrystall, von welchem der
gelbgefärbte Citrin, der braune Rauchtopas, der schwarze
Morion genannt wird; ferner der violette Amethyst,
endlich der graulich= oder bläulichweiße gemeine Quarz.

2) In derben Massen tritt auf: der gemeine, weiße
Quarz, der rosenrothe Rosenquarz, der apfelgrüne Chry=
sopras, der lauchgrüne Prasem, welcher durch rothe Flecken
oder Punkte zum Heliotrop wird, der gelb= oder rothbraune
und glimmernde Aventurin, der roth= oder hornbraune
Eisenkiesel und Hornstein, der rauchgraue oder schwarze,
dickschieferige Lydit oder Kieselschiefer und gelb, braun,
grün oder rothgefärbte Jaspis.

3) Außerdem gibt es auch Gemenge von amorpher,
in Kalilauge löslicher, und von krystallinischer, in
Kalilauge unlöslicher, Kieselsäure, welche sich also

theilweise in der obengenannten Lauge auflösen lassen, so der bläulichweiße oder bräunliche Chalzedon, der fleischrothe Carneol, der aus abwechselnden Lagen von Chalzedon, Carneol, Jaspis und Amethyst oder Bergkrystall bestehende Achat und der in mannichfach gestalteten, gewöhnlich dunkel-rauchgrauen oder schwärzlichen, Knollen, namentlich in dem Kreidegebiete oft mächtige Lagen bildende, Feuerstein oder Flint.

Bemerkung: Es sind im Vorstehenden die Abarten des Quarzes etwas ausführlich angegeben worden, weil dieselben so viel-fach zu Schmuckgegenständen und anderen Geräthschaften verwendet werden und zum Theil auch eine weite Verbreitung besitzen.

Vorkommen. Unter den eben erwähnten Abarten des Quarzes sind nur der gemeine Quarz, der Kieselschiefer und allenfalls der Feuerstein von geologischer Wichtigkeit; denn diese bilden nicht nur selbständige Erdrindemassen, sondern auch Gemengtheile vieler Felsarten und auch des Erdbodens. Unter ihnen aber überragt wieder an Bedeutung

1) der gemeine Quarz alle übrigen durch seine weite Verbreitung und seine große Theilnahme an der Bil-dung der verschiedensten Erdrindemassen. Derselbe bildet zu-nächst für sich allein den, in der Urschiefer= und Grauwacke-formation häufig auftretenden, Quarzfels, eine durch ihre weiße Farbe und ihre oben, kahlen, mauerförmig ansteigenden, spitzzackigen Riffe ausgezeichnete Felsart. Sodann aber tritt er als Gemengtheil von vielen krystallinischen Felsarten auf. Vorherrschend erscheint er in dieser Beziehung im Gemenge mit kieselsäurereichen Feldspathen (Orthoklas oder Oligoklas) allein, so im Felsitporphyr und Granulit, oder auch zugleich mit Glimmer, so im Granit und Gneiß, oder auch ohne Feldspath und mit Glimmer allein, so im Glimmerschiefer, seltener mit Feldspath und zugleich Hornblende, so in manchem Syenit und Trachyt.

Bei der Verwitterung aller dieser eben genannten Felsarten werden nun die Feldspathe, der Glimmer und die Hornblende in thonartige Erdkrumen umgewandelt; die mit ihnen verbundenen Quarzkörner aber bleiben, da sie durch die Atmosphärenstoffe nicht weiter umgewandelt werden können, als Kies und Sand von allen diesen Felsarten zurück. Durch Wasser von ihrer Mutterstätte fortgeschlämmt werden Erdkrumen und Sand mit einander gemengt und bilden nun sandigthonige, lehmige oder sandig= mergelige Gemische, aus denen nicht nur lockere oder lose Erdbodenaggregationen, sondern im Zeitverlaufe bei ihrer Festwerdung Conglomerate und Sandsteine entstehen: So bildet denn nun auch der gemeine Quarz in der Form von Geröllen, Kies und Sand den Haupt= gemengtheil der meisten thonigen und lehmigen Bodenarten, Schieferthone, Sandsteine und Con= glomerate. — Aber wenn fließendes Wasser mit starker Wucht und Geschwindigkeit die sandhaltigen Erdbodenmassen durchwühlt, schlämmt und mit sich fortreißt, dann trennt sich allmählich der Sand von den in feinzertheilter Schlämmung befindlichen Erdkrumentheilen und senkt sich da, wo die Fluth des Wassers sich stauet oder ganz langsam zu fließen beginnt, wie dieses an den vom Wasser überflutheten Ufern der Fall ist, zu Boden, während die schlammigen Erdkrumen noch weiter gefluthet werden. Sich nun allmählich an seinen neuen Ablagerungsstätten immer mehr anhäufend, bildet er an diesen im Zeitverlaufe ausgedehnte und wohl zu Hunderten von Fußen anschwellende Anhäufungen, welche dann der Wind theils zu unwirthbaren, immer beweglichen Hügeln anhäuft, theils über weite Flächen fruchtbarer Ländereien ausstreut. — So ist denn endlich auch der Quarz das Hauptbil= dungsmaterial aller Sandanhäufungen, Dünen und Wüsten.

Welch' weiten Verbreitungskreis hat nach allem diesen
der Quarz! Selbst als Felsmasse auftretend bildet er auch
den Gemengtheil vieler anderer — und noch dazu der am
weitesten verbreiteten und am mächtigsten auftretenden —
Felsgesteine, der meisten Bodenarten und der gewaltigen
Wüstensandanhäufungen. Kein anderes Mineral kann sich in
dieser Beziehung mit ihm messen, wenn nicht der kohlensaure
Kalk. Aber welche Wichtigkeit hat er auch im Haushalte der
Natur! Kann er auch in Folge seiner Unlöslichkeit selbst kein
Nahrungsmittel für die Pflanzenwelt abgeben, so bereitet er
ihr doch in inniger Untermengung mit Thon aus dieser an
sich immer nassen, kalten und zur Schlammbildung geneigten
Erdkrume den besten Wohnsitz und das reichlichste Nahrungs=
magazin. Aber wie er hier das Beförderungsmittel des
Pflanzenlebens ist, so wird er auch da, wo ihn die atmosphä=
rischen Luftströmungen in gewaltigen Massen als Flugsand
über fruchtbare Culturländereien ausschütten, der Ertödter
und Grabhügel aller Pflanzen.

2) Der Kieselschiefer oder Lydit, ein bräunlich=
oder rauchgrauer bis schwarzer, kohlige Beimengungen ent=
haltender, Quarz, tritt zwar nirgends als Gemengtheil von
gemengten krystallinischen Felsarten auf, aber er bildet für
sich allein bedeutende Ablagerungsmassen namentlich im Ge=
biete des Thonschiefers und der Grauwacke und nimmt auch
oft als Gerölle und Sand Theil an der Bildung von Con=
glomeraten und Sandsteinen. An der Luft liegend entweichen
allmählich seine kohligen Beimengungen als Kohlensäure; dann
wird er mürbe und zerfällt zuletzt zu größeren und kleineren
Trümmern, die, wenn sie fließend im Wasser fortgefluthet,
zu abgerundeten Geschieben und Sandkörnern zerrieben werden.

3) Der Feuerstein oder Flint, welcher, wie schon
bemerkt, seine Haupteimath im Gebiete der weißen Kreide
hat, wird da, wo ihn die brandenden Wogen des Meeres,

wie dieses z. B. der Fall an dem felsigen Gestade der Insel
Rügen und der Insel Wight ist, massenweise aus seinen Ab=
lagerungsstätten herauswühlen, hin und her geschoben, theils
zu Geröllen abgerundet, theils zu feinen Sand zermalmt und
zuletzt von den Wellen an allen flachen Orten des Gestades
ausgeworfen, um dann von den landeinwärts ziehenden
Meereswinden als Bildungsmaterial der Dünen benutzt zu
werden. Als Gemengtheil von Felsarten tritt er jedoch nur
selten auf, so z. B. in dem Puddingstein Englands, wel=
cher aus Feuersteingeröllen besteht, die durch ein kieseliges
Bindemittel verbunden sind.

2. Arten der Silicate.

§. 27. Allgemeine Beschreibung. — Nächst dem
Quarze sind die Silicate die wichtigsten Minerale für die Zu=
sammensetzung der Felsarten; denn nicht genug, daß es keine
gemengte Felsart gibt, welche nicht irgend ein Silicat zum
Bestandtheil hat, sind sie auch die alleinigen Erzeuger und
Bildungsmittel aller wirklichen Erdkrumen=Arten, sowie die
Magazine, aus denen alle Pflanzen ohne Aufhören alle die=
jenigen Nahrungsmittel erhalten, welche denselben nicht nur
die Mittel zur Bildung ihrer eigentlichen Körpersubstanzen,
sondern auch das Festigungsmaterial für diese Körpersubstanzen
spenden. Oder ist es etwa unbekannt, daß Thon, Lehm,
Letten und Mergel Silicate sind und aus der Zersetzung von
Silicaten entstehen? Oder weiß man nicht, daß die Pflanzen=
asche — dieser letzte Rückstand von der vollständigen Ver=
brennung aller Pflanzen — in den meisten Fällen Kali, Na=
tron, Kalkerde und auch wohl Kieselsäure, also lauter Zer=
setzungsproducte von Silicaten, enthält? — Wohl ist daher
die Kenntniß wenigstens derjenigen Silicate, welche an der
Fels= und Bodenbildung einen vorragenden Antheil nehmen,
von der größten Wichtigkeit.

Wie nun oben schon angedeutet, so versteht man unter Silicaten alle diejenigen Mineralien, welche aus der Verbindung der Kieselsäure mit einem oder mehreren basischen Metalloxyden bestehen. Unter den basischen Oxyden aber, welche sich in den Silicaten am häufigsten zeigen, treten nächst der Thonerde am meisten auf: das Kali und Natron, die Kalkerde und Magnesia, das Eisen= und Manganoxydul, jedoch in der Weise, daß die aus ihnen gebildeten Silicate als Ver= bindungen

theils der kieselsauren Thonerde
theils der kieselsauren Magnesia

mit kieselsaurem Kali, Natron, Calciumoxyd und Eisenoxydul

zu betrachten sind, so daß man wenigstens diejenigen Silicate, welche für die Fels= und Bodenbildung von hervorragender Bedeutung sind, eintheilen kann:

1) in Thonerdesilicate, welche neben der Thonerde hauptsächlich Kali, Natron, Kalkerde, bisweilen auch etwas Magnesia und Eisenoxydul enthalten, bei ihrer Verwitterung sich mit einer weißen oder ockergelben Thonrinde überziehen und schön blau werden, wenn man ihr Pulver über der Spiritus= flamme, z. B. vor dem Löthrohre, glüht, dann mit Kobalt= lösung befeuchtet und wieder erhitzt;

2) in Magnesiasilicate, welche neben vorherrschen= der Magnesia hauptsächlich Kalkerde und Oxyde des Eisens und Manganoxydes, nicht selten aber auch mehr oder weniger Thonerde und zugleich auch etwas Natron enthalten, bei ihrer Verwitterung sich mit einer theils blaugrünen, aus Grünerde bestehenden, theils unreinen grünlichgelben bis weißen, aus Magnesiathon (Walkerde) gebildeten Rinde bedecken und blaß rosenroth werden, wenn man sie in der oben angegebenen Weise mit Kobaltlösung glüht.

Unter den in der Natur vorkommenden Silicaten gibt es
keine, welche sich in reinem Wasser lösen; wohl aber werden
sie alle allmählich zersetzt, wenn Kohlensäure haltiges Wasser
lange Zeit ununterbrochen auf ihre Masse einwirken kann.
Diese Zersetzung geht um so eher vor sich, je reicher an Kalk=
erde oder auch an Alkalien und je ärmer sie — im Ver=
hältnisse zu der in ihnen vorhandenen Kalkerde — an Kiesel=
säure sind.   Auf künstlichem Wege lassen sich ebenfalls viele
von ihnen durch Salz= oder Salpetersäure, sobald man ihre
Pulver mit einer dieser Säuren mehrere Minuten lang er=
wärmt, in der Weise zersetzen, daß die in ihnen vorhandenen
basischen Oxyde durch diese Säuren aus ihrer Verbindung
herausgezogen und aufgelöst werden, während die vorher mit
ihnen verbunden gewesene Kieselsäure theils als eine kleister=
oder gallertähnliche, theils als eine schleimige oder auch wohl
pulverige Masse ausgeschieden wird.   Außerdem aber gibt es
auch noch viele Silicate, wie z. B. der Orthoklas=, Oligoklas=
und Albit=Feldspath, welche auf künstlichem Wege durch die
obengenannten Säuren nicht eher sich zersetzen lassen, als bis
sie vorher erst mit Alkalien zu einer glasartigen Masse zu=
sammengeschmolzen worden sind.

a. Thonerde = Silicate.

§. 28.   Die Feldspathe. — a. Allgemeine Eigen=
schaften.   Diese, für die Fels= und Bodenbildung wichtigsten
aller Silicate sind wasserfreie Verbindungen von
kieselsaurer Thonerde mit kieselsauren Alkalien
oder alkalischen Erden oder mit beiden zugleich.
In ihren Verbindungen kommt auf 1 Gewichtstheil Thon=
erde, 1 Gewichtstheil Monoxyd (Kali, Natron oder Kalkerde)
und 2 bis 6 Gewichtstheile Kieselsäure.   Sie sind vorherr=
schend weiß, gelblich, röthlich bis roth= oder graubraun oder
auch aschgrau gefärbt, seltener farblos oder grün, gewöhnlich

unburchsichtig und auf frischen Spaltflächen glas= oder perl=
mutterglänzend, äußerlich aber häufig ganz glanzlos. In
ihrer Härte stehen sie unter dem Quarze, aber
noch über dem Glase; denn sie werden vom Feuer=
steine geritzt, ohne ihn wieder zu ritzen, und ritzen das Glas,
ohne von ihm wieder geritzt zu werden. Dabei aber geben
sie wenigstens im frischen Zustande ähnlich dem Quarze noch
Funken am Stahle, ohne jedoch, wie diese, dabei einen brenz=
lichen Geruch zu entwickeln. Ihr specifisches Gewicht beträgt
2,53 bis 2,76. — In der Natur treten sie theils als derbe
Massen, theils als Körner und Krystalle auf, welche entweder
anderen Mineralien aufgewachsen oder in der Masse von
Felsarten (z. B. von Porphyren) eingebettet erscheinen. Diese
Krystalle bilden kurze oder
mittellange, bald schiefe, von
rhomboidalen Flächen umschlos=
sene (Fig. 7), bald gerade, von
rechteckigen Flächen begrenzte
und gewöhnlich an zwei neben
einander liegenden Ecken ihrer
oberen und unteren Endfläche
abgestumpfte (Fig. 8), bald
auch breitgedrückte, oben und
unten durch zwei schiefe, un=
gleiche Flächen dachförmig zu=
geschärfte Säulen (Fig. 9), wel=
che sehr gewöhnlich zu zwei
oder mehreren so an oder durch
einander gewachsen sind, daß
die eine umgekehrt an dem
andern liegt (Fig. 10). Wenn
man einen Porphyr oder sonst
eine Felsart zerschlägt, in

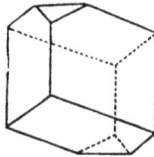 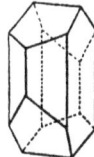

Fig. 7. Fig. 8.

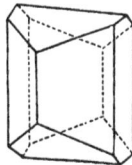 

Fig. 9. Fig 10.

Fig. 11a. Fig. 11b.

welcher solche Krystalle liegen, so bilden diese auf der durchge=
schlagenen Gesteinsfläche quadratische, rechteckige oder auch läng=
lich sechseckige Krystallflächen, was für die Feldspathe sehr
bezeichnend ist (Fig. 11a, 11b).

Soviel über die physischen Eigenschaften und Körper=
bildungen der Feldspathe. Betrachten wir nun auch noch den
chemischen Gehalt derselben etwas näher.

Man theilt die Feldspathe je nach der Größe ihres Kiesel=
säure=Gehaltes ein in kieselsäurereiche und kiesel=
säurearme.

1) Zu den kieselsäurereichen Feldspathen nun
rechnet man diejenigen Arten derselben, in welchen auf 1 bis
2 Gewichtstheile der Thonerde und Alkalien 4 bis 6 Gewichts=
theile der Kieselsäure kommen, in denen also sich die gegen
Säuren unempfindliche Kieselsäure so recht geltend macht
mit ihren Eigenschaften. In ihnen sind neben der Thonerde
vorzüglich Kali und Natron herrschend, während die Kalk=
erde sehr oder auch ganz zurücktritt. Aber eben
wegen ihres starken Kieselsäuregehaltes und ihrer geringen
oder auch ganz fehlenden Menge von Kalkerde werden sie
auch von den Verwitterungspotenzen um so
weniger, je mehr in ihnen der Kaligehalt her=
vortritt, — und von Salz=, Schwefel= oder Sal=
petersäure scheinbar gar nicht angegriffen. Ihr
specifisches Gewicht ist = 2,53 bis 2,68. — Ihr Ver=
witterungsproduct ist Porzellanerde oder ge=
meiner Thon.

In den gemengten krystallinischen Felsarten erscheinen
sie gewöhnlich im Verbande mit Quarz und Glimmer oder
Turmalin oder mit gemeiner Hornblende, aber wohl nie
mit Augit. Zu ihnen gehören:

    der Orthoklas oder Kalifeldspath,

der Albit oder Natronfeldspath,
der kalkfreie Oligoklas oder Kali=Natron=
feldspath.

2) Zu den kieselsäurearmen Feldspathen dagegen
zählt man diejenigen Arten, in welchen die Menge der Kiesel=
säure nur das zwei= oder dreifache von der Menge der basischen
Oxyde (Natron und Kalkerde) ausmacht. In ihnen herrscht
neben der Thonerde die Kalkerde und dann noch
das Natron, während das Kali sehr oder auch
ganz zurücktritt. Wegen ihrer geringeren Menge Kiesel=
säure und ihres größeren Kalkgehaltes verwittern sie
nicht nur leichter, sondern werden auch durch
Salz= und Schwefelsäure leichter mit oder ohne
Absonderung von schleimiger Kieselsäure zer=
setzt. Ihr specifisches Gewicht ist höher als das der vori=
gen Feldspathe: denn es beträgt 2,67 bis 2,76. — Ihr Ver=
witterungsproduct ist ein mit kohlensaurem
Kalk untermischter und darum gewöhnlich mit
Säuren aufbrausender Thon.

In den gemengten krystallinischen Felsarten erscheinen
sie vorzüglich in Verbindung mit Kalkhornblende, Augit, Hy=
persthen oder Diallag, aber nie mit Quarz und selten
nur mit schwarzem Glimmer. Zu ihnen gehören:

der Kalkoligoklas oder Kalk=Natron=Kalifeldspath,
der Labrador oder Kalk=Natronfeldspath,
der Anorthit oder Kalkfeldspath.

b. Besondere Beschreibung der Feldspath=
arten. — Unter den eben genannten Feldspatharten spielt
der weiße oder grünlichweiße, hauptsächlich auf Gängen im
Granit und Gneiß vorkommende, Albit, sowie der farblose
oder weiße, ganz in Salzsäure auflösliche und hauptsächlich
in jüngeren vulcanischen Felsarten auftretende, Anorthit bei
der Felsartenbildung nur eine untergeordnete Rolle. Von

ihnen soll daher im Folgenden nur noch beiläufig die Rede sein. Dagegen sind Orthoklas, Oligoklas und Labrador Hauptfelsbildungsmittel und darum auch für die Bodener= zeugung von der größten Wichtigkeit; sie muß man daher genau kennen lernen, zumal da sie in sehr feinkörnig und undeutlich gemengten Felsarten nur noch durch das Mikroskop und die chemische Zerlegung der letzteren zu erkennen sind. Hat man indessen nur die Bodenbildung dieser Feldspathe im Auge, so reicht die oben gegebene Unterscheidung derselben in kieselsäurereiche oder kalkarme und in kieselsäurearme oder kalkreiche schon aus, da die einzelnen Arten jeder dieser beiden Feldspathgruppen in der Art ihrer Bodenbildung sich sehr nahe stehen und nur in der Zeit, in welcher sie sich in Erd= krumen umwandeln, von einander unterscheiden. — Betrachten wir nun nach diesen Voraussetzungen:

a) unter den kieselsäurereichen Feldspathen:

1) den Orthoklas oder gemeinen Feldspath, dessen Krystalle und krystallinische Massen dadurch ausge= zeichnet sind, daß sie sich unter zwei rechtwinkelig aufeinanderstehenden Richtungen leicht und voll= kommen in rhomboidische Säulen und Tafeln zertheilen lassen, woher auch sein aus dem Griechischen entlehnter Namen — „Orthos", rechtwinkelig, und „Klao", spalten — stammt. Er ist es, welcher namentlich in den schon angegebenen vierseitigen rhombischen und rechteckigen oder auch sechsseitigen, oben und unten durch zwei ungleich große Dach= flächen zugeschärften, Säulen und in zusammengewachsenen (oder Zwillings=) Krystallen auftritt, welche gewöhnlich in der Masse von Felsarten — z. B. in Porphyren — eingewachsen erscheinen und dann auf den Bruchflächen dieser Felsarten in den oben schon erwähnten Umrissen hervortreten.

Erklärung: Will man sich ein deutliches Bild von den Orthoklaskrystallen machen, so schneide man sich aus Thon

ober Kartoffeln vier rhombische Säulen (d. h. Säulen, welche
oben und unten durch eine Rhombenfläche begrenzt und seit=
lich von vier rechteckigen Flächen umschlossen werden).

1) An der ersten dieser Säulen schneide man zunächst
zwei neben einander liegende Ecke der oberen Endfläche und
dann in diagonaler Richtung auch zwei Ecke der unteren End=
fläche ab. Die hierdurch ent=
stehende Gestalt zeigt im Längen=
schnitte den Umriß (Fig. 11 d),
im Querschnitte den Umriß
(Fig. 11 e).

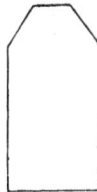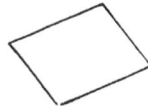

Fig. 11 d.   Fig. 11 e.

2) An der zweiten dieser
Säulen schneide man von den
Ecken der beiden stumpfen Säulen=
kanten aus nach der oberen und
unteren Endfläche hin zwei schiefe
Flächen so weit, daß an der
Stelle der ursprünglichen End=
fläche zwei ungleiche dachförmige
Flächen entstehen (Fig. 12). Die
hierdurch entstehende Gestalt zeigt
in dem Längenschnitte, welchen
man parallel mit der stumpfen

Fig. 12.

Säulenkante macht, ein Rechteck ([]), dagegen in dem Längen=
schnitte, welchen man parallel der scharfen Säulenkante macht,
einen länglich sechseckigen Umriß (s. Fig. 12) oben und unten
mit ungleichlangen Dachlinien und im Querschnitte wieder
eine Rhombenfläche.

3) An der dritten Rhombensäule schneide man zunächst
wieder oben und unten, wie bei der zweiten Säule, die Dach=
flächen, dann aber schneide man die schärfere Säulenkante
so weit weg, daß an ihrer Stelle eine breite sechskantige
Säulenfläche entsteht. Die ursprüngliche Rhombensäule wird

hierdurch zu einer tafelförmigen, sechsflächigen, oben und
unten dachförmig zugeschärften, Säule, an welcher die ehe=
maligen stumpfkantigen Rhombensäulenflächen nur noch als
schmale Schärfen hervortreten (Fig. 13). So=
wohl der Längen=, wie der Querschnitt zeigt
an dieser Gestalt eine sechskantige Fläche. —
Hat man sich zwei solcher Gestalten geschnitten
und legt dann die eine so auf die andere, daß
das untere Dach der einen auf das obere
Dach der anderen zu liegen kommt, so erhält
man diejenige Art von Zwillingskrystallen,
welche gewöhnlich beim Orthoklas vorkommt.

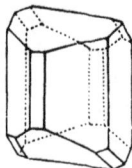

Fig. 13.

4) An der vierten Rhombensäule endlich schneide man
alle vier Längenkanten so weit weg, daß die ursprünglichen
Säulenflächen ganz verschwinden. Man erhält hierdurch eine
rectanguläre Säule, deren sämmtliche Flächen Rechtecke bilden,
und welche beim Durchschnitte immer nur rechteckige Umrisse
zeigt. An dieser Säule können nun wieder alle die Abän=
derungen vorgenommen werden, welche unter 1., 2. und 3.
angegeben worden sind.

Bemerkung: Weitere krystallographische Beschreibungen sind
gegen den Plan und Zweck dieses Buches. Es wurden deswegen
die vorstehenden Erklärungen so populär wie möglich gegeben.
Nothwendig waren sie jedoch, einerseits weil sie zur Charakteri=
sirung des Orthoklases dienten und andererseits, weil sie überhaupt
die Veränderungen, welche an den Gestalten der Krystalle vorkommen
können, veranschaulichen sollten. Bei den Hornblenden und Augiten
werden dieselben gebraucht werden.

Außer in Krystallen tritt indessen der Orthoklas auch in
derben Massen auf, welche körniges oder späthiges Gefüge
haben und im letzten Falle sich nach bestimmten Richtungen
hin in Säulen und Tafeln spalten lassen. Trifft man aber
beim Zerschlagen diese Richtungen nicht, so kommen muschelige

bis unebene und splitterige Bruchflächen zum Vorscheine. Das specifische Gewicht des Orthoklases beträgt 2,53—2,58. Seine vorherrschenden Farben sind weiß ins Gelbliche und Röthliche, oder rosen=, fleisch= bis braunroth, bei der beginnenden Zersetzung seiner Masse aber äußerlich stets röthlich und innerlich weiß oder auch umgekehrt, je nachdem seine Zersetzung von Innen nach Außen oder von Außen nach innen schreitet. Bisweilen ist er auch farblos und durchsichtig, sonst aber nur durchscheinend oder ganz undurchsichtig. Im frischen Zustande zeigt er sich stark glas= oder perlmutter= glänzend, im angewitterten aber matt.

In Beziehung auf sein chemisches Verhalten ist zu bemerken, daß er schwer schmelzbar ist und von Salz= oder Schwefelsäure scheinbar gar nicht angegriffen, dagegen durch Wasser, welches humin= oder quellsaure Alkalien (z. B. Am= moniak) oder auch Kohlensäure enthält, zumal im zerkleinerten Zustande ganz allmählich aufgelöst wird. — Im ganz reinem Zustande besteht er aus 65,20 Kieselsäure, 18,12 Thonerde und 16,68 Kali; gewöhnlich aber enthält er neben dem Kali noch 1—3 pCt. Natron und oft auch Spuren von Eisenoxydul, durch welches er eben beim Beginne seiner Zersetzung gelblich oder röthlich gefärbt wird, und bisweilen auch noch Spuren von Kalkerde.

Je nach den Abänderungen in seinen physischen und chemischen Eigenschaften hat man von dem Orthoklase oder gemeinen Feldspathe mehrere Abarten unterschieden, von denen folgende die wichtigsten sind:

1) Adular: reiner Kalifeldspath; farblos, klar, durch= sichtig oder weiß; starkglänzend.

2) Felsit oder Feldstein: ein gleichmäßiges inniges Gemisch von eisenoxydulhaltiger Orthoklasmasse mit mehliger Kieselsäure, unrein braun, wenig oder gar nicht glänzend; die Grundmasse des Felsitporphyrs bildend.

3) Sanidin: graulich= oder gelblichweiß; äußerlich stark rissig und wenig glänzend; auf den Spalt= und Bruch= flächen aber sehr stark glänzend und wie zer= sprungenes Glas aussehend. Ein durch vulcanisches Feuer geschmolzener Orthoklas (oder Albit) und Hauptge= mengtheil der Trachyte (und Phonolithe).

Vorkommen des Orthoklas. — Der Orthoklas bildet zwar für sich allein keine besondere Felsart, aber im Ge= menge

1) mit Felsit und Quarz den Felsitporphyr und den undeutlich schiefrigen Granulit:

2) mit Quarz und Glimmer den körnigen Granit und den schiefrigen Gneiß;

3) mit Quarz und Turmalin den Turmalingranit:

4) mit Magnesiahornblende den Syenit, welcher in= dessen auch meistens neben dem Orthoklas auch Oligoklas und dann neben der Hornblende auch etwas Magnesiaglimmer enthält.

Ueberhaupt zeigt sich der Orthoklas allein gewöhnlich in Verbindung mit weißem Kaliglimmer und Quarz, aber häufig auch in Untermengung mit Oligoklas und dann meist mit schwarzem Magnesiaglimmer und Magnesiahornblende. — Außerdem bemerkt man eckige und abgerundete, gelbliche oder braune Körner des Orthoklases sehr häufig als Gemengtheile der Sandsteine und auch des losen Sandes. Dieses Vor= kommen ist insofern namentlich für den Sand von Wichtigkeit, als eben die Orthoklaskörner den an sich unfruchtbaren Quarz= sand bei ihrer Zersetzung nicht nur mit thoniger Erdkrume, sondern auch mit Pflanzennahrungsstoffen, so namentlich mit kiesel= und kohlensaurem Kali und Natron, versorgen.

2) Der Oligoklas, in seinen Krystallformen dem Ortho= klase und noch mehr dem Albite sehr ähnlich, aber dann von dem ersteren dadurch unterschieden, daß sich seine, übrigens

nur selten vollständig ausgebildeten Krystalle nicht rechtwinkelig
spalten lassen. In der Regel sind seine Krystalle in der
Masse anderer Gesteine so fest eingewachsen, daß sie sich nicht
vollständig von ihr lostrennen lassen. Am meisten jedoch
bildet er eckige Krystallkörner oder auch derbe Massen von
graulich=, gelblich= oder grünlichweißer oder auch unrein
röthlich grauer bis graubrauner Färbung und von
geringem Glanze, welcher überhaupt nur deutlich auf den
Spaltflächen der Krystalle hervortritt. In seinem specifischen
Gewichte, welches = 2,63 — 2,68 ist, steht er über über dem
Orthoklase.

In seiner chemischen Zusammensetzung nähert er
sich bald dem Orthoklase und Albit, bald dem Labrador, so
daß man ihn als eine Mittelstufe oder als ein Verbindungs=
glied zwischen diesen verschiedenen Feldspathen betrachten kann,
aus welchem je nach den einwirkenden Umwandlungspotenzen
einerseits Orthoklas und Albit und andererseits Labrador
und auch Anorthit entstehen kann. Der normalentwickelte
Oligoklas besteht aus 62,8 Kieselsäure, 23,1 Thonerde, 7 — 9
Natron und 5 — 7 Kali; es gibt aber auch Oligoklase, welche
außer Natron und Kali noch 3 — 5 pCt. Kalkerde, ja auch
bisweilen noch bis 2,5 Magnesia enthalten. Man kann hier=
nach von dem Oligoklase zwei Nebenarten unterscheiden,
nemlich

1) den kalklosen Oligoklas, welcher reicher an
Kieselsäure, Kali und Natron ist, und

2) den Kalkoligoklas, welcher ärmer an Kieselsäure
und Kali, dagegen reicher an Kalkerde ist.

In diesem eigenthümlichen Verhalten des Oligoklas liegt
der Grund, warum derselbe in dem Gemenge einer Felsart
einerseits zugleich mit einer anderen Feldspathart, so
namentlich mit dem Orthoklas oder dem Labrador, und
andererseits mit denjenigen Mineralarten vorkommt, welche

sonst gewöhnlich nur mit dem Orthoklas oder Labrador gemengt erscheinen.

Aber eben in dieser sich nicht immer gleichbleibenden Zusammensetzung ist auch die Ursache zu suchen, warum der Oligoklas

1) durch Salzsäure bald leichter, bald schwerer zu zersetzen ist; das erste ist der Fall bei dem kalkreichen, das letzte bei dem kalkarmen;

2) durch die Verwitterungspotenzen, namentlich durch Kohlensäure haltiges Wasser, bald schneller, bald langsamer angegriffen wird und sich dann bald mit einer weißlichen, durch Säuren aufbrausenden, kalkhaltigen, bald mit einer weißlichen, nicht aufbrausenden Thonverwitterungsrinde überzieht.

Im Allgemeinen gilt in Beziehung auf seine Verbindungen folgendes:

a. der kalkfreie Oligoklas zeigt sich im Verbande mit Quarz, schwarzem Glimmer oder Magnesiahornblende

b. der kalkreiche Oligoklas kömmt nicht in der Gesellschaft des Quarzes, sondern

1) der Kalkmagnesiahornblende und des Magnesiaglimmers;

2) des Augites, Hypersthens und Diallages

vor. —

Mit Bezug auf alle diese Angaben ist nun über das Auftreten des Oligoklas in Felsarten Folgendes zu bemerken:

1) Der Oligoklas ist unter allen Feldspathen der verbreiteste.

2) Er tritt auch als Gemengtheil in solchen Felsarten auf, welche sonst nur Orthoklas oder Labrador enthalten. In dieser Weise findet man ihn häufig

neben Orthoklas: im Granit, Gneiß, Syenit und Felsitporphyr;

neben Labrador: im Diabas, Gabbro, Hypersthenfels und Melaphyr.

3) Aber er bildet auch für sich allein im Gemenge:

mit Hornblende: den Diorit;

mit Augit: den Diabas;

mit Hypersthen: den Hypersthenfels.

Als eine Abart des Oligoklas ist zu betrachten der aus 60 Kieselsäure, 24 Thonerde, 6,5 Natron und 6—5 Kalkerde bestehende weißliche Andesin, welcher namentlich in den vulcanischen Gesteinen der Anden in Südamerika einen Hauptgemengtheil bildet und wahrscheinlich ein umgewandelter Oligoklas ist.

3) Der Labrador, ein unrein weißer oder grauer, auf frischen Spaltflächen oft ein schönes Farbenspiel zeigender, Feldspath, welcher selten in Krystallen, und dann gewöhnlich in rechteckigen Täfelchen, sondern gewöhnlich in Körnern oder derben Massen mit faserigem oder dichtem Gefüge auftritt. Sein spec. Gewicht ist gleich 2,68—2,74. — In ihm tritt das Kali und die Kieselsäure noch mehr zurück als im Oligoklas, während die Kalkerde mächtiger wird; denn im reinen Labrador sind 53,56 Kieselsäure, 29,77 Thonerde, 12,17 Kalkerde und 4,50 Natron, aber kaum noch 0,5—3 pCt. Kali vorhanden, wozu bei beginnender Zersetzung auch noch etwas (0,5—3 %) Wasser tritt. Bemerkenswerth erscheint das Verhalten des Labradors gegen Säuren. Ist er ganz wasserfrei, dann wird er durch Salzsäure nur wenig und erst nach langem Kochen angegriffen, enthält er aber schon Wasser, dann wird er von dieser Säure vollständig und unter Abscheidung von Kieselpulver zersetzt; und hat er neben dem Wasser auch schon Kohlensäure angesogen, dann wird er durch die Salzsäure unter Aufschäumen und unter Abscheidung von Kieselschleim vollständig zersetzt. Concentrirte Schwefelsäure dagegen zersetzt selbst den ganz frischen Labrador bei längerem

Kochen unter Abscheidung vom schleimigen Kieselpulver voll=
ständig. Als feines Pulver wird er aber auch durch Kohlen=
säure haltiges Wasser oder durch Lösungen von huminsauren
Alkalien, sowie sie in der Natur durch Auslaugung von ver=
wesenden Pflanzensubstanzen entstehen, allmählich in der Weise
zersetzt, daß aus ihm alle Kalkerde als doppelkohlensaurer
Kalk und alles kieselsaure Natron ausgelaugt wird, so daß
von seiner Masse nur noch ein schlammiger, gewöhnlich mit
kohlensaurem Kalk untermischter Thonrückstand übrig bleibt.

Vorkommen und Felsartenbildung des La=
bradors. Wie die oben betrachteten kieselsäurereichen und
kalkarmen Feldspathe durch ihr gewöhnliches Auftreten in der
Gesellschaft von krystallinischer Kieselsäure (d. i. Quarz),
Glimmer, Turmalin oder auch Flußspath ausgezeichnet sind,
so ist der Labrador dadurch ausgezeichnet, daß in den=
jenigen Felsarten, in deren Zusammensetzung er
eine Hauptrolle spielt, die eben genannten Feld=
spathgesellschafter, namentlich der Quarz, ganz
fehlen und an ihrer Stelle die basaltische oder
Kalkhornblende, der Augit, Hypersthen und Dial=
lag, sowie die Grünerde und das Magneteisen=
erz herrschend werden. Außerdem bilden die Labrador
haltigen Felsarten die Hauptheimath der Zeolith=
arten, sowie auch derjenigen Mineralien, welche aus wasser=
haltiger unkrystallinischer Kieselsäure bestehen, wie dieses
namentlich der Fall bei den Arten des Opales ist. —
Unter den von ihm gebildeten Felsarten nun sind namentlich
zu bemerken:

1) der aus Labrador (oder auch Kalkoligoklas) und Kalk=
hornblende bestehende Melaphyr;

2) der aus Labrador (oder auch Kalkoligoklas) und Hy=
persthen bestehende Hypersthenfels;

3) der neben Labrador auch Diallaghaltige Gabbro;

4) der aus Labrador (oder Kalkoligoklas), Augit und Grünerde bestehende Diabas oder Augitgrünstein;

5) der aus Labrador (oder auch Nephelin), Augit und Magneteisenerz zusammengesetzte Dolerit und Basalt.

Die aus allen diesen Felsarten entstehenden Bodenarten enthalten in Folge ihres Labradorgehaltes kalkhaltigen Thon oder Mergel und spenden außer doppelkohlensaurem Kalk der Pflanzenwelt auch lösliche Kieselsäure und doppelkohlensaures Natron; sie gehören demnach zu den fruchtbarsten Bodenarten, namentlich wenn ihre dunkelgefärbte und darum leicht erhitzbare Oberfläche nicht zu sehr den Sonnenstrahlen preisgegeben ist.

c) Die Verwitterung oder Thonbildung der Feldspathe. Alle Feldspathe werden im Verlaufe der Zeit durch Kohlensäure haltiges Wasser ihrer Alkalien (d. i. ihres Kalis und Natrons), ihrer alkalischen Erden (d. i. ihrer Kalkerde), ihres etwa vorhandenen Eisenorydules und auch eines Theiles ihrer Kieselsäure in der Weise beraubt, daß zuletzt von ihrem ganzen chemischen Bestande nur entweder reine, mit Wasser verbundene kieselsaure Thonerde oder ein Gemisch von dieser, mit mehlartiger Kieselsäure oder auch mit kohlensaurem Kalk, also eine unkrystallinische, erdig=krümliche Masse übrig bleibt, welche im reinen Zustande Kaolin oder Thon, im sandhaltigen Letten oder Lehm und im kalkhaltigen Mergel genannt wird.

In der Natur beginnt diese Zersetzung und Umwandlung der Feldspathe in thonige Substanzen erst dann, wenn durch den sich oft wiederholenden Temperaturwechsel die Masse dieser Silicate rissig und gelockert worden ist, so daß das von Außen her auf sie eindringende, und mit Sauerstoff und Kohlensäure versehene Atmosphärenwasser in ihre Masse eindringen und die kleinsten Theile derselben anfeuchten kann. Sowie dieses

geschieht, dann beginnt der Zersetzungsproceß in folgender
Weise:

a. Der in die Feldspathmasse eindringende Sauerstoff greift das etwa in derselben vorhandene Eisenoxydul
an und wandelt es in gelbliches oder rothes Eisenoxyd um,
wodurch diese Masse nicht nur noch mehr gelockert, sondern
auch gelblich, röthlich oder braunroth gefärbt wird.

b. Während in dieser Weise der Sauerstoff nur den
Eisengehalt der Feldspathe angreift, außerdem aber nicht
weiter auf die übrigen Bestandtheile derselben einwirkt, beginnt zugleich die Kohlensäure ihr Zerstörungswerk. Für
die Art und Stärke ihrer Thätigkeit indessen ist es von
großem Einflusse, ob die von ihr angegriffene Feldspathmasse zunächst kieselsäurereich und kalkleer oder kieselsäurearm
und kalkhaltig ist, ob sie ferner nur Kali oder nur Natron
oder beide Alkalien zugleich enthält. Im Allgemeinen gilt
hier die Erfahrung: Je reicher an Kalkerde und je
ärmer an Kali ein Feldspath ist, um so leichter
kann ihn die Kohlensäure zersetzen. Nach diesem
Erfahrungssatze nun zieht das Kohlensäure haltige Wasser
stets zunächst Schritt für Schritt, soweit es in die Masse
des Feldspathes eindringen kann, alle Kalkerde aus der letzteren und laugt sie als doppeltkohlensauren Kalk aus
ihrer Verbindung mit der Kieselsäure, während es diese letztere selbst an die nun noch in der Feldspathmasse vorhandenen Alkalien abgibt, so daß diese zu sauren kieselsauren Alkalien werden. Hat nun in dieser Weise das
Kohlensäure=Wasser die letzte Spur von Kalkerde aus der
Feldspathmasse vertrieben, dann erst greift es die in derselben
vorhandenen kieselsauren Alkalien an. Nur wenn vom Anfange an kein Kalk in dem Feldspathe vorhanden war, ätzt es
diese gleich beim Beginne der Zersetzung an. Diese aber,
welche reich an Kieselsäure sind und dieselbe auch sehr fest

halten, löst und laugt es nach und nach unzersetzt als kiesel=
saure Salze aus, so daß man zuletzt von der ganzen
Feldspathmasse nur noch wasserhaltige kieselsaure
Thonerde übrig bleibt, welche, wenn sie frei von Eisen=
oxyd und ganz rein von Alkalien ist, Kaolin oder Porzel=
lanerde genannt wird, dagegen im eisenoxydhaltigen Zu=
stande ockergelb bis braunroth gefärbt erscheint und so den
gemeinen Thon bildet.

So ist der Zersetzungsproceß aller Feldspathe. An ihrer
Außenfläche beginnend bringt er zunächst die dünne, bald weiß
bald ockergelb gefärbte, bald kalkhaltige bald kalkleere thonige
Verwitterungsrinde hervor, welche für alle Feldspathe
charakteristisch ist. Regenwasser wäscht diese hautdicke Rinde
ab, aber kaum ist sie verschwunden, so erzeugt sich an der
bloßgelegten Feldspathoberfläche wieder eine neue. Und indem
der Regen immer und immer wieder die frischgebildete Ver=
witterungsrinde abspült und sich dann immer und immer
wieder unter dem Einflusse der Atmosphärilien eine neue
erdige Rinde erzeugt, werden die Feldspathe von Außen nach
Innen allmählich bis zur letzten Spur ihrer Masse in Thon=
substanz umgewandelt. Alle die aus ihrer Masse durch das
Kohlensäure haltige Wasser aufgelösten kohlen= und kieselsauren
Salze des Kali's, Natrons und der Kalkerde aber führt es
auf seinen unterirdischen Rieselpfaden theils den Pflanzen=
wurzeln als willkommene Nahrung theils anderen Mineralien
als neue Bestandtheile zur Umwandlung ihrer Bestandesmasse,
theils auch den aus der Erde hervorsprudelnden Quellen zu.

d) Wichtigkeit der Feldspathe als Erdrinde=
bildungsmittel und Nahrungsmagazin für die
Pflanzenwelt. — Wenn gleich die Feldspathe nicht, wie
der kohlensaure Kalk und Quarz, für sich allein Felsmassen
zusammensetzen, so haben sie doch für den Naturhaushalt eine
weit höhere Bedeutung als diese beiden Mineralarten; denn

1) gibt es unter den gemengten krystallinischen Felsarten nur sehr wenige, welche nicht eine der vorbeschriebenen Feldspathe zum wesentlichen Gemengtheil hätten;

2) entstehen nur aus der Umwandlung der Feldspathe alle die Mineralien, welche wir nächstdem näher kennen lernen wollen, nemlich die Zeolith=Arten und gar manchmal auch die Glimmer;

3) erhalten alle Erdbodenarten, welche Thonsubstanz unter ihren Gemengtheilen besitzen, ihren Thongehalt nur aus der Zersetzung der Feldspathe;

4) haben alle Schieferthone, Mergelsteine, Sandsteine und Conglomerate, welche Thon oder Mergel zum Bindemittel haben, diesen nur aus der Zersetzung von Feldspathgesteinen erhalten;

5) sind die Feldspathe die Haupterzeugungsmittel all der Kali=, Natron= und Kalksalze, welche die Pflanzenwelt zu ihrer Ernährung braucht.

§. 29. Die zeolithischen Silicate. — An die Feldspathe schließt sich eine Reihe von kieselsauren Mineralien an, welche sich sowohl in Farbe und Glanz wie auch in ihrer chemischen Zusammensetzung den kieselsäurearmen Feldspathen nähern, sich auch wie diese durch Salzsäure unter Abscheidung von gallertähnlicher oder pulveriger Kieselsäure zersetzen und in manchen Fällen sogar die Stelle dieser bei der Zusammensetzung von Felsarten vertreten; denn in gar manchen Basalten, Doleriten und Phonolithen findet man statt des Kalkoligoklases, Labradors oder auch Anorthites Leuzit, Nephelin oder auch Natrolith, also lauter zeolithische Mineralien. Ueberhaupt ist es bemerkenswerth, daß diese letztgenannten Mineralien vorherrschend ihren Wohnsitz in den jüngeren vulcanischen Gesteinen, so namentlich in den basaltischen und trachytischen Felsarten haben und in diesen nicht blos als Gemengtheile mit deren Masse fest verwachsen sind,

sondern auch die in dieser letzteren vorkommenden Blasen=
räume, Lücken und Spalten gruppen= und drusenweise be=
wohnen.

Je nach ihrem Wassergehalte und ihrer Härte zerfallen
sie in folgende zwei Gruppen:

1. Gruppe: Leucitoide: Vorherrschend weiße oder
graue wasserlose Verbindungen der kieselsauren
Thonerde mit kieselsaurem Kali oder Natron oder
mit beiden zugleich, aber ohne oder nur mit sehr geringen
Mengen von Kalkerde; demgemäß dem Orthoklas, Albit oder
Oligoklas ähnlich, aber kieselsäureärmer. In einer Glas=
röhre erhitzt schwitzen sie kein Wasser aus, so lange sie
ganz frisch sind; bei ihrer Verwitterung dagegen enthalten sie
mehr oder weniger Wasser. In ihrer Härte stehen sie den
Feldspathen sehr nahe; denn sie lassen sich wie diese zwar vom
Feuerstein, aber nicht vom Messer ritzen. — Bemerkenswerth
ist noch, daß sie sich in Arten der zweiten Feldspathgruppe
umwandeln können. — Zu ihnen gehören unter anderen

1) der Leucit (von dem griechischen Worte „leukos"
weiß), ein weißes, in Körnern und zwölf= oder vier und
zwanzigflächigen, weißen Granaten sehr ähnlichen, Krystallen
auftretendes Mineral, welches in seiner Zusammensetzung dem
Orthoklas sehr nahe steht, aber ein geringeres specifisches
Gewicht (= 2,45 — 2,50) hat und sich in Salzsäure unter Ab=
scheidung von Kieselpulver zersetzt. Er bildet mit Augit
untermengt einen Hauptgemengtheil des Leucitophyrs, des
Leucittuffs und der Leucitlava — lauter schwarz und
weißgefleckter Vulcanengesteine Italiens, kommt aber auch oft
in den vulcanischen Tuffen in der Umgebung des Laacher
See's am Rhein vor.

2) der Nephelin (vom griechischen „nephela" Wolke
oder Nebel, weil seine Krystalle durch Säuren trüb und
nebelig werden), ein weißes oder grünlichgraues, in sechs=

seitigen Säulen, Körnern und körnigen Massen auftretendes
Mineral, welches ein specifisches Gewicht $= 2{,}58—2{,}64$ hat,
in seiner Zusammensetzung sich dem Oligoklase nähert, aber
ärmer an Kieselsäure und reicher an Thonerde und Natron
ist und durch Salzsäure unter Abscheidung von Kieselgallerte
zersetzt wird. Es bildet häufig statt des Labradors einen
Gemengtheil des Dolerites, Basaltes und Phonolithes und
wandelt sich bei seiner Zersetzung in Natrolith und andere
Zeolithe um.

2. Gruppe: Zeolithe (von den griechischen Worten:
„zeo" kochen und „lithos" Stein, weil die hierher gehörigen
Steine beim Erhitzen vor dem Löthrohre sich hin und her
winden oder schäumen, als wenn sie kochten), farblose, weiße
oder weißgraue, bisweilen auch durch beigemengtes Eisenoxyd
gelb oder rothbraun gefärbte, bald in Würfeln, Pyramiden
oder Säulen, bald aber auch in strahligfaserigen kugelförmigen
Massen vorkommende, Mineralien, welche als wasserhal=
tige Verbindungen von kieselsaurer Thonerde mit
kieselsaurer Kalkerde (oder auch bisweilen von Kali und
Natron) oder mit allen zugleich zu betrachten sind und
in ihrer qualitativen Zusammensetzung dem Kalkoligoklas, Labrador oder Anorthit oder auch dem Nephelin und Leucit nahe stehen,
aber sich von allen diesen Silicaten durch ihr geringes spec. Gewicht ($= 2{,}01—2{,}30$), durch ihre geringere Härte, durch die
Eigenschaft, beim Erhitzen in einer Glasröhre
Wasser auszuschwitzen, sich in concentrirter Salz=
säure rasch und vollständig unter Abscheidung von
gallert= oder schleimähnlicher Kieselsäure aufzu=
lösen und beim Erhitzen vor dem Löthrohre auf
Kohle schnell und unter Aufschäumen oder Hin=
und Herwinden zu einem weißen Email zu schmel=
zen, auszeichnen. — Unter den zahlreichen Arten, in welche
man die Zeolithe eingetheilt hat, kommen am häufigsten vor:

1) Der Faser= oder Mehlzeolith (auch Skolezit oder Kalkmesotyp genannt. Dieser vorherrschend in dünnen quadratischen Säulen oder zarten, sehr häufig strahlig mit einander verwachsenen, Nadeln auftretende Zeolith ist ge= wöhnlich weiß und im frischen Zustande glas= oder seiden= glänzend, im angewitterten Zustande aber mehligmatt. Beim Erhitzen krümmt er sich wurmförmig hin und her. Mit Salzsäure bildet er Kieselgallerte; in Oxalsäure aber löst er sich unter Ausscheidung von oxalsaurem Kalk. Im reinen Zustande besteht er aus 46,50 Kieselsäure, 25,83 Thonerde, 14,08 Kalkerde und 13,59 Wasser. — Unter allen Zeolithen kommt er am häufigsten vor, namentlich in den Basalten, in deren Blasenräumen er strahlfaserige Kugeln oft von mehreren Zollen im Durchmesser zusammensetzt. Bei seiner Verwitterung bildet er theils mehlartige Knollen, theils eine sich wie Mark oder Seife anfühlende, thonige Substanz, welche man Seifen= thon oder Steinmark genannt hat.

2) Der Nadelzeolith oder Natrolith: Ein eben= falls häufiger Bewohner der Spalten und Blasenräume von Phonolithen und basaltischen Gesteinen. Er bildet ge= wöhnlich stern=, büschel= oder kugelförmige, strahligfaserige Aggregate von weißer oder gelber oder auch gelb und weiß quergestreifter Färbung, löst sich in Salzsäure wie der Faser= zeolith, aber auch in Oxalsäure ohne Abscheidung von Kalk, und besteht aus 47,91 Kieselsäure, 26,03 Thon= erde, 16,08 Natron und 9,38 Wasser.

3) Der Chabasit, ebenfalls ein häufiger Bewohner der basaltischen Gesteine, deren Klüfte und Blasenräume er oft mit den schönsten Drusen von farblosen oder weißen, glas= glänzenden, erbsen= bis haselnußgroßen, würfelähnlichen Rhom= boëderkrystallen überzieht. Er besteht aus 48 Kieselsäure, 20 Thonerde, 10,96 Kalkerde, 21,04 Wasser und enthält oft auch mehrere Procente Natron. Soviel die Erfahrung lehrt

entsteht er hauptsächlich aus der Umwandlung der kalkhaltigen
Feldspathe, namentlich des Labradors, und zersetzt sich selbst
bei seiner Verwitterung in eine Art Mergel.

Soviel über die häufigsten Arten der Zeolithe. Es sind
interessante Minerale, welche zwar für die Fels= und Boden=
bildung insofern nur von untergeordnetem Interesse sind, als
sie einerseits gewöhnlich nicht als wesentliche Gemengtheile
einer Felsart auftreten und andererseits für sich allein —
wenigstens scheinbar — auch keinen Erdboden bilden. Trotz=
dem aber sind sie nicht zu übersehen, da sie bei ihrer leichten
Zersetzbarkeit viel löslichen kohlensauren Kalk und kohlensaures
Natron, beides ein Paar vortrefflicher Pflanzennahrungs=
mittel, liefern und außerdem eben durch diese beiden kohlen=
sauren Salze auch umwandelnd auf die Masse der sie um=
schließenden Gesteine einwirken.

b. Magnesia = Silicate.

§. 30. Die Hornblenden oder Amphibolite. —
a) Allgemeine Beschreibung. — Während die Feld=
spathe und Zeolithe sich durch ihre vorherrschend helle —
weiße, gelbliche, röthliche bis braune — oder höchstens asch=
graue, aber wohl nie schwarze Färbung bemerklich machen,
sind die hornblendeartigen Minerale gerade durch
ihre dunkele schwarze, dunkelgrüne oder schwarz=
braune, selten hellgraue, Farbe, durch ihren starken,
nicht selten metallähnlichen, Glasglanz und durch ihr häufiges
Auftreten in langen, bald strahlig, bald parallel verwachsenen,
Stangen, Nadeln und Fasern charakterisirt. Durch alle diese
Eigenthümlichkeiten sind nun wohl diese Mineralien von den
so häufig mit ihnen verbundenen Feldspathen, aber nicht von
gewissen anderen Silicaten, so namentlich von Turmalin,
manchen Beryllen, Zinkblende und Zinnerz, unterschieden, wo=
her auch ihre Namen: Hornblenden (d. h. hornzähe

Mineralien, welche in ihrem Ansehen täuschen) oder Amphi=
bolite (d. i. zweideutige, mit anderen Mineralien verwechsel=
bare, Steine) rühren. Indessen sind sie auch von diesen,
ihnen äußerlich ähnlichen, Mineralien, vor allen von dem
Turmaline und den ihnen ähnlichen Glimmerarten, leicht zu
unterscheiden durch ihre Härte, der zu Folge sie vom
Feuerstein und Fensterglase, aber nicht vom
Messer geritzt werden, während der Turmalin Feuer=
stein und Glas ritzt und Glimmer stets vom Messer, ja meist
sogar schon vom Fingernagel geritzt wird. Doch gehen wir
nun zur näheren Betrachtung der Hornblenden selbst über.

Im Allgemeinen sind die hornblendenartigen Mineralien
kieselsaure Salze, in denen Magnesia, Kalkerde,
Eisen= und Manganoxydul die vorherrschenden
Bestandtheile sind, während die Thonerde, welche
nebst Kali und Natron bei den Feldspathen die Hauptrolle
spielt, in ihrem chemischen Bestande ganz fehlt
oder doch nur eine untergeordnete Rolle spielt
und oft sogar theilweise oder auch ganz durch
Eisenoxyd vertreten wird.

Ihre Krystalle bilden vorherrschend kurze oder auch
lange sechs= oder achtseitige Säulen, welche an ihrem oberen
und unteren Ende entweder durch zwei ungleiche, dachförmig
gegen einander geneigte, oder auch durch drei oder vier in
eine Spitze verbundene Flächen zugeschärft oder zugespitzt
erscheinen, woher es auch kommt, daß dieselben, — ähnlich
den Feldspathkrystallen — in ihrem Längendurchschnitte eine
sechseckige (s. Fig. 14) und in ihrem Querdurchschnitte ent=
weder eine ziemlich gleichseitige sechseckige oder eine breit=
gedrückte achtseitige, bisweilen aber auch eine fast vierseitige
Fläche zeigen. An, Hornblende= oder Augitkrystalle haltigen,
Porphyren (z. B. am Diabas= oder Augitporphyr und am
Dioritporphyr) kann man dieses Alles sehr gut beobachten.

Außer in ausgebildeten Kryſtallen kommen aber die Amphi=
bolite auch, wie oben ſchon angedeutet, in langen Stangen,
Nadeln und Faſern vor, welche oft ſo zart und fein wie Sei=
denfäden ſind und dann bei paralleler Verwachſung oder ver=
worrener Verfilzung einem Strange oder Bündel von Seide
wirklich nicht unähnlich ſehen, wie man am Asbeſt, Amianth
und Bergflachſe bemerken kann. Endlich bilden die Amphi=
bolite auch derbe, kryſtalliniſch=körnige Maſſen. — In ihrem
Z u ſ a m m e n h a l t e zeigen ſie ſich alle ſehr zähe, woher es
auch kommt, daß diejenigen Felsarten, in denen ſie die vor=
herrſchenden Gemengtheile ſind, zumal bei feinkörnigem oder
dichtem Gefüge ſich ſehr ſchwer zerſprengen laſſen, z. B.
Baſalt und Grünſtein; dagegen ſind ihre Kryſtalle in der
Richtung ihrer Säulenflächen ſehr vollkommen ſpaltbar und
zeigen dann auf den friſchen Spaltflächen einen ſtarken, oft
perlmutterartig oder auch metalliſch ſchimmernden, Glasglanz.
In der H ä r t e ſtehen ſie unter dem Feldſpath, aber über
dem Kalkſpath; ihr ſpec. Gewicht ſteht zwiſchen 2,8 und 3,6.
— Durch Säuren laſſen ſie ſich nur wenig oder auch gar
nicht angreifen; dagegen werden ſie durch Kohlen= oder
Quellſäure haltiges Waſſer allmählich und um ſo eher zerſetzt,
je reicher an Kalkerde, Eiſen = und Manganorydul ſie ſind.
Geſchieht nun dieſe Zerſetzung u n t e r L u f t z u t r i t t, ſo
wird durch Anziehung von Sauerſtoff das aus ihrem Gehalte
durch das kohlenſaure Waſſer gebildete kohlenſaure Eiſen= und
Manganorydul, ſowie es bei ſeiner Auslaugung an die Ge=
ſteinsoberfläche tritt, ſehr raſch in unlösliches, zuerſt unrein
blau= und gelbgrünes, dann ockergelbes Eiſenorydhydrat, das
kohlenſaure Manganorydul aber in zuerſt violettes, dann
kaffeebraunes Manganorydhydrat umgewandelt. Indem aber
dieſe beiden Oryde zu gleicher Zeit an der Oberfläche der
amphiboliſchen Geſteine erſcheinen, ſo erzeugen ſie eine ſ c h m u=
t i g a u s ſ e h e n d e; zuerſt violett und grünlich ſchillernde,

dann aber lederbraune oder auch braunrothe Ver=
witterungsrinde. Da jedoch bei dieser Zersetzung auch
zu gleicher Zeit durch das Kohlensäure haltige Wasser die in
den Amphiboliten enthaltene Kalkerde mit ausgelaugt wird,
so erscheint die eben erwähnte Verwitterungsrinde entweder
mit kohlensaurem Kalk untermischt oder von einer weißen
Kalkunterlage begleitet. — Geht indessen die Zersetzung
der Amphibolite unter Luftabschluß vor sich, wie es
z. B. der Fall ist in den tiefer gelegenen Klüften, Ritzen und
Blasenräumen dieser Gesteine, dann löst das Kohlensäure
haltige Wasser, welches in diese Räume dringt, das kieselsaure
Eisenoxyd und Eisenoxydul unzersetzt in sich auf und setzt
es allmählich an den Wänden der Höhlungen in Untermischung
mit etwas Thon und Magnesia als eine blau= oder grau=
grüne erdige Masse wieder ab, welche man Grünerde ge=
nannt hat. — Diese Grünerde ist stets das Haupt=
zersetzungsproduct aller der bei Luftabschluß
zerstörten Amphibolite. Wenn dagegen die Zersetzung
dieser Mineralien unter stetem Luftzutritte vollendet wird,
dann erscheint als das letzte Product dieser Zersetzung eine
lederbraune oder unrein grünlich braunrothe Erde, welche als
ein Gemisch von kieselsaurem Eisenoxyd, kieselsaurer Magnesia
und, wenn die sich zersetzenden Amphibolite auch Thonerde
enthielten, kieselsaurem Thonerdehydrat zu betrachten und
unter den Namen: Walkerde, Walkerthon oder Bol
bekannt ist.

Als Felsbildungsmittel spielen die Amphibolite
eine große Rolle, indem mehrere Arten von ihnen nicht nur
für sich allein schon Felsarten zusammensetzen, so die Horn=
blende und der Augit, sondern auch als wesentliche Gemeng=
theile nicht nur von älteren, sondern auch von jüngeren und
jüngsten vulkanischen Gebirgsarten auftreten, dabei durch ihre
Umwandlung Veranlassung zur Bildung von anderen Gestei=

nen, so von Chlorit, Talk und Serpentin geben und endlich auch einen häufigen Bestandtheil der verschiedenartigen Sand= anhäufungen bilden.

Bei ihren Felsartenbildungen zeigen sie sich im Allge= meinen vorzüglich **im Verbande mit Feldspatharten** und zwar in der Weise, daß

| a. die magnesiareicheren und thonerdehaltigen Amphibolite vorherrschend mit kiesel= säurereichen und kalkarmen Feldspathen z. B. mit Oli= goklas | b. die magnesiaärmeren und kalkerdereichen Amphibolite vorherrschend mit kiesel= säureärmeren und kalk= reicheren Feldspathen z. B. mit Labrador |

verbunden erscheinen.

Außerdem aber machen sich in den von ihnen gebildeten Felsarten häufig noch bemerklich bei den:

| a. magnesiareicheren Amphiboliten als Beimengungen: Mag= nesia= und Eisenglimmer, Chlorit, Granate, Titaneisen, | b. kalkreicheren Amphiboliten als Beimengungen: Grünerde, Kalkspath, Magneteisenerz. |

Dagegen ist Quarz im Allgemeinen eine selt= nere Erscheinung; ja in den Gesteinen mit kalk= reichen Amphiboliten scheint er sogar stets zu fehlen.

b) **Besondere Beschreibung der Amphibolit= Arten. —**

1) **Die Hornblende** (oder **Amphibol**). — Sie tritt theils in Krystallen, theils in körnigen Massen auf. Ihre Krystalle erscheinen in ihrer einfachsten Form als vierseitige

Rhombensäulen, welche oben und unten durch ein Paar drei=
seitiger Flächen dachförmig zugeschärft sind (Fig. 14). Durch
schmale Abstufung ihrer beiden stumpfen Säulen= und Dach=
kanten wird die ebenbeschriebene vierseitige Säule sechsseitig,
während ihre obere und untere Dachschärfe eine schmale recht=
eckige Fläche erhält (Fig. 15). Außer dieser Krystallform kommt
aber die Hornblende auch in kurzen sechsseitigen Säulen vor,
welche oben und unten eine aus drei Rhombenflächen bestehende
Zuspitzung hat (Fig. 16). Die erste dieser beiden Krystall=

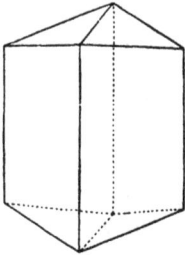
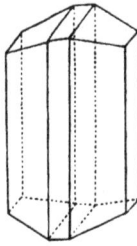
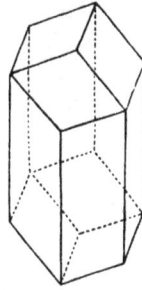

Fig. 14.   Fig. 15.   Fig. 16.

gestalten kommt hauptsächlich bei der gemeinen, die zweite
dagegen vorherrschend bei der basaltischen Hornblende
vor. Man könnte sie leicht mit den Krystallen des, über=
haupt der Hornblende sehr ähnlichen, Augites verwechseln,
wenn man nicht folgende Unterscheidungsmerkmale festhält.
Die Krystalle

1) der Hornblende
sind oben und unten entweder
durch zwei Dreieckflächen
zugeschärft oder durch drei
Rhombenflächen zugespitzt;
sind mehr cilindrisch;

2) des Augites
sind oben und unten vorherr=
schend durch zwei fünfeckige
Dachflächen zugeschärft;
sind mehr breitgedrückt, so daß
sie Feldspathkrystallen ähnlich
erscheinen;

lassen sich in der Richtung   lassen sich in der Richtung der
der Rhombensäulenflächen sehr   Rhombensäulenflächen   nicht
vollkommen spalten.   vollkommen spalten.

Nicht selten erscheinen die Krystalle so in die Länge ge=
zogen, daß sie Stengel, Nadeln oder auch haarfeine Fasern
bilden, welche dann strahlig oder auch — wie beim Asbest
und Amianth — parallel und filzig mit einander verwachsen
sind. Der Zusammenhalt der Hornblendemasse an sich
ist zähe und schwer zersprengbar; die Krystalle indessen sind,
wie oben schon bemerkt, in der Richtung ihrer Rhomben=
säulenflächen so vollkommen zerspaltbar, daß man stark glas=
oder perlmutterglänzende, glatte Spaltflächen erhält. — Im
Uebrigen ist über die Eigenschaften der Hornblende noch fol=
gendes zu bemerken: Ihr spec. Gewicht beträgt 2,₈—3,₈. Sie
wird vom Feuerstein und Feldspath geritzt, aber
nicht oder nur sehr schwer vom Fensterglase,
während sie selbst das letztere leicht ritzt. Ebenso
vermag das Messer sie nicht zu ritzen. — Ihre Hauptfarbe
ist schwarz oder dunkelgrün; dagegen zeigt sie beim
Ritzen oder als Pulver eine grünlich=graue (so die gemeine
Hornblende) oder bräunliche (so die basaltische Horn=
blende) Färbung. Ihr Glanz endlich ist glasig, auf den
Spaltflächen sogar spiegelnd stark.

Was endlich den chemischen Gehalt der Hornblende
betrifft, so ist sie in ihrem normalen Zustande als eine Ver=
bindung von kieselsaurer Magnesia mit kiesel=
saurem Eisenoxydul zu betrachten, wozu aber noch in
den meisten Fällen Thonerde, Kali und Natron oder
auch Kalkerde nebst etwas Fluor tritt. Indessen weicht
bei den einzelnen Arten die Menge der einzelnen Bestandtheile
so ab, daß man eben in Beziehung auf diese Abweichung
zwei, durch ihre Krystallform und ihr Vorkommen unterschie=
dene, Hornblende=Arten aufgestellt hat, nemlich:

1) die gemeine Horn=
blende:

In ihr beträgt:

die Kieselsäure 42—50 pCt.
die Magnesia 13—24 pCt.
die Kalkerde 3—9 pCt.
die Thonerde 8—12 pCt.
In ihr ist also der Gehalt an
Kieselsäure und Magnesia grö=
ßer als bei Nr. 2.

Sie ist daher eigentliche
Magnesiahornblende.

2) die basaltische Horn=
blende:

In ihr beträgt:

die Kieselsäure 40- 47 pCt.
die Magnesia 11—14 pCt.
die Kalkerde 10—13 pCt.
die Thonerde 12—26 pCt.
In ihr ist demnach der Ge=
halt an Magnesia kleiner und
an Kalkerde und Thonerde
größer als bei Nr. 1.

Sie ist daher
Kalkhornblende.

2) Der Augit (oder Pyroxen) ist, wie schon bei der
Beschreibung der Hornblendekrystalle angegeben worden, in
seinen Körperformen, seiner Farbe und überhaupt in seinen
physischen Eigenschaften der Hornblende so ähnlich, daß man
ihn wohl mit dieser letzteren verwechseln könnte. Indessen
unterscheidet er sich doch wesentlich von dieser seiner Verwand=
tin durch folgende Merkmale:

1) Seine Krystalle bilden vorherrschend kurze, breit=
gedrückte, sechs= oder achtseitige Säulen, welche an ihren
Säulenwinkeln 87° 6′ messen, oben und unten durch ein, aus
zwei fünfeckigen Flächen bestehendes, Dach zu=
geschärft sind und sich in der Richtung ihrer
Säulenflächen nicht vollkommen spalten lassen
(Fig. 17). Sowohl in ihrem Längs=, wie in
ihrem Querschnitte gleichen sie den Orthoklas=
krystallen, indem sie eine sechseckige Fläche
bilden, wie man namentlich auf den Bruch=
oder Schliffflächen von Augit haltigen Por=
phyren bemerken kann (s. Fig. 12).

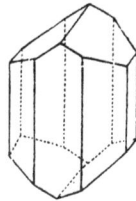

Fig. 17.

2) Sein Ritzpulver ist grünlich=bräunlich, wie man namentlich bemerken kann, wenn man sein Pulver mit Wasser schlämmt und auf einer Glastafel bei durchfallendem Lichte betrachtet.

3) Sein spec. Gewicht ist $= 3_2 - 3_5$, also größer wie bei der Hornblende.

4) Am meisten aber unterscheidet er sich von der Horn= blende durch seinen chemischen Gehalt; denn während in dieser die Magnesia der vorherrschende Bestandtheil ist, herrscht in ihm die Kalkerde; während ferner in der Hornblende die Alkalien, namentlich das Natron, noch auftreten, fehlen sie in ihm, so lange er frisch ist, ganz; während endlich in der ersteren das Fluor fast nie fehlt, ist in ihm dieses Element nicht vorhanden. — Im Allgemeinen ist der Augit zu be= trachten als eine Verbindung von kieselsaurer Kalkerde mit kieselsaurer Magnesia und kiesel= saurem Eisenoxydul, welche außerdem noch 5—6 Proc. Thonerde, 7—12 Proc. Eisenoxyd und häufig auch noch 2—6 Proc. Phosphorsäure enthält.

Dagegen nähert er sich in seiner Verwitterungs= weise wieder der Hornblende, namentlich der basaltischen; nur verwittert er in Folge seines größeren, durchschnittlich 22 Proc. betragenden, Kalkgehaltes, schneller als diese. Sein letztes Verwitterungsproduct ist dann in der Re= gel ein durch Eisenoxyd lederbraun oder braun= rothgefärbter, meist kohlensauren Kalk und nicht selten auch kohlensaure Magnesia haltiger Eisen= thon oder Lehm.

In seinen Verbindungen mit anderen Mineralien steht er endlich der basaltischen Hornblende sehr nahe; ja oft findet er sich mit dieser zu gleicher Zeit in dem Gemenge einer Felsart (z. B. in dem Basalte). Wie diese, so kommt auch er vorzüglich mit kieselsäureärmeren Feldspathen oder statt deren mit Leucit oder Nephelin im Verbande vor. Aber außerdem zeigen sich in seiner Gesellschaft und oft sogar in inniger Verwachsung mit ihm Kalkhornblende, Diallag, Chlorit, Grünerde, Kalkspath, Eisenspath und Magneteisenerz — kurz lauter Mineralien, welche theils als Auslaugungs=, theils als Zersetzungsproducte von ihm zu betrachten sind.

Mit diesen seinen Verbindungsgenossen bildet er nun schließlich mehrere sehr verbreitete Felsarten, so

1) mit dem Kalkoligoklas oder Labrador und der Grün=erde den Diabas oder Augitgrünstein und Augit=porphyr;

2) mit dem Labrador und Magneteisenerz zusammen den Basalt und Dolerit;

3) mit dem Nephelin und Magneteisenerze zusammen den Nephelinbasalt und Nephelindolerit;

4) mit dem Leucit zusammen den Leucitophyr;

5) mit Kalkfeldspath manchen Melaphyr;

also vom Diabas, Augitporphyr und Melaphyr abgesehen, lauter jüngere und jüngste Vulkanengesteine, woher es auch kommt, daß man von ihm sowohl Krystalle wie Körner so häufig in den Sand= und Schuttanhäufungen der Vulkane findet. — Außerdem aber bildet er für sich allein auch eine, indessen nur selten vorkommende, Felsart, nemlich den Augitfels.

3) Der Hypersthen, auch ein Hornblende= und Augit ähnliches, schwarzes, schwarz=grünes oder schwarz=braunes glasigglänzendes Mineral, welches sich aber leicht durch seine größere Härte, welche auf gleicher Stufe mit der des Feldspathes steht, durch sein größeres spec. Gewicht (3_3—3_5) und durch seinen metallisch (kupferröthlich) schimmernden Glanz auf den frischen Spaltflä=chen seiner Krystalle und Körner von den erstgenannten bei=den Amphiboliten unterscheiden läßt. — Seine gewöhnlich in

8*

Felsarten eingewachsenen Krystalle zeigen in der Regel recht=
eckige oder auch rhombische Tafelflächen und sind nicht genau
zu bestimmen; am meisten jedoch erscheint er in eckigen Kör=
nern oder derben krystallinischen Massen, welche sich oft so
deutlich in dünne Blätter spalten lassen, daß man sie für
Diallag oder Glimmer halten könnte, wenn diese beiden Mi=
nerale sich nicht schon vom Messer ritzen ließen.

Seiner chemischen Zusammensetzung nach ist der
Hypersthen als eine Verbindung von kieselsaurer
Magnesia mit kieselsaurem Eisenoxydul zu betrach=
ten, welche 14,00—21,31 Magnesia, 21,27—22,05 Eisenoxydul
und außerdem gewöhnlich noch 0,37—2,35 Thonerde und
1,50—3,09 Kalkerde enthält. — Wegen seines vorherrschenden
Eisenoxydulgehaltes übt hauptsächlich der Sauerstoff der At=
mosphäre einen großen Einfluß auf seine Zersetzung aus, in
Folge dessen er nicht bloß an seiner, der Luft ausgesetzten,
Oberfläche, sondern auch auf den Blätterflächen seines Innern
sich bald mit einer graubraunen Rinde von Eisenoxyduloxyd
oder Magneteisen überzieht. Anders ist es mit seiner Zer=
setzung an Orten, zu denen der Sauerstoff der Luft nicht
gelangen kann, z. B. in tiefgelegenen Klüften des Hypersthen=
felses. An solchen Orten wirkt nur Kohlensäure haltiges
Wasser auf ihn ein. Dieses wandelt sein Eisenoxydul all=
mählich in lösliches doppeltkohlensaures Eisenoxydul um, laugt
es dann aus und setzt es nun entweder bei seiner Verdun=
stung an den Kluftwänden seiner Gesteine als einfach kohlen=
saures Eisenoxydul oder Eisenspath wieder ab oder führt es
den, aus den Hypersthenfelsgebieten häufig hervortretenden,
Quellen zu, wodurch sich auch der so häufige Eisenocker=
Absatz an der Mündung dieser Quellen erklären läßt. Der
Rückstand seiner zersetzten Masse ist dann eine weiche serpen=
tinartige Substanz. Als Felsbildungsmittel spielt in=
dessen der Hypersthen eine untergeordnete Rolle, da er nur

im Gemenge mit Kalkoligoklas oder Labrador eine einzige Felsart, nemlich den Hypersthenfels oder Hyperit bildet.

4) Der Diallag (oder Smaragdit(?)): theils dicktafel=förmige, sehr leicht und vollkommen in dünne Blätt=chen spaltbare und dann dem Glimmer ähnliche, Massen, theils körnige Aggregate, theils auch, aber selten, fest in Ge=steinen eingewachsene, dem Augit in ihren Umrissen ähnliche, Krystallgestalten von nelkenbrauner, bronzebrauner, grau= bis grasgrüner Farbe und metallähnlichem Glanze, welcher na=mentlich auf den Spaltflächen sehr stark hervortritt. In sei=nem spec. Gewichte gleicht er dem Augit, aber in seiner Härte steht er unter dem letzteren, da er sich vom Glas und auch vom Messer, aber nicht vom Fingernagel (wie der ihm sonst oft ähnliche Glimmer) ritzen läßt. — Seinem chemischen Gehalte nach ist er als ein in der Umwand=lung begriffener Augit und demnach als eine Verbindung von kieselsaurer Kalkerde mit kieselsaurer Magnesia und kieselsaurem Eisenoxydul nebst 3—6 Proc. Thonerde und 1—2 Proc. Wasser zu betrachten. Seine Verwitterungs= und Zersetzungs=producte sind daher auch ziemlich dieselben, wie die des Augites, nemlich Eisenoxyd und Magneteisenerz, kohlensaurer Kalk, etwas Kieselsäure und, als Rück=stand seiner Zersetzung eine serpentinartige Masse.

Als Felsbildungsmittel spielt er, ähnlich dem Hypersthen, eine untergeordnete Rolle, da er, soweit bekannt ist, nur zwei Felsarten bildet, nemlich im Gemenge

1) mit Oligoklas oder Labrador den Gabbro,

2) mit Granat bisweilen den Eklogit.

§. 31. Serpentin und Chlorit. — An die Amphi=bolite schließen sich ihrem chemischen Gehalte und ihrem Aussehen nach Serpentin und Chlorit an. Sie sind wohl in den meisten Fällen Umwandlungs= und Zersetzungsproducte

der ersteren, wie wenigstens die Uebergänge der Hornblende
und des Augites in Chlorit und des Hypersthens und Diallages
in Serpentin lehren. Ihrem Hauptbestande nach sind sie da=
her Verbindungen der kieselsauren Magnesia
mit kieselsaurem Eisenoxydul und Wasser, wäh=
rend die Alkalien und Kalkerde ihnen ganz fremd sind.
Von den Amphiboliten und anderen ihnen ähnlichen Mine=
ralien unterscheiden sie sich zunächst durch ihren Wasser=
gehalt, welcher sich beim Erhitzen der hierher gehörigen
Mineralien in einem Glaskölbchen durch Beschlag an den
Glaswänden zu erkennen gibt, durch ihre Zersetzbarkeit
in concentrirter Schwefelsäure, wobei sich Bittersalz
bildet, und durch ihre geringe Härte, indem sie sich vom
Messer oder auch wohl schon vom Fingernagel ritzen lassen. —
Zu ihnen gehören:

1) Der Serpentin (oder Ophit), ein schon bei den
alten Römern und Griechen wohl bekannter und als Mittel
gegen den Biß von Schlangen (daher sein Name, welcher von
Serpens oder Ophis, Schlange, abstammt), bösartige Krank=
heiten und alle möglichen Hexereien und Teufeleien angewen=
deter Stein, welcher gewöhnlich in derben Massen von un=
rein dunkelgrüner, grünschwarzer, grünlichgelber oder auch
wohl röthlicher, im Ritze aber stets weißlicher, Farbe
auftritt, sich vom Messer, aber nicht vom Fingernagel ritzen
läßt, dabei sich mager anfühlt und ein specifisches Gewicht =
2,5 — 2,7 besitzt. Erhitzt man ihn in einem Glaskölbchen, so
schwitzt er Wasser aus und wird schwarz; dagegen wird
er beim Erhitzen vor dem Löthrohre durch die Spi=
ritusflamme weiß, ohne jedoch zu schmelzen. Bei längerem
Kochen mit Salz= oder Schwefelsäure wird er unter Ab=
scheidung von schleimiger Kieselsäure zersetzt. Erhitzt man
seine, durch Schwefelsäure erhaltene, Lösung und läßt sie dann
ruhig erkalten, so scheiden sich aus ihr zarte Krystallnadeln

von Bittersalz aus, weshalb man auch den Serpentin zur
Darstellung dieses Salzes im Großen benutzt. —

Schon aus den Producten seiner Lösung ersieht man,
daß der Serpentin vorherrschend aus kieselsaurer Mag=
nesia besteht. In der That zeigt er im reinen Zustande
nur 44,₁₄ Kieselsäure, 42,₉₇ Magnesia und 12,₈₉ Wasser;
gewöhnlich indessen enthält er neben der Magnesia auch noch
(bis 2 Proc.) Eisenoxydul, ja bisweilen auch Spuren von
Chromoxyd, Nickeloxyd und Thonerde. Dagegen sind ihm
Alkalien und Kalkerde ganz fremd, woher es auch kommt, daß
er, zumal wenn er auch kein Eisenoxydul enthält, den Ver=
witterungspotenzen durchaus widersteht und ganz nackte, pflan=
zenleere Felswände zeigt, weshalb man an vielen Orten in
den Alpen seine prall ansteigenden, klippigen Berge „todtes
Gebirge" nennt. Nur da, wo seine Masse auf Rissen und
Sprüngen verwitternde Schwefelkiese enthält, wird dieselbe
mit Hülfe der aus diesen letzteren entstehenden Schwefelsäure
allmählich in schwefelsaure Magnesia d. i. in Bittersalz um=
gewandelt, welche dann einsinterndes Regenwasser auflöst und
den aus der Umgebung der Serpentinberge hervortretenden
(„Bittersalzquellen") zuführt.

Wie der Hypersthen und der Diallag, aus deren Um=
wandlung der Serpentin hervorgehen kann, nur eine unter=
geordnete Rolle als Felsgemengtheile spielen, so ist auch der
Serpentin selbst bis jetzt noch nie als wesentlicher Bestandtheil
irgend einer gemengten krystallinischen Felsart bemerkt wor=
den. Dafür aber bildet er für sich allein bedeutende Fels=
und Bergmassen im Gebiete der ältesten, wie der jüngern
Erdrindeformationen, — am meisten aber im Gebiete des
Chlorit= und Thonschiefers oder auch des Gneißes und Gra=
nulites. Gewöhnlich erscheinen dann theils seine Massen
selbst, theils die Klüfte in denselben als der Sitz einer Menge
von Mineralien, von denen die einen als seine Erzeuger, die

anderen ihrer Entstehung nach als seine Geschwister zu be=
trachten sind. Das Erste gilt von den schönen Krystallen des
Olivins, Hypersthens, Diallages, Granates und
Epidots; als Geschwister von ihm aber müssen die Krystalle
des Bitter=, Dolomit=, Kalk= und Flußspathes, sowie des
Magneteisenerzes, Talkes und Quarzes, welche oft im Ser=
pentin eingewachsen vorkommen, betrachtet werden.

Als Bodenbildungsmittel endlich ist der Serpentin,
wie aus dem, oben über seine Zersetzungsweise schon, Mit=
getheilten hervorgeht, ohne Bedeutung; dagegen spielt er in
der Technik eine nicht unbedeutende Rolle, da seine, namentlich
im frischen Zustande leicht verarbeitbare, Masse sowohl als
Baustein, wie auch zur Verfertigung von Urnen, Leuchtern,
Wärmsteinen, Dosen u. s. w. verwendet wird.

2) Der Chlorit: Ein blau=, grau= oder schwarz=
grünes, gewöhnlich in schiefrigen, blätterigen oder schuppigen
Massen, seltener in sechsseitigen Täfelchen oder Blättern auf=
tretendes Mineral, welches sich vom Fingernagel ritzen
und schaben läßt und dabei sich, namentlich als Pulver, fettig
anfühlt, wodurch es sich vom Glimmer und anderen ihm
ähnlichen Mineralien unterscheidet. Sein Glanz ist auf den
Spaltflächen stark und perlmutterartig, äußerlich aber fettig=
glasähnlich. In ganz dünnen Blättchen ist er etwas durch=
sichtig, aber nicht, wie der Glimmer, elastisch biegsam. Sein
specifisches Gewicht ist 2,73 — 2,95. Im Glaskölbchen erhitzt
schwitzt er Wasser aus und schwärzt sich. Durch Salzsäure
wird er kaum, durch concentrirte Schwefelsäure aber nach
längerem Erhitzen leicht zersetzt. Im normalen Zustande be=
steht er aus 26,3 Proc. Kieselsäure, 18—22 Proc. Thonerde,
15—28 Proc. Magnesia, 15—28 Proc. Eisenoxydul und
10—12 Proc. Wasser. Kalkerde und Alkalien sind ihm dem=
nach eben so fremd wie dem Serpentin. Aber eben in diesem
Mangel, namentlich an Kalkerde, liegt auch der Grund,

warum er so schwer verwittert. Am ersten beginnt noch seine
Zersetzung, wenn Wasser mit Sauerstoff zwischen seine Blätter-
oder Schieferlagen eindringen und nachhaltig auf den Eisenoxydulgehalt der Chloritmasse einwirken kann. In diesem
Falle wird durch die Umwandlung des Eisenoxydules in ockergelbes Eisenoxydhydrat diese Masse zunächst von Innen nach
Außen unrein gelbgrün bis ockergelb, dann aber so mürbe,
daß zutretendes Wasser sie in ein loses Haufwerk von äußerst
kleinen, fast pulverartigen, Schüppchen theilt. Wirkt nun
weiter auf dieses Haufwerk Quell- oder Kohlensäure haltiges
Wasser ein, so wird auch die in der chloritischen Masse noch
vorhandene kieselsaure Magnesia zum Theil gelöst und ausgelaugt, so daß zuletzt von dem ganzen Chlorite nur noch
eine, wenig Magnesia haltige, im feuchten Zustande schmierige,
beim Austrocknen aber blättrig werdende, Thonsubstanz übrig
bleibt, welche Anfangs blaß bläulichgrün aussieht, an der
Luft aber bald ockergelb wird und eine Menge kleiner Chloritschüppchen enthält.

Soviel über die Eigenschaften und die Zersetzungsweise
des Chlorites. Für die Bodenbildung wirkt er also nicht
günstig ein und Pflanzennahrstoffe enthält die von ihm gebildete, dürftige Erdkrume auch gerade nicht. Trotzdem ist
er von Wichtigkeit für die Bildung von Felsarten; denn
er setzt nicht nur für sich allein oder auch in Untermengung
mit Quarzkörnern den, hie und da im Gebiete des Gneißes,
Glimmer- und Thonschiefers mächtige Ablagerungen bildenden,
Chloritschiefer zusammen, sondern bildet auch gar nicht
selten in den Glimmer, Hornblende, Augit und Hypersthen
haltigen Felsarten einen Gemengtheil, was gar nicht wundern
darf, da er der Erfahrung gemäß aus der Umwandlung aller
dieser ebengenannten Mineralien hervorgehen kann. Und
eben in dieser seiner Entstehungsweise liegt auch der Grund,
wenn er so häufig in der Gesellschaft von Bitter-, Dolomit-,

Kalk= und Eisenspath, sowie auch von Magneteisenerz und
Serpentin — kurz von lauter Mineralien, welche eben so
wie er selbst aus den genannten Amphiboliten entstehen können,
vorkommt.

§. 32.   Die Glimmersteine. — a) Im Allge=
meinen.   Die hierher gehörigen Mineralien bilden schief
vierkantige oder auch sechsseitige Tafeln, Blätter und
Schuppen, welche sich in der Richtung ihrer Tafel=
flächen in äußerst dünne, elastisch biegsame,
durchsichtige Blättchen spalten lassen; leicht vom
Messer, ja gewöhnlich schon vom Fingernagel ge=
ritzt werden; silberweiß, messinggelb, eisen=
schwarz oder auch braun und grünlich aussehen und in
ganzen Massen metallisch glänzen, während sie
in ganz dünnen Blättern ganz oder fast farblos,
durchsichtig und glasglänzend sind. — Durch alle
diese Eigenschaften sind sie von allen, ihnen ähnlichen, Mine=
ralien, z. B. von manchen Hornblenden und Metallen hin=
länglich unterschieden.

Ihre chemische Zusammensetzung indessen ist sehr
schwankend und nähert sich bald der des Feldspathes, bald der
der Hornblende, so daß man die Glimmerarten nur im All=
gemeinen als Verbindung von kieselsaurer Thonerde mit den
Silicaten des Eisens, der Magnesia, des Kali's, Natrons oder
auch des Lithions betrachten kann.   Charakteristisch für diese
Zusammensetzung ist der Mangel an Kalkerde und das
häufige Auftreten von Fluor, sowie von 2—4 Proc.
Wasser.

In Folge dieses Mangels an Kalkerde sowohl, wie auch
der glänzenden, spiegelglatten, Oberfläche ihrer Blätter und
Krystalltafeln verwittern die Glimmersteine nur sehr langsam.
Kein Thau= und Regentropfen kann an ihnen haften und mit
Hülfe seines Sauerstoff= und Kohlensäuregehaltes nagen.   So

kommt es, daß die Massen der Glimmerarten an ihrer Ober=
fläche stets glänzend und frisch aussehen, als seien sie eben
erst entstanden. Anders freilich sieht es oft in dem Innern
ihrer Krystalle zwischen deren einzelnen Blätterlagen aus,
zumal wenn diese Krystalle eine solche Stellung oder Lage
haben, daß die Enden ihrer Blätterlagen der Sonne und
Atmosphäre zugewendet sind. Dann nemlich wird die Ver=
bindung der einzelnen Blätter durch den immer wiederkehren=
den Temperaturwechsel so gelockert, daß zwischen den letzteren
feine Haarspalten entstehen, welche alle Feuchtigkeit sammt
ihrem Sauerstoff und ihrer Kohlensäure in sich aufsaugen,
nach dem Innern der Glimmermasse leiten und hier festhal=
ten, so daß nun die Verwitterungsagentien dauernd wirken
können. Enthält unter diesen Verhältnissen ein Glimmer nur
Eisenoxydul und kein Eisenoxyd, dann wird durch den ein=
gedrungenen Sauerstoff dasselbe in allen einzelnen Blätter=
lagen in ockergelbes Eisenoxydhydrat umgewandelt, wodurch
die ganze Glimmermasse prächtig messing= oder goldgelb wird;
ist in seiner Masse aber zugleich Oxydul und auch Oxyd vor=
handen, dann färbt sie sich durch den Einfluß des Sauerstoffes
bronzefarbig. Während nun so der Sauerstoff durch höhere
Oxydation des Eisenoxydules die Masse des Glimmers lockert,
ruht auch die Kohlensäure, welche das Meteorwasser mit sich
führt, nicht; sie löst und laugt die im Glimmer vorhandenen
Alkalien und alkalischen Erden, — zuerst das Natron, dann
das Kali und zuletzt auch theilweise die Magnesia —, aus der
Glimmermasse aus, so daß zuletzt von ihr nur noch ein
durch beigemengtes Eisenoxyd ockergelb oder
braunroth gefärbter, mit unzähligen kleinen
Glimmer= und Chloritschüppchen untermengter,
schmieriger Thon übrig bleibt.

So geht die Verwitterung und Zersetzung der Glimmer=
steine unter den gewöhnlichen Verhältnissen stets von Innen

nach Außen vor sich, so daß gar häufig eine Glimmermasse
ganz aus einem Kerne von erdiger Thonsubstanz besteht,
welche äußerlich von einer, häufig kaum einer Linie dicken,
Schale von noch reinem Glimmer umhüllt wird.

Für die Felsartenbildung sind die Glimmersteine
von größter Wichtigkeit, da sie nicht nur für sich allein sehr
häufig den, in mächtigen Gebirgsmassen auftretenden, Glim=
merschiefer zusammensetzen, sondern auch im Gemenge
hauptsächlich mit Quarz, und kieselsäurereichem Feldspath,
außerdem nicht selten mit Magnesiahornblende den Gneiß,
Urthonschiefer und Granit bilden und dann noch häufig als
mehr zufällige Gemengtheile im Syenite, Diorite, Melaphyr,
sowie in vielen Sandsteinen und Schieferthonen auftreten.
Charakteristisch für alle Felsarten, in denen Glimmer als
vorherrschender Gemengtheil auftritt, ist, daß sie sich mehr
oder weniger vollkommen leicht in dünne, parallelflächige
Tafeln spalten lassen, also ein schiefriges Gefüge haben.

　　b) Arten der Glimmersteine. — Je nach ihrem
Gehalte an Alkalien, Magnesia und Eisenoxydul sind folgende
Arten zu unterscheiden:

　　α) Alkalienreiche Glimmer, in denen neben der
kieselsauren Thonerde sich vorzüglich Kali=, Natron= oder auch
Lithionsilicat bemerklich macht, während die Magnesia fehlt
oder höchstens 2 Procent beträgt. Sind sie vorherrschend
silberweiß oder bleigrau, nur bisweilen auch schön
rosenroth, dagegen selten grün; werden beim Beginne
ihrer Verwitterung messing= oder goldgelb; und
lassen sich vom Fingernagel ritzen. Zu ihnen ge=
hört außer dem zartblättrigen, gelblichsilberweißen Damourit
und dem schuppigen, rosenrothen, die Spiritusflamme beim
Erhitzen vor dem Löthrohre schön roth färbenden, Lithion=
glimmer:

　　der Silberglimmer (weiße oder gemeine Glimmer,

Kaliglimmer), der gemeinste unter den Glimmerarten und wegen seiner silberweißen Farbe von dem Nichtkenner fälschlich oft für Silber (daher: Katzensilber genannt) oder wegen des bei seiner Verwitterung eintretenden goldigen Scheines für Gold (daher: Katzengold) gehalten. — Er bildet große rhombische Tafeln, welche an ihren spitzen Ecken abgestumpft und dann sechskantig erscheinen, am meisten aber Blätter und Schuppen. Seine Massen lassen sich sehr leicht in möglichst dünne Lamellen spalten, welche ganz farblos, durchsichtig und glasähnlich sind, weshalb man sie auch unter dem Namen Marien= oder Frauenglas hie und da zu Fenster= und Laternenscheiben benutzt. Sein specifisches Ge= wicht beträgt 2,76—3,1. — In Säuren ist er unlöslich; erhitzt man ihn in einem Glaskölben, so schwitzt er in der Regel Wasser aus, welches Fluor enthält und deshalb die Glas= wände anätzt und ein angefeuchtetes Lakmuspapier gelb färbt. —

In ganz reinem Zustande besteht er aus 48,07 Kiesel= säure, 38,41 Thonerde, 10,10 Kali und 3,42 Wasser; in dieser Zusammensetzung gleicht er also einem kieselsäurearmen Ortho= klase, aus welchem er in der That auch entstehen kann, sobald der letztere Wasser aufnimmt und dafür von seiner Kiesel= säure ein Quantum ausscheidet. Indessen so rein kommt er nur selten vor; gewöhnlich enthält er neben kieselsaurer Kali= thonerde noch 1—6 Proc. Eisenoxydul, 0,5—2 Magnesia und 0,5—1,6 Fluor, ja oft auch noch bis 3 Proc. Natron, bis 2 Proc. Kalkerde und bisweilen sogar 1—3 Proc. Titansäure, und kommt dann in seiner qualitativen Zusammensetzung bald dem Turmaline, bald dem Granate, bald auch der Horn= blende — also lauter Mineralarten nahe, aus denen er nach vielfachen Beobachtungen wirklich entstehen kann. — Aber eben weil er aus der Zersetzung des Orthoklas, Turmalins, Granates oder auch des Andalusites und Dichroites hervor=

gehen kann, kommt er auch gewöhnlich in der Gesellschaft
dieser Mineralien, am meisten jedoch im Verbande
mit dem Orthoklasfeldspath und Quarz oder auch
mit den Zersetzungsproducten des Orthoklases, nemlich mit
Kaolin oder Thon, gemengt vor. Im Gemenge mit diesen
Mineralarten bildet er dann hauptsächlich folgende Felsarten:

1) im Gemenge mit Quarz Glimmerschiefer und
auch manchen Thonschiefer;

2) im Gemenge mit Quarz und Orthoklas Granit,
Gneiß und auch manchen Trachyt;

3) im Gemenge mit Thon die meisten Schieferthone
und auch manche schiefrige Sandsteine.

Außerdem aber trifft man den Kaliglimmer als Neben=
gemengtheil vom Granulit, Syenit, Felsitporphyr und über=
haupt von allen Orthoklas und Quarz haltigen Felsarten.
Dagegen ist er den Labrador und Augit haltigen
Gesteinen mehr oder weniger fremd.

Der Silber= oder Kaliglimmer widersteht unter allen
Glimmerarten den Verwitterungsagentien am längsten und
hartnäckigsten, zumal wenn er kein Natron und Eisenoxydul
oder keine Magnesia und Kalkerde enthält. Der an diesen
letztgenannten Bestandtheilen arme Glimmer zerfällt unter
der Einwirkung des Temperaturwechsels und Wassers zuletzt
in ein loses Haufwerk von äußerst zarten, silberweißen Schüpp=
chen, welche vom Regenwasser fortgefluthet und dann weiter
mit Thon oder Lehm zusammengeschlämmt werden. Der
Natron, Eisenoxydul und Magnesia haltige Glimmer dagegen
wird unter dem Einflusse der Atmosphärilien dieser eben=
genannten Bestandtheile beraubt und zuletzt in eine ocker=
gelbe, mit unzähligen Glimmerlamellen unter=
mengte, magere thonige oder lehmige Erdkrume
umgewandelt.

β) Kaliarme, aber magnesia= oder eisenreiche

Glimmer, in welchen neben kieselsaurer Thonerde 15—30 Proc. Magnesia und bis 25 Proc. Eisenoxyduloxyd oder Eisenoxyd, dagegen nur 40 Proc. Kieselsäure, selten mehr als 5 Proc. Kali und bisweilen auch bis 5 Proc. Natron und bis 2 Proc. Kalkerde vorhanden sind. Sie sind vorherrschend schwarzbraun oder eisenschwarz, werden bei ihrer Verwitterung schön kirsch- oder kupferroth, glänzen auf den Spaltflächen stark metallisch-perlmutterartig, werden vom Fingernagel nur schwer oder auch gar nicht geritzt und haben ein specifisches Gewicht = $72{,}74 - 3{,}13$. — Durch Salzsäure werden sie nur wenig, aber durch Schwefelsäure vollständig und unter Abscheidung von weißen, perlmutterglänzenden Kieselsäureschüppchen zersetzt. — Bei ihrer Verwitterung, welche unter sonst gleichen Verhältnissen weit schneller und leichter als beim Kaliglimmer erfolgt, bilden sie zuerst in Folge ihres Eisenoxydgehaltes ein braunrothes Haufwerk von ausgeschiedenem Eisenoxyd und kleinen Glimmerschüppchen, zuletzt aber nach Auslaugung ihres Eisenoxydules, Kali's und Natrons, sowie ihrer Magnesia und Kalkerde durch kohlensaures Wasser einen schmierigen, mit noch unzersetzten Glimmerschüppchen untermengten und häufig auch kohlensaure Magnesia und Kalkerde besitzenden, braunrothen Thon. — Zu diesen kaliarmen Glimmern behört:

der Eisen- oder Magnesiaglimmer oder auch schwarze Glimmer, welcher gewöhnlich schwarzbraun oder ganz schwarz ist und dann in seinem Ansehen der gemeinen Hornblende gleicht, von der er sich aber durch seine weit geringere Härte, sein blättriges Wesen und seine Zersetzbarkeit in Schwefelsäure unterscheidet. Es ist diese Unterscheidung wohl festzuhalten, da dieser Glimmer sehr häufig mit Hornblende, aus deren Umwandlung er hervorgehen kann, zusammen in Felsarten auftritt. Für die Bildung dieser letzteren ist er übrigens von derselben Wichtigkeit wie der Kaliglimmer; denn er bildet ebenso wie dieser

1) mit Quarz zusammen Glimmer = und Thonschiefer;
2) mit Quarz und Feldspath zusammen Granit und Gneiß;
3) häufig einen Gemengtheil im Syenit, Diorit und Melaphyr.

Indessen ist bei seinen Verbindungen mit Feldspath zu bemerken, daß er vorherrschend in der Gesellschaft des Oligoklas auftritt, während der Kaliglimmer sich vorzüglich dem Orthoklas zugesellt zeigt. Außerdem ist noch zu bemerken, daß der Eisenglimmer ein selten fehlender Gemengtheil der braunrothen oder eisenschüssigen Schieferthone ist und auf deren Schieferflächen gewöhnlich die schwarzen, wie Eisenglanz aussehenden, Spiegel bildet.

b. Von den Nebengemengtheilen der krystallinischen Felsarten.

§. 33. In der Bestandesmasse der krystallinischen Fels-arten kommen nicht selten Krystalle oder krystallinische Aggregate von Mineralien vor, welche gar nicht zu den wesentlichen Gemengtheilen der sie umschließenden Felsarten gehören und gewissermaßen den Kohlenbrocken gleichen, welche in der Masse eines Brodes oder Kuchens eingebacken liegen. Man hat deßhalb diese Einschlüsse einer Felsart, welche nicht zu der Bestandesmasse oder dem Wesen derselben gehören, unwe-sentliche oder zufällige Gemengtheile oder auch Neben-gemengtheile der Felsarten genannt. Unter diesen Neben-gemengtheilen nun sind zweierlei zu unterscheiden, nemlich

1) solche, welche wohl für eine gewisse Felsart unwesent-lich, aber für eine andere wesentlich sein können. Da ist z. B. der Glimmer; dieser ist für den Granit und Gneiß ein

weſentlicher Gemengtheil, aber für den Syenit oder Kalkſtein ein unweſentlicher. Ueberhaupt kann jede der in dem vorſtehenden Abſchnitte beſchriebenen Mineral= arten für die eine Felsart ein weſentlicher und für eine andere ein unweſentlicher Gemengtheil ſein;

2) ſolche, welche in keiner allgemein verbreiteten Felsart als weſentliche Gemengtheile auftreten. Von dieſen eigentlichen Nebengemengtheilen nun ſoll im Folgenden noch Einiges mitgetheilt werden, da mehrere derſelben für die Umwandlung und Zerſetzung der ſie einſchließenden Fels= arten von Wichtigkeit ſind.

§. 34. Zu dieſen eigentlichen, nur ſelten als wahre Gemengtheile von Felsarten auftretenden, Nebengemengtheilen gehören vorzüglich der Eiſen= und Kupferkies, Tur= malin, Granat, Epidot und Olivin.

1) Der Eiſen= oder Schwefelkies, ein wahrer mineraliſcher Hans in allen Ecken, da er in allen möglichen Felsarten vorkommt und ſelbſt auf Erzgängen nur ſelten ganz fehlt, ja ſich auch noch fortwährend auf dem ſchlammigen Grunde von Mooren, Sümpfen und ſonſtigen Waſſertümpfeln erzeugt. Er kryſtalliſirt theils in Würfeln, Zwölfflächnern und anderen teſſeralen Geſtalten, theils in rhombiſchen Tafeln, Säulen und Nadeln, welche gewöhnlich zu kugel=, knollen= oder ſtalaktitenförmigen Aggregaten mit ſtrahlig faſerigem Gefüge verbunden ſind. Außerdem kommt er in dünnen Blättern, Ueberzügen und derben Maſſen vor. Von Farbe iſt er weißlich, graulich oder grünlich meſſinggelb (ſpeisgelb), im Ritze aber dunkelbräunlich oder grünlich = grau. Vom Feuerſtein iſt er ritzbar, aber nicht vom Glaſe und noch viel weniger vom Meſſer. Am Stahle funkt er ſtark, weßhalb man ihn früher auch ſtatt des Feuerſteins, z. B. an Flinten= ſchlöſſern, benutzte. Sein ſpec. Gewicht beträgt 4,8—5,2.

Erhitzt man den Eisenkies in einem Glaskölbchen, so setzt er Schwefel ab und entwickelt stechend riechende schwefelige Säure; erwärmt man sein Pulver mit Salpetersäure, so löst er sich unter Abscheidung von Schwefel zu einer grünlichen, wie Tinte schmeckenden, Flüssigkeit, welche durch Galläpfeltinktur schwarz wird. — Liegt er an feuchter Luft, so verwandelt er sich unter Anziehung von Sauerstoff in Eisenvitriol, dessen Lösung nun mannichfach umwandelnd auf die mit ihm in Berührung kommenden Mineralien, namentlich auf Kalkstein, Dolomit, Mergel, Schieferthon und Thonschiefer, einwirkt, wie bei der Beschreibung des Eisenvitrioles schon angegeben worden ist.

2) Der Kupferkies, welcher dem Eisenkiese äußerlich oft recht ähnlich und, wie dieser, messinggelb ist, aber von ihm leicht schon dadurch unterschieden werden kann, daß er vom Glas und meist auch schon vom Messer geritzt wird und keine Funken am Stahle gibt. Er besteht aus einer Verbindung von Schwefelkupfer und Schwefeleisen, gibt mit Königswasser eine blaugrüne Lösung, in welcher ein reines Eisenstäbchen sich mit metallischem Kupfer bedeckt. An feuchter Luft wandelt er sich durch Anziehung von Sauerstoff in ein blaugrünes Gemisch von Kupfer- und Eisenvitriol um, welches mit seiner Lösung in ähnlicher Weise auf andere Gesteine umwandelnd einwirkt, wie der Eisenvitriol und z. B. den Kalkstein in Gyps umwandelt, während er selbst zu kohlensaurem Kupferoxydhydrat d. i. zu grünem Malachit oder zu himmelblauer Kupferlasur wird. Er findet sich theils in Erzgängen, theils in anderen Gesteinen, z. B. im bituminösen Mergelschiefer der Zechsteinformation, eingewachsen.

3) Der Turmalin oder Schörl, ein gewöhnlich schwarzes oder auch dunkelbraunes, glasglänzendes, theils in sechsseitigen Säulen und Stangen, theils in stängeligen und faserigen Bündeln auftretendes, Mineral, welches vom Feuer-

stein nur wenig oder auch gar nicht geritzt wird und am
häufigsten in Felsarten eingewachsen erscheint, welche Kaliglimmer, Quarz und kieselsäurereiche Feldspathe enthalten,
also hauptsächlich im Granit, Gneiß, Glimmer-, Chlorit- und
Thonschiefer. Selten nur bildet er für sich allein eine Felsart, nemlich den Turmalinschiefer.

4) Der Granat, welcher in seiner Härte bald über
dem Feuerstein, bald demselben gleich steht, tritt theils in schön
ausgebildeten, zwölfflächigen Krystallen (Rhombendodekaëdern),
theils in eckigen und abgerundeten Körnern von gewöhnlich
gelb-, braun- oder blutrother, nicht selten aber auch von
gelber, grüner oder schwarzer Farbe in Felsarten auf, welche
Eisen- oder Magnesiaglimmer, Chlorit, Hornblende, Epidot
oder Serpentin enthalten und kann sich selbst sogar in alle
diese Mineralien umwandeln. Als wesentliches Felsbildungsmittel spielt er nur eine untergeordnete Rolle; denn er
macht sich nur in dem wenig verbreiteten, aus grünem Diallag
und braunrothem Granat bestehenden, Eklogitfels, sowie
in dem noch weniger vorkommenden Granatfels, bemerklich. Trotzdem ist er nicht nur deshalb, weil aus seiner Umwandlung die eben genannten, für die Felsbildung wichtigen,
Mineralarten hervorgehen können, sondern auch wegen seiner
Benutzung als geschätzter Schmuckstein von Interesse.

5) Der Epidot oder Pistazit, ein gewöhnlich in liegenden, langgestreckten Säulen und stängeligen oder körnigen
Aggregaten auftretendes, vorherrschend öl- bis schwarzgrünes,
stark glasglänzendes Mineral, welches dem Turmaline und
der Hornblende ähnlich sieht, aber weicher als der erste und
härter als die letztere ist und mit dem Feuersteine ziemlich
gleiche Härte hat. Es findet sich hauptsächlich auf Spalten
und Gängen von Hornblende-, Chlorit- und Serpentingesteinen,
seltener in der Masse derselben eingewachsen.

6) Der Olivin oder Chrysolith, ein treuer Beglei-

9*

ter der jüngern vulkanischen Gesteine, vor allen der Basaltite,
bisweilen aber auch der Meteorsteine. Er tritt theils in
rectangulären, etwas breitgedrückten, Säulenkrystallen, theils
in Körnern und körnigen Aggregaten von gelb= bis blau=
grüner, seltener gelber oder rother Farbe auf, ist glasglänzend,
hat mit dem Feuersteine ziemlich gleiche Härte und wird
durch Schwefelsäure in der Weise zersetzt, daß sich schwefel=
saure Magnesia oder Bittersalz bildet.

Außer diesen, eben kurz geschilderten, Nebengemengtheilen
gibt es noch viele Mineralien, welche in der Masse von Fels=
arten eingewachsen vorkommen, so z. B. der Dichroit, Cyanit,
Topas, Staurolith, Beryll, das Zinnerz u. s. w.; allein sie
dürfen hier, wo es sich hauptsächlich um die als Felsbildungs=
mittel auftretenden Mineralarten handelt, nicht weiter berück=
sichtigt werden.

c. Die Verbindungsweisen der Mineralien zu Felsarten.

§. 35. Das Gefüge im Allgemeinen. — Wenn
einzelne Individuen der im Vorigen beschriebenen Mineral=
arten sich massenhaft und fest mit einander verbinden, so daß
die durch diese Verbindungen entstehenden Steinmassen große
Strecken der Erdrinde ausfüllen, so bilden sie Felsarten.
Die Art und Weise nun, in welcher sich solche Mineralarten
mit einander zu einer Felsart verbinden, bildet das Gefüge
dieser letzteren. Dieses Gefüge oder diese Art ihrer Zusam=
menfügung zum Ganzen aber ist abhängig von der Gestalt
und Größe der sich zusammenfügenden Mineralindividuen.

Wie schon aus der Beschreibung der als Felsbildner
auftretenden Mineralarten zu ersehen ist, so können diese
letzteren theils als Krystalle oder eckige und scharfkantige kry=
stallinische Körner. theils als Blätter, Lamellen oder kleine

Schuppen, theils als Stängel oder Fasern, theils auch als pulver= oder staubähnliche, in ihren Körperformen nicht mehr unterscheidbare, Individuen auftreten.

§. 36. Arten des Gefüges. — Je nachdem nun die Mineralindividuen, ·welche die Masse einer Felsart zu= sammensetzen, in der einen oder der anderen dieser verschie= denen Körperformen auftreten, muß auch das Gefüge der von ihnen zusammengesetzten Felsarten theils ein krystallinisch= körniges, theils ein blätteriges, theils ein faseriges oder sten= geliges, theils ein dichtes sein.

1) Körnig=krystallinisch wird dieses Gefüge sein, wenn die, eine Felsart zusammensetzenden, Mineralindividuen vorherrschend in der Gestalt von Krystallen und krystallähn= lichen, eckigen Körnern auftreten und regellos mit einander verbunden erscheinen. Die mit diesem Gefüge versehenen Felsarten, wie z. B. der Marmor und der Granit, glitzern und glänzen auf ihren Bruchflächen, wenn man sie gegen die Sonne hält.

2) Blätterig, schuppig oder schiefrig ist das Ge= füge, wenn die, eine Felsart zusammensetzenden, Mineralindi= viduen eben die Gestalt von Blättchen oder Lamellen haben. In diesem Gefüge nun können die einzelnen Blättchen ent= weder ordnungslos durch einander verbunden sein (verwor= ren blättriges Gefüge) oder unter einander mehr oder weniger regelmäßige, parallel ziehende Lagen bilden. In dem letzten Falle zeigt ein Gestein schiefriges Gefüge, von welchem man nun wieder das vollkommen schiefrige, welches sich leicht in lauter ebene Platten spalten läßt, und das unvollkommen schiefrige oder flaserige Gefüge, bei welchem sich ein Gestein nur in unebene, wellige oder wulstige Tafelbruchstücke zertheilen läßt, unterscheidet. Ein sehr vollkommenes Schiefergefüge zeigt der als Tafel= oder Dachschiefer allbekannte Thonschiefer und auch der

meiste Glimmerschiefer; der Gneiß dagegen hat sehr häufig nur ein flaseriges Gefüge.

3) Stängelig oder faserig zeigt sich das Gefüge, wenn eine Felsart aus lauter — theils strahlig, theils parallel, theils auch verworren mit einander verwachsenen — Mineralstängeln oder Fasern gebildet wird. Der Gyps und manches Hornblendegestein läßt diese Art des Gefüge oft sehr deutlich wahrnehmen.

4) Dicht endlich nennt man das Gefüge einer Felsart, wenn man die Körperformen der sie zusammensetzenden Mineral=individuen selbst nicht mit einem einfachen Vergrößerungsglase unterscheiden kann, so daß das Ganze wie aus einem einzigen Individuum bestehend aussieht. Lassen sich nun bei einem solchen Gefüge die einzelnen Theilchen mit der Hand schon vom Ganzen abreiben, so nennt man das Gefüge erdig=dicht; wenn dagegen die ganze Masse wie zusammengeschmol=zen aussieht, so nennt man es schlackig oder glasig. — Die Kreide hat z. B. ein erdiges, der Obsidian aber ein glasiges Gefüge.

5) Außer diesen Gefüge=Arten kommt nun noch eins vor, welches aus lauter hirse= bis erbsengroßen, bald concen=trisch=schaligen, bald strahlig=nadeligen, bald auch dichten Mi=neralkügelchen gebildet wird. Man hat dasselbe wegen seiner Aehnlichkeit mit einem versteinten Aggregate von Fischeiern oder Erbsen das rogensteinartige oder oolithische Gefüge genannt.

Die eben betrachteten Arten des Gefüges nennt man einfache. Ihnen gegenüber stehen die gemischten Arten. Zu ihnen gehören das Porphyr= und Mandelstein=Gefüge.

1) Bei dem Porphyrgefüge liegen in einer dichten oder sehr feinkörnigen Grundmasse mehr oder weniger aus=gebildete Krystalle von denselben Mineralarten, aus denen

auch die Grundmasse besteht. In dem Felsitporphyre z. B. liegen in einer, aus Feldspath und Quarz bestehenden, dichten, scheinbar einfachen Grundmasse deutliche Krystalle von Feldspath und Quarz. Ist daher die Grundmasse eines Porphyres so fein und innig gemischt, daß man die, sie zusammensetzenden, Mineralarten gar nicht mehr mit dem bloßen Auge unterscheiden kann, so lehren doch die in derselben eingebetteten Krystalle, aus welchen Mineralien sie besteht.

2) Das Mandelstein- oder Amygdaloid-Gefüge zeigt auch, wie der Porphyr, eine dichte oder feinkörnige, scheinbar gleichartige Grundmasse, aber die in derselben eingebetteten Mineralien sind einerseits nicht von derselben Art, wie die Bestandtheile der Grundmasse und bilden andererseits nicht einfache Krystalle, sondern kugel-, bohnen- oder mandelförmige Aggregate, theils von zusammengewachsenen Krystallen, theils von nichtkrystallischen Mineralien. So besteht die Grundmasse des Melaphyrmandelsteins aus einem undeutlichen Gemenge von einem Kalkfeldspath und Kalkhornblende, aber die in ihr eingebetteten bald kleinen bald sehr großen Mineralkugeln bestehen theils aus Aggregaten von Quarz- oder auch Kalkspathkrystallen, theils aus Chalzedon, Carniol, Achat oder Grünerde. Bemerkenswerth erscheint es übrigens, daß das Mandelsteingefüge vorherrschend bei gemengten krystallinischen Felsarten auftritt, welche Kalkfeldspath (Labrador), Nephelin, Leucit, Kalkhornblende oder Augit zu Gemengtheilen haben, wie z. B. bei dem Diabas, Melaphyr und Basalt.

Endlich muß hier noch erwähnt werden, daß Gesteine namentlich mit körnigem, dichten, porphyrischen oder amygdaloidischen Gefüge oft so von rundlichen oder eckigen Lücken, Rissen oder Poren durchzogen erscheinen, daß man sie zellig, lückig, zerrissen, porös oder auch blasig nennen muß. Der Dolomit, Trachyt und die Lava, sowie auch

manche, in Verwitterung befindliche, Mandelsteine (oder so=
genannte Blattersteine) zeigen dieses sehr gewöhnlich.

d. Nähere Betrachtung der krystallinischen Felsarten.

§. 37. Allgemeines. — Wie schon im §. 5 angegeben
worden ist, so sind die durch krystallinische Mineralien gebil=
deten Felsarten von doppelter Natur.   Die einen nemlich
bestehen in ihrer ganzen Masse nur aus einer einzigen
Mineralart, so daß sie als ein massig entwickeltes krystallini=
sches Mineral oder noch besser als ein kolossales Aggregat
von fest und innig verwachsenen Individuen einer und der=
selben Mineralart zu betrachten sind; die anderen dagegen
erscheinen als bald deutliche bald undeutliche Gemenge von
zwei, drei oder auch mehreren innig mit einander verwach=
senen Mineralarten.   Jene ersten nennt man einfache,
diese letzteren aber gemengte krystallinische Fels=
arten.

α. Die einfachen krystallinischen Felsarten.

§. 38. Arten derselben. — Unter den im vorigen
Abschnitte (a) beschriebenen Mineralien treten als selbständige
Felsbildner namentlich auf:

I. unter den im Wasser löslichen Salzen: das Steinsalz;

II. unter den Spathen, und zwar

   a) unter den Sulfatspathen: der Gyps:

   b) unter den Phosphatspathen: der Phosphorit;

   c) unter den Carbonatspathen: der Kalkstein, Mergel,
                                   Dolomit und Eisen=
                                   spath;

III. unter den Oxyden: der Braun=, Roth= und Mag=
                 neteisenstein;

IV. unter den Siliciolithen: der Quarz (gemeiner,
         Hornstein und Kiesel=
         schiefer);
V. unter den Silicaten: der Felsit; die Hornblende
        (und der Augit); der Serpen=
        tin und bisweilen auch der
        Chlorit und Glimmer.

Alle die, durch die ebengenannten Mineralien gebildeten,
einfachen Felsarten stimmen in ihren mineralogischen Eigen=
schaften, ihren Vorkommnissen und ihrem Verhalten zur Bo=
denbildung mit ihren Muttermineralien so überein, daß sie
keiner besonderen Beschreibung mehr bedürfen. Man siehe
daher das Weitere über diese eben genannten Felsarten bei
der Beschreibung der sie bildenden Mineralarten.

β. Die gemengten krystallinischen Felsarten.

§. 39. Ihre Zusammensetzung im Allgemeinen.
— Die Masse der hieher gehörigen Felsarten erscheint stets
als ein bald deutliches, schon mit bloßen Augen erkennbares,
bald undeutliches, nur erst durch das Vergrößerungsglas
unterscheidbares, Gemenge von zwei oder mehreren der im
vorigen Abschnitte beschriebenen Mineralien. In ihrem
Aeußeren haben diese Felsarten nicht selten viel Aehnliches
mit manchen Trümmergesteinen, namentlich mit Conglomera=
ten, aber sie sind in allen Fällen von diesen letzteren unter=
schieden:

Einerseits durch den Mangel eines Bindemittels,
indem bei den krystallinischen Felsarten die sie zusammen=
setzenden Mineralindividuen unmittelbar unter sich ver=
wachsen oder auch in manchen Fällen zusammengeschmolzen
sind, während bei den Trümmer= oder klastischen Ge=
steinen die einzelnen Steintrümmer in einem sie gegenseitig
verkittenden Bindemittel liegen.

Bemerkung. Wäre es nicht an dieser Stelle ungeeignet, so könnte man diese beiden Classen von Felsarten mit Cervelatwurst und Blutwurst vergleichen. In der ersten sind die Speck= und Fleisch= stückchen unmittelbar, wie die Gemengtheile bei einem krystallinischen Gesteine, verbunden; in der Blutwurst aber werden die Speck= und Fleischstückchen durch erhärtetes Blut zusammengekittet, ähnlich wie bei einem Conglomerate die einzelnen Quarztrümmer durch ein rothes Thonbindemittel.

Andererseits aber ist das scheinbar bei einigen krystallini= schen Felsarten, so namentlich bei den Porphyren und Man= delsteinen, vorhandene Bindemittel ebenso krystallinischer Na= tur, wie die in demselben eingebetteten Mineralindividuen, während bei den ihnen ähnlichen Conglomeraten das Binde= mittel klastischer Natur ist und demgemäß gewöhnlich aus erhärtetem Thon oder Mergel besteht.

Diejenigen Mineralarten nun, welche das Gemenge einer solchen krystallinischen Felsart bilden, nehmen in der Regel nicht gleich großen Antheil an der Bildung eines Felsgemen= ges; vielmehr bemerkt man, daß eine dieser Mineralarten in dem Gemenge einer Felsart an Menge die übrigen überragt. So z. B. bemerkt man in dem, aus Feldspath, Glimmer und Quarz bestehenden, Granit, daß der Feldspath gewöhnlich in weit größerer Menge vorhanden ist, als der Glimmer und Quarz; der Gneiß hat ganz dieselben Gemengtheile, wie der Granit, aber in seinem Gemenge herrscht mehr der Glimmer vor, woher es auch kommt, daß er ein schiefriges Gefüge hat, während der Granit körnig ist. Es übt daher der an Menge in einer gemengten krystallinischen Felsart hervor= ragende Gemengtheil einen wesentlichen Einfluß auf die Art des Gefüges von einem Gesteine aus. Aber nicht blos auf das Gefüge, sondern überhaupt auch auf die Felsbildung, Verwitterung und Bodenbildung, kurz auf die ganze Natur einer Felsart ist ein solcher Hauptgemengtheil von dem

größten Einflusse. Man kann deßhalb auch diese Haupt=
gemengtheile recht gut benutzen, um die sämmtlichen gemeng=
ten krystallinischen Felsarten in Gruppen abzutheilen, durch
welche die Untersuchung und Bestimmung der einzelnen Arten
sehr erleichtert wird.

§. 40. Gruppen der gemengten Felsarten. —
Unter denjenigen Mineralien, welche als Hauptgemengtheile
von Felsarten auftreten, machen sich hauptsächlich bemerkbar:
die Feldspathe, Glimmerarten, Hornblenden und
Augite. Je nachdem nun die eine oder die andere dieser
Mineralarten in dem Gemenge einer Felsart vorherrscht,
kann man folgende vier Gruppen der letzteren unterscheiden:

1. Gruppe. Feldspathreiche Gesteine.	2. Gruppe. Glimmerreiche Gesteine.	3. Gruppe. Hornblendereiche Gesteine.	4. Gruppe. Augitische Gesteine.
Ein kieselsäure= reicher Feld= spath erscheint im Verband theils mit Quarz, theils mit Quarz und Glimmer, theils mit Hornblen= de, aber nie mit Au= git. Vorherrschend weißlich, röthlich od. grau= bis rothbraun. Verwitterungsrinde ist gelblicher oder weißer Thon.	Glimmer oder Chlorit im Ver= bande theils mit Quarz, theils mit Quarz u. Feldspath, wozu oft noch Horn= blende kommt. Schiefriges bis blät= teriges Gefüge. Auf den Tafelflächen me= tallisch glänzend oder auch graugrün bis schwarz. Verwitte= rungsrinde ocker= gelber bis roth= brauner Thon oder Lehm.	Schwarze Mag= nesiahornblen= de im Gemenge mit Oligoklasfeldspath, bisweilen auch mit Glimmer. Vorherr= schend schwarz und weiß gefleckt oder einfarbig grüngrau bis schwarz. Ver= witterungsrinde schmutzig gelbliche Thonsubstanz.	Kalkhornblen= de, Augit, Dial= lag oder Hyper= sthen im Gemenge mit einem kiesel= säurearmen, kalkhaltigen Feldspath und oft auch mit Magnet= eisen oder mit Gra= nat aber nie mit Quarz. Vorherr= schend sehr dunkel gefärbt. Verwitte= rungsrinde weiß oder lederbraun und meist mit Säure brausend.

a. Arten der einzelnen Gruppen.

§. 41. Die Feldspathreichen Felsarten. —
Wie eben angegeben worden ist, so rechnet man zu diesen
Felsarten alle diejenigen Gesteine, in deren Gemenge ein, ge=
wöhnlich weißer, gelblicher, röthlicher bis rothbrauner, bis=

bisweilen auch grünlich= oder weißgrauer, kieselsäurereicher
und kalkarmer Feldspath, sei es nun Orthoklas, Oligo=
klas oder Sanidin, der vorherrschende Gemengtheil ist. Die
mit diesem Hauptgemengtheile verbundenen Mineralien sind
in der Regel Quarz, Glimmer oder gemeine oder Magnesia=
hornblende, aber wohl nie Augit, Hypersthen oder Diallag.
Je nach diesen verschiedenen Gemengtheilen nun, sowie nach
ihrem verschiedenen Gefüge zerfallen die feldspathreichen Ge=
steine in folgende Arten:

a. Deutlich gemengte Felsarten

α) mit körnigem Gefüge. (Granitartige Gesteine):

1) Granit: Regelloses Gemenge von Orthoklas oder
Oligoklas, Quarz und Glimmer, nebenbei auch
oft Hornblende;

2) Syenit: Regelloses Gemenge von Orthoklas (oder
Oligoklas) und Hornblende, nebenbei auch bis=
weilen Glimmer und auch wohl Quarz;

3) Syenittrachyt: Sanidin mit Hornblende (und
oft auch mit Glimmer).

β) mit schiefrigem oder flaserigem Gefüge:

4) Gneiß: Lagenweises Gemenge von Orthoklas oder
Oligoklas mit Quarz und Glimmer;

5) Granulit: Feldspathmasse, welche von Quarz=
lamellen durchzogen ist und oft auch Glimmer=
blättchen oder Granat enthält.

γ) mit porphyrischem Gefüge:

6) Felsitporphyr: Feinkörnige oder dichte, roth=
oder graubraune, bisweilen auch bräunlich=weiß=
graue Felsit=Grundmasse, in welcher Körner und
Krystalle von Feldspath (Orthoklas oder Oligo=
klas) und Quarz, bisweilen auch Blättchen von
Glimmer eingebettet liegen.

Wie bei dem Felsite (Nr. 12) angegeben ist, so besteht die frische Grundmasse aus einem innigem Gemische von Feldspath und pulveriger Kieselsäure. Je nach der Menge dieser letzteren in der Felsitmasse zeigt sich nun die Porphyrgrundmasse bald härter und spröder, bald weicher und zäher. Hierdurch entstehen folgende Abarten des Porphyrs:

1) **Hornsteinporphyr** mit einer an Kieselsäure überreichen Felsitmasse, welche graulichröthlichbraun ist, sehr stark am Stahle funkt, vom Feuersteine kaum geritzt wird und gewöhnlich nur kleine, undeutliche Feldspathkrystalle und keine Quarzkörner enthält;

2) **Quarzhaltiger Felsitporphyr**, in dessen vom Feuerstein ritzbarer und am Stahle nur wenig funkender Grundmasse etwa 1 Theil Feldspath auf 1 Theil Kieselpulver kommt und deutliche Feldspathkrystalle nebst vielen Quarzkörnern liegen;

3) **Quarzfreier Felsitporphyr**, in dessen vom Feuersteine leicht ritzbarer und am Stahle sehr wenig funkender Grundmasse mehr Feldspath als Kieselpulver vorhanden ist, weshalb auch in ihr keine Quarzkörner, sondern nur Feldspathkrystalle liegen.

Außerdem unterscheidet man auch den **Thonsteinporphyr**, welcher aber nichts weiter als ein in voller Verwitterung begriffener, in Thon umgewandelter und wieder hart gewordener Felsitporphyr ist;

7) **Syenitporphyr**: Feinkörnige oder dichte, vor-

herrschend röthlichgraue, Syenitmasse, in welcher
Krystalle von Hornblende und Orthoklas liegen;

8) **Trachytporphyr:** In einer weißlichen, graulichen
oder röthlichen, undeutlich gemengten, meist porösen und rauh anzufühlenden, felsitischen
Grundmasse liegen rissige, stark glasglänzende,
weißliche Krystalle von Sanidin (bisweilen auch
von Oligoklas) und meist auch rauchgraue Körner
von Quarz, seltener schwarze Blättchen von
Glimmer;

9) **Phonolithporphyr:** Dunkelgrünlichgraue, dichte
Phonolithmasse, in welcher weiße Krystalle von
Sanidin liegen. (S. unter b. den Phonolith).

b. **Undeutlich** gemengte Feldspathgesteine.   Alle mit
dichtem Gefüge.

10) **Phonolith:** Dichte, dunkelgrüngraue oder auch
gelblichgraue, meist in Platten abgesonderte und
dann beim Schlagen klingende, Masse, welche sich
theilweise in Säuren löst, aus einem Gemenge
von Sanidin, Nephelin und auch wohl Natrolith
besteht und eine **weiße** Verwitterungsrinde hat;

11) **Trachyt:** Dichte oder poröse, rauh anzufühlende,
weiß- oder dunkelgraue, bisweilen auch bräunliche,
Grundmasse, welche vorherrschend aus einem undeutlichen Gemenge theils von Sanidin und
Quarz, theils von Sanidin und Oligoklas besteht
und häufig die Grundmasse des Trachytporphyrs
(s. Nr. 8) bildet:

12) **Felsit:** Dichte, weißgraue, grau- oder rothbraune
Masse, welche aus einem innigem Gemische von
Feldspath und Quarzpulver besteht und häufig
die Grundmasse des Felsitporphyrs (s. Nr. 6)
bildet.

§. 42. Arten der glimmerreichen Felsarten. — Alle hierher gehörigen Felsarten enthalten als vorherrschenden Gemengtheil Glimmer oder statt dessen Chlorit, Talk, blättrigen Eisenglanz oder auch wohl Graphit, kurz ein in Blättern, Lamellen oder Schuppen auftretendes und darum mehr oder weniger parallele Lagen bildendes Mineral, woher es auch kommt, daß diese Felsarten alle ein mehr oder weniger voll= kommenschiefriges, blättriges oder flaseriges Gefüge zeigen. Neben dem Glimmer oder seinen Stellvertretern machen sich in den hierher gehörigen Gesteinen als Gemengtheile noch bemerklich Quarz, Feldspath (Ortho= und Oligoklas) und Hornblende, bisweilen auch noch Eisenglanz= schüppchen. Je nach dem Hervortreten des einen oder anderen dieser Gemengtheile machen sich folgende Arten bemerklich:

a. Deutlich gemengte Felsarten.

1) Gneiß: Eben= oder wellenschiefriges oder flaseriges Gemenge von Glimmer, Feldspath und Quarz (s. Feldspath reiche Gesteine Nr. 4).

2) Glimmerschiefer: Ein entweder nur aus Glimmer= blättern oder aus abwechselnden Lagen von Glimmer und Quarz bestehendes, theils eben und vollkommen, theils uneben und welligschiefriges, Gestein;

3) Chloritschiefer: Grau= oder blaugrünes, vollkommen oder unvollkommen schiefriges, entweder nur aus Chlo= rit oder aus diesem und Quarz bestehendes Gestein.

b. Undeutlich gemengte Felsarten:

4) Thonschiefer: Meist vollkommen schiefriges und sich in ebene, — häufig schiefvierkantige — Tafeln spaltendes, schwarzblaues, dunkelblaugrünes oder auch wohl rothbraunes Gestein, welches aus einem, in der Regel ganz undeutlichen Gemenge von Glimmer=, Chlorit=, Quarz=, Feldspath- und Horn= blendetheilchen besteht und je nach der größeren

oder kleineren Menge von Quarz (Kieselschiefer) oder Feldspath bald härter bald weicher erscheint.

§. 43.   Arten der hornblendereichen Fels= arten. — Theils deutlich, theils undeutlich gemengte und im ersten Falle gewöhnlich schwarz und unrein weiß gefleckte, im zweiten Falle aber grünlichgrau, grau= bis schwarzgrün gefärbte Felsarten, in welchen schwarzgrüne oder schwarze Magnesiahornblende als Hauptgemengtheil sich im Ge= menge mit graulich=, grünlich= oder blaulichweißem Oligoklas befindet, häufig aber auch schwarzer Glimmer als Neben= gemengtheil auftritt.   Die hierher gehörigen Felsarten, deren undeutlich gemengte Arten oft zu den sogenannten Grün= steinen gerechnet werden, haben häufig viel Aehnlichkeit mit mehreren Arten der folgenden Gruppe, so mit dem Kalkdiorit, Melaphyr und Diabasgrünstein, aber sie unterscheiden sich namentlich durch ihre schmutzig gelbliche, keinen Kalk haltige und darum auch nicht mit Säuren aufbrausende Ver= witterungsrinde von den letzteren.   Es gehören zu ihnen

1) der deutliche gemengte, körnige Diorit und dick= schiefrige Dioritschiefer;

2) der undeutlich gemengte, grünlichgraue, blaulichgrüne und schwarzgrüne, dichte Aphanit, welcher durch Auf= nahme von weißen Oligoklas= oder schwarzen Horn= blendekrystallen zu Dioritporphyr wird.

§. 44.   Arten der augitischen Felsarten. — Vorherrschend dunkelgefärbte, — schwarzgraue, schwarz= braune oder auch grüne, — theils deutlich, theils undeutlich gemengte, Felsarten, in denen Augit oder statt dessen Kalk= hornblende, Diallag oder Hypersthen sich im Gemenge mit einem kieselsäurearmen, meist kalkhaltigen, Feldspath (Kalk= Oligoklas, Labrador oder Anorthit) oder statt dessen mit Nephelin befindet und außerdem Magneteisenerz, Grünerde und in einzelnen Fällen auch Granat als Gemengtheil auf=

tritt, während Quarz und Kaliglimmer wohl nie in ihnen vorkommen. — Bei ihrer Verwitterung produciren alle diejenigen unter ihnen, welche Feldſpath, Augit oder Kalkhornblende enthalten, kohlenſauren Kalk, woher es auch kommt, daß ihre an ſich gewöhnlich durch Eiſenoxydhydrat lederbraun gefärbte Verwitterungsrinde und überhaupt ihre verwitternde Maſſe in der Regel mit Säuren aufſchäumt. Die aus ihnen entſtehende, meiſt ſehr fruchtbare Erdkrume beſteht daher vorherrſchend aus ockergelbem, mergeligen Thon oder auch eiſenſchüſſigem Mergel. Zu ihnen gehören folgende Arten:

I. Feldſpath haltige.

a) Kalkhornblende haltige, meiſt undeutlich gemengte, graugrüne, ſchwarzbraune oder ſchwarze, Geſteine, deren Verwitterungsrinde zuerſt violett ſchillernd und zuletzt unrein rothbraun iſt.

1) Kalkdiorit: Meiſt deutliches, körniges Gemenge von Kalkhornblende und Kalkfeldſpath (Anorthit); oft auch Kalkſpath und ſchwarzen Glimmer enthaltend;

2) Melaphyr: Vorherrſchend undeutliches, ſchwarzes oder ſchwarzbraunes, Gemenge von Kalkhornblende und Kalkoligoklas (oder ſtatt deſſen Labrador oder auch Anorthit), aber nicht ſelten auch Eiſenſpath oder Grünerde enthaltend. Je nach ſeinem Gefüge unterſcheidet man: dichten Melaphyr; Melaporphyr, welcher in ſchwarzbrauner, dichter Grundmaſſe Labrador- oder Anorthittäfelchen, auch Hornblende- (Uralit-)Kryſtalle oder auch Glimmerblätter enthält; und Melaphyrmandelſtein, welcher in einer dichten, grünlich- oder röthlichſchwarzen Grundmaſſe kleine und große Kugeln und Mandeln von Kalkſpath, Grünerde, Carniol, Chalzedon oder Achat enthält.

b) **Augit haltige,** mit erst weißlicher, dann leder=
brauner Verwitterungsrinde.

α) **Grünsteine oder Diabasite:** Deutlich oder un=
deutlich gemengte, schwarz und grau gefleckte oder unrein
grün gefärbte, aus **Augit, Kalkfeldspath** (Labra=
dor) und **Grünerde** (Eisenchlorid) bestehende und
nicht selten auch Kalkspath enthaltende Felsarten, von
denen man je nach ihren Gefüge unterscheidet:

1) den **körnigen Diabas** mit deutlichem Gemenge;
2) den **schiefrigen Diabas** mit undeutlichem Ge=
   menge;
3) den **dichten Diabas oder Grünstein,** eine
   gleichartig aussehende, zähe, unrein heller oder
   dunkler gefärbte, grünliche Diabasmasse;
4) den **Diabas= oder Augitporphyr:** dichte,
   dunkelgraue oder grüne Diabasmasse, in welcher Kry=
   stalle von Augit liegen;
5) den **Diabasmandelstein,** dichte, grau= bis
   schwarzgrüne Diabasmasse, in welcher Kugeln und
   Mandeln, namentlich von Kalkspath, liegen.

β) **Basaltite:** Deutlich oder undeutlich gemengte, schwarz
und grau gefleckte oder einfach grauschwarze Gesteine,
welche aus **Augit, Labrador** oder statt dessen **Nephe=**
lin und **Magneteisenerz** bestehen, weshalb auch ein
Magnetstab in ihrem Pulver sich mit einem Eisenbarte
bedeckt. Je nach ihrem Gefüge unterscheidet man:

1) **körnigen Basalt oder Dolerit:** deutlich ge=
   mengt, schwarz und grau gefleckt;
2) **dichten oder eigentlichen Basalt:** undeut=
   lich gemengt, einfarbig schwarz oder schwarzgrau, oft
   ölgrüne Krystalle und Körner von Olivin enthaltend;
3) **porphyrischer Basalt:** dichte Basaltmasse,

welche Kryſtalle von Kalkhornblende und Augit um=
ſchließt;

4) Baſaltmandelſtein: dichte Baſaltmaſſe, welche
Kugeln und Mandeln namentlich von Zeolithen und
Aragonit oder Kalkſpath umſchließt.

γ) Hyperite: Deutlich gemengte, körnige Felsarten,
welche aus einem Gemenge von einem Kalknatron=
feldſpath und Hyperſthen oder Diallag beſtehen. Zu
ihnen gehören:

1) Hyperſthenfels, welcher oft dem Diorit ähn=
lich iſt und aus einem körnigen Gemenge von ſchwarz=
braunem, auf ſeinen Spaltflächen ſtark metalliſch
(kupferroth) glänzenden, Hyperſthen und weißgrauem
Labrador (oder Kalkoligoklas) beſteht;

2) Gabbro, welcher oft dem Granit oder Syenit
ähnlich ſieht und aus einem Gemenge von unrein
graugrünem oder tombackbraunen, blättrigen Diallag
und grauweißem Kalknatronfeldſpath (oder ſtatt deſſen
aus grünlichweißem Sauſſurit) beſteht.

II. Feldſpathloſe, augitiſche Felsarten. Zu ihnen
gehört:

Eklogit: ein körniges Gemenge von grünem Diallag
(oder Smaragdit) und braunrothem Granat.

B. Nähere Betrachtung der klaſtiſchen Felsarten.

§. 45. Ihr Bildungsmaterial. — Wo durch den
Einfluß von mechaniſch wirkenden Kräften, — ſo namentlich
durch plötzlich wechſelnde, hohe und niedere, Temperaturgrade,
durch die Sprengkraft des gefrierenden Waſſers oder gewalt=
ſam ſich ausdehnender Waſſerdämpfe — die Maſſen der kry=
ſtalliniſchen Felsarten zerſchellt werden, da entſteht Fels=
oder Steinſchutt; wo aber durch den Einfluß von chemiſch

10*

wirkenden Substanzen die Massen der krystallinischen Fels=
arten oder ihres Steinschuttes zersetzt werden, da bilden sich
aus den letzteren theils erdige, im Wasser schlämmbare, aber
unlösliche, theils salzartige und im Wasser lösliche Producte.
Jene Felsschuttmassen nun, welche theils in der Form von
Felsblöcken oder von eckigen oder abgerundeten Geröllen, theils
von Sandkörnern und Steinpulver auftreten, bilden ebenso=
wohl, wie die erdigen, schlämmbaren Substanzen, welche aus
der chemischen Zersetzung von krystallinischen Mineralien ent=
stehen, das Material, aus welchem die klastischen Fels=
arten gebildet werden.

Das Bildungsmaterial der klastischen Gesteine besteht
demnach aus:

1) roll= oder schiebbaren Felsresten, welche je nach der Größe ihrer Individuen unterschieden werden als:	2) schlämmbaren Felsresten:	3) lösbaren Mineralsubstanzen und zwar:	
		in reinem Wasser lösbaren:	in Kohlensäure haltigen Wasser löslichen:
Blöcke, Gerölle, Grus, Kies, Sand, Pulver, (Asche).	Thon, Lehm, Mergel, Brauneisenstein.	Steinsalz, Gyps.	Kalkspath, Dolomit, Eisenspath.

Von diesem Bildungsmateriale bilden die schlämm= und
lösbaren nicht nur für sich allein schon Massen klastischer
Felsarten, sondern auch das Verkittungsmittel der roll= und
schiebbaren Felsreste, so daß es hiernach, wie bei den kry=
stallinischen Felsarten, einfache und gemengte klastische
Gesteine gibt.

I. Einfache klaftische Felsarten.

§. 46. Charakter derselben. — Alle hierher gehö=
rigen Felsarten sind aus Verwitterungssubstanzen entstanden,
welche im Wasser schlämmbar sind und im trockenen Zustande
theils als feste, steinartige Massen, theils als erdkrümelige
oder pulverige Zusammenhäufungen auftreten. Da nun unter
allen Verwitterungsproducten der krystallinischen Felsarten
nur die thonartigen Substanzen vollständig schlämmbar sind,
so spielt auch der Thon die Hauptrolle bei der
Zusammensetzung der einfachen klaftischen Fels=
arten, sei es nun, daß er ganz für sich allein, sei es, daß
er in inniger und gleichmäßiger Untermischung mit anderen
feinzertheilten und darum vom Wasser leicht fluthbaren Mi=
neraltheilen oder auch mit schlämmbaren Verkohlungssubstan=
zen von organischen Resten auftritt. Die so hauptsächlich aus
Thon gebildeten Felsarten zeigen sich entweder dicht oder
schieferig; das Letztere zumal dann, wenn der Thon unter=
mischt ist mit Substanzen, welche von Natur Blättchen und
Schiefer bilden, wie z. B. Glimmer, Eisenglanz und kohlige
Theile. Wenn abwechselnd Sonnenhitze und Regen oder auch
Frost auf sie einwirkt, so zerplatzen sie nach und nach in ein
Haufwerk von kleinen scharfkantigen Stückchen, die sich dann
weiter in Schieferstückchen zertheilen und zuletzt in eine krümm=
liche oder staubigerdige Masse zerfallen.

Ihre Hauptlagerorte befinden sich im Gebiete der Con=
glomerate, Sand = und Kalksteine, ja in den meisten Fällen
bildet ihre Masse das Bindemittel der unter ihren Schichten
lagernden Sandsteine und Conglomerate.

§. 47. Arten derselben. — Zu den einfachen klaft=
schen Gesteinen gehören namentlich:

1) Schieferthon: Steinharte, gewöhnlich ockergelbe,
braunrothe, rauchbraune oder schwarzgraue, Thonmasse, welche

um so vollkommener schiefrig erscheint, je mehr Glimmer=, Eisenglanz= oder Kohlenschüppchen sie beigemengt enthält. Begierig Wasser einsaugend und doch gleich wieder trocken erscheinend; darum auch stark an der feuchten Lippe klebend. Beim Anhauchen einen unangenehmen, dumpfen Ammoniak= geruch zeigend. — Je nach seinen Beimischungen unter= scheidet man:

a) gemeinen Schieferthon: weißgrau oder ockergelb nur unvollkommen schiefrig;

b) kohligen Schieferthon: schwarzgrau, um so voll= kommener schiefrig, je mehr er Kohlentheilchen beige= mengt enthält. Beim Glühen lichter und grauweiß oder braunroth werdend. — Oft so reich an Kohlen= theilchen, daß er beim Erhitzen brennt und auch wohl einen erdpechähnlichen Geruch entwickelt (Brand= und Kohlenschiefer).

c) Eisenschüssigen Schieferthon: Braunroth, von Eisenoxyd durchzogen, welches oft an den Schieferplatten eisenschwarze Spiegelüberzüge bildet; häufig aber auch viel eisenfarbige Glimmerschüppchen enthaltend und dann vollkommen schiefrig. Beim Glühen zwischen Kohlen eisenschwarz werdend und dann oft auf die Magnet= nadel einwirkend. — An diese Abart des Schieferthons schließt sich an:

2) Thoneisenstein: ein ockergelbes, kastanienbraunes, rauchbraunes oder braunrothes Gemisch von pulverigem Eisen= oxydhydrat oder Eisenoxyd mit Thon, in welchem jedoch die Menge des Eisens vorherrscht. Bisweilen erscheinen in dem= selben kleine, abgerundete Körner von Braun= oder Roth= eisenstein verkittet durch ein thoniges Bindemittel (Eisen= rogenstein oder Eisenoolith), so daß die ganze Masse einem Haufen von kleinen Schroten oder von grobem Schieß= pulver, welcher durch Thonschlamm zusammengebacken ist, gleicht.

3) **Schieferletten** oder **Lettenschiefer**: ein durch Eisenoxyd braunroth oder durch kohlige Beimischungen schwarz= grau gefärbter und mit Kieselmehl oder auch mit pulverigem Quarz untermischter Thon oder Lehm, dessen Masse in Folge ihrer kohligen Beimengungen dünnblätterig ist.

4) **Mergel** und **Mergelschiefer**: Vgl. hierzu §. 22 in der Beschreibung der krystallinischen Mineralien, unter denen der Mergel und seine Abarten wegen seiner Verwandt= schaft mit dem Kalk und Dolomite schon näher beschrieben worden. Ebendaselbst ist auch schon erwähnt worden:

5) der **Gypsthon** oder **Gypsmergel**.

II. Gemengte klastische Felsarten.

§. 48. **Bildung** und **Charakter** derselben. — Wenn Wasser, welches feinzertheilte Mineralsubstanzen ge= schlämmt oder gelöst enthält, zwischen losen Anhäufungen von Geröllen oder Sand durchfließt oder auch über denselben ruhig stehen bleibt, so setzt es nach und nach alle die in ihm vorhandenen erdigen oder pulverigen Substanzen, ja bei sei= ner Verdunstung auch die in ihm gelösten salzigen Mineralien zwischen den einzelnen Geröllen und Sandkörnern ab. Wer= den nun durch diese Abscheidungen alle Räume, Lücken und Canäle zwischen den genannten Steintrümmern so ausgefüllt, daß diese letzteren allseitig von den aus dem Wasser sich ab= scheidenden Substanzen berührt und umhüllt werden, so wer= den auch alle die von ihnen berührten Felstrümmer beim vollständigen Austrocknen aller ihrer Theile zu fest zusam= menhängenden Felsmassen verkittet. Die auf diese Weise ent= stehenden **gemengten klastischen Felsarten** bestehen demnach zunächst aus großen und kleinen Gesteintrümmern, sodann aus einer zwischen ihnen befindlichen Masse, durch welche sie zum Ganzen zusammengekittet werden — sind also

mit anden Worten: zu festen Felsarten zusammenge=
kittete Gesteintrümmer.

Bei der Bestimmung dieser Klasse von Felsarten hat
man daher auch zweierlei in's Auge zu fassen, nemlich einer=
seits die zusammengekitteten Felstrümmer und andererseits
den sie zusammenhaltenden Steinkitt.

a) Was nun zunächst die Felstrümmer betrifft, so kann
man sie einerseits nach ihrer Größe und andererseits
nach ihrer mineralischen Art unterscheiden.

α) Je nach der Größe ihrer Trümmer theilt man dann
weiter die gemengten klastischen Gesteine ein:

1) in Conglomerate (oder wenn die Trümmer
frisch und scharfkantig sind: in Breccien), wenn
die Trümmer wenigstens die Größe von Haselnüssen
haben;

2) in Sandsteine, wenn die zusammengekitteten
Trümmer höchstens die Größe von Erbsen besitzen.

β) Je nach der mineralischen Art ihrer Trümmer aber
unterscheidet man:

1) einfach gemengte Trümmergesteine, wenn die
zusammengekitteten Trümmer alle von einer und
derselben Mineral= oder Felsart abstammen, z. B.
nur von Quarz oder nur von Granit;

2) vielfach gemengte Trümmergesteine, wenn die
in einem Gesteine zusammengekitteten Trümmer zu=
gleich von Gesteinen verschiedener Art, z. B. zugleich
von Quarz und Granit, oder von Kalkstein, Serpen=
tin und Chloritschiefer herrühren.

b) Was nun ferner die Natur des Bindemittels der
gemengten klastischen Felsarten betrifft, so kann sich dasselbe
entweder aus dem Schlamme oder aus den Lösungen in
einem Gewässer gebildet haben.

α) Alle die aus dem Schlamme von Gewässern abge=

ſchiedenen Arten des Bindemittels ſind k l a ſ t i ſ ch e r
Natur. Zu ihnen gehören z. B. Thon Lehm, Mergel,
Eiſenoxhhhdrat und die vulkaniſche Aſche. Die durch
ſie gebildeten Felsarten nennt man g a n z k l a ſ t i ſ ch e.

β) Dagegen beſtehen die aus wirklichen wäſſerigen Löſun=
gen gebildeten Arten des Bindemittels aus k r h ſ t a l l i =
n i ſ ch e n Mineralien, z. B. aus Kalkſpath, Dolomit,
Eiſenſpath oder erhärteter Kieſelſäure (Opal). Alle die
durch ſie gebildeten klaſtiſchen Felsarten nennt man da=
her auch h a l b k l a ſ t i ſ ch e oder auch k r h ſ t a l l i n i ſ ch =
k l a ſ t i ſ ch e.

§. 49. G r u p p e n u n d A r t e n d e r g e m e n g t e n
k l a ſ t i ſ ch e n F e l s a r t e n. — Wie im vorigen §. gezeigt
worden iſt, ſo laſſen ſich alle hierhergehörigen Felsarten je
nach der Größe der in ihrer Maſſe vorhandenen Trümmer
eintheilen in C o n g l o m e r a t e und S a n d ſ t e i n e. Jede
dieſer beiden Ordnungen kann man dann weiter in Gruppen
und Arten zertheilen, einerſeits je nach der Art ihrer Ge=
ſteinstrümmer und andererſeits je nach der mineralogiſchen
Beſchaffenheit ihres Bindemittels. Durch dieſes alles erhält
man folgende Gruppen der gemengten klaſtiſchen Felsarten:

I. Ordnung: C o n g l o m e r a t e: Die in ihnen vorhan=
denen Trümmer haben wenigſtens die Größe einer Haſelnuß.
Ihre Arten werden in der Regel nach der mineraliſchen Art
der in ihnen liegenden Trümmer beſtimmt, ſo daß alſo ein
Conglomerat, welches nur Granittrümmer enthält, Granit=
Conglomerat, und ein anderes, welches z. B. zugleich Granit=
und auch Quarztrümmer beſitzt, Quarz=Granit=Conglomerat
genannt wird. Je nach der Beſchaffenheit ihres Bindemittels
zerfallen ſie in folgende Gruppen:

1. Gruppe: E i g e n t l i ch e C o n g l o m e r a t e, deren Binde=
mittel aus erhärtetem Erdſchlamme, z. B. aus
Thon, Lehm, Mergel oder Brauneiſenſtein beſteht;

2. Gruppe: Breccien oder Vulkantuff = Conglome=
          rate, deren Bindemittel aus zusammengekitteter
          vulkanischer Asche besteht;
3. Gruppe: Tuff=Conglomerate oder Tuffe, deren
          Bindemittel aus krystallinischer Mineralmasse,
          z. B. Kalk, Dolomit, Eisenspath oder Opal
          besteht.

Demgemäß würde also ein Conglomerat, welches z. B.
Kalk zum Bindemittel hätte und Quarzbrocken enthielte,
Quarz = Tuff = Conglomerat, oder ein Conglomerat,
welches basaltische Asche zum Bindemittel hätte und Basalt=
Trümmer zeigte, Basaltbreccie sein.

II. Ordnung: Sandsteine: Ihre Trümmer sind höch=
stens erbsengroß und bestehen in den meisten Fällen aus
eckigen oder abgerundeten Körnern von Quarz, seltener
von Feldspath; sie werden daher in der Regel nach der Art
ihres Bindemittels benannt. Demgemäß unterscheidet man
bei ihnen:

a) gewöhnliche Sandsteine und unter ihnen wieder:
   1) Kaolinsandstein mit Kaolin oder Porzellanerde
      als Bindemittel;
   2) Thonsandstein, dessen Bindemittel aus gemeinem
      oder eisenschüssigem Thon besteht;
   3) Kohlensandstein mit kohlen= oder bitumenreichem,
      thonigem oder mergeligen Bindemittel. Zu ihm ge=
      hört auch der bituminöse Sandstein.
   4) Mergelsandstein mit gemeinem oder bituminösen
      mergeligen Bindemittel;
   5) Eisensandstein mit einem Bindemittel von Braun=
      eisenstein.
b) vulkanische Tuffe mit einem, aus erhärteter Vul=
   kanenasche bestehenden, Bindemittel. Je nachdem nun
   die Asche aus zerstampften Diabas, Porphyr, Melaphyr,

Trachyt oder Basalt besteht, unterscheidet man Diabas=, Porphyr=, Melaphyr=, Trachyt=, Phonolith und Basalttuff. Sehr gewöhnlich enthalten diese Tuffe theils hirsen= bis erbsengroße abgerundete Körner, theils wallnuß= bis kopfgroße, meist auch abgerundete, Gerölle von denselben Felsarten, aus denen die sie zusammenkittende Asche selbst besteht; hiernach unterscheidet man bei ihnen wieder Tuffsandsteine und Tuff= Conglomerate. — Ihre Lagerorte befinden sich in der Regel in der nächsten Umgebung derjenigen gemengten kryftallinischen Gesteine, aus deren Zertrümmerung das Bildungsmaterial für die Tuffe entstanden ist; gewöhnlich bilden dann diese Tuffe die unmittelbare Decke oder den Mantel der Abhänge von ihren Muttergesteinen.

II. Capitel.

Ueber die allgemeinen Ablagerungsorte und Formationen der Felsarten.

§. 49 a. Verschiedenheit der Ablagerungsorte nach der Entstehungszeit der Felsarten. — Jede der im vorigen Capitel angegebenen Felsarten nimmt in dem Gemäuer der Erdrinde einen bestimmten Platz oder Lagerraum ein und befindet sich an diesem mit einer oder mehreren anderen Felsarten in einem bestimmten Verbande. Diesen Platz nun nennt man den Lagerort oder die relative Lagerstätte einer Felsart; ihre Verbindung aber mit anderen, unter oder über ihr lagernden, Erdrindemassen bildet ihre Lagerungsverhältnisse. — Dem oberflächlichen Beobachter nun erscheinen diese letzteren ganz zufällig; wer aber eine und dieselbe Felsart an verschiedenen Orten der Erdoberfläche nach den mit ihr im Verbande stehenden Gesteinsarten sorgfältig untersucht, der wird gar bald finden, daß die Lagerungsbeziehungen einer jeden Felsart im großen Ganzen bestimmten Gesetzen unterliegen. So z. B. wird bei normaler Entwicklung der Erdrinde das Steinsalz stets zwischen Thon, Anhydrit und Gyps, der Mergel vorherrschend zwischen Dolomit und Kalkstein oder kalkigen Sandstein, der Granit und Syenit hauptsächlich im Gebiete des Gneißes, Glimmer= und Thonschiefers, der Felsitporphyr vorzüglich am Rande der Gebirge in der Gesellschaft des Melaphyrs und im Gebiete der Steinkohlen und des Rothliegenden u. s. w. seinen Lagerraum haben. Die Ursache von dieser Gesetz= mäßigkeit liegt in der Entstehungs= und Entwickelungsweise der Erdrinde.

Wie allbekannt ist, so haben sich die einzelnen Ablage= rungsmassen der Erdrinde in verschiedenen, auf einander folgen= den, Zeiträumen nach und nach gebildet und zwar in der Weise, daß nach der Ablagerung je einer Erdrindemasse oft ein langer Zeitraum verging, ehe sich eine neue solche Rinden= masse entwickeln konnte. Nun gibt es, wie wir im vorigen Capitel gesehen haben, je nach ihrer Bestandesmasse zweierlei Felsarten, nemlich krystallinische und klastische. Die krystallinischen, und namentlich die gemengten, Felsarten bil= den im Allgemeinen das Magazin, aus welchem sich die Na= tur durch den Verwitterungsprozeß das Material verschaffte, um die verschiedenen, Thon, Mergel oder Kalk enthaltenden, klastischen Gesteine zu bilden. Demgemäß mußten also auch alle diejenigen krystallinischen Felsarten schon vorhanden sein, welche in ihren Mineralgemengtheilen soviel Kieselsäure, Thonerde und auch Kalkerde enthielten, daß sich bei ihrer Zersetzung aus ihnen Thon oder Mergel oder auch Kalkstein entwickeln konnte. Dieses ist nun z. B. der Fall bei allen denjenigen gemengten krystallinischen Felsarten, welche einen kieselsäurereichen Feldspath und Glimmer oder auch gemeine Hornblende enthalten, so beim Gneiß, Glimmer= und Urthon=

schiefer, Granulit, Granit, Syenit, Diorit und Felsitporphyr.
Aber unter diesen Felsarten waren Gneiß, Glimmer= und
Urthonschiefer allen Andeutungen nach die ersten und ältesten
Erdrindelagen; denn sie sind auf mannichfache Weise von
Unten nach Oben durchsetzt und in die Höhe gehoben vom
Granit, Syenit und Diorit; sie mußten darum schon vorhan=
den sein, als diese letztgenannten Felsarten aus dem Erd=
innern in die Höhe getrieben wurden, denn sonst hätten sie
ja nicht von diesen letzteren durchbrochen und gehoben werden
können. Diese Hebung der sogenannten Ur= oder Grund=
schiefergesteine war aber auch nothwendig für die künftige
Weiterentwickelung der Erdrinde; denn wären sie unter dem,
im Anfange die ganze Erdoberfläche bedeckenden, Oceane liegen
geblieben, so hätte ihre Masse nicht durch brandende Meeres=
wogen zerschellt und nicht durch die Atmosphärilien zersetzt
und in Steinschutt und Thon umgewandelt werden können.
Als sie nun aber über den Meeresspiegel emporgehoben wor=
den waren, da bildeten sie die ersten Inseln der Erdober=
fläche, die Gebirgsurländer, welche aus den obengenannten
Felsarten bestehen und noch gegenwärtig mit ihren, durch
den Zahn der Verwitterungspotenzen noch nicht zerstörten,
Felsgipfeln auf die sie umgürtenden und aus ihren Trümmern
entstandenen Landesmassen — wie die Urmutter auf ihre Kin=
der — herabblicken. — Nach allem diesen wird man also die
Lagerräume des Granites, Syenites, Diorites u. s. w. vor=
züglich in dem Gebiete der aus Gneiß, Glimmer= und Ur=
thonschiefer bestehenden Gebirge zu suchen haben; aber ebenso
wird man nach allem dem die, aus der Zertrümmerung oder
Zersetzung der ebengenannten Urfelsarten hervorgegangenen,
Erdrindemassen theils auf theils in der nächsten Umgebung
dieser Urgebirgsinseln abgelagert finden und dabei zugleich
beobachten, daß die Grundmassen dieser Ablagerungen aus
geschlämmten oder halbzersetzten Glimmer= oder Urthonschie=

fern (der sogenannte Grauwacke=Thonschiefer) und aus Con=
glomeraten und Sandsteinen bestehen, welche in einer ge=
schlämmten und wieder fest gewordenen Urthonschiefermasse
Trümmer nur von den obengenannten Urgebirgsfelsarten
enthalten. Ihrer Entstehung gemäß mußten nun aber die
so entstandenen neuen Erdrindemassen anfangs ebenso, wie
die Urschiefer sich auf dem Grunde des Oceans befinden und
erst dann über die Oberfläche desselben hervortreten, als sich
neue vulkanische Massen aus dem Erdinnern empordrängten
und die neugebildeten Erdrindemassen hoben und an vielen
Orten auch durchbrachen. Die in dieser Weise gebildeten und
theils über theils um die Urinseln herum hervortretenden
Landesbildungen sind es, welche gegenwärtig die aus Thon=
schiefern und vorherrschend grauen Sandsteinen bestehende
und vorzüglich von Graniten, Diabasen, Dioriten, Gabbro
u. s. w. durchbrochene Grauwacke=Formation zusam=
mensetzen. Die Massen dieser neuen Landesgebiete wurden
indessen nicht allein durch den Schutt der zerstörten Urinsel=
massen geschaffen, sondern auch durch die Reste von Organis=
men. Zu derselben Zeit nemlich, in welcher sich die oben=
genannten Grauwackegebilde auf dem Meeresgrunde nieder=
geschlagen hatten, erwachten auch die ersten Pflanzen und
Thiere in der oceanischen Fluth, von den letzteren namentlich
gewaltige Mengen Korallen bauender Polypen, Strahlthiere
(Seeblumen) und Conchylien. Und aus den zerschellten und
zu Pulver zerriebenen Kalkgehäusen dieser Thiere entstanden
nun die ersten Kalksteinablagerungen, der sogenannte Ueber=
gangs= oder Grauwackekalkstein, dessen, oft höhlen=
reiche und an manchen Orten mit zahlreichen versteinten Ko=
rallen= und Conchylien untermengte, Felsriffe noch gegen=
wärtig die Thäler der Grauwackegebiete beengen und auch
zieren. —

Wie nun die Glieder der Grauwackegebiete in ihren

Hauptmassen aus der Zerstörung der Urschiefer, vorzüglich des Urthonschiefers, entstanden sind, so haben sich nun wieder aus der Zertrümmerung der Grauwacke = Ablagerungen, aber auch noch der Urschiefer, vorzüglich des Glimmerschiefers, da, wo dieser letztere noch den Wogen des Oceans preisgegeben war, neue Massen von klastischen Gesteinen gebildet und sich hauptsächlich in den, tief in die Urschiefer = und Grauwackeinseln einschneidenden, Buchten abgelagert, welche die Meeresfluth staueten und zum Absatze ihres Schlammes nöthigten. Und wie in der Grauwackeformation unter dem Einflusse von Kalk absetzenden Thierresten sich mächtige Kalkablagerungen bildeten, so erscheinen nun in diesen neuen Erdrindelagen mächtige Wälder von Farrn = und Schachtelhalmenbäumen, von Lebensbäumen und anderen Zapfenbäumen, von Palmen u. s. w. vergraben und als die Bildungsmittel der allbekannten und allgesuchten Steinkohlenlager. Aber ebenso wie die Ablagerungsmassen der Grauwacke, so wurden auch die neugebildeten Erdrindemassen wieder durch vulkanische Eruptionen mannichfach verschoben und so lange gehoben, bis sie über den Spiegel des Meeres hervortraten und nun nicht nur die ehemaligen Buchten der Urschiefer= und Grauwackeinseln ausfüllten, sondern auch noch die Vorgebirge dieser Inseln bildeten. Die so entstandenen neuen Landesgebiete nun stellen gegenwärtig die Formationen der Steinkohlen und des Rothliegenden dar, die in ihrem Gebiete auftretenden Durchbruchsgesteine aber sind hauptsächlich Gabbro, Hypersthenfels, Felsitporphyr und Melaphyr.

In den, nun noch übrigen und zwischen den bis jetzt gebildeten Landesinseln befindlichen, Theilen des Oceanes entstanden im Verlaufe der nach einander folgenden Erdrindebildungsperioden noch verschiedene, außerordentlich mächtige und weit ausgebreitete Landesmassen, zu denen stets theils

die ſchon vorhandenen und über dem Meeresſpiegel empor=
gehobenen Landesmaſſen, theils auch die gerade in einer
Bildungsperiode lebenden und ſterbenden Organismen das
Bildungsmaterial liefern mußten. Alle die, in dieſen nach
einander folgenden Zeiträumen ſich entwickelnden, Landes=
maſſen mußten demnach vorherrſchend aus klaſtiſchen Geſteinen,
alſo aus Conglomeraten, Sandſteinen, Schieferthonen und
Mergeln, oder aus kryſtalliniſchen, aus den Salzlöſungen des
Meerwaſſers entſtehenden, Niederſchlägen, ſo aus Steinſalz
und Gyps, gebildet werden, in ganz ähnlicher Weiſe, wie
noch in der Gegenwart in dem Becken des Oceanes Landes=
gebiete entſtehen. Aber alle dieſe Landesſchöpfungen konnten
nur dann über dem Spiegel ihres Muttermeeres hervortre=
ten, wenn entweder dieſes letztere ſich zurückzog, abfloß oder
austrocknete, oder durch Erdbeben oder vulkaniſche Agentien,
ſeien es nun Dämpfe oder in die Höhe drängende Stein=
ſchmelze, die auf dem Meeresboden vorhandenen Schuttabla=
gerungen emporgehoben wurden. Nach den im Vorigen be=
ſchriebenen Erhebungen der Steinkohlen und des Rothliegen=
den ſcheinen es vorzüglich Dämpfe und durch ſie hervorge=
rufene Erdbeben geweſen zu ſein, welche alle ſpäteren Lan=
deserhebungen herbeigeführt haben; denn die, nach der Bil=
dung des Rothliegenden und des mit ihm verbundenen
Zechſteines entſtandenen Landesgebiete zeigen nur mehr
vereinzelt auftretende Durchbrüche vulkaniſcher Geſteine, ſo
die baſaltiſchen Geſteine und Trachyte, die ſelbſt auf die
Hebung der von ihnen . durchdrungenen Erdrindemaſſen dem
Anſcheine nach nur wenig oder gar nicht eingewirkt haben.

§. 49 b. Die Formationen und ihre Reihen=
folge. — Es iſt im vorigen §. erwähnt worden, daß die
verſchiedenen Maſſen der Erdrinde theils durch Vulkane,
theils durch Niederſchläge im Waſſer entſtanden ſind (vul=
kaniſche oder pyrogene [d. i. durch Feuer entſtandene]

und neptunische oder hydrogene [d. i. durch Wasser entstandene] Felsarten), und in welcher Weise sich dieselben nach und nach entwickelt haben. Nach langjährigen und höchst mühevollen Forschungen ist es den Geologen geglückt, alle die verschiedenen Erdrindeablagerungen, je nach dem Zeitraume, in welchem dieselben entstanden sind, ähnlich wie die Begebenheiten in der Geschichte des Menschen, in bestimmte aufeinander folgende Perioden, Epochen und Zeitabschnitte abzutheilen und so ein gegliedertes Geschichtswerk der Erdrindebildungen von ihrem Anfange an bis zur Gegenwart zu Stande zu bringen. In dieser Erdentwickelungsgeschichte nun hat man alle diejenigen Erdrindebildungen, von denen man nach ihren Lagerungsverhältnissen und Organismenresten annehmen kann, daß sie in einem und demselben Zeitraume entstanden sind, eine Formation genannt. Bei dieser Bezeichnung, welche etwa einer geschichtlichen Periode entsprechen würde, hatte man nicht sowohl die Art der mit einander verbundenen Gesteinsablagerungen im Auge, als vielmehr die Arten der in diesen Ablagerungen vorkommenden Organismenreste (Versteinerungen oder Petrefacten), so daß es also ganz gleichgültig erschien, ob die Glieder einer solchen Formation aus Sandstein oder Kalkstein oder aus beiden zugleich bestanden, wenn nur die in diesen Gliedern vorhandenen Versteinerungen einander verwandt waren. Jede der so aufgestellten Formationen, welche wir jedoch im Folgenden nach dem alten Herkommen eine Formationengruppe nennen, theilte man nun wieder in Stufen oder Abtheilungen (Unterformationen oder nach dem alten Herkommen eigentliche Formationen) ein und bestimmte, daß jede derselben zunächst aus mehreren verschiedenartigen Ablagerungsmassen, von denen aber einige als vorherrschend bezeichnend für die einzelne Formationenstufe angenommen werden können, bestehen, sodann aber auch in allen ihren Ablagerungen Organismenreste enthalten sollte, welche ihrer Art oder Species ·nach einander ganz identisch seien und in keiner anderen Formation mit derselben Art wieder auftreten sollten.

Nach allen diesen Bestimmungen stellte man nun diejenige Reihenfolge von Formationen auf, welche in dem schönen Werke von Dr. C. Zittel: „Aus der Urzeit" S. 65 näher angegeben ist, und welche auch wir in der folgenden Uebersicht (Tafel I) benutzen werden, wobei wir jedoch schon im Voraus bemerken wollen, daß diese Uebersicht hauptsächlich die Formationen Deutschlands und dabei zugleich auch die Gebiete ins Auge fassen soll, in denen diese Formationen am entwickeltsten auftreten und die aus ihren Gliedern entstehenden Hauptbodenarten vorzüglich wahrnehmen lassen.

III. Capitel.

Zertrümmerung und Zersetzung der Felsarten.

§. 50. Wesen des Verwitterungsprocesses. — Wie schon bei der Beschreibung der klastischen Gesteine angedeutet worden ist, so erleiden alle Mineralien und demgemäß auch alle aus ihnen gebildeten Felsarten im Verlaufe der Zeit mannichfache Veränderungen, sobald sie mit Kräften und Stoffen in Berührung kommen, welche zerstörend oder umwandelnd auf sie einwirken können. Die am meisten in die Augen fallenden und sowohl für die Weiterentwickelung der Erdrinde selbst, wie für das, auf der Erdoberfläche bestehende, Reich der Organismen erfolgreichsten dieser Veränderungen der Mineralienwelt sind diejenigen, durch welche die Massen dieser letzteren zertrümmert, zerkleinert und in Erdkrume umgewandelt werden, denn eben durch diese wurde in der Vorzeit alles Material zur Bildung der klastischen Gesteine geschaffen und werden in der Gegenwart und Zukunft noch alle die Massen hervorgebracht, durch welche überall da,

Reihenfolge und Ablagerungsgeb

Formations=gruppe.	Formationsstufen.	Hauptglieder der einzelnen Formationen.	A
Alluvial=formationen.	Erdrindebildungen der Gegenwart.	Zerstörungsproducte der Felsmassen. — Erdbodenarten. — Stein= und Sandschutt. — Torf= und Humusbildungen. — Marschen. — Dünenbildungen. — Raseneisensteine.	unb wo sch
Diluvial=formationen. (Quartäre F.)	Erdrindebildungen der vorgeschichtlichen Vergangenheit.	Vorherrschend durch mächtige Wasserfluthen oder auch durch Gletscher abgesetzte Schutt=massen. Blöcke= und Sandablagerungen; Thonlager; fetter Lehm; Mergel und Kalk=tuffbildungen.	Tie ge ge
Tertiäre oder **Braunkohlen=formationen.**	I. Neogene oder jüngere Braunkohlen=formation.	Weiche, mürbe, blaugraue oder weiße Mer=gel und Mergelschiefer; thonige Kalksteine; glimmerreiche, graue, weiche Sandsteine.	Bin ger Bec
	II. Miocäne oder mittlere Braunkohlen=formation.	Gerölle und glimmer= oder kohlenhaltiger, feiner Sand, sandiger und fetter Thon, san=diger Kalkstein, Plattenkalkstein; grauer, kohliger Sandstein; Braunkohlenlager. — Kalkige Conglomerate.	Str Mo zu Sa
	III. Eogene oder ältere Braunkohlen=formation.	Kalkige oder mergelige, graue oder braune Sandsteine, bituminöse Schieferthone, Mer=gelschiefer und Plattenkalksteine.	nam z. Î Ba
Kreide=formationen.	I. Obere Kreideformation. (Senon= und Turonform.)	Weiße oder hellgefärbte, oft auch grün=gefärbte kalkige oder kieselige Sandsteine (Grün= und Quadersandstein); hellge=färbte Kalkmergel (Plänerkalk); Kreide; außerdem loser weißer Sand.	nor der Elb bild Me
	II. Untere Kreideformation. (Cenoman=, Gault= und Neocomformation.)	Feinkörnige, hellgefärbte, seltener braun=rothe Sandsteine oder auch loser Sand; blau=lichgrauer oder brauner, oft schiefriger Thon, sandiger Kalkstein.	des ein Ze Ba
	III. Wealdenformation. (Tithonformation.)	Vorherrschend durch kohlige Theile dunkel=gefärbte Schieferthone, Mergelschiefer und Kalksteine; zwischen ihnen lockere Sandsteine und einzelne Steinkohlennester.	Wo füll nez
Jura=formationen.	I. Obere oder weiße Juraformation. (Portland=, Kimmeridge=, Coralrag= u. Oxfordform.)	Von oben nach unten: Gelblicher Plattenkalk (Lithographenstein), weißlicher Kalkstein und Dolomit; heller Rogenkalk und dunkler Mergelkalk; thonige Kalksteine und grauer Mergel.	riff sche We

I.

Erdrindeformationen Deutschlands.

Zu Seite 162.

Verbreitungsgebiete [der Forma]tionengruppen.	Durchbruchs-Gesteine.	Hauptbodenarten in den einzelnen Formationen.
die Verwitterungspotenzen [un]terwechsel wirthschaften und [in] der Erdoberfläche abspülen, [schwem]men, und absetzen können.	In Deutschland keine, aber im oder am Meere, auf Inseln u. Halbinseln: Laven. — Schlacken. — Bimsteine. — Asche.	In den Gebirgsländern vorherrschend Verwitterungsboden, welcher je nach der Art seiner Muttergesteine zwar verschieden, aber vorherrschend sandig lehmig oder kalkig thonig ist. — In den Hügel- und Ebenenländern dagegen vorherrschend Schwemmboden und als solcher theils sandreich, theils lehm- oder mergelreich, theils thonreich; in ehemaligen Seebecken: humusreich bisweilen auch moorig.
[Ge]birgsmulden; weiten Thälern; [hau]ptsächlich da, wo hin ge- [flossene] Gewässer nicht mehr [treff]en.	Manche Basalte, Phonolithe und Trachyte mit ihren Tuffen und Conglomeraten.	Da die hierhergehörigen Bodenarten vorzüglich durch Schlämmung entstanden sind, so erscheinen sie mehr oder weniger ausgelaugt an Salzen; der Thon und Lehm ist fetter und schmieriger, im Uebrigen aber den Alluvialbodenarten ähnlich.
[Gebirge], von Flüssen durchzogenen, [nament]lich im Gebiete der jüngern [For]mation, z. B. im Oeninger [See- und] Bodenseegebiet.	Am meisten Basaltgesteine; außerdem Phonolithe und auch Trachyte.	Da, wo die Braunkohlenformationen zu Tage treten, bilden sie vorzüglich theils dunkelgefärbte, fette oder feinsandige Thon- und Lettenlager, theils dunkelgraue, oder auch ockergelbe, sandige Mergelboden, bisweilen aber auch von Geröllen durchzogene kalkig mergelige Bodenablagerungen. Nicht selten tragen diese Bodenarten das Gepräge alten, verrotteten Teichschlammes an sich. Da endlich, wo Basalte auftreten, machen sich äußerst fruchtbare, erbbraune Mergelbodenarten bemerklich.
[alte] Binneenseeen, welche von [die]sen wurden, so am Rhein, [an der] Elbe; in Norddeutschland [an] der Saale, Elster, Spree, [der] Oder.		
[an ehe]maligen Binnenseeen, so [nör]dlichen Fuße der Kalkalpen, [so in] Tyrol bei Häring, in [der Nähe]nsee u. s. w.		
[Nordd]eut. Mittelgebirge und dem [Flach]lande eine Zone bildend, die [theils] in maurerförm. Massen das [Gestein] und die Teufelsmauer [bei Quedlinburg] die Kreide vorzüglich am [Westrand]en) auftritt.		Die Landesgebiete, welche von den Gliedern der Dyas- bis Kreideformation zusammengesetzt werden, bilden die Hauptheimath einerseits der eigentlich sandig lehmigen, sandig thonigen und sandig kalkigen, andererseits der kalkig thonigen, kalkig lehmigen, thonig kalkigen und mergeligen Bodenarten und zwar in der Weise, daß die eben genannten Bodenarten auf den Höhenplateaus und den Berggehängen am ausgebildetsten, in den zwischen den Bergen gelegenen Thälern und Ebenen theils durch einander gemischt, theils schichtweise über einander gelagert erscheinen. — Im Besondern sind:
[theils] am Nord- und Westrande [und theil]s nach dem Tiefland zu [eine Gren]zzone (z. B. in Westphalen, [am Harz]d, Harz, am Grünten in [Vorarlberg]rarlberg) bildend.		1) Die vorherrschend aus Kalksteinen bestehenden Formationen die Hauptheimath der thonig kalkigen, so namentlich die Jura- und Kreideformation, und der kalkig thonigen Bodenarten, so namentlich die Lias-, Muschelkalk- und Zechstein-Formation; während Mergelbodenarten in allen Formationen, welche aus abwechselnden Kalkstein- und Thonschichten oder aus Wechsellagerungen von kalkigen und mergeligen Sandsteinen und Thonschichten bestehen, vorkommen. Unter diesen Mergelarten erscheinen
[in der] Umgebung des Teutoburger [Waldes im] Königreich Hannover aus- [schließ]lich im Gebiete ausgetrock-	(seltenen Durchbruchsgesteine.)	a) die kalkigen Mergelarten, und oft auch noch mit Sand untermischt, am meisten
[best-eh]enden Kalkplateaus und zer- [klüftete] schwäbischen und fränki- [schen, in]dem die Bergreihen in der [Gegend]end.		

	Mittlere oder braune Juraformation (Dogger).	Thone; rothbraune rogensteinartige Thone; dunkle Mergel und Kalksteine; braune Sandsteine; braune Eisenrogensteine; schwarze Schieferthone.	den ... Jura, ...phalic...
	III. Untere oder schwarze Juraformation (Lias).	Von oben nach unten: Graulichgelbe oder lichtgraue Kalkmergel und Mergelschiefer; dunkle Thone und graue Kalkmergel; bituminöse Schieferthone, thonige Kalksteine und Mergelsandsteine.	Ch... Berglo... fränkis... deutsch... Leinett... Walde...
Trias= formationen.	**I. Keuperformation.**	Von oben nach unten: Theils kieselige oder mergelige Sandsteine, theils braunrothe und grüne Dolomitmergel; Dolomit; bunte Gypsmergel; Lettenschiefer; gelbgrauer Mergelschiefer; grauer Sandstein.	Au... Muschel... bildend... bend, ...
	II. Muschelkalk= formation.	Vorherrschend graue Kalksteine. Oben glatt= und dickschichtig, mit thonigen Zwischenlagen; in der Mitte Dolomit mit Gyps und Steinsalz; unten wellig geschichteter, dünnplattiger, an den Schichtflächen gerunzelter Wellenkalk.	Di... oder ... rasse... B. in ...
	III. Buntsandstein= formation.	Von oben nach unten: Braunrothe, ockergelbe und grünliche Mergel (Röth) mit Sandsteinschichten; mergelige oder thonige, Plattensandsteine; braunrother Schieferthon und Kaolinsandstein.	Di... oder a... lenbe... Hessen... Grund...
Dyas= oder Perm= formationen.	**I. Zechsteinformation.**	Von oben nach unten: Plattenkalk; Stinkkalk; Dolomit und Rauhkalk mit Gyps (und Steinsalz); bituminöser Kalkstein (Zechstein); bituminöser Mergel= oder Kupferschiefer; graues bituminöses Conglomerat und Sandstein (Grauliegendes).	Um... bildend... entwid...
	II. Rothliegendes= Formation.	Rothbraune, thonige Conglomerate, rothe Sandsteine und Schieferthone in vielfacher Wechsellagerung; nach unten auch mit Steinkohlenlagern.	In... die m... Vorge...
Steinkohlen= formation.	**Steinkohlenforma= tion.**	Oben: Grauer Sandstein und Schieferthon im Wechsel mit Steinkohlenlagern. — Unten: Rauchgrauer Kalkstein und grober rother Sandstein.	In... schiefer...
Grauwacke= formationen. (ebergangs= Formationen.)	**I. Devonformation.**	Graue und gelbe Sandsteine mit thonigem oder thonschiefrigem Bindemittel im Wechsel mit Thonschiefer; Schalstein und geaderter Kalkstein. — Unten: Grauwacke und Thonschiefer.	Di... Grun... gese... sich vo... Bergl... Thüri...
	II. Silurformation.	Vorherrschend Thonschiefer mit Zwischenschichten von Kiesel=, Alaun= und Zeichenschiefer; gefleckter Kalkstein; Grauwackeconglomerat.	
Urschiefer= formationen.	**Urthonschiefer= Glimmerschiefer= Gneiß=** } Formation.	Urthonschiefer=, Glimmerschiefer und Gneiß mit Zwischenschichten von Granulit, Talk=, Chlorit= und Hornblendeschiefer.	Si... Läng... Schwa... ger U... Kiesel...

wäbischen und fränkischen Wallberge der Porta west=		b) die **dolomitischen Mergelarten** am meisten in der oberen Jura= und oberen Keuperformation; c) die **gemeinen Mergelbodenarten** am hä figsten im Gebiete des Lias und Muschel= kalks; d) die **Gypsmergel=** und **Thonmergel= bodenarten** vorzüglich im mittleren Keu= per= und oberen Buntsandsteingebiete; e) die **bituminösen Mergel** in der unteren Lias= und mittleren Zechsteinformation, in letzterer aber oft mit Sand und Geröllen untermengt.
eresbuchten mit hügeligem nb, so z. B. am Fuße der wäbischen Alp; in Nord= nselförmig am Süntel, in ordrande des Thüringer ach und Gotha.	**Basaltgesteine, Phonolithe.**	2) Die vorherrschend aus **Sandsteinen** bestehenden Formationen liefern stets sandige — und zwar je nach dem Bindemittel derselben bald sandig thonige oder lehmige, bald sandig talkige — Bodenarten. Unter diesen enthalten a) die sandigen Bodenarten der jüngeren Sand= steinformationen vorherrschend Quarzkörner und verhältnißmäßig wenig Erdkrume; b) die sandigen Bodenarten der älteren Sand= steinformationen neben Quarzkörnern auch noch Feldspath= und Hornblendekörnchen, Glimmerblättchen und Verwitterungsgrus, außerdem auch ziemlich viel Erdkrume.
enförmigen Plateaus der wellenförmige Hügelreihen a mauerförmige Felsen bil= teine massig entwickelt sind.		
ben Mittelgebirgsländern Gebirge liegenden Ter= nder zusammensetzend (z.		
ben Mittelgebirgsländern Gebirge liegenden Wel= zusammensetzend z. B. in und der Rheinpfalz. — uschelkalkes.		
ze herum einen Bergwall da, wo die Dolomite stark alle, klippige Felsriffe zeigt.		
kohlenbuchten der Gebirge und am Gebirgsrande das b.		
n des Grauwacke= und Ur=	**Granit, Syenit, Diorit, Diabas, Eklogit, Gabbro, Hypersthenfels, Serpentin, Felsitporphyr und Melaphyr.**	Die Hauptbodenarten sind sandig thonig oder aus blätterigem Letten zusammengesetzt und, wenn sie viel Grus enthalten, fruchtbar; nicht selten aber sind sie auch zähthonig und dann, wenn sie Eisenkiese enthalten, zur Eisenvitriol= und Alaunbildung geneigt. — Da, wo Diabas und Hypersthenfels auftritt, zeigt sich ein dunkler, mergeliger Lehmboden; und, wo Kalksteine mächtig entwickelt sind, ist der Boden reich an Kalksand und nur an schattigen feuchten Lagen fruchtbar.
Reformationen bilden den er Massen= oder auf= irge. Die Form I zeigt Harz und im rheinischen orm II aber im südöstlichen und in Böhmen.		
ie Hauptmasse aller so der Centra alpen, des der Vogesen, des Thürin= gebirges, Böhmerwaldes, s. w.		Heimath der Verwitterungsbodenarten der ge= mengten krystallinischen Gesteine, wie sie im §. 57 näher angegeben werden.

wo Gewässer hingelangen können, neues Land erzeugt und die öde Erdoberfläche in einen behaglichen Wohnsitz für das Pflanzen= und Thierreich umgewandelt wird.

Weil nun diese angedeuteten Umwandlungen der festen Gesteine vorzüglich durch die Witterungspotenzen hervorgebracht werden, so hat man dieselben mit dem Namen der Verwitterung belegt. Diese letztere umfaßt demnach alle diejenigen Veränderungen, welche eine Gesteinsmasse von ihrer, mit der Außenwelt in Berührung stehenden, Oberfläche aus theils durch klimatische Verhältnisse, theils durch die Bestandtheile der Atmosphäre (d. i. durch die Atmosphärilien) oder auch durch die Zersetzungsstoffe abgestorbener Organismenreste erleidet, und durch welche sie in Steinschutt und Erdboden umgewandelt wird.

a. Kräfte und Stoffe, welche den Verwitterungsproceß einleiten und ausführen.

§. 51. Die einleitenden Verwitterungspotenzen. — Die Erfahrung lehrt: 1) daß eine und dieselbe Felsart nicht an allen Orten der Erdoberfläche gleich leicht und gleich stark verwittert, daß also z. B. eine Granitmasse

    a) an der Nord= (Winter= oder Schatten=) Seite eines Berges oder

    b) in der Polarzone oder in der Region des ewigen Eises oder

    c) an nassen, von Pflanzen dicht bewachsenen Orten unter sonst ganz gleichen Verhältnissen weit langsamer zerstört wird, als

    a) an der Süd= (Sommer= oder Sonnen=) Seite, oder

    b) in der gemäßigten Zone, oder

c) an abwechſelnd trocknen unb feuchten, von Pflanzen
bewachſenen Orten;

2) baß ferner baß Gefüge einer Felsart einen großen
Einfluß ausübt auf bie leichtere ober langſame Verwitterbar=
keit berſelben, ſo baß z. B.

a) grobkörnige Felsarten leichter verwittern als feinkörnige
ober gar bichte;

b) ſchiefrige Felsarten auf ihren glatten Schieferflächen
weit langſamer verwittern, als auf ben Flächen, an
benen ihre einzelnen Schieferlagen hervortreten;

3) baß enblich ſogar bie Farbe nicht ohne Einfluß auf
bie leichtere ober ſchwerere Zerſetzbarkeit einer Felsart iſt, ſo
baß unter ſonſt gleichen Verhältniſſen bunkel= (braun ober
grau) ober ſchwarzgefärbte Felsarten leichter verwittern als
hell= ober weißgefärbte.

Aus allen bieſen Erfahrungen erſieht man alſo, baß
ſelbſt eine unb bieſelbe Felsart ſich gegen bie
Angriffe ber Verwitterungspotenzen je nach
ihrem Lagerorte unb Gefüge, ſowie nach ber Be=
ſchaffenheit ihrer Oberfläche unb Färbung ver=
ſchieben empfänglich zeigen kann. Die Urſache von
bieſer Erſcheinung nun liegt hauptſächlich in bem Einfluſſe,
welchen ber Wechſel ber Temperaturen auf ein Mine=
ral ober eine Felsart ausübt.

Es iſt allbekannt, baß ſteigenbe Temperaturgrabe bie
Maſſetheile eines Körpers um ſo mehr ausbehnen, je ſchneller
unb ſtärker bieſelben bie Wärmeſtrahlen ber Sonne in ſich
aufzunehmen vermögen; ebenſo aber weiß man, baß bie, burch
bie Wärme ausgebehnten unb an Volumen größer geworbenen
Maſſetheile wieber um ſo mehr ſich zuſammenziehen unb an
Volumen kleiner werben, je ſchneller unb je mehr bie von
ihnen aufgenommene Wärme aus ihnen wieber entweicht.

Endlich lehrt auch die Erfahrung, daß Körper die Wärme=
strahlen um so schneller in sich aufnehmen, aber auch um so
schneller wieder von sich geben, und demgemäß sich bei stei=
gender Temperatur um so stärker ausdehnen und dann bei
abnehmender Wärme wieder um so mehr zusammenziehen, je
dunkler gefärbt oder je rauher und körniger ihre Oberfläche
ist. — Wenn nun aber ein solcher Temperaturwechsel sich
oft wiederholt, so muß durch die in Folge davon sich eben=
falls wiederholende Ausdehnung und Zusammenziehung der
Masse eines Körpers diese letztere dadurch in ihrem Zusam=
menhalte so gelockert werden, daß sie Risse und Sprünge
bekommt, die sich von Außen nach Innen immer weiter in
ihre Körpermasse hineinziehen und am Ende sogar bewirken,
daß diese letztere zerfällt. Alle diese Erscheinungen zeigen sich
auch bei jedem Minerale, welches der Einwirkung der wechseln=
den Temperaturen fortwährend ausgesetzt ist, und zwar um so
auffallender, je greller dieser Temperaturwechsel ist und je
häufiger derselbe eintritt, wie dieses namentlich der Fall ist
in den Landesgebieten der gemäßigten Zone, in denen dieser
Wechsel nicht nur in dem Laufe eines jeden Tages und jeder
darauffolgenden Nacht, namentlich während der Sommer=
monate, sondern auch in den einzelnen Monaten und Jah=
reszeiten sehr stark hervortritt. Am auffallendsten indessen
macht sich die eben beschriebene Wirkung des Temperatur=
wechsels bemerklich bei Felsarten, deren Masse aus verschie=
denen, heller und dunkler gefärbten, Mineralarten zusammen=
gesetzt ist, wie z. B. beim Granite. Denn indem bei diesen
die dunkler gefärbten Gemengtheile sich stärker ausdehnen
und zusammenziehen als die heller gefärbten, muß auch die
Verwachsung zwischen diesen beiden Arten der Gemengtheile
um so leichter zerrissen werden, je grobkörniger das Gefüge
ihrer Felsart ist.

Aber mit dieser Auflockerung und Zerreißung der Masse

eines Minerales oder einer Felsart durch den Wechsel der Tem=
peraturen ist nur erst der Anfang zur mechanischen Zerstö=
rung der Gesteinsmasse gemacht. Fortgesetzt und vollendet
wird dieselbe durch die zweite Potenz des Verwitterungs=
processes, nemlich durch das W a s s e r.

Wenn die Oberfläche einer Felsart des Nachts mit den
Wasserdunstwellen der Atmosphäre in Berührung kommt, so
beschlägt sie sich um so leichter und um so stärker mit T h a u,
je mehr sie die während des Tages in sich aufgenommene
Wärme hat ausstrahlen lassen, je mehr sie sich also abgekühlt
hat. Dieses ist nun wiederum am meisten der Fall bei den
dunkel gefärbten, mit rauher oder grobkörniger Oberfläche
versehenen Felsgesteinen. Das so an der Oberfläche der
letzteren haftende atmosphärische Wasser — mag es nun
Thau oder Regenwasser sein — wird aber begierig von den
Rissen der Gesteine aufgesogen und in das Innere ihrer
Masse geleitet. Und hier wirkt es nun in zweifacher Weise.
Einerseits nemlich treibt es die an sich gelockerten Stein=
massetheile vollends aus ihrem Zusammenhalte, so daß die
von ihm durchdrungene Gesteinsmasse in Schutt zerfällt, und
andererseits erweicht es die von ihm durchdrungenen Masse=
theilchen und macht sie hierdurch fähig, sich nicht nur mit dem
Wasser selbst, sondern auch mit den, nie in ihm fehlenden,
Atmosphärilien — Sauerstoff und Kohlensäure — chemisch
verbinden zu können, wodurch die so angegriffene Mineral=
masse allmählich ganz zersetzt wird. Und hat das Wasser alles
dieses vollbracht, dann löst es auch noch die eben erst entstan=
denen Mineralzersetzungsproducte wenigstens theilweise in sich
auf und fluthet sie aus ihrer bisherigen Bestandesmasse fort.

Das Wasser spielt demnach eine gar wichtige Rolle bei
der Zerstörung und Zersetzung der Felsgesteine. In dem
eben angegebenen Falle vollendete das Wasser die durch den
Wechsel der Temperatur eingeleitete Zerstörung und Zersetzung

der Mineralmassen, wirkte es mehr heimlich und als Gehülfe
der chemischen Agentien, indem es nicht nur die Mineral=
bestandtheile lockerte, erweichte und empfänglich machte für
die Aufnahme dieser Agentien, sondern diese letzteren auch
zuleitete und dann auch noch die von ihnen erzeugten neuen
Stoffe aus der angeätzten Mineralmasse fortfluthete. Aber
es wirkt auch für sich allein theils lösend auf Felsgesteine
ein, z. B. auf Gyps und Steinsalz, theils mechanisch zer=
trümmernd. Wenn Wasser in die Absonderungsklüfte oder
Schichtungsspalten von Felsmassen eindringt und dann wäh=
rend des Winters Kälte zu Eis erstarrt, dann dehnt es sich so
stark aus, daß es ganze Bergmassen in ein wüstes Chaos
von großen und kleinen Felstrümmern zersprengt, welche
dann weit leichter von den Witterungsagentien ergriffen und
zersetzt werden können, als dieses bei den noch zusammenhän=
genden Felsmassen geschehen kann. — Regen= und Schnee=
wasser führen diese Trümmer den Bächen und Flüssen zu,
welche sie durch unausgesetztes Hin = und Herwälzen zuletzt
in Kies und Sand umwandeln und endlich ans Land schläm=
men, wo sie dann durch die Atmosphärilien vollends zersetzt
werden. Und was das zu Eis erstarrte und tropfbare Wasser
nicht vermag, das führt das in Dampf umgewandelte Wasser
aus. Wer kennt nicht die Felszertrümmerungen, welche die
in dem Erdinnern sich anhäufenden und einen Ausweg nach
der Erdoberfläche suchenden Wasserdämpfe hervorbringen?
Wer weiß es nicht, daß diese im Innern der Vulkane ein=
geschlossenen Dämpfe die im Krater der Vulkane festgeschlossenen
und ihnen den Ausweg nach der Luft versperrenden Lava=
decken zu Pulver und Staub zerstampfen und als sogenannte
Asche hoch in die Luft schleudern und sie dann durch die
Luftströmungen oft über weite Strecken Landes ausbreiten
lassen? — Das Alles ist bekannt; das Alles aber beweist
auch, welchen gewaltigen Einfluß das Wasser theils chemisch

theils mechanisch auf die Umwandlung der Felsgesteine in
Steinschutt und Erdboden ausübt.

Außer dem Wechsel der Temperatur und dem Wasser
wirkt endlich auch noch das Reich der Gewächse mannichfach zerstörend auf die Felsgesteine ein. — Wer irgend mit
Aufmerksamkeit das Gebiet der Felsarten beobachtet, der wird
auch schon bemerkt haben, daß wohl die meisten aus der Erdoberfläche hervorragenden Felsmassen hauptsächlich an denjenigen ihrer Flächen, welche von feuchten Luftströmungen benetzt
werden (also an ihrer sogenannten Wetterseite), mit fest
anhaftenden Ueberzügen oder Krusten von verschieden gefärbten, staub= oder pulverförmigen, Körperchen ganz bedeckt sind,
so daß diese Flächen fast das Ansehen von mit Farbenpulvern
oder Erdkrümchen bespritzten Wänden zeigen. Diese vermeint-
lichen Farbenpützchen sind aber weiter nichts als mikroskopisch
kleine Pflänzchen aus der Familie der Schurf= oder Rin-
denflechten, deren Keime von den Luftströmungen umher-
gefluthet an allen angefeuchteten Körperflächen haften bleiben
und sich dann so stark vermehren, daß sie in kurzer Zeit
große Felsflächen ganz überziehen. Wer sollte es nun meinen,
daß diese Zwerge der Pflanzenwelt die starre, scheinbar un-
bezwingbare, Masse der Felsgesteine mürbe machen und dann
sogar auch zersetzen helfen? — Und doch ist es so. Zunächst
machen sie die Felsflächen durch ihre Ueberzüge rauh, so daß
sie gute Wärmestrahler werden und sich in Folge davon leicht
mit Thau und Feuchtigkeit beschlagen; sodann saugen sie
unaufhörlich Wasser an und halten dasselbe fest, so daß die
mit ihm verbundenen Atmosphärenstoffe, vor allem die Kohlensäure, nachhaltig die unterliegende Felsmasse anätzen können;
endlich geben sie selbst bei ihrem Absterben mancherlei Säuren, mittelst deren sie hauptsächlich alle Kalkerde haltigen
Mineralmassen zersetzen können. — So sind also die Flechten
die Mittel, mittelst deren die Natur aus der starren, kahlen

Felsstirne die ersten Spuren von Erdkrume schafft, welche dann von anderen Gewächsen in Besitz genommen und immer mehr entwickelt werden, bis sie zuletzt auch Sträuchern und Bäumen zum gedeihlichen Wohnsitze dienen können. Diese letzt= genannten Arten des Pflanzenreichs vollenden endlich das Werk der kleinen Schurfflechten. Mit ihren kräftigen Holz= wurzeln klemmen sie sich in alle Ritzen und Spalten ihrer felsigen Wohnsitze und suchen sie theils durch Gewalt mit ihren sich ausdehnenden Wurzeln zu zertrümmern, theils auf chemischem Wege durch von ihnen ausgeschiedene Stoffe zu zersetzen. Und was ihnen nicht während ihres Lebens gelingt, das vollführen sie doch noch durch ihre verwesenden Körper= reste: dann aus diesen entwickeln sich gar mancherlei Stoffe, welche zersetzend auf die verschiedensten Mineralsubstanzen einwirken, wie wir im Folgenden sehen werden.

§. 52. Die Mineral zersetzenden Agentien. — Die im vorigen §. erwähnten Kräfte und Stoffe machen vor= züglich den Körper der Mineralien zugänglich für diejenigen Agentien, welche sich mit einzelnen Bestandtheilen der Mineral= masse verbinden, sie dadurch aus ihrem bisherigen Verbande ziehen und auf diese Weise die Masse der von ihnen ange= ätzten Mineralien ganz oder theilweise zersetzen oder doch in eine andere Art von Mineralien umwandeln. Zu diesen Agentien nun, welche chemisch zersetzend und umwandelnd auf die von ihnen dauernd berührten Mineralien einwirken, ge= hören vor allen der Sauerstoff, die Kohlensäure und die bei der Verwesung von Organismenresten, namentlich von Pflanzen, frei werdenden Humussäuren und humus= sauren Alkalien. — Unter welchen Verhältnissen nun diese Zersetzungsagentien auf die Masse der Mineralien ein= wirken, wie sie auf dieselbe einwirken und welche Producte sie erzeugen, das erfahren wir am besten, wenn wir den Wirkungs= kreis jedes der ebengenannten Agentien etwas näher untersuchen.

1) Der Sauerstoff (Oxygen, Lebensluft) spielt bei der Zersetzung und Umwandlung der Mineralien in Erdboden eine bei weitem nicht so große Rolle, als man gewöhnlich annimmt, indem in den meisten Mineralien, welche für die Bodenbildung von Wichtigkeit sind, die Hauptbestandtheile derselben schon mit so viel Sauerstoff verbunden sind, als sie unter den gewöhnlichen Verhältnissen anzuziehen vermögen. Nur wenn diese Mineralien Eisen- oder Manganoxydul enthalten, wie dieses wohl bei vielen Feldspathen und den dunkelbraunen, grünen und schwarzen Glimmern, Hornblenden, Augiten und Hypersthenen oder auch bei den Turmalinen und Granaten der Fall ist, zeigt er sich dadurch von Wirksamkeit, daß er von den genannten beiden Oxydulen das Eisenoxydul in ockergelbes oder lederbraunes Eisenoxydulhydrat (Eisenocker) und das Manganoxydul in kaffeebraunes Manganoxydhydrat umwandelt und hierdurch bewirkt, daß die genannten beiden Oxydhydrate aus ihren Verbindungen mit den übrigen Bestandtheilen der oben genannten Mineralien heraustreten und dann die Oberfläche oder überhaupt die von ihnen durchdrungene Masse derselben ockergelb, lederbraun oder graubraun färben, zugleich aber auch eben durch ihr Ausscheiden aus der Mineralmasse den Zusammenhalt der letzteren so lockern, daß nun die übrigen Zersetzungsagentien, wie namentlich die Kohlensäure, leichter in die gelockerte Mineralmasse eindringen und sie vollends zersetzen können. — Außerdem aber wirkt der Sauerstoff noch auf die Schwefelmetalle ein, indem er sich unter Hülfe von Feuchtigkeit sowohl mit dem Metalle wie mit dem Schwefel derselben verbindet und sie hierdurch in schwefelsaure Metalloxyde umwandelt, welche nun wieder, namentlich wenn sie im Wasser löslich sind, mittelst ihrer starken Säure alle kohlen- und kieselsauren Mineralien, welche Kali, Natron, Kalkerde, Magnesia oder auch Thonerde enthalten, zersetzen und die mit der Kohlen-

oder Kieselsäure verbundenen, ebengenannten Salzbasen in schwefelsaure Salze umwandeln. Indem sich aber alle die obengenannten Salzbasen mit der Schwefelsäure zu in Wasser löslichen Salzen verbinden, wird durch ihre Bildung die Masse aller der aus ihnen gebildeten Mineralien vollständig zersetzt. Ein Beispiel wird das eben Gesagte erläutern und bestätigen. Das am weitesten verbreitete und in den meisten Felsarten mehr oder weniger häufig eingewachsen vorkommende Schwefelmetall ist der Eisen= oder Schwefelkies. An feuchter Luft liegend wandelt sich dasselbe unter Anziehung von Sauerstoff in leicht lösliches schwefelsaures Eisen= oxydul um. Kommt nun die Lösung dieses Salzes in dauernde Berührung mit

kohlensauren Kalk, so entsteht: schwefelsaures Kalkhydrat (Gyps).	Dolomit oder kohlensaurer Magnesia= Kalkerde, so entsteht: Gyps und Bittersalz.	Orthoklasfeldspath oder kieselsaurer Kali=Thonerde, so entsteht: schwefelsaure Kali-Thonerde d. i. Alaun.

Es sind demnach die unter der Einwirkung des Sauer= stoffes aus den Schwefelmetallen entstehenden schwefelsauren Metalloxyde von der größten Wichtigkeit für die Zersetzung und Umwandlung wohl der meisten Felsarten. Wenn also auch der Sauerstoff unmittelbar nur einen beschränkten Ein= fluß auf die Umwandlung der Felsarten ausübt, so schafft er doch mittelbar eben durch die Umwandlung der so häufig vor= kommenden Schwefelmetalle sehr kräftige Zersetzungsmittel für die verschiedenartigsten Mineralien.

2) Von weit größerem, unmittelbaren Einflusse auf die Zersetzung der Mineralien und der aus ihnen gebildeten Fels= arten ist freilich die Kohlensäure. Diese luftförmige Säure, welche überall da frei wird, wo Thiere ausathmen und abge= storbene Organismenreste unter Luftzutritt verbrennen, gähren, verwesen und überhaupt sich zersetzen, wird sowohl von der

atmospärischen Feuchtigkeit, wie von den Gewässern der Erd=
oberfläche begierig aufgesogen und wirkt nun im Verbande
mit dem Wasser theils einfach lösend, theils zersetzend, theils
lösend und zugleich auch zersetzend auf die verschiedenartigsten
Mineralien ein.

a) Einfach lösend, aber nicht zersetzend, wirkt das
Kohlensäure haltige Wasser

1) auf alle kohlensaure Salze, z. B. auf den kohlen=
sauren Kalk, auf die kohlensaure Magnesia und ihre Ver=
bindung mit der kohlensauren Kalkerde, auf das kohlen=
saure Eisenoxydul;

2) auf alle phosphorsauren Salze, so auf den
phosphorsauren Kalk oder Phosphorit;

3) auf den Flußspath und alle andern Fluormetalle.

Indessen löst es diese verschiedenen Minerale nicht gleich
leicht und auch nicht in gleich großen Mengen. Am leichtesten
und stärksten löst es den kohlensauren Kalk und am lang=
samsten den Flußspath.

b) Zuerst einfach lösend, dann aber das Ge=
löste zersetzend zeigt sich das Kohlensäure haltige Wasser
bei seiner Berührung mit kieselsauren Alkalien. Wenn nemlich
dieses Wasser mit kieselsauren Mineralien, welche reich an
Alkalien (Kali und Natron) sind, in dauernde Berührung
kommt, so löst es aus diesen die kieselsauren Alkalien unzer=
setzt aus; bleibt es dann aber längere Zeit mit ihnen im
Verbande, so zersetzt es dieselben in doppeltkohlensaure Alka=
lien und in freie Kieselsäure, welche es jedoch beide in sich
gelöst behält.

c) Zersetzend und dann auch das Zersetzte in sich
auflösend wirkt das Kohlensäure haltige Wasser auf alle zu=
sammengesetzte kohlen= und kieselsaure Mineralmassen ein, wenn
dieselben Alkalien (Kali und Natron), alkalische Erden (so

namentlich Kalkerde und Magnesia) oder die Oxydule des
Eisens und des Mangans enthalten:

1) Wirkt in dieser Weise kohlensaures Wasser auf Mergel
ein, so zieht es aus diesem allmählich allen kohlensauren
Kalk, so daß von ihm nur noch gemeiner Thon übrig
bleibt;

2) wirkt es aber auf Alkalien oder Kalkerde haltige Silicate
ein, so zersetzt es dieselben in der Weise, daß es die
Alkalien unzersetzt, also in ihrer Verbindung mit der
Kieselsäure, aus der Bestandesmasse der Silicate heraus=
zieht und in sich auflöst, die alkalischen Erden aber, vor
allen die Kalkerde, aus ihrer Verbindung mit der Kiesel=
säure reißt, sie in doppeltkohlensaure Salze umwandelt
sie dann auflöst und aus der angegriffenen Silicatmasse
herauszieht. Ein paar Beispiele werden das eben Aus=
gesprochene klarer machen:

1) Wirkt z. B. das Kohlensäure haltige Wasser auf einen
Feldspath ein, welcher aus kieselsaurer Thonerde und
kieselsaurem Kali besteht, so zieht dieses Wasser aus
demselben nach und nach alles kieselsaure Kali unzer=
setzt heraus und löst es in sich auf, so daß von dem
Feldspathe zuletzt nur noch die kieselsaure Thonerde
verbunden mit Wasser, — also Thon, — übrig bleibt;

2) besteht dagegen der Feldspath aus kieselsaurer Thon=
erde und kieselsaurer Kalkerde, so wird diese letztere
durch das Kohlensäure haltige Wasser in doppeltkohlen=
sauren Kalk, welcher sich nun im Wasser auflöst, um=
gewandelt, die vorher mit ihm verbunden gewesene
Kieselsäure aber wird abgeschieden und löst sich nun ent=
weder für sich allein in dem weiter hinzutretenden
kohlensaurem Wasser auf oder sie wird von dem, bei
der Zersetzung des Feldspathes übrigbleibenden, kiesel=
saurem Thonerdehydrat (= Thon) aufgesogen, so daß

derselbe kieselsäurereicher und hierdurch zu magerem
Thon oder Lehm wird;

3) enthält endlich ein Feldspath zugleich Alkalien und auch
Kalkerde, so wird von dem Kohlensäure=Wasser stets
zuerst die Kalkerde als kohlensaures Salz und nach
ihr dann auch das Alkali, aber als kieselsaures Salz
ausgelaugt.

Es erscheint überhaupt bemerkenswerth, daß das
Kohlensäure=Wasser stets eine größere Ver=
bindungsneigung zur Kalkerde hat als zu
den kieselsauren Alkalien, woher es auch kommt
daß

1) Silicate, welche nur Kalkerde, aber keine Alkalien ent=
halten, sich weit schneller zersetzen als nur Alkalien,
aber keinen Kalk haltige;

2) Silicate überhaupt sich um so leichter zersetzen, je
reicher sie an Kalkerde sind.

Außer dieser Mineral zersetzenden Kraft besitzt nun aber
das Kohlensäure haltige Wasser auch noch das Vermögen,
Minerale mit neuen Bestandtheilen zu versorgen und sich
hierdurch in andere Arten umzuwandeln. Wenn z. B. Kohlen=
säure=Wasser, welches kohlensauren Kalk in sich gelöst enthält,
von Thon aufgesogen wird, so gibt es seinen Kalkgehalt voll=
ständig an die Masse des Thones ab, so daß dieser dadurch
in Mergel umgewandelt wird. Ebenso verwandelt es Thon in
thonigen Spatheisenstein, wenn es seiner Masse gelöstes kohlen=
saures Eisenoxydul zuleitet.

Endlich regt auch Kohlensäure, welche mit Feuchtigkeit
verbunden ist, alle gemeinen Metalle an, Sauerstoff anzu=
ziehen und sich durch denselben in Oxyde umzuwandeln, mit
denen sie sich dann zu kohlensauren Salzen verbindet. Daher
kommt es, daß z. B. sich an feuchter, kohlensäurehaltiger Luft
Eisen zuerst in kohlensaures Eisenoxydul und dann in Braun=

eisenerz, und Kupfer in grünes kohlensaures Kupferoxyd (Mala=
chit) umwandelt.   Bei dieser Wirkungsweise der Kohlensäure
ist indessen wohl zu merken, daß die Kohlensäure sich nur
dann mit dem durch ihre Anregung erzeugten Oxyde verbindet,
wenn dasselbe ein Monoxyd oder Oxydul ist und demgemäß
aus einem Theile Metall und einem Theile Sauerstoff be=
steht; dagegen mit dem entstandenen Oxyde keine Verbindung
eingeht, wenn dasselbe ein Sesquioxyd ist und demgemäß aus
2 Theilen Metall und 3 Theilen Sauerstoff besteht.   Dieses
ist z. B. der Fall bei dem Eisenoxyde und der Thonerde.
In diesem eigenthümlichen Verhalten liegt der Grund, warum
einerseits aus dem kohlensauren Eisenoxydul die Kohlensäure
entweicht, wenn das Oxydul desselben zu Eisensesquioxyd
(Brauneisenerz) geworden ist, und andererseits in den Thon=
erde haltigen Silicaten die Kohlensäure die, aus 2 Theilen
Aluminium und 3 Theilen Sauerstoff bestehende, Thonerde
nicht angreift, sondern bei der Zersetzung dieser Silicate mit
ihrer Kieselsäure verbunden als Thon zurückläßt.

Soviel über den Wirkungskreis der Kohlensäure bei der
Verwitterung und Umwandlung der Mineralien in Erdboden.
Das eben Mitgetheilte zeigt zur Genüge, welche wichtige
Rolle diese Säure bei der Zersetzung der Mineralien spielt,
zumal wenn man bedenkt, daß alle diejenigen Felsarten,
welche am weitesten auf der Erde verbreitet sind und das
Hauptmaterial nicht nur für alle Bodenbildung, sondern auch
für die Pflanzenernährung liefern, vorherrschend aus Mineral=
arten bestehen, welche in den oben angegebenen Weisen durch
das Kohlensäure haltige Wasser zersetzbar sind.   Mit vollem
Rechte darf man daher sagen: Wo unaufhörlich Feuchtigkeit
und Kohlensäure auf Felsarten einwirken kann, da geht die
Bodenbildung und die Erzeugung von Pflanzennahrung am
stärksten vor sich, da aber ist auch die Pflanzenwelt am
üppigsten und mannichfaltigsten: wo aber diese sich reichlich

entwickelt, da wird aus ihren abgestorbenen Körpergliedern auch wieder am reichlichsten Kohlensäure und Feuchtigkeit entwickelt, welche nun wieder auf die noch vorhandenen Fels= gesteine zersetzend einwirken können. In dieser Beziehung arbeiten sich also Mineralien= und Pflanzenwelt einander in die Hände.

3) Aber die Pflanzenwelt erzeugt außer Kohlensäure und Feuchtigkeit bei dem Absterben ihrer Körperglieder auch andere Stoffe, welche in mancher Beziehung noch kräftiger auf die Mineralzersetzung einwirken, als die Kohlensäure. — Jede Pflanze enthält neben ihren eigentlichen — aus Kohlen=, Wasser= und Sauerstoff oder aus diesen Elementen und Stickstoff nebst Schwefel oder Phosphor bestehenden — orga= nischen Substanzen auch noch Alkalien und alkalische Erden. Sobald nun in den Gliedern ihres Körpers die Lebensthä= tigkeit aufhört, treiben diese, nach starken Säuren sehr begieri= gen, alkalischen Beimischungen die eben erwähnten organischen Substanzen an, sich zu zersetzen und aus sich heraus Säuren zu entwickeln, welche unter dem Namen der Humussäuren bekannt sind, und unter denen man, wie später bei der Be= schreibung der Humussubstanzen noch näher angegeben werden soll, Ulmin=, Humin=, Quell= und Geinsäure unter= scheidet. Mit diesen Humussäuren, unter denen übrigens die Ulmin= und Huminsäure für sich allein in Wasser ganz un= löslich sind, verbinden sich die im Pflanzenkörper vorhandenen Alkalien und namentlich auch das aus den stickstoffhaltigen organischen Substanzen sich entwickelnde Ammoniak, zu hu= mussauren Alkalien, welche sich in der Feuchtigkeit des Bodens mit weingelber, gelbbrauner oder kaffeebrauner Farbe lösen, wie man leicht beobachten kann, wenn man abgestorbe= nes, schon schwärzlich gefärbtes Laub mit heißem Wasser übergießt. Diese humussauren Alkalien — vor allen aber das quellsaure Ammoniak, welches sich hauptsächlich in den

tieferen, mehr oder weniger gegen die Luft verschlossenen, Lagen des Bodens aus den Wurzeln der Pflanzen und ebenso in Torfmooren entwickelt — üben einen merkwürdigen Einfluß auf die meisten Mineralien aus. Wie dem Verfasser dieser Zeilen zahlreiche und vielfach wiederholte Versuche gelehrt haben, so vermögen die Salze — und namentlich das quellsaure Ammoniak — viele Mineralien, welche an sich unlöslich erscheinen, in sich aufzulösen, fortzufluthen und erst dann wieder — und zwar unzersetzt — abzuscheiden, wenn ihre Humussäuren sich in Kohlensäuren umgewandelt haben und als solche verdunsten. Hauptsächlich gilt alles dieses von den kohlen=, phosphor= und schwefelsauren Salzen der Erden und Schwermetalloxyde. Das Merkwürdige bei diesem Processe ist, daß z. B. das quellsaure Ammoniak zu gleicher Zeit zwei bis vier solcher Mineralien in sich aufzulösen vermag und sie auch unzersetzt nach einander wieder ausscheiden kann, wenn anders diese Mineralien einerlei Säuren — z. B. Kohlensäure — besitzen, so daß sie sich gegenseitig nicht zersetzen können. Ebenso ist aber auch wohl zu beachten, daß die von den humussauren Alkalien aufgelösten Mineralien nur dann unzersetzt bleiben, wenn sie keine Säuren besitzen, zu denen die Alkalien der humussauren Salze eine starke Verbindungsneigung haben. Ist dieses letztere freilich der Fall, dann nehmen die Alkalien den aufgelösten Salzen die Säuren und geben den Basen derselben ihre Humussäure, wodurch diese letzteren gar oft unlöslich werden. Dieses geschieht z. B., wenn huminsaures Ammoniak mit phosphorsaurem Kalk sich mischt; in diesem Falle entsteht lösliches, phosphorsaures Ammoniak und unlöslicher huminsaurer Kalk, aus welchem dann zuletzt bei der höheren Oxydation der Huminsäure kohlensaurer Kalk wird.

Die humussauren Alkalien wirken also nicht blos lösend,

sondern auch zersetzend auf Mineralien ein. Ganz besonders
geschieht dieses letztere, wenn sie mit zusammengesetzten kiesel=
sauren Mineralien, z. B. mit Feldspath, Glimmer, Hornblende
oder Augit, in dauernde Berührung kommen. Sie lösen dann
aus der Bestandesmasse derselben die kieselsauren Alkalien,
alkalischen Erden und Schwermetalloxyde unzersetzt heraus,
soweit die Versuche dem Verfasser gelehrt haben. Sir wir=
ken demnach in dieser Beziehung ähnlich wie die Kohlensäure,
aber viel rascher, und insofern auch stärker, als sie auch die
Kalkerde, Magnesia und das Eisenoxydul in ihrer Verbindung
mit der Kieselsäure aus den Silicatmassen herausziehen.

Nach allem eben Mitgetheilten sind demnach die aus den
abgestorbenen Organismenresten sich entwickelnden Säuren
und Salze für die Zersetzung und Umwandlung der Fels=
massen von ebenso großer, ja größerer Bedeutung, wie die
Kohlensäure. Später wird davon bei der Beschreibung des
sogen. Humus noch weiter die Rede sein.

b. Producte des Verwitterungsprocesses.

§. 53. Verhalten der einzelnen Mineralien
gegen die chemisch wirkenden Verwitterunsagen=
tien. — Schon aus dem, was wir über die Wirkungsweise
der einzelnen Verwitterungsagentien mitgetheilt haben, können
wir ersehen, daß diese Agentien nicht auf alle Mineralien in
einer und derselben Weise einzuwirken vermögen, daß viel=
mehr Körperform und Oberflächenbeschaffenheit einerseits und
chemische Zusammensetzung derselben andererseits einen großen
Einfluß auf die Schnelligkeit und Art ihrer Verwitterung
ausüben. Im Besondern nun ist über dieses Verhalten der
verschiedenen, für die Felsartenbildung wichtigen, Mineral=
arten gegen die Verwitterungsagentien Folgendes zu be=
merken:

a) Vollständig ausgebildete Krystalle widerstehen der Verwitterung weit länger und stärker als derbe Mineral=massen.

1) Glasig dichte, durchsichtige mit glatter, glänzender oder spiegelnder Oberfläche versehene, Krystalle verwittern weit schwerer, als leicht spaltbare, sich blätternde, un=durchsichtige, mit rauher, matter Oberfläche versehene.

2) Derbe Massen aber mit körnigem oder auch blättrigem Gefüge und rauher Oberfläche verwittern schneller, als derbe, sehr dichte, mit glatter Oberfläche versehene Mi=neralmassen.

b) Farblose und hellgefärbte Mineralien werden von den Verwitterungsagentien weit langsamer angegriffen als trübe und dunkelgefärbte.

c) Durch den Sauerstoff werden nur diejenigen Mi=neralien angegriffen, welche

1) Monoxyde oder Oxydule der Schwermetalle, namentlich des Eisens und Mangans, oder

2) feinzertheilte kohlenreiche (bituminöse) Beimischungen enthalten.

d) Durch Kohlensäure haltiges Wasser werden haupt=sächlich angegriffen und zwar

1) einfach gelöst: die Carbonate (z. B. Kalkstein, Do=lomit und Eisenspath), die Phosphate (z. B. Phosphorit), die einfachen Alkalisilicate (z. B. basisch kieselsaures Kali oder Natron) und die Fluormetalle (z. B. Flußspath);

2) zersetzt: alle zusammengesetzten kieselsauren Mineralien, welche Kali, Natron, Kalkerde, Magnesia, Eisen= oder Manganoxydul enthalten. Unter ihnen aber findet wie=der folgende Verwitterungsreihe statt:

α) Kieselräure reiche Silicate (z. B. Orthoklas) werden schwerer zersetzt als Kieselsäure arme (z. B. Labrador);

12*

β) Kalkreiche Silicate werden leichter zersetzt als kalk=
arme und kalkleere;

γ) Kali= oder Natronreiche, aber kalkarme werden um
so langsamer zersetzt, je ärmer sie an Kalk oder
Eisenoxydul sind;

δ) Magnesiareiche Silicate werden unter allen Verhält=
nissen am langsamsten zersetzt, zumal wenn sie keine
Kalkerde und kein Natron besitzen;

ε) Jemehr Basen von verschiedener Art ein Silicat be=
sitzt, um so leichter wird dasselbe, zumal in derben
Massen, theils von dem Sauerstoff, theils von der
Kohlensäure angegriffen;

e) In ähnlicher Weise gegen die Kohlensäure verhalten
sich die Mineralien gegen die humussauren Alkalien, nament=
lich gegen das quellsaure Ammoniak.

f) Unter den verschiedenen Mineralien, welche als Fels=
gemengtheile auftreten, gibt es nur eins, welches weder vom
Sauerstoff, noch von der Kohlensäure, noch von den humus=
sauren Alkalien angegriffen wird; es ist dies die kry=
stallinische Kieselsäure oder der Quarz. Nächst ihm
erscheint nur noch das krystallinische Eisenoxyd oder der
Eisenglanz, sowie die Thonsubstanz unempfindlich
gegen Sauerstoff und Kohlensäure.

§. 54. Hauptverwitterungsproducte. — Es ist
eben gesagt worden, daß unter den für die Bildung der Fels=
gesteine wichtigen Mineral nur der Quarz aller weiteren
Zersetzung durch die, unter den gewöhnlichen Verhältnissen
in der Natur wirksamen, chemisch wirkenden Agentien wider=
stehe. In der That ist dieses auch so; denn seine Massen
können nur durch das, sie unaufhörlich hin und her schiebende
und reibende, Wasser nach und nach in immer kleiner wer=
dende und zuletzt fast mehlartig 'erscheinende Körner zertheilt,
aber nicht weiter zersetzt werden. Und wenn eine mit

Quarzkrhstallkörnern untermengte, krhstallinische Felsart —
z. B. Granit — durch die chemischen Verwitterungsagentien
ganz und gar in eine thonige Erdbodenmasse zersetzt worden
ist, so bleiben doch die in ihr ursprünglich vorhandenen
Quarzkörner unberührt in dem aus ihr entstandenen Ver=
witterungsboden vorhanden und machen ihn nur sandig. Von
dem Quarze abgesehen aber werden alle übrigen, als Fels=
gemengtheile auftretenden, Mineralien hauptsächlich durch
Kohlensäure oder auch humussaure Alkalien enthaltendes
Wasser theils einfach aufgelöst, theils in ihrer Masse zersetzt.

Die einfach auflöslichen Mineralien, zu denen,
außer dem schon in reinem Wasser löslichen Gyps und
Steinsalz, namentlich der Kalkstein, Dolomit und Eisen=
spath gehört, können sich wohl bei der Verdunstung ihrer
Lösungsflüssigkeit als das, was sie vor ihrer Lösung waren,
in derben Massen oder auch in Pulvern wieder absetzen, aber
für sich allein vermögen sie keine dauernde Erdkrume zu bil=
den, — eben weil sie in reinem oder kohlensaurem Wasser
über kurz oder lang wieder gelöst werden und auch in ihrer
feinsten Pulverform nicht die Eigenschaften einer wirklichen
Erdkrume anzunehmen vermögen. Sie können daher nur in
der gleichmäßigen Untermengung mit einer wirklichen Erd=
krumensubstanz, wie sie vor allen der Thon oder Lehm zu
bilden vermag, ein Erdbodenbildungsmittel werden, wie wir
später bei der Betrachtung der kalkhaltigen Bodenarten noch
näher kennen lernen werden.

Anders ist es mit denjenigen Mineralien, deren Bestan=
desmasse durch die Verwitterungsagentien wirklich zersetzt
wird und dabei einen in Kohlensäure haltigen Wasser unlös=
und unzersetzbaren, erdigen Rückstand gibt. Alles dieses ist
nun der Fall bei allen zusammengesetzten Silicaten, welche
neben kieselsauren Alkalien und alkalischen Erden auch ein
großes Quantum kieselsaurer Thonerde enthalten. Alle diese

Silicate sind als die Hauptbodenbildungsmittel und zugleich
auch als die Hauptnahrungsspender der Pflanzenwelt zu betrachten. Von den Producten, welche diese Mineralien bei
ihrer Verwitterung liefern, soll daher im Folgenden hauptsächlich die Rede sein.

Wie wir früher bei der Beschreibung dieser Mineralien
schon gesehen haben, so gehören zu denselben vorzüglich die
Feldspathe, Zeolithe, Glimmer und Hornblenden, ferner der
Augit, Diallag und Hypersthen, endlich der Chlorit und Serpentin. Geht man von der chemischen Zusammensetzung der
ebengenannten Silicate aus, so lassen sich dieselben im Allgemeinen in folgende Gruppen zertheilen:

a) in Thonerde reiche, aber Magnesia arme Silicate, welche nun wieder je nach ihrem Gehalte an Alkalien und Kalkerde zerfallen:

α) in Alkalien- oder Kalkerde reiche Silicate.
Sie enthalten 45—65 Proc. Kieselsäure, 18—30 Proc.
Thonerde und wenigstens 12 Proc. Alkalien oder
Kalkerde:

1) die wasserlosen Feldspathe, nemlich
§. 1. der an Kieselsäure und Kali oder Natron reiche,
aber an Kalkerde arme: Orthoklas und
Oligoklas;
§. 2. der an Kieselsäure und Alkalien arme, aber an
Kalkerde reiche: Labrador und Anorthit;

2) die wasserhaltigen Zeolithe, welche sämmtlich
ärmer an Kieselsäure sind als die Feldspathe und
sich sonst in ihrer Zusammensetzung vorzüglich dem
Labrador und Anorthit, seltener dem Oligoklas nähern.
Zu ihnen gehören namentlich der Stolezit, Natrolith und Chabasit.

β) in Alkalien und Kalkerde arme, aber an Eisenoxydul oder auch an Magnesia reichere Si-

licate. In ihnen beträgt die Menge der Kieselsäure 40 bis höchstens 48 Proc., der Thonerde 38—39 Proc., der Alkalien höchstens 8—10 Proc., aber der Magnesia bisweilen bis 30 Proc. und des Eisenoxydules 10—25 Proc. Zu ihnen gehört:

1) der Kali haltige, eisenoxydul= und magnesiaarme: Kaliglimmer;

2) der Kalilose und eisenoxydulreiche: Eisenglimmer;

b) in Thonerde und Alkalien arme, aber Magnesia=reiche Silicate, bei denen der Gehalt an Kieselsäure 40—54, selten weniger Procent; an Thonerde 0,5 — 12, selten mehr Proc.; an Kali oder Natron 0—5 Proc.; an Kalkerde 1—12, selten 20 Proc.; an Magnesia 12—25 Proc., selten mehr: an Eisenoxydul 7—12, bisweilen aber auch nur 2 oder mehr als 12 Proc.

α) Kalkerde haltige (10—20 Proc.):

1) die Hornblendearten, in denen 40—50 Proc. Kieselsäure, 8—20 Proc. Thonerde und 10—22 Proc. Kalkerde vorhanden ist, und zu denen:

§. 1. die 12—26 Proc. Thonerde, 13—24 Proc. Magnesia und die 10—12 Proc. Kalkerde haltige: gemeine und basaltische Hornblende;

§. 2. der 5—6 Proc. Thonerde, 13 Proc. Magnesia und 22 Proc. Kalkerde haltige Augit gehören.

2) Die Hyperite, in denen höchstens 6 Proc. Thon=erde, 14—21 Proc. Magnesia, 1—19 Proc. Kalk=erde vorhanden ist, und zu denen

§. 1. der 3—6 Thonerde, 15—16 Magnesia, 18—19 Kalkerde und 7—12 Eisenoxydul haltige Dial=lag und

§. 2. der 1—2 Thonerde, 14—21 Magnesia, 1—3 Kalkerde und 21—22 Eisenoxydul haltige Hy=persthen gehört.

β) **Kalkerde** lose und gewöhnlich auch Thonerde arme
oder leere, dagegen Magnesia reiche Silicate:
1) 18—20 Proc. Thonerde, 15—25 Proc. Magnesia
und 15—28 Eisenoxydul haltig: **Chlorit**;
2) 42—43 Magnesia, 2 Eisenoxydul und keine Thon=
erde haltig: **Serpentin.**

Unter den verschiedenen Silicaten in diesen Gruppen
geben bei ihrer Zersetzung durch den Verwitterungsproceß:

	an Auslaugungsproducten	an unlöslichen Rückstand
1) die kieselsäurereichen Feldspathe:	In kohlensaurem Wasser ge= löstes Kiesel= und kohlensaures Kali und Natron.	Eigentlichen Thon, welcher aber beim Oligoklas oft kalk= haltig ist.
2) die kieselsäurearmen Feldspathe:	Viel in kohlensaurem Wasser gelösten kohlensauren Kalk, weniger kieselsaures Natron.	Mergeligen Thon.
3) die Zeolithe:	In kohlensaurem Wasser lösliche Kalkerde und auch Kieselsäure, bisweilen auch kohlensaures Natron.	Magere Thonsubstanz, wel= che aber oft kalkhaltig ist und leicht zu Mehl zerfällt.
4) die Glimmer:	Wenig lösliches kieselsaures Kali (oder Natron), auch Fluorcalcium.	Eisenschüssigen (oder gelben oder rothbraunen) Thon oder auch Braun= und Rotheisenerz.
5) die Hornblendear= ten:	Viel doppeltkohlensauren Kalk und kohlensaure Mag= nesia, bisweilen auch etwas Soda.	Ockergelben oder graugrünen mageren Thon oder Lehm; außerdem Brauneisenerz und Speckstein.
	Der Augit gibt am meisten löslichen kohlensauren Kalk, weit weniger kohlensaure Magnesia.	Des Augites Rückstand ist ein lederbrauner kalkhaltiger Eisenthon oder auch mergeli= ger Lehm.
6) der Diallag:	Viel löslichen doppeltkohlen= sauren Kalk und auch Dolomit.	Eigenthümlichen mageren, leicht verdunstenden Eisenthon.
7) der Hypersthen:	Allmählich viel kohlensaure Magnesia.	Thonigen Brauneisenstein, Eisenglanz und Magneteisen= erz.
8) der Chlorit:	Etwas kohlensaure Mag= nesia.	Ockergelbe, fettig anzufüh= lende Thonsubstanz und Speck= stein.
9) der Serpentin:	Etwas kohlensaure Mag= nesia.	

Wirft man einen Blick auf das bis jetzt Mitgetheilte, so wird man folgende Resultate über die Verwitterungsproducte der kieselsauren Mineralien erhalten:

1) der Quarz kann nichts weiter produciren als gröberen oder feineren Sand, eben weil er mit den gewöhnlichen Verwitterungspotenzen keine Verbindung eingehen kann. Außer ihm liefern aber auch alle anderen Mineralien bei der mechanischen Zertrümmerung ihrer Körpermasse noch gröbere und kleinere Sandkörner. Diese Sandkörner indessen sind durch die Verwitterungsagentien im Zeitverlaufe zersetzbar oder auch lösbar. Man kann demnach unveränderlichen, von Quarz herrührenden, und veränderlichen, von lös- oder zersetzbaren, Mineralien abstammenden, Sand unterscheiden.

a) Der unveränderliche Quarzsand kann hiernach als Beimengung von einem Boden nur dessen physische Eigenschaften, z. B. dessen Auflockerung, Erwärmung und Verdunstungskraft, ändern, aber nicht seine Krume vermehren oder chemisch verändern, und ebenso auch für die Pflanzen kein Nahrungsmittel abgeben.

b) Anders ist es mit dem veränderlichen Sande, wie ihn außer den Silicaten auch der Kalkstein, Dolomit und Gyps bilden kann. Dieser verändert nicht nur die eben genannten physischen Eigenschaften eines Bodens, sondern verändert bei seiner Zersetzung oder Lösung auch chemisch dessen Erdkrume und spendet den Pflanzen Nahrungsmittel.

2) Unter den in vorstehender Uebersicht angegebenen Silicaten sind nur die Feldspathe und Glimmer als die eigentlichen Thonlieferanten des Erdbodens zu betrachten, und zwar produciren:

a) die kieselsäurereichen Feldspathe den eigentlichen, fetten, weißen oder blaßgelben Thon, geben aber außer-

dem auch den Pflanzen das meiste Kali und Natron zur
Nahrung;

b) die kieselsäurearmen Feldspathe einen mageren
mergeligen oder lehmigen Thon und geben außerdem
vorzüglich löslichen kohlensauren Kalk, sowie etwas Soda
den Pflanzen zur Nahrung;

c) die Glimmer aber einen ockergelben oder rothbraunen,
eisenschüssigen Lettenthon, welcher sich beim Austrocknen
blättert, und geben außerdem den Pflanzen nur wenig
lösliche Alkalisalze.

Die Hornblenden und Augite dagegen geben keinen
eigentlichen Thon mehr, sondern entweder einen mageren, von
viel Kieselsäure durchdrungenen, Lehm oder Letten oder einen
kalkhaltigen Eisenthon und geben den Pflanzen vorzüglich
lösliche kohlensaure Kalkerde und Magnesia, bisweilen auch
etwas kohlensaures Natron.   Am meisten produciren sie Eisen-
erze oder auch Speckstein.

Am wenigsten endlich kann der Serpentin und Chlorit zur Bodenbildung beitragen, indem sie in der Regel
weiter nichts als etwas kohlen- oder (bei Schwefelkiesgehalt)
schwefelsaure Magnesia überliefern.

§. 55. Abänderungen in dem Verlaufe und
den Producten der Verwitterung bei den einzelnen Mineralien. — Es ist in den vorstehenden §§.
die Verwitterung nach ihrem Verlaufe beschrieben worden,
wie sie bei einem Minerale stattfindet, wenn dasselbe unab-
hängig von anderen Mineralien verwittern kann. Allein diese
Art der Verwitterung kann in der Natur nur da stattfinden,
wo eins dieser Mineralien als eine selbstständige Felsmasse
isolirt aus der Erdoberfläche hervorragt. Dieses ist nun aber
der seltenere Fall; denn einerseits erscheinen die meisten derselben in der Regel mit anderen Mineralien auf manichfache
Weise zu gemengten Felsarten verwachsen, oder sie stehen mit

anderen Felsarten in Wechsellagerung, welche nun durch ihre eigenen Verwitterungsproducte auf ihre Masse einwirken, oder endlich werden sie von Gewässern durchzogen, welche ihre Masse anzuätzen und zu zersetzen vermögen. Einige Beispiele werden das eben Ausgesprochene erläutern und bestätigen.

a) Gemeine Hornblende verwittert für sich allein nur schwer und gibt dann nur einen kärglichen Letten, welcher den Pflanzen nichts weiter als kleine Portionen lösliches Kalk- und Magnesiacarbonat spenden kann. Ist aber die Hornblende mit Oligoklasfeldspath, welcher leichter verwittert und dann neben eigentlichem fetten Thon auch lösliches kieselsaures Kali und Natron producirt, verwachsen, wie dieses z. B. bei dem Diorite der Fall ist, so treiben die aus dem Oligoklas ausgelaugten Alkalien die Hornblende an, ihre Kalkerde und Magnesia auszustoßen und dafür Kali und Natron aufzunehmen, wodurch sie nun in leichter zersetzbaren Glimmer umgewandelt wird und endlich bei der vollen Zersetzung der Dioritmasse einen reichlichen Thonboden gibt, welcher lösliches Kalkerde-, Magnesia-, Kali- und Natroncarbonat spenden kann.

b) Thonschiefer verwittert für sich allein schwer und langsam. Wenn aber seine Masse viel Eisenkiese, zu denen Luft und Feuchtigkeit gelangen kann, beigemengt enthält, dann geben diese bei ihrer bald eintretenden Verwitterung freie Schwefelsäure und Eisenvitriol, mittelst deren die Masse des Thonschiefers angeätzt und bald in Alaunschiefer umgewandelt wird, welcher nun durch Feuchtigkeitsanziehung eine zähe, schmierige Thonmasse und löslichen Alaun gibt.

c) In der Zechsteinformation Thüringens lagert unter dem Kupferschiefer, einem von vielem Kupferkies durchzogenen Mergelschiefer, ein grauer Sandstein mit kalkhaltigem Bindemittel. Die Kupferkiese verwittern unter Lufttritt zu, im

Wasser löslichen, Eisen = und Kupfervitriol. Durch die
Lösungen dieser beiden Salze wird nun der kohlensaure Kalk
nicht nur des Kupferschiefers, sondern auch des unter dem=
selben lagernden grauen Mergelsandsteins in der Weise zer=
setzt, daß zunächst aus dem kohlensauren Kalk schwefelsaurer
Kalk, d. i. Gyps und dann aus dem Eisen = und Kupfer=
vitriol kohlensaures Kupferoxydhydrat, d. i. grüner Malachit
und blaue Kupferlasur und außerdem noch kohlensaures Eisen=
oxydul (Eisenspath) und aus demselben durch Anziehung von
Sauerstoff Brauneisenerz wird. Dieser gegenseitige Zer=
setzungs = und Umwandlungsproceß kommt sehr häufig und
überall da vor, wo Wasser Lösungen von schwefelsauren Metall=
oxyden enthält und durch Spalten in kalkhaltige Gesteinmassen
einsintert.

Diese, aus der Natur entlehnte, Beispiele geben nicht nur
Belege für die oben ausgesprochenen Angaben, sondern zeigen
zugleich auch, unter welchen Verhältnissen die Verwitterungs=
art einer Mineralmasse abgeändert werden kann; denn sie
lehren, daß der Verwitterungsgang und auch die Verwitte=
rungsart eines Minerales anders wird:

1) wenn ein an sich schwer verwitterndes
Mineral verwachsen ist mit einem anderen leichter
verwitterdem Minerale, welches bei seiner Um=
wandlung Stoffe entwickelt, durch welche das
schwer verwitternde Mineral angeätzt und zer=
setzt werden kann;

    a. Die Feldspathe und Zeolithe, welche leicht verwittern,
       wirken in dieser Beziehung stets zersetzend ein auf die
       mit ihnen verwachsenen Hornblenden und Augite.

    b. Die verwitternden Eisenkiese wirken stets zersetzend auf
       die sie einschließenden Gesteine, namentlich auf Dolomit,
       Kalkstein, Mergel, Thonschiefer, Schieferthon, Chlorit
       und Serpentin.

2) wenn eine Mineralmasse unter einer leich=
ter verwitternden Felsmasse so lagert, daß aus
der letzteren die im Wasser löslichen Zersetzungs=
producte in ihre Masse gelangen können;

3) wenn überhaupt Wasser zu der Masse einer
Felsart gelangen kann, welches Substanzen in
sich gelöst enthält, die zersetzend auf diese Masse
einwirken können.

Daß endlich auch das Gefüge auf die miteinander
verwachsenen, ungleichartigen Minerale einwirken und die
Verwitterungsart der einzelnen abändern kann, ist oben schon
angedeutet worden. Hier sei daher nur nochmals darauf
aufmerksam gemacht, daß wenn eine Felsart aus zweierlei,
ungleich schnell verwitternden Mineralarten besteht, dieselbe
leichter verwittert, wenn sie ein grobkörniges Gefüge hat, weil
dann bei der Verwitterung des einen ihrer Gemengtheile
größere und darum zur Aufnahme und zum Festhalten der
Verwitterungsagentien geeignetere, Lücken in der Masse der
Felsart entstehen.

§. 56. Die Verwitterung der krystallinischen
Felsarten. — Es ist bis jetzt vorzüglich der Gang und
die Art der Verwitterung bei den einzelnen krystallinischen
Mineralarten besprochen worden. Nur zuletzt mußte darauf
hingedeutet werden, daß einerseits durch die Verwachsung der
einzelnen Mineralien unter einander und anderseits durch die
Ablagerungsverhältnisse einer Mineralmasse der Verwitter=
ungsproceß mannichfach abgeändert wird. Alles dieses tritt
nun ganz besonders hervor bei den Felsarten, wenigstens bei
den krystallinischen, welche ja in der That nichts weiter sind
als massige Entwicklungen sei es eines einfachen Minerales,
sei es eines Aggregates von unter einander verwachsenen,
verschiedenen Mineralarten. Von der Verwitterung dieser
Felsarten nun soll im Folgenden namentlich die Rede sein.

Obgleich nun auf die krystallinischen Felsarten ganz die=
selben Verwitterungspotenzen und Zersetzungsmittel einwirken,
wie auf die einzelnen krystallinischen Mineralien, obgleich auch
ihre Verwitterungsart in ähnlicher Weise vor sich geht und
ähnliche Producte, wie bei den krystallinischen Mineralien,
schafft, so ist doch in mancher Beziehung der Gang ihrer Ver=
witterung und das letzte Product ihrer Zersetzung ein anderes,
weil jede Felsart sich in gewisser Abhängigkeit von anderen
mit ihr in Lagerungsbeziehungen stehenden Felsarten befindet,
welche durch ihre Zersetzungsproducte auf die von ihnen über=
deckte oder umschlossene Gesteinsmasse einwirken können, oder,
wie dieses namentlich bei den gemengten Felsarten der Fall
ist, unter den miteinander zum Ganzen verwachsenen Mine=
ralarten eines Gesteines der eine Gemengtheil durch seine
Verwitterungsproducte auf den anderen einwirken kann, wie
oben schon gezeigt worden ist. In allen Fällen ist da=
rum das letzte Verwitterungsproduct namentlich
von einer gemengten krystallinischen Felsart
nicht mehr ein einfaches, wie es eine einzelne
Mineralart liefert, sondern ein Gemisch von den
sämmtlichen Verwitterungsproducten der in einer
Felsart zusammen verwachsenen Mineralarten.
Ein Beispiel wird dieses klar machen.

Der Granit ist ein Gemenge von Feldspath, Glimmer
und Quarz. Nun producirt der Feldspath für sich allein
reinen Thon, der Quarz Sand und der Glimmer eisen=
schüssigen Thon; mithin besteht das letzte Product eines zer=
setzten Granits aus einem Gemische von reinem und eisen=
schüssigen, mit Quarzsand untermischten, Thon. Ob nun dieser
Thon sich mehr dem reinen, weißen oder mehr dem braunen,
mit kieselsaurer Magnesia und Eisenoxyd gemischten Thon
des Glimmers nähert und ob er ärmer oder reicher an Sand
ist, das hängt von der größeren oder geringeren Menge des

in dem Granite vorhandenen Glimmers und Quarzes ab.
Wie nun aber das Krumengemenge des Granites ein an=
deres ist, als das vom einfachen Feldspathe oder vom ein=
fachen Glimmer, so zeigen sich auch die bei der Verwitterung
entstehenden und im Wasser löslichen Salze oder Aus=
laugungsproducte des Granites der Menge und der Art nach
anders als nur bei dem einfachen Feldspathe oder nur bei
dem Glimmer. Denn während z. B. der Oligoklas für sich
allein nach und nach 8,5 Proc. Natron, 3—5 Proc. Kali und
4 Proc. Kalk, und der Magnesiaglimmer für sich allein
5 Proc. Kali und einige Proc. Magnesia bei seiner Zersetzung
durch kohlensaures Wasser producirt, gibt jedes aus diesen
Mineralien zusammengesetztes Granitstückchen außer den
8 Proc. Natron noch 8—10 Proc. Kali, 4 Proc. Kalk und
auch mehrer Proc. kohlensaure Magnesia, also ein Gemisch
von den sämmtlichen Auslaugungsproducten des Oligoklases
und Glimmers, vorausgesetzt, daß diese granitischen Bestand=
theile zu gleicher Zeit sich zersetzen.

Am meisten nähern sich noch die einfachen krystal=
linischen Felsarten in ihrer Verwitterung und den durch
dieselbe entstehenden Producten der sie zusammensetzenden ein=
fachen Mineralart, wenn anders nicht ihre Masse viel zufällig
beigemischte Mineralien umschließt und auch nicht mit anderen
Felsarten in Lagerungsverbindung steht, welche durch ihre
auslaugbaren Verwitterungsproducte auf ihre Masse ein=
wirken. Sie bedürfen daher hier auch weiter keiner Er=
wähnung; für sie gilt dasselbe, was schon über die Verwit=
terungsproducte der einfachen krystallischen Mineralindividuen
gesagt worden ist.

Anders aber ist es mit den gemengten krystal=
linischen Felsarten. Die Verwitterungsproducte dieser
Erdrindemassen bedürfen noch einer ausführlichen Betrachtung.

Bei dem gewöhnlichen Gange der Verwitterung werden

diese, wie wohl alle, Erdrindemassen durch den Wechsel von
Frost und Hitze und das in den Gesteinsritzen zu Eis er=
starrende und sich dabei ausdehnende Wasser zuerst in gröbere
und kleinere, sandartige Gesteinstrümmer (in sogenannten
S t e i n s s c h u t t) zermalmt. Die kleinen, sandartigen Indi=
viduen dieser Trümmer, welche man gewöhnlich G r u s nennt,
bestehen nun entweder aus Felsbröckchen, deren jedes aber
noch die sämmtlichen Mineralgemengtheile besitzt, welche der
ganzen Felsart, ihrem Muttergesteine, zustehen, und bilden
dann den e i g e n t l i c h e n oder F e l s = G r u s; oder aus
Krystallbruchstücken, Körnern und Blättchen der einzelnen
Mineralarten, welche früher das Gemenge ihres Mutterge=
steines bildeten und stellen dann den M i n e r a l s a n d oder
M i n e r a l g r u s dar.

So bilden bei dem zertrümmerten Granite die einzelnen
Granitbröckchen, deren jedes noch aus Feldspath, Quarz und
Glimmer besteht, den G r a n i t g r u s; dagegen die bei der
Zertrümmerung des Granits entstandenen einzelnen Feld=
spathstücken und Glimmerschüppchen Feldspath= und Glimmer=
grus. D e r G r a n i t g r u s b i l d e t b e i s e i n e r Z e r=
s e t z u n g d i e V e r w i t t e r u n g s p r o d u c t e d e s G r a=
n i t e s, d e r F e l d s p a t h g r u s a b e r l i e f e r t n u r d i e
Z e r s e t z u n g s p r o d u c t e d e s F e l d s p a t h e s. E s i s t
d a r u m w o h l d e r U n t e r s c h i e d z w i s c h e n F e l s= u n d
M i n e r a l s c h u t t z u b e a c h t e n; d e n n j e n e r l i e f e r t
d i e s e l b e n V e r w i t t e r u n g s p r o d u c t e, w i e s e i n e
M u t t e r f e l s a r t; d e r M i n e r a l s c h u t t a b e r g i b t n u r
d i e P r o d u c t e v o n e i n z e l n e n G e m e n g t h e i l e n s e i n e s
M u t t e r g e s t e i n e s.

Von diesen beiden Arten des Gruses kommen übrigens
Fels = und Mineralgruß zugleich nur bei den d e u t l i c h ge=
mengten, am ausgeprägtesten bei den grobkörnigen und por=
phyrischen, Felsarten vor; nur Felsgrus zeigen dagegen die

unbeutlich gemengten, dichten und scheinbar gleichartigen Ge=
steine; und nur Mineralgrus endlich findet sich bei den ganz
einfachen Felsarten.

Die Zertrümmerung einer Felsart zu Grus und Sand
ist für die chemische Zersetzung der Gesteinsmassen von der
größten Wichtigkeit. Die Natur verfolgt bei dieser Zer=
trümmerung eines Gesteines zu Grus ganz denselben Zweck,
welchen der Chemiker, welcher ein Mineral in Säuren auf=
lösen oder es mit denselben zersetzen will, im Auge hat, wenn
er dieses Mineral vor der Bearbeitung mit Säuren erst zu
Pulver zerstampft. Denn je kleiner die Körnchen sind, in die
eine Masse zertheilt worden ist, um so leichter können die
Zersetzungsagentien diese Körnchen von allen Seiten angreifen
und in ihr Inneres eindringen.

Bei dem weiteren Verlaufe der Verwitterung zeigt sich
nun der Grus von doppeltem Verhalten gegen die auf ihn
einwirkenden Verwitterungsagentien.

a) Der Felsgrus, welcher nach dem Obigen stets als
ein Gemenge von verschiedenen Mineralien anzusehen ist,
erscheint entweder zusammengesetzt aus lauter noch zersetzbaren
Mineralien, z. B. aus Feldspath und Hornblende im Syenit
oder Diorit, oder aus zersetzbaren und nicht weiter zersetz=
baren Mineralien, z. B. aus zersetzbarem Feldspath und
Glimmer und nicht zersetzbarem Quarze im Granit und
Gneiß. Ist nun das Erste der Fall, dann bildet d.. Fels=
grus, wie früher schon bemerkt, einen veränderlichen
Sand, d. i. einen Sand, dessen Masse allmählich vollständig
aus einer Grusaggregation oder aus einem Boden verschwindet,
indem er nach und nach entweder ganz oder doch theilweise
aufgelöst und im letzten Fall zum Theil in Erdkrume um=
gewandelt wird. Ein solcher veränderlicher Felsgrus gibt
immer für bestimmte Bodenarten ein gutes Düngmittel ab,
indem er nicht nur die Krumenmasse derselben vermehrt, son=

dern auch die in einem Boden wurzelnden Pflanzen immer
mit Nahrung versorgt. Ja es kann selbst ein an sich ganz
bindungsloser und scheinbar unfruchtbarer Sandboden durch
solchen vergänglichen Grus allmählich fruchtbarer und erd-
krumenreicher werden, wie der Sand Norddeutschlands
beweist.

Enthält nun aber ein Gestein neben zersetzbaren Mineralien auch noch Quarz, dann producirt es bei seiner Verwitterung einen Felsgrus, dessen einzelne Knöllchen bei ihrer
weiteren Verwitterung nicht blos vergänglich, sondern in
ihren Quarzkörnern auch unvergänglichen Sand produciren. Dieses ist z. B. der Fall bei dem Granit-, Gneiß-,
Glimmerschiefer- und Phorphyrgrus.

b) Anders ist es mit dem nur aus einfachen Mineralien
gebildeten Mineralgrus. Dieser bildet entweder nur vergänglichen, oft sogar ganz verschwindenden Grus, so von dem
in reinem oder in kohlensaurem Wasser ganz auflöslichen
Gyps und Kalkstein, oder nur unvergänglichen Grus, so von
Quarz, Hornstein, Kieselschiefer.

Nach allem eben Mitgetheilten bilden sich also aus dem
Gruse der gemengten krystallinischen Gesteine bei der vollständigen Verwitterung folgende Producte:

Der gröbere Grus zerfällt allmählich zu Sand.

Dieser ist

a) unveränderlich,	b) veränderlich,
wenn er sich nicht weiter zersetzt und demnach auch keine Erdkrume bildet. Er entwickelt sich aus dem Quarzgehalte der Fels-arten.	wenn er sich noch weiter zersetzt. Derselbe ist nun
	1) in reinem oder kohlen-saurem Wasser ganz lös-bar und demnach ganz vergänglicher Sand. Er besteht aus Kalk-, Dolo-mit- oder Eisenspath.

		2) nur theilweise lösbar und stets der Erzeuger von untöslichem erdigen Rück-stand, namentlich von Thon-substanz. Er ist also halb-vergänglicher Sand.
		Er besteht aus

Silicaten oder Mergel.

Die Silicate sind demnach die eigentlichen Erd=
krumerzeuger und Thonproducenten, aber zu=
gleich auch die besten und nachhaltigsten Bereiter
der verschiedensten Pflanzen = Nahrungsstoffe.
Da nun alle gemengten krystallinischen Felsarten wenigstens
zweierlei Silicate unter ihren Bestandtheilen haben, so müssen
sie auch alle einen Thon haltigen Boden bei ihrer Verwit=
terung produciren. Indem nun aber die Mineralgemeng=
theile dieser Felsarten nicht alle in gleicher Zeit und in
gleichem Maße verwittern, sondern die einen schneller, die
andern langsamer, so wird sich in dem Verwitterungsboden
aller gemengter Felsarten immer auch noch veränderlicher,
noch nicht zersetzter, Fels= und Mineralgrus befinden, welcher
gewissermaßen das Magazin bildet, aus welchem dem Boden
so lange neue Erdkrumentheile und neue Pflanzenstoffe zuge=
führt werden, als eben noch Spuren von Grus in ihnen vor=
handen sind. Demgemäß wird also auch ein Boden, welcher
gar keinen veränderlichen Grus oder Sand besitzt, auch keine
Mittel mehr besitzen, um die, ihm von der in ihm wurzelnden
Pflanzenwelt entzogenen, löslichen Mineralsalze wieder zu
ersetzen; er würde daher nur noch aus todter Erdkrume
bestehen, wenn ihm nicht einerseits durch die sich zersetzenden
Abfälle der ihn bewohnenden Pflanzen und andererseits durch,
von Außen her ihn durchdringendes, Wasser oder auch durch
Menschenhand wieder solche lösliche Mineralsalze zugeführt
würden.

§. 57. Verwitterungsproducte der Gruppen
und wichtigeren Arten der gemengten krystal=
linischen Felsarten. — Es sind im Vorigen die allge=
meinen Verwitterungsproducte der gemengten krystallinischen
Felsarten besprochen worden; bei den Arten der einzelnen
Gesteinsgruppen treten jedoch nach den in ihren Gemengen
vorherrschenden Mineralien und nach der Art ihres Gefüges

so mancherlei Abweichungen in ihrer Verwitterung hervor, daß wir diese letztere bei den einzelnen Gesteinsgruppen näher kennen lernen müssen.

A. Verwitterung der feldspathreichen Ge= steine. In ihrem Gemenge herrscht stets eine kieselsäure= und alkalienreiche Feldspathart (Orthoklas, Oligoklas, Sanidin) vor. Die mit derselben verbundenen Mineralarten können sein Quarz, Kali= oder Eisenglimmer und gemeine Horn= blende. Dieser Zusammensetzung gemäß muß das letzte Pro= duct ihrer Verwitterung stets ein Gemisch von fettem Thon mit mehr oder weniger Grus theils von den ebengenannten Mineralien, theils auch von den in diese Gruppe gehörigen Felsarten, nament= lich von Granit, Gneiß, Porphyr oder Trachyt sein, während die durch den Verwitterungsproceß sich entwickelnden Aus= laugungsproducte vorzüglich aus, in Kohlensäure haltigem Wasser löslichen, Salzen des Kali's und Natrons, weniger der Kalkerde oder der Magnesia, nicht selten aber auch des Flußspathes bestehen. Ob nun der bei der Ver= witterung dieser Feldspathgesteine entstehende Thon weißer Kaolin (d. i. Porzellanthon) oder ockergelber gemeiner Thon oder auch Lehm ist, das hängt einerseits von der Art ihrer Verwitterung und andererseits von der Menge des in ihnen enthaltenen Glimmers und der Hornblende ab. — Geht nemlich die Verwitterung dieser Gesteine unter Abhaltung des Sauerstoffes und unter dem ungehemmten Einflusse von Kohlensäure oder quellsaures Alkali (Ammoniak) haltigem Wasser vor sich, wie dieses namentlich der Fall ist, wenn eine Gesteinsoberfläche eine starke Decke von verwesenden Pflanzen= abfällen besitzt, dann wird alles, in dem Feldspathe, dem Glimmer oder der Hornblende vorhandene, Eisenoxydul in doppeltkohlensaures oder quellsaures Eisenoxydul umgewandelt und als solches vom Wasser ausgelaugt, wodurch dem sich

entwickelnden Thone alle Beimengung von Eisenoxyd und mit
diesem das ockergelbfärbende Mittel entzogen wird, so daß
nun der Thon selbst weiß erscheint. Indem ihm nun auch
durch kohlensaures Wasser allmählich alle Salze der Alkalien
entzogen werden, bildet er zuletzt reines kieselsaures Thon=
erdehydrat, d. i. Kaolin. Befördert wird dieser Kaolinbil=
dungsproceß noch dann, wenn in einem Feldspathgesteine nur
wenig Glimmer oder Hornblende vorhanden ist; denn diese
beiden Mineralien sind die hauptsächlichen Lieferanten des
Eisenoxyds, woher es auch kommt, daß glimmerarmer Granit,
hornblendearmer Syenit, Trachyt, Granulit und Felsitporphyr
weit mehr und reineres Kaolin liefern, als glimmerreiche
Granite und hornblendereiche Syenite. — Anders ist es da=
gegen mit den Feldspathgesteinen, welche unter vollem Zutritt
von Sauerstoff verwittern; denn in diesem Falle wird ihr
ganzer Eisenoxydulgehalt in Eisenoxydhydrat umgewandelt,
welches sich nun mit dem entstehenden Thone mischt und den=
selben in ockergelben gemeinen Thon umwandelt, mit welchem
sich dann auch noch die aus ihrem Glimmer= und Horn=
blendegehalte entstehenden Verwitterungsproducte mischen.

Ueber die Verwitterungsproducte einzelner, hierher ge=
höriger Felsarten ist nun im Besonderen noch Folgendes zu
bemerken:

a) Der Granit zeigt sich in der Art und den Producten
seiner Verwitterung verschieden je nach der Art seiner Ge=
mengtheile, seines Gefüges und seiner vorherrschenden Farbe:

1) Granit, welcher vorherrschend aus Oligoklas,
Quarz und schwarzem (Magnesia= oder Eisen=) Glimmer
besteht, verwittert weit schneller, als der vorherrschend aus
Orthoklas, Quarz und weißem (Kali=) Glimmer ge=
bildete.

Es gibt dann:

Oligoklasgranit		Orthoklasgranit	
an Auslaugungs= producten:	an unlöslichen Rückstand:	an Auslaugungs= producten:	an unlöslichen Rückstand:
Carbonate und lös= liche Silicate von 8—10 Proc. Natron, 5—8 „ Kali, 4—5 „ Kalk, 10—12 „ Mag= nesia.	einen unrein braun= rothen, kiesel= reichen, lehm= artigen, mit Quarz und Glimmerschüpp= chen untermengten, Thon.	Carbonate und lös= liche Silicate von 1—4 Proc. Natron, 20—25 „ Kali, 0—2 „ Kalk.	einen weißlichen oder ockergelben, fetten, mit Ortho= klas, Quarz und Glimmer unter= mengten, Thon.

2) Grobkörniger Granit verwittert bei sonst gleichem Ge= menge schneller als feinkörniger und gibt einen mit viel ver= witterten Fels= und Mineralsand untermengten, warmen, ver= dunstenden Lehmrückstand, während der feinkörnige sehr lang= sam verwittert und einen nur mit Felsgrus untermengten, immer zur Nässe geneigten, schmierigen Thon gibt.

3) Mit vielem schwarzen Glimmer versehener Granit ver= wittert schneller als mit weißem Glimmer versehener.

b) Der Gneiß hat dieselben Gemengtheile wie der Granit, aber ein anderes Gefüge. Wenn er daher auch bei seiner vollständigen Zersetzung ziemlich dieselben Auslaugungs= producte und denselben erdigen Rückstand zeigt, wie der Granit, so ist doch sein Verwitterungsgang ein anderer. Dieser letztere ist zum großen Theile abhängig einerseits von dem Gefüge und andererseits von der Ablagerungsweise des Gneißes. In dieser Beziehung ist hauptsächlich Folgendes zu bemerken:

1) Je vollständiger schiefrig, je glimmerreicher also, ein Gneiß bei sonst gleichen Gemengtheilen und gleicher Ablage= rungsweise ist, desto langsamer verwittert er;

2) Je wagrechter abgelagert ein Gneiß bei sonst gleichen Gemengtheilen und gleichem Gefüge ist, um so weniger können die Verwitterungspotenzen auf seine Masse einwirken, wenn

anders nicht seine Schiefermassen von senkrechten Rissen durch=
setzt sind. Denn bei einem glimmerreichen Gneiß bilden die
Glimmerlagen vollständig zusammenhängende, Lagen, welche,
wie bei der Beschreibung des Glimmers schon angegeben wor=
den ist, die Sonnenstrahlen um so mehr zurückwerfen, je ebener
die Glimmerlagen und je wagrechter abgelagert die Gneiß=
masse erscheint. In Folge davon können nun auch die Ver=
witterungsagentien nur wenig oder gar nicht zersetzend auf
die Gneißmasse einwirken. — Wenn aber bei einem Gneiße
die Glimmerlagen unterbrochen und von Feldspathlagen durch=
setzt sind oder wenn die Schiefermassen des Gneißes mehr
oder weniger aufgerichtet stehen, so daß die Verwitterungs=
agentien auf dem Querbruch der Gneißmasse einwirken können,
dann vermögen auch diese Agentien auf die zwischen den
Glimmerlamellen befindlichen Feldspathlagen einzuwirken. Die
Folge davon ist, daß die so aufgerichteten Gneißmassen schneller
und zwar von Innen nach Außen verwittern, so daß ihre
glimmerreiche Außenfläche oft noch ganz frisch aussieht, wäh=
rend ihre inneren Feldspathlagen schon zu Thon verwittert
sind. Indem nun aber solche thonige Feldspathlagen sich voll
Wasser saugen und dadurch allmählich schlammig werden, ver=
liert allmählich die ganze Gneißmasse den Zusammenhalt und
stürzt in einen, mit unzähligen Gneiß= und Trümmerstücken
untermengten, ockergelben Thonschlamm zusammen, welcher bei
seiner allmählichen Austrocknung einen, den Granit ähnlichen,
aber mit unzähligen Glimmerschuppen untermengten und da=
mit lockeren, leicht verdunstenden, thonigen Boden gibt.

c) Der Felsitphorphyr hat, wie im Abschnitte d
unter β §. 44 bei Nr. 6 gezeigt worden ist, zwar stets eine
felsitische Grundmasse, aber diese ist bald reich bald arm an
pulveriger Kieselsäure, ja oft auch durch die Verwitterung
thonig geworden. Demgemäß ist nun auch unter sonst gleichen
Verhältnissen die Schnelligkeit und Art ihrer Verwitterung

verschieden. Im Allgemeinen gelten in · diesen Beziehungen
folgende Erfahrungen:

1) Der an Kieselsäure überreiche Hornsteinporphyr
verwittert am langsamsten und gibt eine magere, mit zahlreichen Kieselfelsitsplittern untermengte, kaolinische Thonkrume.
Am ersten geht seine Verwitterung noch vor sich in den
Spalten, von denen seine Masse oft stark durchsetzt erscheint.

2) Der quarzhaltige und quarzlose Felsitporphyr würde schon schneller verwittern, weil seine Grundmasse feldspathreicher ist: aber da diese Grundmasse an sich
dicht ist und demgemäß die Verwitterungsagentien an ihrer
Oberfläche nicht fest genug haften können, so geht doch ihre
Zersetzung nur sehr langsam vor sich, so lange sie nicht viele
und große Feldspathkrystalle enthält. Diese Krystalle machen
die dichte Felsitmasse um so rauher, je größer sie sind und je
mehr derselben die Porphyrgrundmasse durchsetzen. An ihnen
und ihrer nächsten Umgebung beginnt daher auch die Verwitterung am ersten. Verhältnißmäßig schnell werden sie in
Kaolin oder Thon umgewandelt, welcher gewöhnlich durch
Wasser ausgeschlämmt wird, so daß nun an ihrer Stelle
Lücken in der Felsitmasse entstehen, in denen sich Wasser mit
Sauerstoff und Kohlensäure festsetzen und um so nachhaltiger
auf die noch übrige Porphyrmasse einwirken kann. In allem
diesen liegt der Grund, warum einerseits Felsitporphyre um
so leichter verwittern, je mehr und je größere Feldspathkrystalle
in ihrer Grundmasse eingebettet liegen und andererseits diese
Grundmasse sich in der nächsten Umgebung der in ihr eingebettet liegenden Krystalle immer am ersten und stärksten verwittert zeigt, so daß sich häufig die in ihr noch vorhandenen,
aber schon halbzersetzten Feldspathkrystalle aus ihrer Grundmasse herausheben lassen. Dieses alles vorausgesetzt ist nun
das letzte Verwitterungsproduct des am häufigsten vorkommenden quarzhaltigen Felsitporphyres ein mit pulveriger

Kieselsäure innig gemischter Thon. d. i. Lehm ist, welcher außerdem auch noch gröberen Sand von Quarzkörnern und Feldspathstückchen beigemengt·enthält. Anders dagegen ist es mit dem quarzlosen Felsitporphyr. Enthält dessen Masse unter ihren chemischen Bestandtheilen viel Eisenoxydul, so entsteht aus ihr ein fetter, ockergelber Töpferthon; ist sie aber eisenfrei, so bildet sie weißen Kaolinthon. Die bei dieser Umwandlung der Porphyrmasse in Thon frei werdenden Auslaugungsproducte sind zwar wie beim Granit vorzüglich kieselsaures und kohlensaures Natron, wozu beim Vorhandensein von Oligoklas auch meist noch 2—5 Proc. kohlensaure Kalkerde kommt; da sich aber die Porphyrmasse weit langsamer zersetzt, als der Granit, so kommen diese Auslaugungsproducte auch nur nach und nach und darum spärlicher mit einem Male zum Vorschein.

d) Der Trachyt steht seinem Gefüge und Gemenge nach dem Felsitporphyr sehr nahe, indem er eine felsitähnliche, bald feinkörnige, bald scheinbar dichte, häufig aber auch sehr poröse, zerfressene, rauhanzufühlende Grundmasse hat, in welcher oft ausgebildete Krystalle theils von Oligoklas oder Sanidin, theils von Quarz, theils auch Glimmerblättchen oder Hornblendesäulchen eingebettet liegen. Je nach dieser verschiedenartigen Zusammensetzung nun muß man bei ihm ähnlich wie beim Porphyr folgende Gruppen und Arten unterscheiden:

1) Quarztrachyte, deren Grundmasse ein kieselreicher Felsit ist und der Grundmasse des Hornsteinporphyrs entspricht. Diese Gruppe von Trachyten ist gewöhnlich weiß, gelblich, graulich oder röthlich, schwer zersprengbar, hart und sieht bald einem körnigen Quarzfels, bald einem porösen Granite, bald auch einem gebleichten Porphyr ähnlich und enthält im letzten Falle in ihrer·Grundmasse Krystalle theils von Quarz allein, theils von Oligoklas und Sanidin, theils von diesen und zugleich auch vom Quarz. Bei ihrer chemischen

Zerlegung zeigen diese Trachyte 72—78 Kieselsäure, 11—14 Thonerde, 3—6 Kali, 2—7 Natron, 0,5—2 Kalk, 0,5 Magnesia und 1—2 Eisenoxyd. Sie verwittern daher in Folge ihres starken Kieselsäuregehaltes und ihrer kleinen Mengen von Alkalien, namentlich von Kalkerde, nur sehr langsam und geben einen weißlichen oder ledergelben, mit feinem Kieselmehl und auch mit Quarzsand untermengten, lehmigen Thon.

2) Quarzlose Trachyte oder eigentliche Trachyte, welche eine meist rauhe oder poröse, wenig oder nicht glänzende, weiße oder hellgraue, selten dunkel gefärbte Grundmasse besitzen, welche keinen Quarz enthält und theils nur Sanidin (glasigen Feldspath) theils aus diesen und zugleich auch aus Oligoklas gebildet wird, und in welcher gewöhnlich verschiedengroße, tafel= und säulenförmige Krystalle entweder nur von Sanidin oder auch von Oligoklas eingebettet liegen. Die Trachyte, welche vorzüglich am Siebengebirge (ausgezeichnet am Drachenfels), wo sie zugleich Sanidin= und auch Oligoklaskrystalle enthalten, und am Alsberg bei Bieberstein auf der Rhön, wo sie aber nur Sanidin besitzen, vorkommen, enthalten in ihrer Masse 63—25 Kieselsäure, 16—20 Thonerde, 3—6 Kali, 2—5 Natron, 2—3 Kalkerde, 0,5—1 Magnesia und 4—5 Eisenoxyd. Ihre Verwitterung geht um so schneller vor sich, je poröser ihre Grundmasse ist und je mehr sie große Sanidin= und Oligoklas= und Sanidinkrystalle enthält. Das letzte Verwitterungsproduct von ihnen ist ein hellgefärbter Thon, welcher sich in seinen Eigenschaften dem Kaolin nähert und an Auslaugungsproducten 2—4 Proc. kohlensaures Kali, 4—6 Proc. Natronsalze und 1—2 Proc. kohlensauren Kalk zeigt.

e) Zu den trachytischen Gesteinen gehört auch der Phonolith oder Klingstein, welcher z. B. auf der Rhön an der Milseburg und Pferdekuppe, sowie bei Teplitz und Kostenblatt in Böhmen vorkommt. Seine dichte, dunkelgrünlichgraue

oder auch gelblichgraue Hauptmasse, in welcher oft Sanidin=
krystalle eingebettet liegen, besteht theils aus in Salzsäure
löslichen, wahrscheinlich einem Natrolith angehörigen, Gemeng=
theilen theils aus in Säuren unlöslicher Feldspathmasse und
zeigt bei ihrer Zerlegung: 57—58 Kieselsäure, 18—22
Thonerde, 5—7 Kali, 5—8 Natron, 2—4 Kalkerde und
2,5—5 Eisenoxyd. Je nach der Menge der in dieser Masse
vorhandenen, löslichen Bestandtheile erscheint der Phonolith
bald schneller, bald leichter verwitterbar. Bei dem Beginne
seiner Verwitterung aber wird zuerst seine Farbe lichter, dann
bildet sich eine weiße, mit Säuren gewöhnlich etwas auf=
brausende, kohlensauren Kalk haltige Thonrinde; endlich zer=
fällt das ganze Gestein in blättrigen Grus, dessen einzelne
Schieferblätter nun weiter sich zu einem weißen, das Wasser
sehr festhaltenden, Thon zersetzen und dabei an Auslaugungs=
producten Kali=, Natron= und Kalkcarbonat in bedeutender
Menge liefern.

B. Verwitterung der glimmerreichen Schiefer=
gesteine. — Die hierher gehörigen Felsarten sind, wie schon
in der Beschreibung derselben (§. 42) gezeigt worden ist,
theils einfach, so namentlich mancher Glimmer= und Chlo=
ritschiefer, theils Gemenge von Glimmer und Quarz (so
gar mancher Glimmerschiefer) oder von Glimmer, Chlorit
und Quarz, wozu dann häufig auch noch mehr oder weniger
Oligoklas und Hornblende tritt; (so der fast stets undeutlich
gemengte und scheinbar gleichartig aussehende Thonschie=
fer). In Folge ihres vorherrschenden Glimmer= oder
Chloritgehaltes besitzen alle diese Felsarten ein vollkommen,
bald eben, bald wellig, schiefriges Gefüge. Die Verwitterung
dieser, die Hauptketten der meisten Gebirgszüge bildenden Fels=
arten ist nun abgängig einerseits von der Art ihres Schieferge=
füges und der Ablagerungsweise ihrer Schiefermassen und an=
dererseits von der mineralischen Beschaffenheit ihres Gemenges.

Was zunächst den Einfluß ihres Gefüges und
ihrer Ablagerungsweise auf den Gang ihrer Verwitterung betrifft, so ist schon früher, z. B. bei der Verwitterungsweise des Gneißes, darauf aufmerksam gemacht
worden, daß alle Schiefergesteine um so schwerer und langsamer verwittern, je vollkommener ihr Schiefergefüge, je
ebener und glatter die Oberfläche ihrer Schieferplatten und
je wagrechter abgelagert ihre Schiefermassen sind; denn je
mehr dieses alles der Fall ist, um so weniger können die
Wärmestrahlen und dann die Verwitterungsagentien auf sie
einwirken. Wie von einer Spiegelfläche gleiten die Wärmestrahlen und Wassertropfen von einer solchen ebenen, glatten
und glitzernden Schiefermasse ab, und es können lange Zeiträume verfließen, ehe sich auf ihr Verwitterungs= oder Rost=
flecke, wie der Volksmund es bezeichnend nennt, bilden. —
Anders zeigt sich aber dieses Verhältniß der Schiefermassen,
wenn einerseits ihre Schieferung runzelig, faltig oder wellig
ist oder von einzelnen ihrer Gemengtheile unterbrochen wird
und andererseits ihre Ablagerungen von senkrechten Quer=
rissen durchsetzt oder stark in die Höhe gerichtet sind. In
allen diesen Fällen findet das Atmosphärenwasser mit seinen
getreuen Begleitern, dem Sauerstoffe und der Kohlensäure,
Haftpunkte, von denen aus es die Schiefermassen angreifen
kann. Verbleichende oder rostfarbige Flecken an ihrer Oberfläche und Zerblätterung ihrer Tafeln zeigt dann schon die
Wirksamkeit der Verwitterungspotenzen an. Am wirksamsten
indessen treten diese letzteren an den blosgelegten Enden oder
Köpfen der aufgerichteten Schiefermassen auf. Durch den
Wechsel der Temperatur und das zwischen diese letzteren ein=
gesinterte Wasser werden die einzelnen Schieferlager auseinan-
ander getrieben, so daß zwischen ihnen klaffende Risse und
Spalten entstehen, welche dann dem Atmosphärenwasser um
so leichteren und volleren Eingang in das Innere der Schiefer

verschaffen. In diesen Rissen nun wirkt das eingedrungene Wasser in doppelter Weise zerstörend auf die von ihm durch= drungenen Schiefermassen ein: Mit seinem Sauerstoffe und seiner Kohlensäure die Masse der einzelnen Schieferplatten anätzend macht es dieselbe mürb oder auch geradezu erdig („faul"). Wenn nun während des Sommers starke und langandauernde Regengüsse eintreten oder in der Winterzeit das zwischen den Schieferlagen befindliche Wasser zu Eis er= starrt, so treibt es die ganze Schiefermasse so auseinander, daß selbst umfangreiche Bergketten in ein Chaos von Thon= schlamm und unzähligen großen und kleinen Schiefertrümmern zerschellt werden.

Nächst dem Gefüge und der Ablagerungsweise wirkt nun aber auch die Art der Gemengtheile und deren chemische Zusammensetzung vorzüglich auf die Ver= witterungsweise der Schiefergesteine ein. Was zunächst den Glimmer= und Chloritschiefer anbetrifft, so ist über die Verwitterung dieser beiden Felsarten schon das Nöthige bei der Beschreibung des Glimmers und Chlorites (§. 31 und §. 32) und in der tabellarischen Uebersicht der Verwit= terungsproducte der krystallinischen Mineralien (§. 53) mit= getheilt worden. Diese Schiefer bedürfen daher hier keiner weiteren Erörterung mehr. Anders aber ist es mit dem Thonschiefer. Dieser, welcher, soweit seine scheinbar gleich= artige Beschaffenheit eine Untersuchung zuläßt, als ein inniges Gemenge:

bald von feinzertheiltem Glimmer, kieselsäurereichem Feld=
    spath und Quarz,
bald von feinzertheiltem Glimmer, Hornblende und Quarz,
bald von Eisenchlorid (Delessit), Hornblende und Quarz,
bald auch von Graphit (Kohlenstoff), kieselsäurereichem Feld=
    spath und Quarz

in verschiedenen Mengungsverhältnissen zu betrachten ist, ver=

wittert um so langsamer, je weniger er Feldspath und je mehr er Chlorit, Graphit oder Quarz enthält. Ebenso schreitet seine Verwitterung weit langsamer vor sich, wenn er Kaliglimmer oder Magnesiahornblende in reichlichem Maße besitzt. Aber beschleunigt wird seine Verwitterung, wenn in seiner Masse viel Eisenkiese eingewachsen liegen; denn indem diese durch Anziehung von Sauerstoff und Wasser sich in freie Schwefelsäure und schwefelsaures Eisenoxydul umwandeln, zersetzen sie durch ihre Schwefelsäure den Feldspath des Thonschiefers und wandeln ihn in Alaun um, so daß aus Thonschiefer Alaunschiefer wird, welchen nun zutretendes Wasser in eine schlammige Masse umwandelt. Und ebenso schaffen diese vitriolescirenden Eisenkiese aus der Hornblende Gyps und aus dem Chlorit Bittersalz, lauter im Wasser lösliche Salze.

Alles dieses vorausgesetzt gibt nun den Thonschiefer bei seiner endlichen Zersetzung folgende Verwitterungsproducte:

a. Der feldspathhaltige Thonschiefer gibt:

1) an Auslaugungsproducten: 2—5 Proc. kohlensaures Kali, 2—6 Proc. kohlensaures Natron, 0,5—3 Proc. kohlensauren Kalk und 1—6 Proc. kohlensaure Magnesia; außerdem aber bei Schwefelkiesgehalt auch mehrere Procente Alaun.

2) an unlöslichem Rückstand: lederbraunen oder grünlichgrauen, fetten Thon, welcher aber gewöhnlich mit feinem Quarzsand, Glimmer- und Chloritschüppchen, Hornblendenädelchen und bisweilen auch Grünerdtheilchen untermengt ist und dann viel von seiner Fettigkeit verliert.

b. Der feldspathlose Thonschiefer aber, welcher gewöhnlich viel Glimmer oder auch Chlorit enthält, gibt:

1) an Auslaugungsproducten: 1,5—5 Proc. Kalicarbonat, Spuren von Natron- und Kalkcarbonat, bis

15 Proc. Magnesiabicarbonat und bisweilen auch bis 10 Proc. Eisenorydulbicarbonat;

2) an unlöslichem Rückstand: einen dunkelockergelben oder rothbraunen, Eisenoryd enthaltenden, meist auch sand= reichen, Lehm oder Letten, welcher mit zahlreichen Schiefer=, Glimmer= oder Chloritblättchen unter= mengt ist.

Nach allem eben Mittgetheilten geben demnach die Schiefergesteine keinen eigentlichen Thon mehr, sondern einen an Eisenoryd reichen, beim Austrocknen sich in Schieferblätter theilenden Lettenthon oder im günstigen Falle auch Lehm.

C. Die hornblendereichen Felsarten: Zähe, schwer zersprengbare, schwarz und weißgefleckte, grau= bis schwarzgrüne, oft auch bräunlich= oder grünlichschwarze Ge= steine, deren vorherrschender Gemengtheil Magnesia= oder Kalkhornblende, mit Oligoklas= oder auch Labradorfeldspath, bisweilen sogar mit Anorthit, im Verbande steht und zwar in der Weise, daß in der Regel

1) Magnesiareiche und kalkarme Hornblende mit einem kieselsäurereichen, kalkarmen Feldspathe (Oligoklas), oder

2) Kalk= und eisenreiche Hornblende mit einem kiesel= säurearmen, kalkreichen Feldspathe (Labrador und Anorthit) verbunden erscheint. Das Erste ist bei den eigentlichen Dioriten, das Zweite aber bei den Kalkdioriten und vielen Melaphyren der Fall.

Dieser verschiedenartigen Zusammensetzung gemäß ver= halten sich nun auch die Hornblendegesteine verschieden gegen die Verwitterungspotenzen.

1) Die eigentlichen Diorite, welche nach dem Obigen kalkarm, aber kieselsäure= und magnesiareich sind, widerstehen der Verwitterung außerordentlich lang, zumal wenn sie ein feinkörniges oder dichtes Gefüge haben. Und beginnt endlich ihre Verwitterung, so zersetzt sich stets zuerst ihr Feldspath

zu einem weißlichen, kaolinartigen Thon, welcher durch Wasser
ausgeschlämmt wird, so daß die Gesteine eine rauhe, löcherige
Oberfläche bekommen, aus welcher die noch unzersetzten Krystalle und Körner der Hornblende hervortreten. Indem aber
nun die Verwitterungspotenzen in den zahlreichen Lücken der
Dioritflächen besser haften können, werden allmählich auch die
Hornblendekrystalle lagenweise und in der Richtung ihrer
Spaltflächen in der Weise zersetzt, daß aus ihrer Masse ein
schmutzig grünlichgelbes Gemisch von Eisenoxydhydrat, Grünerde und kieselsäurereichem Thone wird, welches sich mit dem
weißlichen Thone des Feldspathes zu einer, im nassen Zustande schmierigen, im trockenen Zustande aber leicht pulverig
werdenden, Thonmasse mischt, welche gewöhnlich neben ihrer
kieselsauren Thonerde auch noch kieselsaure Magnesia und eine
kleinere oder größere Menge von noch unzersetzten Horn-
blendestückchen und häufig auch von schwarzen oder rost-
farbigen Glimmerblättchen enthält. Die bei dieser Zersetzung
des Diorites allmählich frei werdenden Auslaugungsproducte
bestehen hauptsächlich aus doppeltkohlensauren Salzen des
Natrons und Kalis, weniger der Kalkerde und Magnesia.

2) Die Kalkdiorite verwittern ähnlich, wie die eigentlichen Diorite, aber unter sonst gleichen Verhältnissen weit
rascher, weil sowohl ihre Hornblende wie auch ihr Feldspath
kalkreicher ist. Auch ist die aus ihnen entstehende ockergelbe
Thonkrume gewöhnlich mit 2—5 Procent kohlensauren Kalk
untermischt, weßhalb sie dann mit Säuren aufbraust und sich
wie Mergel verhält. Unter ihren Auslaugungsproducten
machen sich am meisten doppeltkohlensaure Kalkerde und
Magnesia, weniger von Natron, am wenigsten von Kali bemerklich.

3) Die Melaphyre, von denen sich hauptsächlich der
dichte, dem Basalte oft sehr ähnliche und der mandelstein-
förmige bemerkbar macht, verwittern in Folge ihrer dichten

Grundmasse nur sehr langsam, am ersten noch auf den, ihrer Gesteinsmasse senkrecht durchsetzenden, Spalten und Klüften. Im Anfange ihrer Verwitterung werden sie an ihrer Ge= steinsoberfläche durch Oxydation ihres Eisen = und Mangan= gehaltes graulich und grünlich violett gefleckt, dann kommen weiße, mit Säuren brausende, Flecken von ausgeschiedenem kohlensauren Kalk zum Vorschein; endlich überzieht sich ihre Masse, namentlich an den Spaltenwänden mit einem schwarz= fleckigen, rost= oder rothbraunem Eisenthone. Regenwasser schlämmt ihn ab, aber wieder kommt allmählich dieser Ueber= zug zum Vorschein. Dieses setzt sich so fort, bis die ganze Melaphyrmasse von Außen nach Innen in eine, mit Grünerde und kohlensaurem Kalk untermengte, intensiv braunrothe, Eisenthonmasse umgewandelt ist. Die bei dieser Zersetzung freiwerdenden Auslaugungsproducte gleichen denen des Kalk= diorites so, daß man annehmen muß, daß diese Melaphyre dem letztgenannten Gesteine wenigstens sehr nahe verwandt sein müssen.

D. Die augitischen Felsarten, zu denen hier auch die, Hypersthen und Diallag haltigen, Gesteine wegen der Verwandtschaft ihrer Hauptgemengtheile mit Augit gerechnet werden, sind vorherrschend zähe, dunkelgrün, schwarzgrau oder grauschwarz gefärbte Gesteine, welche nach der Art ihrer Gemengtheile in zwei Gruppen zerfallen, nemlich:

1) in die eigentlichen Augitgesteine, in denen Augit sich im Gemenge

  α) mit einem kalkreichen Feldspath (Oligoklas oder La= brador) und Grünerde (Chlorit) befindet (Diabase)

  β) mit einem kalkreichen Feldspath, oder statt dessen mit Nephelin, und Magneteisen zeigt, wozu sich auch ge= wöhnlich noch Olivin gesellt (Basalte);

2) in die Hyperitgesteine, in denen Diallag oder Hy= persthen im Gemenge mit einem kalkreichen Feldspathe steht (Gabbro und Hypersthenfels).

Die in diese beiden Gruppen gehörigen Felsarten haben mit einander gemein:

1) einen verhältnißmäßig leicht zersetzbaren und bei seiner Verwitterung 8—20 Proc. doppeltkohlensauren Kalk und 1—5 Proc. kohlensaures Natron liefernden, kieselsäurearmen Feldspath oder statt dessen natron= und kalireichen, aber kalkfreien Nephelin (so bei vielen Basalten);

2) ein thonerdearmes, augitisches Mineral, welches vorherrschend theils aus kieselsaurer Magnesia, theils aus kieselsaurem Eisenoxydul (15—30 Proc.) nebst 12—25 Magnesia und nur 0—4 Proc. Kalk (z. B. der Hypersthen), theils aus kieselsaurer Kalk=Magnesia mit 5—10 Proc. Eisenoxydul (z. B. der Augit) besteht.

Vermöge ihres feldspathigen Gemengtheiles produciren sie demnach bei ihrer Verwitterung:

1) an Auslaugungsproducten: doppeltkohlensaure Salze von vielem Kalk, weniger Natron und wenig oder gar keinem Kali (vom Kalkoligoklas, Labrador oder Anorthit) oder von vielem Natron, weniger Kali und keinem Kalk (vom Nephelin);

2) an unlöslichem Rückstand einen lehmigen oder mergeligen Thon.

Durch ihren augitischen Gemengtheil aber erzeugen sie bei ihrer Zersetzung

1) an Auslaugungsproducten:

α) durch den eigentlichen Augit: doppeltkohlensaure Salze von vielem Kalk (15—22 Proc.), wenigerer Magnesia (10—13 Proc.) und noch wenigeren oder auch keinen Alkalien;

β) durch den Diallag: doppelkohlensaure Salze von vielem Kalk (18—19 Proc.) u. Magnesia (12—16 Proc.) und keinen Alkalien;

γ) durch den Hypersthen: doppeltkohlensaure Salze

von vieler Magnesia (14—21 Proc.), aber von Kalk nur 1—3 Proc. und von Alkalien gar keine;

2) an unlöslichem Rückstand: eine, durch Eisenoxyd leder= braun oder durch beigemengte Grünerde unrein grau= oder braungrün gefärbte, Thonsubstanz, welche aber durch starker Beimischung von pulveriger Kieselsäure lehm= oder lettenartig und nebenbei durch beigemengten kohlensauren Kalk oft auch mergelig erscheint.

Nach allem eben Mitgetheilten geben demnach die augi= tischen Felsarten:

1) an Auslaugungsproducten vorherrschend lös= liche doppeltkohlensaure Kalkerde und Mag= nesia und nur dann auch viel kohlensaures Natron, wenn sie viel Feldspath oder Nephelin enthalten, so daß in dem Grade, wie der augitische Gemengtheil an Menge zu=, der feldspathige Gemengtheil aber an Menge ab= nimmt, auch die Menge der kohlensauren Kalkerde wächst und die Größe der Kali= und Natronsalze schwindet:

2) an unlöslichem Rückstand eine leicht verdunstende, beim Austrocknen pulverig werdende, eisenschüssige Krume, welche sich um so mehr vom eigentlichen Thon entfernt, je ärmer an Feldspath und je reicher an augitischem Gemengtheil die hierher gehörigen Felsarten sind:

3) an veränderlichem Sand und Grus hauptsächlich viel Augit=, Diallag= oder Hypersthenkörner, weil diese Ge= mengtheile weit langsamer verwittern, als der feldspathige Gemengtheil.

Unter den einzelnen Arten der augitischen Felsarten machen sich in Folge ihres häufigen und dabei oft massigen Auftretens ganz besonders die folgenden beiden Arten be= merkenswerth:

1) Die Diabase — deren körnige Gemenge oft dem Diorite ähnlich sehen, während ihre Porphyre, die sogenann=

14*

ten Diabas = oder Augitporphyre, manchen porphyriſchen
Melaphyren gleichen und ihre dichten, oft grau= bis ſchwarz=
grünen Abarten, die ſogenannten Grünſteine oder Apha=
nite in ihrem Anſehen ſich bald dichten Hornblendegeſteinen,
bald auch manchen Serpentinen nähern — ſind körnige,
ſchiefrige, dichte, porphyriſche oder auch mandelſteinförmige
Gemenge von Augit mit einem kalkreichen Feldſpathe (Oligo=
klas oder Labrador), und auch in vielen Fällen noch mit
Grünerde. Dieſem Gemenge gemäß geben ſie bei ihrer end=
lichen Zerſetzung, welche übrigens bei den dichten, ſcheinbar
gleichartigen, Aphaniten oder Grünſteinen außerordentlich
langſam vorwärts ſchreitet, einen unrein grünlichbraunen,
mageren, mergeligen Thon, welcher mit 20—40 Proc. unzer=
ſetzter Diabas= und Augitkörner und außerdem mit 5—12
Procent kohlenſauren Kalkes und 10—25 Proc., durch kochen=
des Waſſer ausziehbaren, Kieſelmehles, untermiſcht iſt. Unter
ihren löslichen Auslaugungsproducten treten hauptſächlich
kohlenſaure Salze des Kalkes und Natrons hervor.

2) Die Baſalte, welche vorherrſchend dichte, ſcheinbar
gleichartige, ſeltner körnige und deutliche, Gemenge theils von
Labrador, Augit und Magneteiſenerz, theils von Nephelin,
Augit und Magneteiſenerz ſind, oft aber auch noch Beimen=
gungen von grünem Olivin oder weißen bis gelben Zeolith=
arten beſitzen, verwittern um ſo langſamer, je compacter und
dichter ihre Maſſe iſt, je weniger dieſe letztere von den
genannten — an ſich leicht verwitternden — Beimengungen
enthält und je trockener ihre Ablagerungsorte ſind. Am erſten
ſind ſie noch den Verwitterungspotenzen an Orten zugänglich,
welche von feuchten Luftſtrömungen beſtrichen werden können,
weil ſich dann ihre Oberfläche ſehr bald mit Schurfflechten
bedeckt, welche nicht nur durch ihre eigenen Verweſungspro=
ducte, ſondern auch durch ihre ſtarke Feuchtigkeitsanziehung
die dichte baſaltiſche Maſſe zugänglich machen für die Ver=

witterungsagentien. Und ebenso werden sie an den Kluft=
wänden ihrer Felssäulen, Blöcke und Knollen weit leichter
angeätzt, wenn die zwischen diesen Felsablagerungsmassen
befindlichen Klüfte und Spalten mit verwesenden Pflanzen=
abfällen angefüllt sind. Dieses vorausgesetzt, beginnt nun die
Zersetzung der basaltischen Masse stets zuerst mit dem Feld=
spathe oder Nephelin dieser Masse, indem sich aus dem ersteren
eine mit Säuren aufbrausende, also kalkhaltige, aus
dem Nepheline aber eine nicht mit Säuren brau=
sende, also kalklose, weiße, erdige Rinde entwickelt, welche
zwar dem Kaolin ähnlich ist, aber in ihrem chemischen Be=
stande einem mehligen Zeolithe gleicht. Weiter kommt nun
aus dem sich zersetzenden Augite eine lederbraune Eisenthon=
substanz zum Vorschein, welche sich entweder mit der verwit=
zerten Masse des Feldspathes mischt oder diese letztere von
der Gesteinsoberfläche abstößt. Indem sich aber unter der
Eisenthonschale wieder eine neue weiße Erdrinde bildet, welche
nun auch die erste Eisenthonschale abstößt, und diese abwech=
selnde Bildung und Abstoßung von weißen und lederbraunen
Schalen immer von Neuem vor sich geht, wird die basaltische
Masse lagenweise von Außen nach Innen in einen dunkel
grünlichbraunen, mit Magnet= oder Titaneisenkörnchen, Augit=
resten und gelbgrünen Olivinstückchen untermengten, 3 — 15
Proc. kohlensauren Kalk haltigen, Lehmmergel umgewandelt,
während aus der noch in der Zersetzung begriffenen Basalt=
masse namentlich lösliche kohlensaure Salze des Kalks und
Natrons, sowie der Magnesia, außerdem aber auch lösliche
Kieselsäure, frei werden.

§. 58. Verwitterung der klastischen Felsarten.
— Wie schon bei der Beschreibung der klastischen Gesteine
bemerkt worden ist, so sind diese Gesteine zum größten Theile
aus den Zertrümmerungs= und Verwitterungs= oder Lösungs=
producten der krystallinischen Felsarten entstanden, indem eben

die Zertrümmerungsproducte — Blöcke, Gerölle, Kies oder
Sand — dieser letzteren durch im Wasser geschlämmte oder
auch gelöste Substanzen unter einander verkittet und so wie=
der zu fest zusammenhängenden Felsarten verbunden wurden.
— Es können demnach die klastischen Felsarten auch durch
dieselben Agentien, welche ihre Bildung herbeiführten, wieder
zertrümmert und in Steinschutt und Erdboden umgewandelt
werden. Vor allen gilt dieses von denjenigen Arten dieser
Gesteine, welche Thon oder Mergel zum vorherrschenden Be=
standtheil oder Bindemittel haben, so namentlich von den
ganz klastischen Conglomeraten und Sandsteinen.

Im Allgemeinen können nun bei den klastischen Felsarten
folgende Verwitterungs= und Zersetzungsweisen stattfinden:

a) Wasser allein vermag sie schon zu zertrümmern und
zuletzt in Erdkrume umzuwandeln, ohne sie dann weiter
chemisch zu verändern. Dieses ist der Fall:

1) bei den Conglomeraten und Sandsteinen
mit Geröllen und Sandkörnern von Quarz
und mit thonigem Bindemittel. Alle diese
werden durch das Wasser allein zuerst zu Blöcken,
Geröllen und Grus und zuletzt zu einer thonigen
Erdkrume, welche mehr oder weniger stark mit Quarz=
trümmern oder Quarzsand untermengt ist:

2) bei den gelben und rothen Schieferthonen.
Diese werden zunächst durch das in ihre Schiefer=
spalten eingedrungene und dann gefrierende Wasser
in ein loses Haufwerk von dünnen Schieferblättchen
und kleinen scharfkantigen — Krystallen oft nicht
unähnlichen — Stückchen zersprengt, welche bei wei=
terer Zertrümmerung zuletzt pulverig und nun vom
Wasser in Schlamm und bei dessen Austrocknung in
thonige Erdkrume umgewandelt werden.

b) Wasser zertrümmert und schlämmt zuerst die klastischen Gesteine, dann aber wirkt es durch die ihm beigemischten Zersetzungsagentien umwandelnd auf die Masse dieser Gesteine ein. Diese Wirkungsweise des Wassers findet namentlich statt:

α) bei allen Conglomeraten und Sandsteinen, welche Gesteinstrümmer oder Sandkörner (Grus) von Mineralien und Felsarten, die sich durch Kohlen= oder Humussäure zersetzen lassen, und außerdem ein thoniges Bindemittel besitzen. Je mehr solcher zersetzbarer Trümmer von krystallinischen Felsarten (z. B. von Granit) und Mineralien (z. B. von Feldspath, Glimmer, Augit, Kalk) in einem solchen Verwitterungsschutte liegen, um so mehr verbessern sie den an sich unfruchtbaren Thon und um so nachhaltiger ist die Pflanzenproductionskraft desselben, da die in seiner Masse eingebetteten Trümmer sich nur nach und nach zersetzen und so den in einer solchen Bodenmasse wachsenden Pflanzen auch für die Zukunft hinreichend Nahrungsstoffe gewähren. Wenn freilich im Verlaufe der Jahrtausende alle diese Gerölle und Gruskörner vollständig verwittert und aufgelöst sind, dann hört allmählich auch die Fruchtbarkeit des Thonbodens auf, und es besteht dann derselbe nur noch aus reiner Thonmasse in Untermengung mit Quarzsand, welcher eben so wenig als der Thon den Pflanzen Nahrung bieten kann. In dem eben erwähnten Falle wird die Verwitterungsmasse der Conglomerate und Sandsteine dadurch verändert, daß die in ihr vorhandenen Gesteinstrümmer allmählich mehr oder minder verschwinden. Es kann

aber auch umgekehrt vorkommen, daß durch Wasserfluthen, welche längere Zeit auf dem Verwitterungsboden von thonigen Conglomeraten und Sandsteinen
stehen, der Thon desselben bei schnellem Abzuge des
Wassers mit fortgeschlämmt wird, so daß aus dem
früher thonreichen nun ein thonarmer Boden oder
sogar ein loses Gehäuse von Steintrümmern und
Sandkörnern wird, welches, wenn es nur aus Quarz-
resten besteht, selbst einer genügsamen Pflanze kaum
noch Spuren von Nahrung gewähren kann.

β) Bei klastischen Gesteinen, welche in ihrem
Bindemittel kohlensauren Kalk oder kohlige Beimengungen besitzen, findet mit der
Erweichung des Bindemittels durch Wasser auch zugleich eine Zersetzung und Lösung desselben durch die dem Wasser
beigemischten Atmosphärilien, namentlich
durch die Kohlensäure und den Sauerstoff, statt,
wodurch die ganze, so angegriffene Felsmasse zerstört wird.

1) Mergel- und Mergelschiefer wird durch
diese Art der Verwitterung in gemeinen Thon
umgewandelt.

2) Conglomerate und Sandsteine mit mer-
geligem Bindemittel werden durch Kohlensäure haltiges Wasser ihres Kalkes so beraubt,
daß diese Gesteine nur noch ein thoniges Bindemittel behalten, welches aber, da es einen Bestandtheil verloren hat, nicht mehr ausreicht, die
in ihm liegenden Trümmer fest zusammenzuhalten
und zumal bei seiner Erweichung den Zusammen-
sturz der ganzen Felsmasse herbeiführt.

3) Ist das Bindemittel dieser Trümmergesteine ganz

kalkig, so werden durch Auflösung und Aus=
waschung desselben diese Gesteine in ein Haufwerk
von losen Trümmern verwandelt.

4) Conglomerate, Sandsteine und Schieferthone ent=
halten nicht selten in ihrem Bindemittel so viel
kohlige (oder bituminöse) Beimengungen,
daß sie grau bis schwarz gefärbt erscheinen. Stehen
nun diese Gesteine mit feuchter Luft in Berührung,
so werden ihre kohligen Bestandtheile namentlich
bei offener Lage zur Sommerzeit angeregt, Sauer=
stoff anzuziehen und sich in Kohlensäure umzuwan=
deln. Hierdurch wird das Bindemittel dieser Ge=
steine gebleicht, porös, spaltig und so mürbe, daß
es zuletzt in ein Haufwerk von losen gelbgrauen
oder weißlichen Schieferblättchen zerfällt. Enthält
nun das Bindemittel der genannten Gesteine auch
noch kohlensauren Kalk, wie dieses bei den bitu=
minösen Mergelschiefern, Mergelsandsteinen und
Mergelconglomeraten der Fall ist, so wird durch
die, aus den kohligen Beimengungen freiwerdende,
Kohlensäure auch noch der Kalkgehalt dieser Ge=
steine aufgelöst und dadurch ihr Zerfallen in einen
mit kalkigem Thone untermengten, fruchtbaren
Steinschutt befördert.

5) Bei klastischen Gesteinen endlich, welche zum Binde=
mittel eine zu feinem Sande oder Pulver zerstampfte
Masse von krystallinischen Mineralien haben, wie die=
ses bei allen vulkanischen Tuffen (Conglomeraten und
Sandsteinen) der Fall ist, geht die Verwitterung in
ganz ähnlicher Weise vor sich, wie bei denjenigen
krystallinischen Felsarten, aus deren Zerstampfung sie
ihr Bildungsmaterial erhalten haben. Demgemäß zer=
setzen sich die Tuffe des Basaltes oder Trachytes bei

Einwirkung von Kohlensäure haltigem Wasser in derselben Weise, wie der Basalt und Trachyt selbst.
Aber diese Zersetzung der Tuffe geht rascher vor sich,
da ihre Masse vom Regenwasser weit leichter durchzogen und erweicht und demnach auch den Zersetzungsagentien zugänglicher gemacht werden kann, als dieses
bei ihren krystallinischen Muttergesteinen der Fall ist.
Die Producte ihrer Verwitterung sind daher auch im
Allgemeinen dieselben, wie bei ihren Muttergesteinen
früher schon angegeben worden ist.

Soviel über die Verwitterungsweise der klastischen Felsarten. Das Mitgetheilte wird ausreichen, um zu erkennen:
a) daß bei diesen immer zuerst das Bindemittel von den
Verwitterungsagentien angegriffen wird, wenn anders es
nicht aus erstarrter Kieselsäure geradezu besteht:
   1) das thonige Bindemittel wird dann einfach vom
      Wasser erweicht und geschlämmt;
   2) das reinkalkige Bindemittel aber wird durch koh-
      lensäurehaltiges Wasser gelöst und ausgewaschen;
   3) das aus zerkleinten krystallinischen Mine-
      ralien bestehende Bindemittel wird durch Kohlen-
      säure haltiges Wasser in derselben Weise wie seine
      Muttermineralien zersetzt:
b) daß dann von den, in dem Bindemittel liegenden, Gesteins-
trümmern durch Kohlensäure haltiges Wasser:
   1) die Kalktrümmer allmählich ganz aufgelöst,
   2) die Silicattrümmer allmählich ganz so wie die früher
      beschriebenen Silicate zersetzt,
   3) die Quarz- und Feuersteintrümmer nicht angegriffen
      werden und so das Bildungsmaterial zum unveränder-
      lichen Sand liefern.

II. Abschnitt.

Der Steinschutt und Erdboden.

§. 59. **Charakter und Gruppirung desselben.** — Wie im vorigen Abschnitte gezeigt worden ist, so werden alle Felsarten, sowohl die krystallinischen, wie die klastischen, durch den Einfluß der wechselnden Temperaturen, — namentlich der grellwechselnden und stark von einander abweichenden, — des Wassers, — hauptsächlich des zu Eis erstarrenden, — und der atmosphärischen Gase — vor allen der Kohlensäure, — unter Mitwirkung der Pflanzenwelt zertrümmert und meist auch in erdkrümliche Masse umgewandelt. Die durch alle diese Zerstörungsprocesse aus den festen Erdrinde-massen entstehenden, nicht krystallisirbaren und unter den gewöhnlichen Verhältnissen in losen oder nur in locker an einander hängenden Zu-sammenhäufungen auftretenden Zertrümmerungs- und Zersetzungsproducte der Felsarten bilden das Material des Fels- oder Steinschuttes. Je nach seiner Entstehungsweise und seinen vorherrschenden Körperformen kann man diesen Felsschutt in folgender Weise gruppiren:

Der Felsschutt wird erzeugt:

entweder durch vulkanische Potenzen bei Eruptionen: Vulkanenschutt. Dieser besteht:		oder durch die Verwitterungspotenzen: Verwitterungsschutt. Dieser besteht:	
1) aus steinigen Massen, zu denen Bomben, Sand, sandige Asche gehören.	2) aus erdigen Massen: Erdige Asche oder Aschenerde.	1) aus zertrümmerten Felsresten: Blöcke, Gerölle, Grus, Sand.	2) aus chemisch zersetzten Mineralsubstanzen: Erdkrumen.

Dieser Gruppirung zu Folge besteht also aller Felsschutt

a) aus mechanisch zertrümmerten Gesteinsmassen, also aus eigentlichem Stein= oder Felsschutt, welcher das Material bildet, aus welchem durch den Verwitterungsproceß

b) die durch chemische Zersetzung gebildeten Erdkrumen erzeugt werden.

Zu diesen beiden Gruppen gesellt sich nun noch eine dritte, welche durch Mengung theils der Erdkrumen mit dem eigentlichen Felsschutte, theils aber der ebengenannten Gruppen mit Resten abgestorbener und in Verwesung oder Verkohlung befindlicher Organismenreste entsteht. Dieser gemischte Schutt umfaßt demnach alle Erdbodenarten, von denen man aber je nach ihren Hauptgemengtheilen unterscheiden muß:

1) den vorherrschend aus mineralischen Verwitter= und Zertrümmerungsproducten bestehenden Mineral= oder Rohboden, und

2) den aus einer Mengung von Mineralresten mit Verwesungs= oder Verkohlungsproducten gebildeten Humusboden.

I. Capitel.
Vom eigentlichen Felsschutte.

§. 60. Charakter, Bildung und Lagerorte desselben im Allgemeinen. — Wo mineralische Bestandesmassen der Erdrinde durch mechanische Gewalten zertrümmert werden, da wird auch Felsschutt erzeugt, mag derselbe nun in noch so kolossalen Felsblöcken oder in noch so kleinen Steinkörnern bestehen. — Die brandende Meereswoge zerstampft den von ihr gepeitschten Fels ihres Gestades allmählich in ein loses Hauswerk von Felsblöcken, Geröllen, Geschieben und Sand: das Fließgewässer zernagt seine Uferwandungen und bereitet aus ihnen Geschiebe, Kies, Sand und

Schlamm; das Meteorwasser schleicht sich in die geneigten thonigen und mergeligen Zwischenschichten der Conglomerat- und Sandsteinberge ein, erweicht und schlämmt sie, so daß die über ihnen lagernden massigen Bänke der Conglomerate und Sandsteine auf ihnen abwärts gleiten und am Ende in ein gewaltiges Haufwerk von Steintrümmern der verschieden- sten Größe zerschellen; aber das Regenwasser füllt auch die Risse und Spalten der Felsmassen und zerreißt dann bei seiner Erstarrung zu Eis diese letzteren mit gewaltiger Kraft zu einem wilden Chaos von Blöcken, oder es führt Kohlen- säure in das Innere der von ihm durchsinterten Felsgesteine und löst mittelst derselben Bestandtheile auf, so daß die nun noch übrigen, von ihm nicht angeätzten, Gesteinstheile ihren Zusammenhalt verlieren und in Gerölle, Grus und Sand zerfallen. So bildet schon das Wasser allein in seiner tropf- baren Form und als Eis auf verschiedenartige Weise aus den festen Gesteinsmassen der Erdrinde Fels- oder Steinschutt der verschiedensten Art, aber es wirkt auch als Dampf mit un- ermeßlicher Gewalt. Wenn der Schlott eines noch thätigen Vulkanenherdes durch erstarrte Lavamassen verstopft worden ist, daß nun der auf dem letzteren zubereitete Wasserdampf keinen Abzug finden kann, dann drängt und stampft derselbe so lange gegen die erstarrte Lavamasse des vulkanischen Schlottes und seiner Mündung — des sogenannten Kraters — bis er dieselbe zu sandigen und pulverigen Massen zer- trümmert hat, die er nun mit furchtbarer Kraft in die At- mosphäre schleudert und in der Gestalt von finsteren Wolken oft hunderte von Meilen weit über Land und Meer führt und endlich als Stein- und Aschenregen zu Boden sinken läßt, auf dem er alles — die blühenden Wohnstätten der Menschen, wie die üppig fruchtbaren Pflanzengefilde — unter einer düsteren, oft viele Fuße dicken, qualmenden Schuttdecke ver- gräbt.

So schafft unaufhörlich und unermüdlich das Wasser des
Himmels und der Erde im Verbande von Frost und Hitze
aus den festen Gesteinsmassen der Erde Felsschutt, dieses
wichtige Material zur Erzeugung neuen Landes und zur Bildung des Grund und Bodens, auf welchem allein die Pflanzen-
und Thierwelt erstehen und gedeihen kann. Aber die ebengenannten Elemente schaffen nicht nur den Felsschutt; sie vertheilen und verbreiten ihn auch auf der Erdoberfläche, daß
diese letztere überall eine Wohnstätte des Pflanzenreiches und
durch diese auch ein Wohnsitz der Thiere und des Menschen
werden kann. O, das ist eine wunderbare Einrichtung im
Haushalte der Natur! Die kahle Felsmasse der Gebirge ist
das Universalmagazin, aus welchem durch die Verwitterung
alles — Wohnstätte und Nahrung — geschaffen wird, was
zunächst die Pflanze zu ihrer Existenz braucht. Damit nun
aber diese Felsverwitterungsproducte nicht auf den, sie erzeu-
genden, Gebirgsmassen allein bleiben und sich anhäufen, muß
das sie ins Dasein rufende Wasser sie auch dahin schaffen, wo
sie nöthig sind. In dieser Weise führt zuerst der Regen den
Felsschutt von den Gebirgsabhängen abwärts in die Schluchten und Thäler und füllt nun mit ihnen entweder dieselben
aus, so daß sie aus finsteren, unzugänglichen Gebirgsspalten
zu lachenden Pflanzengefilden werden, oder übergibt sie den
Bächen und Flüssen, die sie nun bei ihren Ueberfluthungen
auf den beiderseitigen Geländen ihrer Ufer absetzen theils je
nach der Größe der Felstrümmer mehr oder weniger weit
fortfluthen und dabei immer mehr abschleifen und zerkleinern,
theils auch in das gewaltige Bett des Oceans schütten, um
mittelst ihrer daselbst das Fundament zu neuer Landesbildung
allmählich aufzubauen. Und während so das tropfbare Wasser
des Regens und Fließwassers thätig ist, den Felsschutt von
seiner Gebirgs-Geburtsstätte fort zu schaffen und über alles
Land, was es nur erreichen und überfluthen kann, auszu-

breiten, iſt auch das zu Eis erſtarrte Waſſer, der Schnee und
das Eis ſelbſt, nicht unthätig. Die gewaltige Maſſe der vom
Hochgebirge in die Thäler niederſtürzenden Lavine reißt
gar oft mit wuchtiger Kraft von weit ausgedehnten Berg=
flächen allen Felsſchutt, groben wie feinen, und alle Erdkrume
mit allem, was auf ihr gewachſen iſt, mit ſich fort in die
Thäler und läßt ihn in dieſen bei ihrem Wegſchmelzen ent=
weder liegen oder ſchwemmt ihn weiter den reißenden Ge=
birgsbächen zu. Nicht minder ſind bei dieſer Transportirung
des Felsſchuttes die aus ihren unwirthbaren Hochthälern ab=
wärts gleitenden Ströme der Gletſcher thätig; denn ſie
führen einerſeits auf ihrem eiſigen Rücken aus fernen, oft
nicht erſteigbaren, Höhen Felsblöcke in die Thäler, wo ſie
dieſelben bei ihrem Abſchmelzen als oft gewaltige Blockwälle
(„Moränen") abſetzen, und andererſeits zermalmen ſie mit
ihren Eisſtrömen die felſige Sohle, auf der ſie abwärts
rutſchen, zu feinen Sand, welchen das aus ihrer Schmelzung
entſtehende Waſſer mit ſich fortfluthet. — Und wie endlich
der Vukanendampf die von ihm bereiteten Steinſchutt=
maſſen weit hin verbreitet, daß iſt oben ſchon erwähnt worden.

In dieſer Weiſe wirkt denn Alles, Waſſer, Eis und Luft,
nicht blos auf die Erzeugung, ſondern auch auf die Aus=
breitung des Felsſchuttes. Daß aber durch alles dieſes die
Magazine dieſes Schuttes, die Gebirge immer niedriger und
die mit dieſem Schutte verſorgten Thäler und Ebenen all=
mählich immer höher werden müſſen, daß mit anderen Worten
durch dieſes Wirthſchaften einmal die Unebenen auf der Erdober
fläche verſchwinden und der Unterſchied zwiſchen Gebirg und
Ebene aufhören muß, iſt wenigſtens ſehr wahrſcheinlich.

Aus allem eben Mitgetheilten ergibt ſich aber nun auch,
daß der Felsſchutt zweierlei Lagerungsgebiete haben
kann, nemlich entweder an den Orten ſeiner Ent=
ſtehung, alſo in der unmittelbaren Umgebung derjenigen

Felsarten, aus deren Zertrümmerung er entstanden ist, oder an
denjenigen Orten, wohin ihn die Gewässer, Lavinen,
Gletscher oder vulkanische Dämpfe geführt haben.

a) Lagert er noch in der nächsten Umgebung seiner
Bildungs= oder Muttergesteine (also in primären Lager=
stätten), dann besteht er eben nur aus den Trümmern
derjenigen Felsarten, aus denen sein Lagergebiet und dessen
nächste Umgebung besteht. Dabei aber zeigt er folgende
Ablagerungsverhältnisse:

1) Wenn die Felsmassen, welche aus einer Bergkette,
   namentlich auf deren Kamm, hervortreten, durch den
   gewöhnlichen Gang der Verwitterung zertrümmert
   worden sind, dann lagern ihre größten Blöcke in der
   Regel in der nächsten Umgebung ihrer Muttergesteine,
   ähnlich wie die Trümmer einer zusammengestürzten
   Ruine, die kleinsten Trümmer aber am unteren Gehänge
   der Berge. In diesem Falle zieht auch von jedem der
   größeren Blöcke eine nach unten sich verschmälernde,
   aus Grus, Sand und Erdreich bestehende Schuttzunge,
   bergabwärts.

2) Wenn aber die Felsmassen auf der Höhe einer Berg=
   kette durch gewaltsam wirkende Potenzen, z. B. durch
   den Frost, zersprengt worden sind, dann lagern gewöhn=
   lich die größten Blöcke am unteren Gehänge des Berges.
   Dabei zeigt sich dann in der Regel hinter jedem dieser
   Blöcke eine bergaufwärts ziehende Schuttzunge,
   welche das bergabwärts ziehende Regenwasser abgesetzt hat,
   außerdem aber nicht selten auch ringsum den Block herum
   eine aus Grus und Erdreich bestehende Zone, welche aus
   der Verwitterung des Blockes selbst entstanden ist.

b) Ist dagegen der Felsschutt durch die oben angegebenen
Ursachen von seiner Bildungsstätte weggeflutet worden, be=
findet er sich also in secundären Lagerstätten, zu denen:

1) die Schluchten, Buchten, Thäler und Vorländer der
   Gebirge;

2) die Betten aller Fließgewässer, der Binnenseen und des
   Meeres;

3) die Ufer= und Strandgelände aller Gewässer

gehören, dann zeigt er eine große Verschiedenheit sowohl nach
der Art seiner Bestandesmassen, wie auch nach seinen Abla=
gerungsweisen. In dieser Beziehung kann im Allgemeinen
Folgendes gelten:

1) Die Art der Bestandesmassen des in secundären
   Lagerstätten befindlichen Felsschuttes ist abhängig von
   der mineralischen Beschaffenheit

   zunächst des nächsten Landesgebietes, in welchem sich
   unmittelbar seine Lagerstätte befindet;

   sodann aller derjenigen Landesgebiete, aus welchen ihm
   durch Gewässer Felsschutt zugeführt wird.

   Ein in irgend einer secundären Lagerstätte abgesetzter
   Felsschutt wird demnach aus um so verschiedenartigeren
   Gesteinsresten bestehen, je verschiedenartiger die minera=
   lische Zusammensetzung des Landesgebietes ist, aus wel=
   chem ihm die Gewässer Schutt zuführen. In dieser
   Beziehung ist der Felsschutt in den Vorländern solcher
   Gebirge, welche aus den verschiedenartigsten Felsarten
   bestehen, gar nicht selten eine mehr oder minder voll=
   ständige Sammlung von Felsarten, wenn er von Bächen
   und Flüssen abgesetzt wird, welche aus den verschieden=
   sten geognostischen Gebieten dieser Gebirge kommen.
   Aber ebenso kann man oft aus den Felsschutt=Ablagerun=
   gen an den Ufern eines Stromes erkennen, aus welchem
   Landesgebiete dieser letztere seine Zuflüsse erhält.

2) Die von den Gewässern in einem Landesgebiete abge=
   setzten Schuttmassen zeigen nun je nach der Größe ihrer
   Individuen, der Beschaffenheit ihrer Ablagerungsorte

und der Schwemmkraft der sie transportirenden Gewässer
verschiedene Ablagerungsfolgen. Im Allgemeinen wird
man in dieser Beziehung bemerken, daß

a) von den im Bette eines Gebirgsflusses ab=
gesetzten Trümmern sich hauptsächlich finden:

die größten Blöcke in seinem abschüssigen Gebirgs=
bette,

die Gerölle in seinem sanftgeneigten Thalbette,

der Grus in seinem nur noch wenig abfallenden
Vorlandsbette,

der feine Sand in seinem fast wagrechten Ebenen=
bette;

b) von den auf den beiderseitigen Ufergelän=
den eines Fließwassers aber

die größten Blöcke und Gerölle zunächst den Ufern,

die gröberen Grus = und kleineren Geröllmassen
hinter diesen und entfernter von den Ufern,

die feineren Sandarten am entferntesten von den
Ufern lagern';

c) die ganze in einem Landesgebiete abgelagerte Schutt=
masse sehr oft auch eine gewisse Ablagerungsfolge
über einander wahrnehmen läßt, in welcher je nach
den Gesetzen der Schwere

die größten Blöcke zu unterst,

die Gerölle und gröberen Grusstücke darüber,

die feineren Grus=, Kies= und Sandlagen zu oberst
lagern, ja daß sich diese Reihenfolge von Schutt=
ablagerungen oft in mehrfacher Wiederholung zeigt,
was offenbar darauf hindeutet, daß nach der Abla=
gerung einer jeden Reihenfolge von Blöcken, Geröllen,
Grus und Sand eine Zeitlang verfloß, ehe das Wasser
wieder eine neue Reihenfolge absetzte. Es ist übri=
gens bei diesen Schuttabsätzen zu bemerken, daß alle

die eben erwähnten Ablagerungsmassen nur durch große und stürmische Wasserfluthen herbeigeschwemmt werden können. Im Verlaufe der Zeit ändern sich dann dieselben in mancherlei Weise, sei es nun, daß durch Regengüsse oder auch durch überfließendes Wasser die obersten, aus Grus oder Sand bestehenden Lagen derselben in die Lücken der unteren Blöck- und Gerölllagen gedrückt werden, so daß aus den anfänglichen drei über einander liegenden Schichten nur eine, aus Blöcken, Geröllen und Sand untermischte, entsteht, oder sei es, daß später eintretende starke Fluthen die aus Sand bestehenden wieder mit sich fortreißen, oder sei es endlich, daß die oberen Lagen durch den Verwitterungsproceß ganz oder zum Theil in Erdboden umgewandelt werden.

Der eigentliche Felsschutt tritt nun unter zweierlei Formen auf, nemlich:

I. als grober, welcher aus Blöcken und Geröllen von wenigstens Haselnußgröße besteht (Geröllschutt),

II. als feiner, welcher aus Trümmern besteht, deren Größe geringer als die einer Haselnuß ist und häufig herabsinkt bis zur Form von kleinkörnigem Pulver (Sandschutt).

Beide Formen des Felsschuttes treten in der Natur so häufig und nicht selten in so massenhaften Anhäufungen auf und üben dabei einen so großen Einfluß auf die Bildung und Pflanzentragkraft des Erdbodens aus, daß man sie näher kennen lernen muß.

I. Nähere Betrachtung des groben Felsschuttes oder Geröllschuttes.

§. 61. Bestandesmassen und Lagerungsverhältnisse. — Wie schon im vorigen §. gezeigt worden ist,

15*

so gehören alle wenigstens haselnußgroßen Trümmer der ver=
schiedenartigsten Felsarten zum Geröllschutte. Die einzelnen
Individuen dieses Schuttes sind daher nicht etwa als beson=
dere Mineral = oder Felsarten, sondern als die Zertrümme=
rungsreste der, im I. Abschnitte beschriebenen, krystallinischen
und klastischen Felsarten zu betrachten. Wer daher diese
letzteren kennt, weiß auch ihren Felsschutt zu bestimmen, zu=
mal wenn derselbe noch in der nächsten Umgebung seiner
Muttergesteine liegt. Es gibt indessen doch Fälle, wo seine
Bestimmung oder wenigstens Benennung schwankend wird.
Wenn z. B. ein Conglomerat, welches Gerölle von Granit,
Gneiß, Diorit, Serpentin, Kalksteinen und nebenbei ein
Bindemittel von Mergel enthält, durch den Verwitterungs=
proceß seines, im Bindemittel vorhandenen, Kalkes beraubt
wird, so zerfällt dasselbe zuletzt in einen Schutt, welcher die
Gerölle aller der eben genannten Felsarten bunt durch ein=
ander enthält, so daß man, wenn nicht noch die Conglomerat=
massen, aus denen er entstanden ist, vorhanden sind, nicht
mehr die Natur seiner Mutterfelsart herausfinden kann. Er
gleicht dann einem vom Wasser zusammengeschwemmten, aus
Geröllen der verschiedensten Art bestehenden, Schutte, wie
man ihn so oft im Bette oder am Ufer derjenigen Flüsse
findet, welche von ihren Nebenflüssen allen möglichen Stein=
schutt zugefluthet erhalten. Hat man nun einen solchen Schutt
vor sich, dann nennt man ihn am besten einen zusammen=
gesetzten oder gemischten. Da aber doch das Verhalten
eines solchen gemischten Schuttes zur Bodenbildung und
Pflanzenernährung abhängig ist von den, seine Aggregation
vorherrschend zusammensetzenden, Felstrümmerarten, so be=
zeichnet man ihn näher eben nach der Art der in seiner
Gesammtmasse vorherrschenden Trümmer. Demgemäß würde
also ein solcher Schutt, wenn in seiner Masse am meisten
Granit = und Gneißgerölle auftreten, als ein granit =, gneiß=

reicher Schutt zu bezeichnen sein. — Anders ist es mit denjenigen Massen des Geröllschuttes, welche nur oder doch zum
bei weitem größten Theile aus Trümmerindividuen bestehen,
welche nur von einer einzelnen Felsart abstammen. Diese
Schuttmassen — welche sich vorzüglich in der nächsten Umgebung von Bergen, die nur aus einer einzigen Felsart
bestehen, oder auch in den Thalgebieten und Flußbetten zeigen, welche ihr Wasser von Bergen mit einer und derselben
Bestandesmasse erhalten — nennt man ein- oder gleichartige und bezeichnet sie einfach nach derjenigen Felsart,
von welcher die meisten Schuttindividuen ihrer Aggregationen
abstammen, z. B. Kalk- oder Porphyrschutt.

Wie man also den Geröllschutt nach den Arten der ihn
bildenden Felsarten näher bezeichnet, so unterscheidet man
ihn auch noch

1) nach der Größe der ihn zusammensetzenden Individuen als Schutt von Blöcken, wenn seine einzelnen Individuen wenigstens 1 Fuß im Durchmesser haben, von Geröll-
ten, wenn diese Individuen kleiner als ein Fuß sind und
eine etwas kugelige Gestalt haben, von Geschieben, wenn
die Gerölle flach abgerundet, linsen- oder scheibenförmig sind,
von Grand (Kies oder Grus), wenn die einzelnen Individuen haselnußgroß sind;

2) nach seiner Bildung und seinem äußeren Ansehen als Vulkanen-, Verwitterungs- und Schwemm-
schutt, oder als schlackigen, äußerlich glasig oder schwammig aussehenden, frischen, noch mit scharfen Kanten und
Ecken versehenen, bröckeligen, in der Verwitterung befindlichen, mürben oder zerreiblichen, mattaussehenden, und
geschobenen oder durch Wasser seiner Kanten und Ecken
beraubten, abgeschliffenen und gewöhnlich glatt aussehenden.

§. 62. Vergänglichkeit und Zersetzung des
Geröllschuttes. — Es können zwar alle Felsarten bei

ihrer mechanischen Zertrümmerung Geröllschutt liefern, aber
derselbe ist nicht bei allen von gleicher Dauer. Der Schutt
des Steinsalzes ist, wie in der Natur desselben liegt, sehr
vergänglich; auch der Gyps liefert einen, durch Regenwasser allmählich lösbaren, Schutt. Und ebenso werden die
groben Schuttmassen der Conglomerate und Sandsteine mit
reichlichem thonigen Bindemittel, sowie die Schieferthone und
Thonmergel durch den Einfluß des Regenwassers und des
Frostes bald in feineren Schutt umgewandelt. Dagegen dauert
die Zerstörung des Kalkstein- und Dolomitschuttes schon weit
länger und schreitet eigentlich nur dann vorwärts, wenn derselbe eine aus verwesenden Pflanzenresten bestehende und
fortwährend Kohlensäure und Wasser entwickelnde Umgebung
hat. Noch länger hält sich der grobe Schutt aller derjenigen
krystallinischen Felsarten, welche aus einem Gemenge kieselsaurer Mineralien bestehen Einen Beleg hierzu geben die
aus Scandinaviens Gebirgen abstammenden, erratischen Gra-
nit-, Gneiß-, Diorit- und Porphyrblöcke im Schwemmlande
Norddeutschlands; sie lagern seit Jahrtausenden auf ihrem
jetzigen Gebiete und sind doch zum großen Theile in ihrer
Masse noch so frisch, als wären sie eben erst mit Gewalt
von ihren Muttergesteinen losgerissen worden. Verwittern
thun sie schon, aber ganz allmählich von Außen nach Innen.
— Am längsten unter allen Schuttarten widerstehen die Blöcke
des Quarzes ihrer weiteren Zertrümmerung. Die Verwitterungspotenzen vermögen nichts gegen sie; nur das nimmer
ruhende, sie unaufhörlich hin- und herschiebende, Wasser der
Flüsse und Wasserfälle zerreibt sie allmählich zu Sand.

Mechanisch unveränderlich ist demnach keine Art des
groben Schuttes, sobald er nur mit einer mechanisch zertrüm-
mernden Gewalt, vor allem mit dem Wasser und Frost, dauernd
in Berührung kommt; den Verwitterungspotenzen, namentlich
der Kohlensäure, widersteht — mit Ausnahme des Quarz-

schuttes — ebenfalls keine Schuttart, wenn auch diese Art seiner Zersetzung nur allmählich vorwärts schreitet. Indessen erscheint es bemerkenswerth, daß sehr oft der Schutt einer Felsart eine andere Verwitterungsart zeigt, als sein Muttergestein, daß er mit anderen Worten bald schwerer bald leichter verwittert und dabei nicht selten andere Verwitterungsproducte liefert, als dieses letztere. Die Ursachen von dieser Erscheinung liegen in der Veränderung theils der Oberflächenbeschaffenheit theils des chemischen Gehaltes der Schutt bildenden Felsart, wie das Folgende zeigen wird.

Grobkörnige oder auch porphyrische Felsarten, — wie z. B. Granit oder Diorit —, besitzen eine rauhe Oberfläche, an der die Verwitterungspotenzen leicht haften und stärker wirken können. Wenn nun aber die Trümmer solcher Felsarten von Fließwassern fortgeschwemmt und während ihres Transportes nach allen Seiten hin abgerieben und abgeschliffen werden, dann bekommen sie eine ganz glatte Oberfläche, an welcher nun die Verwitterungspotenzen nicht mehr haften und folglich auch nicht mehr zersetzend einwirken können. Solche abgeschliffene Blöcke und Gerölle sehen daher äußerlich oft ganz frisch, glatt und glänzend aus und können sehr lange allem Wind und Wetter trotzen, ohne auch nur eine Spur von Verwitterung an ihrer Oberfläche zu zeigen; ja sie widerstehen sogar den sonst leicht zersetzend wirkenden Verwesungssubstanzen des Erdbodens, wenn man sie nicht vor ihrer Untermengung mit dem Boden erst zerschlagen und auf diese Weise mit rissigen, rauhen und den Zersetzungsagentien leichter zugänglichen, Flächen versehen hat. — Wenn indessen solche äußerlich glatt geschliffene Trümmer von Rissen oder Schieferspalten durchzogen sind, dann sehen sie zwar äußerlich auch noch frisch und glänzend aus, aber ihr Inneres befindet sich gar oft in voller Zersetzung.

Mehr noch wie durch die Abschleifung der Oberfläche

kann die Zersetzbarkeit des Felsschuttes abgeändert werden durch die chemische Umwandlung seiner mineralischen Gemeng=theile. Diese Umwandlung kommt weit häufiger vor, als man gewöhnlich denkt, und zeigt sich namentlich bei denjenigen Schuttindividuen, welche längere Zeit vom Wasser benetzt und transportirt worden sind.

Das Wasser der Flüsse, vor allen aber des Meeres, enthält nemlich stets Salze verschiedener Art gelöst, welche theils umwandelnd theils zersetzend auf mannichfache Minera=lien einwirken können, sobald es längere Zeit mit den letteren in Berührung bleibt. Mittelst der feinen Haarspalten, welche wohl nie den Felstrümmern ganz fehlen, dringt das Wasser mit seinen gelösten Salzen in das Innere der Trümmermasse ein und wirkt nun hier hauptsächlich dadurch umwandelnd auf die Mineralgemengtheile dieser Masse ein, daß es ihnen

 entweder neue Bestandtheile zuführt, ohne ihnen einen
  der vorhandenen zu rauben,

 oder von den schon vorhandenen den einen oder andern
  Bestandtheil raubt und auslaugt, ohne ihnen einen
  neuen zu geben,

 oder einen neuen Bestandtheil zuleitet, aber dafür auch
  einen schon vorhandenen raubt.

Ein Beispiel möge das eben Ausgesprochene erläutern. Bekanntlich gibt es Granite, welche aus Orthoklas, Kaliglim=mer und Quarz bestehen; aber es gibt auch solche, welche Oligoklas, Magnesiaglimmer und Quarz enthalten. Der letztere ist weit leichter verwitterbar als der erstere. Wenn nun aber ein solcher Oligoklas und Magnesiaglimmer haltiger Granit längere Zeit mit Wasser in Berührung steht, welches in kohlensaurem Wasser gelöstes kieselsaures Kali enthält, so kann durch Aufnahme des kieselsauren Kalis und Ausschei=dung von kohlensaurem Kalk

 der leicht zersetzbare, Kalkerde haltige Oligoklas in schwer zersetzbaren Kali reichen Feldspath d. i. in Orthoklas, der leichter verwitterbare Magnesiaglimmer aber unter Ausscheidung von kohlensaurer Magnesia in schwer verwitterbaren Kaliglimmer

umgewandelt werden. Aeußerlich sieht man dann einem solchen umgewandelten Granite gewöhnlich nichts von seiner Umwandlung an; wenn man ihn aber zerschlägt, so zeigt das Innere derselben einen anderen Feldspath und einen anderen Glimmer. Diese Umwandlung der Masse von Schuttindividuen kann man vorzüglich an den Blöcken und Geröllen beobachten, welche im norddeutschen Tieflande, am Strande des Meeres, an den Ufern der Flüsse, aber auch in einem morastigen oder von fauligen Organismenresten reichlich durchzogenen Boden vorkommen. Sie zeigt sich am meisten an Schuttindividuen, welche kalkreiche Feldspathe, Hornblenden und Augite oder magnesia- und eisenoxydulreiche Augite und Glimmer enthalten und wird hauptsächlich unter dem Einflusse von Wasser, welches Kohlensäure oder kieselsaure Alkalien gelöst enthält, vollbracht.

Im Uebrigen aber verhält sich der Blöcke- und Geröllschutt im Allgemeinen gegen die Verwitterungsagentien in ganz ähnlicher Weise, wie die Felsarten, aus denen er entstanden ist.

§. 63. **Wichtigkeit des Blöcke- und Geröllschuttes für die Bildung und Pflanzentragkraft des Bodens.** — Es ist da, wo von der Verwitterung der Felsarten und ihrem Bodenbildungsvermögen die Rede war, schon darauf aufmerksam gemacht worden, daß es schlimm um die Erdbodenbildung aussehen würde, wenn dieselbe nur allein dadurch hervorgerufen werden sollte, daß eine Felsmasse, noch dazu eine mit ganz dichtem Gefüge, lediglich durch die eigentlichen Verwitterungsagentien, wie Kohlensäure, Sauerstoff und Wasser, von Außen nach Innen allmählich

in Erdkrume umgewandelt werden sollte. Das ist in der
That so. Man beobachte nur eine frische, eben erst bloßge=
legte, Felsfläche z. B. vom Basalt. Wie viele Jahre gehen
vorüber, ehe sich auf derselben eine, kaum liniendicke Ver=
witterungsrinde bildet, wie fest haftet dann dieselbe an der
Felsoberfläche und wie dicht verschließt sie das von ihr ver=
deckte Gestein gegen die Atmosphärilien! Wenn nicht noch
die sich auf der verwitterten Gesteinsfläche ansiedelnden
Schurfflechten durch ihre Feuchtigkeitsanziehung und Säuren=
entwicklung an der Zerstörung ihres Felsensitzes mithälfen,
so könnten Jahrtausende vorübergehen ehe sich eine bemerk=
liche Erdkrume auf einer solchen Felsfläche gebildet hätte.
Um diesem Uebelstande abzuhelfen, spaltete die Natur alle
Felsarten schon bei ihrer Erstarrung in einzelne, — würfel=,
säulen= oder kugelförmige —, Absonderungsmassen und ließ
sie dann weiter durch das in die Absonderungsspalten ein=
dringende und zu Eis erstarrende Wasser in einzelne Blöcke
zerreißen, welche dann weiter bei ihrer gewaltsamen Aus=
einandertrennung nach allen Richtungen hin rissig und
spaltig und bei ihrem Zusammensturze auch noch mannichfach
in größere und kleinere Blöcke und Gerölle zertrümmert
werden. Diese so entstandenen, von Rissen durchzogenen,
Felstrümmer können nun die Verwitterungsagentien leichter
von allen Seiten angreifen, nach allen Richtungen hin durch=
dringen und so auch um so schneller zersetzen und in Erd=
krume umwandeln. In allen diesen ist der Grund zu suchen,
warum zwischen den Blöcken, mit denen so oft die Gehänge
der Granit=, Basalt= und Trachytberge dicht und dick be=
deckt sind, eine so mannichfache und üppige Vegetation empor=
sproßt. Jeder Zwischenraum zwischen diesen Blöcken ist ein
wahrer Treibkasten, in welchem sich alle aus der Verwitterung
der einzelnen Blöcke entstehende Erdkrume sammt den dabei
freiwerdenden Nahrungssalzen der Pflanzen ansammelt.

Nach allem diesen bildet daher der grobe Felsschutt das Material, welches die Natur aus den Felsmassen schafft, um mittelst desselben leichter, schneller und reichlicher Erdboden zu produciren. Aber eben deßhalb ist auch dieser Schutt, zumal der zerkleinte, bröckelige, angewitterte, in vieler Beziehung ein gutes Verbesserungsmittel für die verschiedensten Bodenarten, vorausgesetzt, daß man grade den für jede Bodenart geeigneten wählt.

Für einen strengthonigen nassen Boden ist besonders Kalk= und Basaltschutt geeignet, weil dieser den Boden erwärmt, lockert, zur Verdunstung anregt und auch mit löslicher Kalknahrung versorgt. Dagegen eignet sich Granit=, Porphyr=, Trachyt=, Diorit= und Diabasschutt mehr für thonärmere und sandreichere Bodenarten, weil all dieser Schutt aus seinem Feldspathgehalte Thon entwickelt. — Ueberhaupt dürfte im Allgemeinen in dieser Beziehung als Regel gelten, daß thonreiche Bodenarten einen Schutt, welcher lockert, wärmt und nicht noch mehr Thon entwickelt, als im Boden schon vorhanden ist, als Zusatz brauchen können, während für thonarme oder kalk= und sandreiche Bodenarten ein Schuttzusatz, welcher bei seiner Verwitterung Thon entwickelt, zweckmäßig ist.

Aber der Felsschutt bildet nicht nur Erdkrume, sondern auch ein Magazin für alle möglichen Salze, welche bei seiner Verwitterung frei werden und solange die Pflanzenwelt mit Nahrung versorgen, als noch Reste dieses Schuttes im Boden vorhanden sind. Ganz besonders gilt dieses vom Schutt der gemengten feldspath=, hornblende= und augitreichen Felsarten.

Endlich ist auch der Blöckeschutt das Material, aus dessen weiterer Zertrümmerung aller sandartige Schutt hervorgeht.

II. Nähere Betrachtung des sandartigen Schuttes.

§. 64. Bildung und allgemeine Eigenschaften.
— Wie eben schon angedeutet worden ist, so entsteht aus
der mechanischen Zertrümmerung des Blöckeschuttes Sand.
Indessen nicht blos auf diesem Wege, sondern überhaupt da,
wo mineralische Massen durch mechanische Gewalt so stark
zertrümmert werden, daß ihre Trümmer höchstens erbsengroß
sind, wird sandartiger Schutt gebildet. Wenn die Bäche und
Flüsse die von ihnen fortgeflutheten Felsblöcke durch Hin-
und Herschieben an einander abschleifen und abrunden, wenn
die am flachen Strande in die Höhe rollende Meereswoge
die daselbst abgelagerten Gerölle mit knarrenden Geräusche
aneinander reibt, dann bilden die von diesen Geröllen abge-
scheuerten Mineraltheilchen einen feinen, pulver- oder staub-
förmigen Sand, den so gefürchteten Flug, Quell- und
Mehlsand; wenn ferner das Meteorwasser das thonige
oder mergelige Bindemittel von Sandsteinen erweicht, schlämmt
und wegfluthet, dann bleibt ebenso ein loses Gehäuse von
Sandkörnern übrig, als wenn Wasserfluthen längere Zeit auf
einem sandreichen Thon- oder Lehmboden stehen bleiben und
dann bei ihrem Abzuge die zu Schlamm gewordene Erdkrume mit sich fortfluthen; wenn ferner poröse, zellige oder
nach allen Richtungen hin von zahlreichen Klüften durchzogene Felsarten sich voll Wasser saugen, so zersprengt dieses
bei seiner Erstarrung zu Eis die Masse der Felsarten zu
Geröll- und Sandschutt, ganz so, wie die vulcanischen Wasserdämpfe die erstarrte Lavamasse des Kraters in körnigen,
pulverigen und aschenähnlichen Sand zerstäuben; wenn endlich
gemengte krystallinische Felsarten, deren Mineralgemengtheile
nicht alle gleich leicht von den Verwitterungspotenzen ergriffen
und zersetzt werden können, eben durch die Verwitterung in
Erdboden umgewandelt werden, dann bilden die noch nicht

zersetzbaren oder wohl gar nicht zersetzbaren Gemengtheile derselben sandige Beimengungen ihres Verwitterungsbodens.

Unter sandartigen Trümmern hat man demnach alle kleinen, pulver= bis erbsengroßen Mineraltrümmer zu verstehen, mögen dieselben nun heißen, wie sie wollen, und mögen sie in der Form von Körnern, Blättchen (Schüppchen) oder mehlähnlichem Staube auftreten.

Von der Erdkrume unterscheidet sich aller Sand

1) durch die Gestalt seiner einzelnen Individuen, welche stets, auch wenn sie noch so klein sind, eckige oder abgerundete, im feuchten Zustande zwischen den Fingern nicht breitdrückbare, Körner oder Blättchen, aber niemals Krumen, d. h. Klümpchen von unbestimmbarer Gestalt bilden, welche sich im durchfeuchteten Zustande breitdrücken oder in die Länge walzen lassen und überhaupt knet= und formbar sind, wie man dieses z. B. beim Thon oder Lehm oder auch bei frischgebackenem Brode bemerken kann;

2) durch sein Verhalten gegen das Wasser, indem der reine Sand, auch wenn er mehlartig fein ist, mit Wasser weder einen knetbaren Teig noch einen wirklichen Schlamm bildet, da er auch bei noch so starker Umrüttelung mit Wasser sich rasch zu Boden senkt und mit dem Wasser keine länger dauernde Farbebrühe bildet, sobald das Wasser ruhig steht;

3) durch den Mangel an fester gegenseitiger Anziehung seiner einzelnen Individuen, indem dieselben, wenn sie rein mineralischer Natur sind, bei der Befeuchtung mit reinem Wasser, auch wenn sie mehlartig sind, nie so fest aneinander hangen, daß sie in einander fließen und ein festes Ganzes bilden, sondern schon bei geringer Erschütterung ihren Zusammenhalt aufgeben. Nur wenn seine Körner mit einem Stoffe überzogen sind, welcher Wasser ansaugt und mit demselben Schlamm bildet, wie dieses z. B. der Fall ist bei einem

aus Thon, kohligen Humus oder Eisenocker bestehenden Ueber=
zuge, oder wenn seine einzelnen Körner aus verwitternden
und Thon bildenden Mineralresten bestehen, oder endlich wenn
Wasser, welches solche schlammbildende Theile enthält, zwischen
seinen Individuen durchsintert, können diese letzteren mehr
oder weniger fest zusammengekittet werden.

§. 65. Eintheilung und Arten des Sandes. —
Es ist oben schon angedeutet worden, daß alle Mineralien
bei ihrer Zertrümmerung zu Sand werden können. Da nun
aber viele dieser sandbildenden Mineralien im Zeitverlaufe
sich noch weiter zu Erdkrume zersetzen, so vor allen die Feld=
spath=, Hornblende= und Augit=Sandköner, und andere theils
durch reines, theils durch Kohlensäure haltiges Wasser all=
mählich ganz aufgelöst werden können, so folgt von selbst, daß
man beim Sand im Allgemeinen veränderliche, d. h. sich
theils in Erdkrume umwandelnde, theils im Wasser lösliche,
und unveränderliche oder stabile, unter den gewöhn=
lichen Verhältnissen sich nicht zersetzende und lösende, Sand=
individuen unterscheiden muß.

Bei dieser, ebenso für die Natur des Sandes selbst wie
für die durch ihn herbeigeführten Bodenveränderungen höchst
wichtigen Unterscheidung hat man nun weiter die Sandgehäuse
eingetheilt einerseits je nach den mineralischen Arten und
andererseits je nach der Größe der einzelnen, in einer Sand=
aggregation vorkommenden, Sandindividuen. Mit Hülfe dieser
Unterscheidung lassen sich die Sandaggregationen in folgende
Uebersicht bringen.

Der Sandschutt besteht

1) nur aus veränderlichen Mineralresten: veränderlicher Sand.	2) aus theilweise veränderlichen Mineralresten: Sand aller gemengten, quarzhaltigen Felsarten.	3) aus ganz unzersetzbaren Mineralresten: unveränderlicher Sand.
Zu ihm gehört der Sand der einfachen Minerale, mit Ausnahme des Quarzes und Eisenglanzes. Er erscheint:		Zu ihm gehört der Sand des Quarzes, Eisenglanzes und Titaneisenerzes.
Erdkrume bildend: Sand der Silicate.	im Wasser ganz löslich: Sand des Salzes, Gypses, Kalksteines und Dolomites.	

Alle diese Sandarten können je nach der Größe ihrer Individuen bilden:

1) Kies, Grand oder Grus: Erbsen- bis kirschkern- (2—3 Linien) große Körner.	2) Perlsand: Hanf- (1½—2 Linien) große, perlenähnliche, Körner.	3) Groben Sand: Hirsekorn- (¾ Linien) große Körner.	4) Feiner Sand (Quell- oder Triebsand): Mohnsamengroße Körner.	5) Mehl-, Staub-, Flugsand: Pulver- bis staubförmig, vom Wind leicht beweglich.

Außerdem unterscheidet man die Sandgehäufe, wenn man jedes derselben als ein Ganzes betrachtet, je nach der in ihnen an Menge vorherrschenden Mineralart als:

1) quarzreichen; 2) kalkreichen und 3) augitischen Sand.

Endlich kann man auch noch die Sandgehäufe je nach ihrer Bildungsweise eintheilen:

1) in Vulcanensand oder vulcanische Asche: Aggregationen, welche bei vulcanischen Eruptionen durch die Gewalt der entweichen wollenden Wasserdämpfe aus der erstarrten Lava erzeugt und in die Luft geschleudert werden.

Sie bestehen aus frischen, noch unzersetzten, körnigen bis pulverförmigen Mineral = Individuen, vorzüglich von Feld= spathen, Augiten, Leucit und Nephelin,

2) in Verwitterungssand: Aggregationen, welche durch den Verwitterungsproceß hauptsächlich der gemengten krystallinischen Felsarten entstehen und aus einem Gemenge von größeren und kleineren, theils noch frischen, theils schon halbverwitterten, veränderlichen und unveränderlichen, Mine= ralkörnern und von mehr oder weniger Erdkrume bestehen,

3) in Schwemm= oder Fluthsand: Aggregationen, welche durch Wasserfluthen zusammengehäuft worden sind und vorherrschend aus abgerundeten, kleinen bis mehlförmigen Mineralresten bestehen, unter denen an Menge Körner von Quarz und anderen nicht oder doch nur schwer zersetzbarer Mineralien vorherrschen.

§. 66.   Nähere Betrachtung der wichtigsten Sandaggregationen. — Da der Sand von der größten Wichtigkeit für die Bildung und Fruchtbarkeit der verschieden= artigsten Bodenarten ist, so ist es nothwendig, wenigstens die= jenigen Arten des Sandes näher kennen zu lernen, welche entweder überall vorkommen oder doch wenigstens einen Ein= fluß auf die Pflanzenwelt irgend einer Gegend ausüben und auch wohl als Verbesserungsmittel des Bodens benutzt werden. --

Unter den in dieser Weise sich bemerkbar machenden Sandarten sind namentlich folgende beachtenswerth:

1) Der Bulcansand oder Lavasand. — Wenn die bei einer vulcanischen Eruption aus dem Erdinnern empor= dringende Steinschmelz= oder Lavamasse sowohl in dem Schlote wie in dem Krater eines Bulcanes zu festem Ge= steine erstarrt, so verstopft sie die ebengenannten vulcanischen Abzugscanäle so stark und fest, daß die nun ferner auf dem vulcanischen Herde sich entwickelnden Wasserdämpfe nicht

mehr einweichen können und sich in Folge davon so anhäufen, daß sie zuletzt mit größter Heftigkeit so lange gegen die den Schlot und Krater verstopfenden Lavamassen stampfen, bis sie die letzteren von unten nach oben zu Sand, Pulver und Mehl zermalmt haben. Und indem sie nun durch den gewaltsam erbrochenen Abzugscanal mit vollster Hast entweichen, reißen sie die von ihnen geschaffenen Lavatrümmermassen mit sich in die Luft, von wo aus sie dann als Sand- und Aschenregen theils schon in der nächsten Umgebung des sie·erzeugenden Vulcanes zu Boden sinken, theils in der Gestalt von gewaltigen, das Sonnenlicht verfinsternden, Wolkenmassen durch die Luftströmungen oft in weitentfernte Länder geführt werden. — Die so aus der Zerstampfung vulcanischer Gesteinsmassen erzeugten Aggregationen feineren Steinschuttes sind das Bildungsmaterial des vulcanischen oder Lavasandes, von welchem man nun weiter den eigentlichen Lavasand (Piperino), welcher aus erbsen- bis hirsekorngroßen, meist schwarzgrauen und dann Pfefferkörnern (daher „Piperino") nicht unähnlichen Steinstückchen besteht, und die vulcanische Asche, welche weiter nichts ist, als ein pulver- oder staubartiges, schwärzliches, graues oder weißliches Aggregat von zermalmter Lava unterscheidet.

Nach allem eben Mitgetheilten entsteht also aller Vulcanensand, sowohl der körnige wie der pulverige, aus zerstampfter Lava. Da nun diese letztere, soweit bis jetzt bekannt ist, theils aus Trachyt, theils aus Basaltarten (Basalt, Dolerit, Nephelindolerit oder Leucitophyr) besteht, so muß selbstverständlich der aus der Zertrümmerung der Lava entstehende Sand sammt der Asche ebenfalls aus dem Gruse oder den Trümmern dieser Felsarten, sowie aus den einzelnen Mineralgemengtheilen derselben bestehen und demgemäß theils aus Trachyt-, Basalt-, Dolerit- oder Leucitophyrresten, theils aus Krystall-

stückchen und Körnern von thonerdehaltigen Augit,
Kalkhornblende, Kalkoligoklas, Labrador, Leucit,
oder auch Anorthit und Nephelin gemengt erscheinen, dabei aber auch noch oft Magneteisenerz, Magnesiaglimmer, Melanit, Jdokras oder auch Zeolithe beigemengt
enthalten. — Da nun aber ferner die, aus dem Herde der
Vulcane in die Höhe steigenden und die Sand- und Aschen-
masse nach allen Richtungen durchbringenden, Dämpfe in der
Regel Salzsäure, schwefelige Säure, Kohlensäure und meist
auch Schwefelwasserstoff beigemischt enthalten, so muß die von
diesen ätzendwirkenden Dämpfen durchzogene Sand-Aschen-
masse schon gleich bei ihrer Bildung mannichfach umgewandelt
werden und schon aus ihrem Gehalte an Feldspath, Nephelin
oder Leucit, also aus ihrem Thonerde, Kali-, Natron- und
Kalkerdegehalte allein durch den Einfluß der in den Dämpfen
enthaltenen Schwefelsäure

    schwefelsaures Thonerdehydrat d. i. Alluminit

    schwefelsaure Natronthonerde d. i. Natronalaun

    schwefelsaures Natron d. i. Glaubersalz,

    schwefelsauren Kalk d. i. Gyps,

ferner unter der Einwirkung der salzsauren Dämpfe

    Chlornatrium d. i. Kochsalz,

    Chlorkalium d. i. Sylvin,

endlich unter dem Einflusse der Kohlensäure

    kohlensaures Natron d. i. Soda,

    kohlensaures Kali,

    kohlensauren Kalk

erzeugen. — Es entstehen also hiernach aus diesen Vulcanen-
sandgehäufen schon gleich nach ihrer Entstehung und ebenso
bei allen später auf ihre Masse einwirkenden Dämpfen eine
große Zahl von Salzen, welche meistens im Wasser auflöslich
sind und hierdurch auf mannichfache Weise nicht nur verändernd und zersetzend auf die noch vorhandenen Gemeng-

theile einwirken, sondern auch dem schon bald auf dem Vul-
cansande erwachenden Pflanzenleben eine reichliche Nahrung
bieten. Rechnet man zu allem diesen, daß bei jeder vulcanischen Eruption auch Kochsalz und Salmiak (Chlorammonium)
schon fix und fertig dem Vulcanensande einverleibt werden,
so darf man sich nicht über die Mannichfaltigkeit und Ueppigkeit der Vegetation wundern. Dazu kommt nun endlich noch,
daß dieser vulcanische Sand überhaupt leicht verwittert,
einerseits weil seine kleinen Individuen leicht von allen Seiten
durch die ihn umgebenden Zersetzungsagentien angegriffen
werden können und andererseits, weil seine Masse schon vorn-
herein von heißen und mit ätzenden Substanzen versehenen
Dämpfen durchzogen worden ist. Das so aus seiner endlichen Zersetzung hervorgehende Verwitterungsproduct ist dem
des Trachytes oder Basaltes ähnlich und besteht demnach aus
einer kalkigthonigen oder mergeligen, mit Augit,
Hornblende und noch unzersetztem Felsgrus untermengten,
Erdkrume, welche eben in ihrem Gruse ein unerschöpfliches
Magazin für die Erzeugung von doppeltkohlensauren Salzen
des Kalkes, Natrons und Kali's besitzt.

Der vulcanische Sand, und namentlich dessen Asche, besitzt einen weit größeren Verbreitungsbezirk, als man
gewöhnlich glaubt. Denn abgesehen davon, daß er um jeden
noch thätigen Vulcane herum mächtige, oft mehrere hundert
Fuß starke und meilenweit ausgedehnte, Ablagerungen bildet,
zeigt er sich auch noch in Ländern, welche oft viele — bis
100 — Meilen weit von seiner eigentlichen Bildungsstätte
entfernt liegen, und auf welche er durch starke Luftströmungen,
wie sie ja bei jeder vulcanischen Eruption zum Vorscheine
kommen, gefluthet worden ist. Außerdem aber tritt er auch
in mehr oder minder mächtigen Lagermassen in der näheren
oder ferneren Umgebung von längsterloschenen Vulcanen der
Vorzeit, freilich meist in fest und felsartig gewordenen Massen,

16*

auf; denn alle die Trümmergesteine, welche wir im vorigen
Abschnitte unter dem Namen des Trachyttuffes, Trasses,
Phonolithtuffes, Basalttuffes und Basaltsandsteines kennen
gelernt haben, sind in der That weiter nichts als die durch
eingesintertes Wasser zum festen Ganzen verkitteten Massen
von vulcanischem Sande und vulcanischer Asche. — Alle diese
alten, zu festem Gestein erstarrten, Aschenmassen gleichen in
ihrer Bodenbildung der jetzt noch entstehenden Asche; freilich,
so üppig fruchtbaren Boden wie diese letztere können sie nicht
mehr produciren, da Regenströme durch viele Jahrhunderte
hindurch sie zum großen Theile der mannichfachen Salze beraubt haben, welche wir oben als Producte der vulcanischen
Dämpfe kennen gelernt haben. Immerhin aber geben die
Tuffe der Basalte und Trachyte noch jederzeit vortreffliche
Bodenarten und Düngemittel zumal auf sand = und lehm=
reichem Boden.

2) Der Verwitterungssand. — Er entsteht durch
das Zerfallen ganz verwitterter Felsmassen, Felsblöcke und
Gerölle und zeigt sich daher seiner Hauptmasse nach stets als
ein Gemenge von kleinen Felsstückchen (Felsgrus) und Krystall-
resten, Körnern und Blättchen derjenigen Mineralien, aus
welchen seine Mutterfelsarten bestehen. Sehr gewöhnlich aber
enthält dieses Gemenge auch mehr oder weniger Erdkrume,
welche theils schon von den Mutterfelsarten in seine Masse
gelangt ist, theils sich aus der Zersetzung seiner Sandkörner
fort und fort entwickelt. Lagert er noch in der nächsten Umgebung seines Bildungsgesteines, dann bestehen seine Sandtheile nur aus den Resten dieses letzteren; ist er aber durch
Regenfluthen aus dem Bereiche seiner Bildungsstätte mehr
oder weniger weit weggefluthet worden, dann kann er auch
noch die Reste aller derjenigen Felsarten enthalten, welche in
der Umgebung seiner Bildungsstätte vorkommen. In allen
Fällen erscheint er dann als ein Gemenge theils von verän=

derlichen, theils von unveränderlichen Sandkörnern. In dieser Weise zeigt das Sandgehäufe aller gemengten kryftallinischen Felsarten, welche neben ihren, aus Feldspath, Glimmer, Hornblende oder Augit bestehenden, Gemengtheilen noch Quarzkörner enthalten, neben den veränderlichen Feldspath=, Glimmer= Hornblende= und Augitresten auch noch unveränderliche Quarzkörner und wird im Verlaufe der Zeit in dem Grade reicher an den letzteren, zugleich aber auch an Erdkrume, je mehr sich die ebengenannten veränderlichen Sandtheile zersetzen. Der Verwitterungssand der Granite, Gneiße, Porphyre und Glimmer reichen Gesteine zeigt dieses zur Genüge. Auch die basaltischen Felsarten, welche zwar keinen Quarz, aber Magneteisen besitzen, enthalten in ihrem Sande neben den veränderbaren Feldspath= oder Nephelin= und Augitkörnern nur wenig oder nicht veränderbare Magneteisenkörner, welche um so mehr hervortreten, je weiter die Verwitterung der übrigen basaltischen Gemengtheile vorwärts schreitet. — Dagegen besteht der Sand aller derjenigen Felsarten, welche keinen Quarz oder kein Magneteisen besitzen, nur aus veränderlichem Sande, welcher im Zeitverlaufe ganz und gar in Erdkrume umgewandelt werden kann, wie man an dem Verwitterungssande des Diorites, Diabases, Gabbros und Hypersthenfelses bemerken kann.

Der Verwitterungssand, welcher nach dem eben Mitgetheilten vorzugsweise ein Zertrümmerungsproduct der gemengten kryftallinischen Felsarten ist und sich am häufigsten in der näheren Umgebung seiner Bildungsgesteine abgelagert zeigt, bildet mit der Zeit einen Boden, welcher dem seiner Muttergesteine ähnlich, aber fruchtbarer erscheint, weil seine Bildungskörner durch die Verwitterungsagentien leichter ergriffen und zersetzt werden können, als die derben Massen seiner Muttergesteine. Er gibt darum auch ein gutes Düngmittel für alle diejenigen Bodenarten ab, welche arm an alkalischen Salzen und reich an unzersetzbarem Sande sind.

3) Der Schwemmsand. — Sowohl der Vulkanen=, wie der Verwitterungssand kann zum Schwemmsand werden, wenn Wasserfluthen ihn von seiner Mutterstätte wegfluthen und mehr oder weniger weit entfernt von dieser letzteren erst wieder absetzen. Außerdem besteht ein großer Theil dieses Sandes aus den abgeriebenen Resten von Blöcken und Ge= röllen, welche die Fließgewässer in ihren Betten hin und her und gegeneinander schieben. Endlich muß namentlich auch aller Sand, welcher aus der vollständigen Zertrümmerung von Sandsteinen entsteht, zum Schwemmsande gerechnet wer= den, weil ja die Sandsteine selbst erst aus der Verkittung dieses Sandes entstanden sind. — In der Art seiner Masse= theile und in der Menge seiner erdigen Beimengungen zeigt sich der Schwemmsand verschieden einerseits je nach der klei= neren oder größeren Entfernung seiner Lagerstätten von der ursprünglichen Bildungsstätte desselben andererseits nach der Größe und Fließgeschwindigkeit der ihn transportirenden Gewässer und endlich auch nach dem Alter seiner Massen. In dieser Beziehung ist im Allgemeinen folgendes anzunehmen:

a) Je weiter Sandmassen durch das Wasser von ihrer Mutterstätte weggefluthet werden, um so kleiner und abgerun= deter erscheinen ihre Körner, um so reicher sind sie an Quarz= körnern und schwer verwitterbaren Mineralresten, aber auch um so ärmer an Erdkrume, wenn das sie transportirende Wasser eine starke Fließkraft besaß und während seines Laufes nicht durch Hemmnisse gezwungen wurde, zugleich mit dem Sande auch die Erdkrumentheile nieder sinken zu lassen.

b) Wird eine mit beigemengter Erdkrume wohlversorgte Sandablagerung öfter vom Wasser überfluthet, so raubt ihm dieses bei seinem Abflusse um so mehr von dieser Erdkrume, je länger es sich auf ihr in fluthender Bewegung befand. Still= stehendes Wasser dagegen schlämmt wohl auch die Erdbei=

mengungen des Sandes, aber es setzt sie bei seiner Ver=
dunstung auch wieder als Erddecke auf dem Sande ab.

c) Je älter Sandablagerungen sind, um so weniger ver=
änderbare Theile besitzen sie, wenn sich anders nicht noch
Blöcke, Gerölle und Grus in ihrer Masse befinden, welche
durch ihre Verwitterung und Zerfallung neue veränderbare
Sandtheile liefern. — Bemerkenswerth aber erscheint in dieser
Beziehung der Schwemmsand, welcher aus dem Zerfallen von
Sandsteinen entsteht. Denn dieser enthält neben seinem
Quarzgehalte auch noch um so mehr Feldspathkörner und
Glimmerblättchen, je älter die Formation ist, zu welcher der
Muttersandstein des Schwemmsandes gehört. In dieser Weise
ist z. B. der graue Sandstein der Zechsteinformation reicher
an Feldspaththeilen, als der Bundsandstein und dieser immer
noch reicher als der weit jüngere Quadersandstein. Der
Grund von dieser Erscheinung liegt wahrscheinlich darin, daß
die ältesten Sandsteinbildungen aus der Zerstörung von Gra=
niten, Gneißen und anderen gemengten krystallinischen Ge=
steinen entstanden sind, während die jüngeren und jüngsten
Sandsteingebilde schon als Schlämmungsproducte von zer=
störten älteren Sandsteinen betrachtet werden müssen.

Nach allem diesen eben Mitgetheilten unterscheidet sich
also im Allgemeinen der Schwemmsand von anderen Sand=
arten zunächst durch seine kleinen, abgerundeten Körner, so=
dann durch die größere Menge von unveränderlichen oder
doch nur schwerveränderlichen Mineralresten, endlich durch die
geringe oder ganz fehlende Beimengung von wirklicher Erd=
krume.

Je nach den in seinen Aggregationen vorherrschenden
Mineralarten unterscheidet man von dem Schwemmsande:

a) quarzreichen Sand, welcher in ganz reinem Zu=
stande nur aus Quarzkörnern besteht, in der Regel aber
2 bis 25 Procent andere Mineraltrümmer, namentlich Feld=

spath=, Hornblende= und Glimmertheilchen, außerdem nicht sel=
ten auch noch Kies und Grus von Granit, Syenit, Gneiß
und Porphyr beigemengt zeigt und nun weiter je nach den
am meisten in seiner Masse auftretenden Mineralkörnern
unterschieden wird, als:

    Feldspath haltiger Quarzsand mit 5—25 Proc.
gelblicher, röthlicher, braunrother oder weißlicher Ortho=
klas= oder Oligoklaskörner;

    Glimmer haltiger Quarzsand mit 2 — 10
Proc. zarter, silberweißer, messinggelber oder eisen=
schwarzer Glimmerschüppchen;

    Kalk haltiger Quarzsand mit 5—10 Proc. koh=
lensauren Kalkes, dessen Stückchen oft nichts weiter als
Bruchstücke von Conchyliengehäusen sind;

    Eisenschüssiger Quarzsand (Eisen= oder Eron=
sand, Ortsand), dessen einzelne Körner mit einer, bis=
weilen liniendicken, Rinde von ockergelbem Eisenoxyd=
hydrat so fest überzogen sind, daß man dieselbe nur
durch warme Salzsäure von ihnen entfernen kann.
Dieser Sand ist das Hauptbildungsmittel der im
nördlichen und nordwestlichen Tieflande Deutschlands
so allgemein verbreiteten unfruchtbaren Geest;

    Kohle haltiger Quarzsand (Blei=, Form= und
Humussand), ein mit kohligen Humustheilchen unter=
mengter und überzogener und durch dieselben bleigrau
oder auch schwarzgrau gefärbter, Sand, welcher vor=
züglich im norddeutschen Tieflande auftritt und ent=
weder über dem Ortsteine oder mit demselben wechsel=
lagert.

    b) kalkreichen Sand, welcher 80 bis 95 Procent
kohlensauren Kalk enthält und bei seiner Lösung in Salzsäure
5—10 Proc. Quarz= und Feldspathkörner und nicht selten
auch 2—10 Proc. Thon absetzt. Er lagert theils in den

Thälern zwischen Kalkbergen, theils im Untergrunde von
Mooren, namentlich von Wiesen = oder Riethgrasmooren,
theils im Gebiete der Dünen am Meeresstrande. Von ihm
unterscheidet man aber wieder

1) den Muschelsand oder Muschelgrus, welcher an
   den Küsten der Meere vorkommt, an diesen oft beträcht=
   liche Dünenhügel zusammensetzt und vorherrschend aus
   Trümmern von Meeresconchylien und Korallen besteht,
   aber oft auch mehr oder weniger Quarzsand enthält.
   Für thonreiche und sumpfige oder moorige Bodenarten
   gibt er ähnlich dem Mergel ein vortreffliches Düng=
   mittel ab;

2) den Wiesenmergel oder Alm, welcher entweder nur
   aus pulverförmigen oder zusammengesinterten Kalkkörnern
   oder aus einem Gemenge von 60—80 Proc. kohlen=
   sauren Kalkes, 10—15 Proc. Quarzkörner und 5—10
   Proc. Thones besteht und hauptsächlich auf dem Grunde
   von Wiesenmooren über einer Sandlage, z. B. in Thü=
   ringen und Bayern, in mehr oder minder mächtigen Ab=
   lagerungen auftritt.

§. 67. Eigenschaften des Sandes im Allge=
meinen. — Die Gehäuse des Sandes, vor allen des durch
die Fluthen der Flüsse und Meere abgesetzten Schwemmsandes,
bedecken in gewaltigen Massen das norddeutsche Tiefland vom
Rheine bis zur Weichsel und überziehen von da aus nach
Osten dringend den größten Theil der russischen Niederungen
in Europa und Nordasien, verbreiten sich ferner von Westen
nach Osten quer durch ganz Afrika und ebenso durch den
größeren Theil von Asien und verwandeln in beiden Erd=
theilen das fruchtbare Land und die Wohnstätten der Men=
schen durch ihre überall hindringenden Flugsandwolken in öde
Wüsten und Steppen — kurz die Gehäuse des Sandes nehmen
unermeßlich weite Strecken der Erdoberfläche ein und finden

sich überall da, wo ehedem große Binnensee'en standen. Sie sind daher von der größten Wichtigkeit für das Leben nicht nur der Pflanzen, sondern auch der Thiere und Menschen. Wohl ist es demnach von großem Werthe, diejenigen Eigenschaften des Sandes kennen zu lernen, durch welche er eben einen so großen Einfluß auf alle mit Leben begabte Geschöpfe der Erdoberfläche ausübt.

Unter diesen Eigenschaften treten nun am meisten hervor, zunächst die **Bindigkeitsverhältnisse des Sandes, sodann das Verhalten desselben gegen die Wärme und gegen das Wasser und endlich seine Veränderlichkeit.**

1) Die **Bindigkeit** oder **Cohärenz** der Massetheile des Sandes. --- Wenn Thon= oder Lehmkrumen mit Wasser angefeuchtet werden, so ziehen sie sich gegenseitig einander an und haften mehr oder weniger fest an einander, so daß man ihre Masse kneten und formen kann, ja daß diese letztere auch nicht ihren Zusammenhalt aufgibt, wenn man sie von einer stark schiefen Fläche herab zu Boden fallen oder auf der schwingenden Hand auf und ab hüpfen läßt. Diese eigenthümliche gegenseitige Anziehung angefeuchteter Erdkrumen, welche sich übrigens auch bei frischem Brode zeigt, nennt man ihre **Bindigkeit.** Sie ist eine Eigenschaft aller wirklichen Krumen und findet sich nicht nur bei dem Thone und Lehme, sondern auch, wenn gleich in geringerem Grade, bei den Humussubstanzen, dem Eisenoxydhydrate und allen mehlförmigen Bestandtheilen des Erdbodens, wenn dieselben Feuchtigkeitsanziehung, aber auch Feuchtigkeitshaltung besitzen. Wie zeigt sich nun diese Eigenschaft bei dem Sande? -- Aus dem, was soeben über die Bindigkeit im Allgemeinen mitgetheilt worden ist, ergibt sich von selbst, daß in einem Sandgehäuse um so weniger Bindigkeit der Sandkörner stattfinden kann,

1) je grobkörniger diese Körner sind,

2) je unverwitterter sie sind und je mehr sie überhaupt den Verwitterungsagentien widerstehen,

3) je mehr demnach in einem Sandgemenge die Quarzkörner vorherrschen,

4) je weniger zwischen und an den Sandkörnern Substanzen vorhanden sind, welche Feuchtigkeit anziehen und fest= halten.

Nach allem diesen wird also ein Sandgehäufe nur dann im angefeuchteten Zustande etwas Bindigkeit zeigen, wenn es aus möglichst kleinen, pulver= oder mehlförmigen, Körnern besteht, oder wenn es ferner in seinem Gemenge viel verwit= ternde und bei ihrer Verwitterung Thon oder Eisenoxyd= hydrat producirende Körner enthält, oder wenn endlich seine Körner mit einer Rinde von Eisenoxydhydrat, Thon= oder Humussubstanz überzogen oder mit diesen Substanzen gemengt sind. — Der fast nur aus reinem Quarze bestehende Sand zeigt demnach die geringste und im austrocknenden Zustande gar keine Bindigkeit; er gewährt auch den Wurzeln der auf ihm sich ansiedelnden Pflanzen nur dann einen Haftplatz, wenn diese letzteren das Vermögen besitzen, weit und tief im Boden umherziehende und viel Fasern besitzende Wurzeln zu treiben.

Eine bemerkenswerthe Ausnahme von dieser Regel bildet der Kalksand, zumal wenn er sehr feinkörnig ist. Die feinsten, mehlartigen Theile dieses Sandes nemlich bilden mit Regen= wasser einen zarten Schlamm, welcher beim Austrocknen die einzelnen gröberen Kalkkörner zusammenkittet, so daß dann die Oberfläche solcher Kalksandgehäufe fast wie zusammen= gefroren aussieht. An den Kreideküsten Rügens kann man solche zusammengefrittete Kreidesandgehäufe nach jedem starken Regen und gleich darauf folgenden Sonnenscheine entstehen sehen.

2) Eigenthümlich ist auch das Verhalten des San= des gegen die Wärme. — Bekanntlich kann jeder Körper

auf zweierlei Weiſe von Außen her Wärme empfangen, nem=
lich entweder durch Leitung, wenn er in unmittelbarer
Berührung mit einem Wärme ſpendenden Körper ſteht, oder
durch Strahlung, wenn er nicht unmittelbar einen warmen
Körper berührt, ſondern durch die von dem letzteren aus=
gehenden Wärmeſtrahlen getroffen wird. Hiernach kann alſo
auch ein Sandgehäuſe durch Leitung erwärmt werden, wenn
es entweder von der ſeine Maſſe berührenden oder dieſelbe
durchdringenden Luft oder von der Erde, auf welcher es lagert,
oder auch von einzelnen ſeiner Sandkörner, welche Wärme
entwickeln und an die ſie berührenden Sandmaſſen abgeben,
Wärme erhält, — aber es kann auch andererſeits von den
Wärmeſtrahlen der Sonne durchdrungen werden. Gegen dieſe
verſchiedenartigen Erwärmungsmittel verhält ſich nun ein und
daſſelbe Sandgehäuſe ſehr verſchieden.

a) Kommt nemlich ein Sandgehäuſe mit einem
warmen Körper, z. B. mit warmer Luft oder mit warmer
Erde, in unmittelbare Berührung, ſo nimmt es
von demſelben um ſo langſamer Wärme in ſich
auf, je grobkörniger, lockerer, trockener und
heller gefärbt ſeine Maſſe iſt und je weniger ſie
erdige oder humoſe Beimengungen beſitzt. Aber
hat es ſich einmal mit Wärme geſättigt, dann hält es auch
die aufgenommene Wärme um ſo länger feſt, je mehr die
eben erwähnten Eigenſchaften ſeiner Maſſe ausgeprägt ſind.
Demgemäß iſt alſo ein ſolches grobkörniges, trockenes, hell=
gefärbtes und erdefreies Sandgehäuſe ein ſehr guter
Wärmehalter. Ein ſo beſchaffener Sand wird daher eine
durchwärmte Erdmaſſe während des Winters immer warm
erhalten und auch eine gute Wärme haltende Decke für Pflan=
zen bilden. Aber ebenſo wird er auch während des Sommers
einen von Feuchtigkeit durchdrungenen Boden feucht und kühl
erhalten, indem er die Wärme der Luft nicht durch ſeine

Masse durch zu dem unter ihm lagernden Erdboden gelangen läßt. Ganz anders aber verhält er sich, wenn er auf einem von Wasser durchdrungenen, quelligen und das Wasser nicht durchlassenden, Boden lagert. Alsdann nimmt er allmählich — zumal wenn er kleinkörnig ist oder wenn seine Körner mit einer Eisenockerrinde überzogen sind — immer mehr Wasser in sich auf. Indem aber das so angesogene Wasser seine Körner gewissermaßen verkittet, wird seine Masse dichter und in Folge davon ein guter Wärmeleiter, welcher alle die ihm aus seiner Umgebung zugeleitete Wärme rasch aufnimmt und eben so rasch an die Luft abgibt. In diesem Falle also hört ein Sandgehäuse auf, für den unter ihm gelegenen Boden ein guter Wärmehalter zu sein; ja in diesem Falle kann es sogar die Ursache werden, daß sich die Feuchtigkeit und Kühle liebenden Wassermoose auf ihm niederlassen und eine Moorung gründen.

b) Anders dagegen verhält sich ein Sandgehäuse g e g e n d i e   W ä r m e s t r a h l e n   d e r   S o n n e. Unter sonst gleichen Verhältnissen wird es durch diese um so schneller und stärker erhitzt, je grobkörniger und je dunkeler gefärbt seine Masse ist. Aber es wird die aufgenommenen Wärmestrahlen nur dann auch lange in sich festhalten, wenn seine Körner mit Eisenocker oder mit kohligen oder humusartigen Substanzen überzogen sind. Ist dieses nicht der Fall, ist seine dunkele Farbe eine Eigenschaft der seine Masse zusammensetzenden Mineralkörner, dann gibt er seine am Tage durch die Sonne empfangene Wärme am Abend und bei beginnender Nacht auch eben so rasch an die es bestreichende Atmosphäre ab, so daß es sich so stark abkühlt, daß die über seiner Ober=fläche hinstreichenden und mit Wasserdampf erfüllten Luft=schichten alle Sandkörner dick mit Thautropfen beschlagen. Kein Sand, ja überhaupt kein Boden bedeckt sich stärker mit Thau, wie ein solcher aus gelben, braunen oder schwarzen

Quarz=, Feldspath=, Hornblende=, Augit= oder Basaltkörnern
bestehender Sand, zumal wenn er grobkörnig ist und nicht
durch Gewächse bedeckt oder doch beschattet wird. Es ist
dieses Verhalten des Sandes von großer Wichtigkeit für seine
Pflanzenproductionskraft; denn durch diese reichlichen Thau=
niederschläge, welche stets Sauerstoff und Kohlensäure in
ihren einzelnen Tröpfen enthalten, werden nicht nur die auf
dem Sande wohnenden Pflanzen gebadet, erquickt und ernährt,
sondern auch aus den in der Sandmasse vorhandenen zersetz=
baren Mineralresten eben mittelst ihrer Kohlensäure lösliche
kohlensaure Salze, welche den sandbewohnenden Gewächsen
zur Nahrung dienen können, und außerdem auch noch Erd=
krumentheile geschaffen, durch welche der früher ganz bindungs=
lose Sand mit der Zeit bindiger und fruchtbarer wird. Nur
schade, daß der sich am stärksten bethauende Sand sich auch
so stark abkühlt, daß in kühlen Nächten sein Thau zu Reif
erstarren und hierdurch den Sand bewohnenden Pflanzen
nachtheilig werden kann.

        Während nun so der aus gefärbten Quarz= und Silicat=
körnern bestehende Sand sich des Abends stark abkühlt und
in Folge davon auch stark bethaut, nimmt der vorherrschend
weißlich gefärbte, hauptsächlich aus Kalkresten bestehende,
Sand die Wärmestrahlen der Sonne nur ganz langsam auf
und erhitzt sich am Tage weit weniger, aber er hält auch die
einmal aufgenommene Wärme lange fest, so daß er sich des
Abends und Nachts nur wenig abkühlt und in Folge davon
auch nur wenig bethauet.

        3) Von großer Wichtigkeit für die Bodenbildung und
Pflanzenerhaltungskraft des Sandes ist endlich auch seine
Wasseransaugungs= und Wasserhaltungskraft.
— Die erste dieser beiden Kräfte oder Eigenschaften äußert
sich dadurch, daß ein Sandgehäuse Feuchtigkeit sowohl aus
der Atmosphäre wie auch aus seinem Untergrunde in sich

auffaugen kann; die Wafferhaltungskraft aber besteht in dem
Vermögen des Sandes, das in sich aufgenommene Waffer
auch längere oder kürzere Zeit in sich festzuhalten,

a. Was nun zunächst die Wafferansaugungskraft
(Capillarität, Haarröhrchenkraft und Hygroskopizität) des
Sandes betrifft, so hängt dieselbe einerseits von der Feinheit
seiner Körner und andererseits von der mineralischen Art
dieser Körner, sowie von den Anhängseln und Beimischungen
derselben ab. In dieser Beziehung lehrt die Erfahrung,
daß ein Sandgehäufe um so weniger Feuchtigkeit
und überhaupt Waffer aus seiner Umgebung in
sich aufzusaugen vermag, je grobkörniger sein
Gemenge, je reicher es an Quarzkörnern und
anderen schwer verwitternden Mineralresten und
je ärmer es an verwitternden Mineralkörnern
und an thonigen, eisenockerigen und humus =
oder torfartigen Beimengungen ist. — Reine Quarzkörner
vermögen gar kein Waffer anzusaugen und festzuhalten, so
lange sie ganz trocken sind, dagegen vermögen sie, wenn sie
vorher durch Regen, starke Thauniederschläge oder Meeres =
dunst ganz befeuchtet worden sind, umsomehr Waffer nament =
lich aus ihrem Untergrunde in sich aufzusaugen, je feinkörni =
ger sie sind und je dichter aneinander gedrängt sie liegen,
kurz je feiner und zahlreicher die zwischen ihnen vorhandenen
Haarspalten sich zeigen. — Anders verhalten sich in dieser
Beziehung die in einem Sandgehäufe vorhandenen Feldspath =,
Glimmer =, Hornblende = und Augitkörner. Sobald nemlich
diese Mineralreste zu verwittern beginnen, bilden sich in ihrer
Maffe eine Menge zarter Spalten, mittelst deren sie unauf =
hörlich Feuchtigkeit mit Kohlensäure aufsaugen und durch die =
selbe nicht nur Waffer ansaugende und sich in demselben
auflösende Salze, sondern auch thonige und eisenockerige
Substanzen bilden, welche nun ihrerseits auch wieder alle

Feuchtigkeit aufsaugen. In allem diesen liegt daher der
Grund, warum ein Sandgehäuse um so mehr Feuchtigkeits=
ansaugung zeigt, je reicher es an Körnern der eben genannten
Mineralien oder an Thon und Eisenocker ist.

b. Wie nun die Feuchtigkeitsanziehung abhängig erscheint
von der eben angeführten Beschaffenheit des Sandes, so hängt
auch seine Kraft, das angezogene Wasser in seiner
Masse fest zu halten, von der Natur seines Gehäuses
ab, so daß man in dieser Beziehung wieder den Erfahrungs=
satz aufstellen kann. Ein Sandgehäuse hält das in seine
Masse eingedrungene Wasser um so fester, je feiner seine
Körner sind, je dichter sie aneinander liegen, je mehr diesel=
ben aus verwitterbaren Mineralresten bestehen und je mehr
sich thonige, ockerige oder humose Substanzen zwischen ihnen
befinden.

4) Alle diese bis jetzt besprochenen Eigen=
schaften des Sandes können sich im Verlaufe der
Zeit ändern, wenn ein Sandgehäuse einerseits veränder=
liche Sandkörner und andererseits einen Ablagerungsort
besitzt, in welchen umändernde Agentien eindringen können.
Vor allen wirken in dieser Beziehung Windströ=
mungen, Wasserfluthen, Atmosphärilien und
Pflanzen, ganz abgesehen davon, daß auch des Menschen
cultivirende Hand gar manche — sei es verbessernde, sei es
verschlechternde — Veränderungen in einer Sandablagerung
hervorbringt.

a. Welchen gewaltigen Einfluß die Luft= oder Wind=
strömungen auf eine Sandablagerung ausüben, das zeigt
uns in auffallender Weise die Entstehung und das Wachs=
thum jener, oft in mehreren Reihen hinter einander am
flachen Gestade des atlantischen Oceans, der Nord= und Ost=
see hinziehenden Hügelreihen, welche unter dem Namen der
Dünen allbekannt sind. Die Meereswoge schwemmte das

Material zu denfelben an und die vom Meere landeinwärts
ftürmenden Windeswellen häufter fie zu den ewig beweglichen
Dünenhügeln auf, aber damit nicht zufrieden, heben alle
nachfolgenden Windftrömungen die leicht beweglichen Körner
derfelben auf, um fie als Sandwolken weit ins Innenland
zu jagen und als gefürchteten Flugfand über die Culturlän=
dereien der Menfchen zu fchütten. Aber die Windftrömungen
wirken auch noch in anderer Beziehung verändernd auf die
Maffen des Sandes ein: Am Meeresftrande führen fie den=
felben zugleich mit dem verdunftenden Meereswaffer Salze,
welche der Wafferdunft aus dem Meere mit fortgeriffen, oder
auch verwefende Organismenrefte und Erdkrumentheilchen zu,
durch welche Subftanzen allmählich das unwirthbare Sand=
gehäufe des Strandes befruchtet und für Pflanzen bewohnbar
werden kann. Im Binnenlande aber rauben fie hier einer
ausgedürrten Sandablagerung ihre kärglichen und ftaubig ge=
wordenen Erdkrumentheile und führen fie einem anderen
Sandgehäufe zu, fo daß diefes letztere fruchtbarer wird,
während das erftere alles Vermögen zur Pflanzenernährung
verliert.

b. So wirthfchaften im Allgemeinen die Windftrömungen
im Gebiete des Sandes. Aber noch mannichfacher wirkt das
Waffer auf die Ablagerungen des Sandes ein. Hier fchiebt
es dem lofen Gehäufe deffelben Erdkrumentheile und Humus=
fubftanzen, ja auch mancherlei gelöfte Salze, oft aber auch
zerfetzbare Felsgerölle, zu, wenn es feine Maffen überfluthet
und dann allmählich verdunftet, dort aber entreißt es bei
feinen Ueberfluthungen der Sandmaffe alle die ebengenannten
Subftanzen und führt fie dann bei feinem Abfluffe mit fich
fort. Gar manche Sandablagerung ift in diefer Weife durch
Wafferfluthen mit thonigen und humofen Stoffen, fowie durch
Salze mancher Art zur fruchtbaren Wohnftätte des Pflanzen=
reiches geworden; gar manche erft fruchtbare Sandmaffen

aber ſind auch durch das Wirthſchaften des Waſſers zur öden
Steppe geworden, zumal wenn der Menſch ſie unvorſichtig
ihrer, ſie gegen Wind und Wetter ſchützenden, Pflanzendecke
beraubt hatte.

c. Vortheilhaft indeſſen wirken in der Regel die Niederſchläge des atmoſphäriſchen Waſſers auf Sandablagerungen ein; denn abgeſehen davon, daß dieſe Niederſchläge die auf dem Sande wohnenden Pflanzen mit dem für
ihre Exiſtenz ſo nothwendigem Waſſer verſorgen, führen ſie
auch demſelben Sauerſtoff und Kohlenſäure zu, durch
welche nicht nur, wie früher gezeigt worden iſt, die in einem
ſolchen Gehäuſe noch vorhandenen umwandelbaren Mineralreſte zerſetzt und zur Production von Erdkrumentheilen und
löslichen Pflanzennahrungsſalzen angeregt, ſondern auch die
in der Sandmaſſe vorhandenen Pflanzen- und Thierreſte in
Humusſubſtanzen umgewandelt werden, welche nun ſelbſt
wieder umwandelnd auf die veränderlichen Mineraltheile des
Sandes einwirken und außerdem aus ſich heraus Kohlenſäure
und Ammoniakſalze — dieſe für die Pflanzen ſo unentbehr-
lichen Nahrſtoffe — entwickeln.

d. Wind und Waſſer wirken gewaltſam und darum auch
mehr oder weniger plötzlich verändernd auf die Ablagerungen
des Sandes ein. Anders iſt es mit dem Pflanzenreiche.
Nur mit Mühe ſchleicht es ſich in das Gebiet des Sandes
ein; mühevoll iſt auch Anfangs ſein Leben; hat es aber erſt
feſten Fuß auf dem loſen Gehäuſe des Sandes gefaßt und
hat es in ſo dichten Schaaren ſich angeſiedelt, daß es die
Oberfläche der beweglichen Sandſchollen ganz verdeckt und
mit ſeinen Wurzelfilzen die einzelnen Sandkörner feſt zuſam-
menkettet, dann haben Wind- und Waſſerſtrömungen ihre
verheerende Gewalt über das Sandgehäuſe verloren und es
beginnt die nur allmählich, aber nachhaltig wirkende Herr-
ſchaft des Pflanzenreiches. Mit langen, horizontal umher-

kriechenden, außerordentlich zahlreich sich veräftelnden Wurzeln durchwühlen nun die einzelnen Arten dieses Reiches das Sandgehäuse nach allen Richtungen hin und umklammern alle Körner desselben so, daß dieselben mit den sie umstrickenden Pflanzenwurzeln ein zusammenhängendes Ganze bilden, welches nicht mehr von Wasserfluthen fortgeschwemmt, aber auch nicht mehr so leicht durch die Wärmestrahlen der Sonne oder durch austrocknende Luftströme seiner durch Regen erhaltenen Feuchtigkeit beraubt werden kann. Dazu kommt, daß die alljährlich absterbenden Pflanzen mit ihren verwesenden Körpergliedern dem Sandgehäuse eine Substanz übergeben, welche nicht nur die Feuchtigkeit ihres Standortes zusammenhält, ja unter Verhältnissen so stark ansammelt, daß aus dem ehedem so dürren Sande ein mit Wassermoosen und Moorhaide dicht bewachsenes Torfmoor werden kann, sondern auch Säuren, wie z. B. die sogenannten Humussäuren und Kohlensäure, entwickeln, durch welche die, in der Sandablagerung vorhandenen, veränderlichen Mineralkörner zersetzt und zur Bildung von Erdkrume und löslichen Pflanzennahrungssalzen angeregt werden. Kein Wunder daher, daß in dieser Weise ein ehedem ödes, pflanzenkahles, von jedem Luftzuge veränderbares, Sandgehäuse im Verlaufe der Zeit doch noch in ein fruchtbares, der Cultur zugängliches, Pflanzengefilde umgewandelt werden kann, zumal wenn der cultivirende Mensch es versteht, eine solche von der Pflanzenwelt urbar gemachte Sandablagerung mit Düngstoffen zu versorgen, welche das Werk der naturwüchsigen Pflanzen nicht wieder vernichten, wenn er mit anderen Worten einem vorherrschend aus Sand bestehenden Boden nicht mit Substanzen versorgt, welche einerseits die Wasser haltende Kraft desselben schwächen, wie dieses z. B. Haide= und langes Stroh thun, und andererseits auch keine Stoffe aus sich produciren, welche entweder schon durch sich allein die in einem Sandboden wachsenden Pflanzen

17*

ernähren können oder doch die in einem solchen Boden vorhandenen veränderlichen Mineraltheile zu zersetzen vermögen,
wie dieses z. B. mit der, alle möglichen Schwefelalkalien und
kohlensaures Ammoniak enthaltenden, Jauche organischer Reste
der Fall ist.

Soviel über die Veränderungen, welche eine Sandablagerung im Zeitverlaufe durch Wasser, Luft und Pflanzenwelt
erleiden kann. Wie wir so eben kürzlich gezeigt haben, so
bestehen dieselben

1) in einer durch Wind oder Wasser herbeigeführten Ver-
   mehrung oder Verminderung der Massetheile eines Sand-
   gehäufes und

2) in einer durch die Atmosphärilien und die Verwesungssubstanzen der in seinen Ablagerungsmassen wurzelnden
   Vegetabilien herbeigeführten Umwandlung seiner noch
   veränderbaren Sandkörner in Erdkrume, Eisenocker und
   lösliche Salze, sodann in Folge davon

3) in einer Veränderung seiner Gesammtmasse, indem aus
   dem früheren, losen, dürren Sandgehäuse ein mit Erdkrume und Humus untermengter, mehr oder weniger
   bindiger und die Feuchtigkeit zusammenhaltender Sandboden oder auch, unter dem Einflusse von Wassermoosen
   und anderen, das Wasser festhaltenden Pflanzen, namentlich bei ohnedies schon feuchter Lage, ein Torfmoor wird.

§. 68. **Wichtigkeit des Sandes für die Bildung und Umänderung der Erdrindemassen und
besonders des Erdbodens.** — Wer von den felsigen
Höhen der Gebirge hinab in die von Bächen durchrauschten
Thäler und dann weiter in die weiten Auen der Flüsse und
Ströme bis zum niederen, flachen Strande des Meeres wan-
dert, wird bemerken, daß die Ablagerungen des Sandes sowohl an Mächtigkeit wie an seitlicher Ausbreitung um so
mehr zunehmen, je flacher und niedriger das Land wird und

je langsamer die Fließgewässer durch ihr Gebiet sich hinwäl=
zen, bis am Ende da, wo das Land sich allmählich in das
Bett des Meeres einsenkt und das Meer seine Wogen gegen
den Strand hinrollt, die Masse des Sandes zu den weit
ausgestreckten, sich bis 300 Fuß erhebenden und oft in mehre=
ren Reihen hinter einander lagernden Hügelwällen der öden
Dünen anschwillt. Wer nun aber sieht, wie jeder, vom Meere
her gegen die nur aus leicht beweglichem Sande aufgebauten
Dünenhügel anstürmende, Windesstrom gewaltige Wolken von
Sand erhebt, sie landeinwärts trägt und dann als Sand=
regen immer und immer über die anliegenden Culturländereien
schüttet, bis diese in unfruchtbare Sandwüsten umgewandelt
und selbst die Wohnstätten der Menschen vergraben sind, der
muß erstaunen über die verderbliche Macht, welche der Sand,
dieses Gehäufe von winzig kleinen Mineralkörnern, über
große Strecken der Erdoberfläche ausübt. Ja, in diesem
Falle erscheint wirklich das Wirken des Sandes ein verderb=
liches. Aber dieselben Sandwolken, die heutigen Tages die
Wohnstätten und Ländereien der Menschen in Sandeinöden
umwandeln, waren es auch, welche allmählich die ehedem noch
unter dem Meeresspiegel lagernden Landesgebiete so lange
mit Geröllen und Sand überzogen, bis sie über das Meer
als Tiefland hervortraten, waren es auch, welche das neu=
geborene Land durch Aufschüttung von Dünenwällen gegen
die anstürmenden Wogen des Meeres vor dem Wiederunter=
gang retteten und schützten; waren und sind es endlich noch
jetzt, welche Becken voll fauligen Wassers und unwirthbare
Torfmoore ausfüllen, überschütten und so zwar in ein Sand=
gebiet umwandeln, aber — in fruchtbares, Wälder, Wiesen
und Aecker tragendes, indem ihr Sand durch die unerschöpf=
liche Feuchtigkeit der unter ihnen liegenden Moore immer
feucht bleibt und hierdurch bindig gemacht und mit löslichen
Salzen versorgt wird, so daß Gräser und Bäume verschiede=

ner Art auf ihm gedeihen und ihn gegen die verderblichen
Wirkungen der Luftströmungen schützen können. — So ist
also das Wirthschaften des Sandes ein gesegnetes, Land ge=
bährendes und Land erhaltendes. Wenn aber trotzdem der
Flugsand fruchtbare Ländereien in wüste Steppen umwandelt,
wie dann? — Immerhin, Landesmassen werden immer durch
diese Sandströmungen theils erzeugt theils erhöht. Und was
uns heute noch als pflanzenleere Steppe oder Wüste ent=
gegenstarrt, aus dem kann die Natur im Verlaufe der Zeit
immer noch fruchtbares Land schaffen, wenn anders der
Mensch ihrem Wirthschaften nicht so hindernd in den Weg
tritt, wie er es nach den Mittheilungen der Geschichte nament=
lich in den früheren Jahrhunderten gethan: denn nach diesen
Mittheilungen waren z. B. die Landesfluren am Busen von
Biscaya im südwestlichen Frankreich, welche jetzt unter dem
Namen „Les Landes" als morastige oder mit Moorhaide
bewachsene Steppen bekannt sind, oder die jetzt unter Flug=
sand vergrabenen Westgebiete Jütlands mit Wäldern bedeckt;
— der Mensch schlug sie weg und der Flugsand hielt seinen
Einzug. Wir haben bis jetzt den Sand als selbständigen
Landeserzeuger betrachtet. Aber weit mehr noch wirkt er
im Vereine mit erdkrümlichen Substanzen zur Bildung von
Erdrindemassen oder zur Umwandlung von Erdboden.

Wenn Gewässer Sand und Thon innig und gleichmäßig
mischen, so entsteht eine lehmige Masse; erhärtet diese zu
fester Felsart, so bildet sie Sandstein. Das alles geschieht
noch in der Gegenwart am felsigen Strande von Meeren und
ist durch alle Bildungsperioden der Erdrinde geschehen; denn
alle die mächtigen Sandsteinablagerungen der Erdrinde waren
einmal mit Sand untermischter Thon oder Mergel und wer=
den es auch wieder bei ihrem Zerfallen.

Aber noch mehr. Reiner Thon bildet im ganz durch=
näßten Zustande Schlamm, im durchfeuchteten eine zähe,

anklebende Masse und im ganz ausgetrockneten harte, steinartige, nach allen Richtungen berstende, Knollen; reiner Thon
also ist in allen Zuständen kein behaglicher Standort für die
meisten Gewächse. Aber mit Sand gleichmäßig und
innig untermischt, bildet er die verschiedenen
Arten des Lehmes, welcher bekannt ist als fruchtbare
Wohnstätte aller möglichen Pflanzen, vor allen der grasartigen Gewächse. Es ist demnach der Sand ein Verbesserungsmittel aller thonreichen Bodenarten, weil er
sie warm erhält, locker macht und am Bersten hindert, aber
auch in vielen Fällen mit Nahrstoffen versorgt, wenn er in
seinem Gemenge zersetz oder lösbare Mineralreste enthält,
und endlich auch die im Thone eingebetteten Organismenreste
dadurch, daß er die Thonmasse locker und luftig macht, zur
vollen Verwesung anregt. Alles dieses vermag schon der
Quarzsand, in noch viel höherem Grade aber der Kalksand
und der Verwitterungssand der Granite, Gneiße, Glimmerschiefer und Porphyre; denn alle diese letztgenannten Arten
des Verwitterungssandes geben bei ihrer Verwitterung nicht
blos alkalinische Salze, sondern auch Quarzkörner. Der
Kalk und Basalt dagegen geben bei ihrer Verwitterung
keinen Quarz; ihr Sand ist daher nur so lange von guter
Wirkung, als er noch nicht vollständig zersetzt worden ist;
nach seiner Zersetzung wird daher der sandige Thon wieder
zu gemeinen Thon und erscheint, wie man zu sagen pflegt,
ausgemergelt; ja durch die Zersetzung des Basaltsandes
ist er sogar noch fetter an Thon geworden. Demgemäß ist
also der Sand des Basaltes und aller gemengten
krystallinischen Felsarten, welche wenig oder
keine Quarzkörner, wohl aber viel Feldspathe
enthalten, für thonreiche Thonarten nur so lange
ein Bodenverbesserungsmittel, als er noch nicht
vollständig zersetzt ist; hat er sich aber erst vollständig

zersetzt, dann gibt er dem Boden nur noch Thon oder höch=
stens Thonmergel. Dagegen erscheint der Sand aller dieser
feldspathreichen, quarzlosen Felsarten für jeden sandreichen
Boden als gutes Verbesserungsmittel, da er bei seiner Zer=
setzung den Erdkrumengehalt desselben vermehrt. Ueberhaupt
aber wird hiernach

a) der kalk= und quarzreiche Sand

    1) für alle thonreichen,

    2) für alle moorigen und torfigen,

    3) für alle sehr humusreichen und darum allzu nassen
       Bodenarten;

b) der quarzlose oder quarzarme Sand aber

    1) für alle sandreichen,

    2) für alle eisenschüssigen,

    3) für alle stark von kohligem Humus durchzogenen,
       und leicht zur Ausdürrung geneigten Bodenarten

ein gutes Verbesserungsmittel abgeben.

    Soviel über die Bedeutung des Sandes als Bodenver=
besserungsmittel. Das eben in der Kürze Mitgetheilte wird
wohl schon zur Genüge zeigen,

    daß einerseits der Sand das Magazin im Boden bildet,
    aus welchem der letztere so lange Pflanzennahrung
    erhält, als noch eine Spur zersetzbaren Sandes in ihm
    vorhanden ist, und andererseits der Thon, dieses Uni=
    versalbildungsmittel alles Bodens, erst durch eine gleich=
    mäßige Untermengung mit Sand zu fruchtbarem Bo=
    den wird.

II. Capitel.

Von der Erdkrume und dem Erdboden.

    §. 69. Allgemeiner Charakter der Erdkrume.
— Alle Gewächse, an deren Körper man eine deutlich ent=

wickelte Wurzel und einen Stengel oder Stamm mit Blättern
bemerkt, bedürfen einer Erdrindenlage, in welcher ihre Wur=
zeln sich nicht nur gegen die Stürme der Luftströmungen und
des Wassers festhalten und ihrer Natur gemäß ausbreiten,
sondern auch mit denjenigen Nahrungsstoffen versorgen können,
welche sie für die Erhaltung und das Wohlbefinden der von
ihnen emporgetriebenen Pflanzenglieder bedürfen. Soll nun
aber eine solche Erdrindenlage für die Pflanzenwelt einen
dauernden und behaglichen Wohnsitz bilden, so muß sie vor
Allem ein Mittel besitzen, welches alle Ansprüche der auf ihr
wohnenden Pflanzenarten befriedigen kann.

Dieses Mittel, durch welches eine Erdrinden=
masse zum behaglichen und dauernden Wohnsitz
für die Pflanzenwelt wird, ist die Erdkrume.

Diese Erdkrume nun ist das letzte Verwitterungsproduct
von allen Mineralien, welche kieselsaure Thonerde als Haupt=
bestandtheil besitzen und besteht aus Mineraltheilen, welche
im ganz ausgetrockneten Zustande pulverig erdig erscheinen, im
angefeuchteten Zustande aber eckigrundliche, klebrige, zwischen
den Fingern knet= und formbare Krümeln oder Krumen bil=
den, und bei vollständiger Durchnässung in die feinsten, im
Wasser lange schwebend bleibenden und mit demselben einen
ganz gleichmäßigen Schlamm bildenden, Theile zerfallen; dabei
aber sich nie im Wasser wirklich auflösen und auch
durch keins der gewöhnlich im Boden vorkommenden Zer=
setzungsagentien weiter umwandeln lassen. Aber eben durch
diese ihre Unlöslichkeit im Wasser und Unveränderlichkeit in
Kohlensäure haltigem Wasser, sowie durch ihre Anhaftungskraft
an anderen Körpern während ihres feuchten Zustandes wird die
Erdkrume das Mittel, wodurch sie dem losesten Sandgehäuse
Bindigkeit und Kraft gibt, den Pflanzenwurzeln einen festen
Haft gegen Windesströmungen und Wasserfluthen zu gewähren.

Unter den verschiedenen Zersetzungsproducten der Mi=

neralien gibt es nun aber blos eins, welches alle die eben
angegebenen Eigenschaften der Erdkrume besitzt; dieses ist
die gewässerte kieselsaure Thonerde oder die
Thonsubstanz. Alle anderen Mineralsubstanzen, so namentlich das Eisenoxyd, der kohlensaure Kalk und Gyps bilden im trockenen Zustand theils steinartige, theils pulver-
förmige Massen, aber keine wahre Erdkrume, und sind theils
schon in reinem (z. B. der Gyps), theils in Kohlensäure
haltigen (z. B. der Kalk), theils in Humussäuren haltigen
Wasser (z. B. das Eisenoxyd) veränderlich oder ganz auflösbar. Sie alle sind daher auch nicht im Stande, eine dauer-
hafte Wohnstätte den Pflanzen zu gewähren. Die Thonsubstanz ist demnach das Hauptmittel, mit welchem die Natur alle die Bodenarten schafft,
welche die verschiedenen Glieder des mächtigen
Pflanzenreiches dauernd ernähren und erhalten
soll, so daß man wohl behaupten darf: Es gibt keinen für
die Dauer fruchtbaren Erdboden, welcher nicht irgend eine
Quantität Thon enthält. Wohl ist es daher von der größten
Wichtigkeit, dieses Universal-Bodenbildungsmittel möglichst
genau kennen zu lernen.

a. Die Thonsubstanzen.

§. 70. Allgemeine Eigenschaften derselben.
— Wenn man Töpferthon oder sonst einen sogenannten
fetten, d. h. von Sand oder Kalk freien, Thon zu einer
Platte auswalzt und läßt dieselbe an einem trockenen schattigen Orte ganz allmählich austrocknen, so behält sie fast vollständig ihre ebene Plattenform; wenn man aber eine solche
Thonplatte auf einen heißen Ofen oder in die Sonne legt,
so läßt sie allzurasch das in ihr vorhandene Wasser verdunsten, so daß nun ihre einzelnen Massetheile sich zu stark
und fest anziehen und in Folge davon zunächst ein Zerplatzen

der ganzen Platte und dann ein Krümmen der einzelnen
Stücken zu napfähnlichen Scherben herbeiführen. Das Alles
kann man an jeder in der Sonne austrocknenden Thon-
schlammpfütze beobachten. Aber dieses Alles — dieses Hart-
werden, Schwinden oder Rissigwerden und in
Folge davon zu Scherben oder steinähnlichen
Knollen („Klößen") zerfallen — ist eine allgemeine
Eigenschaft allen Thones und tritt um so stärker auf, je freier
derselbe von innig beigemischtem Sand oder Kalk ist. —
Wenn man nun aber weiter einen solchen steinhart gewordenen Thonknollen ins Wasser legt, so zerfällt er nicht gleich
wieder zu Schlamm; nur sehr langsam und allmählich wird
er bei fortdauernder Wasserwirkung lagenweise von Außen
nach Innen erweicht, schmierig oder schlammig. Als Schlamm
hält dann der Thon das Wasser sehr fest, verdunstet aber
dieses letztere zum Theil allmählich, so bildet er einen zähen
zarten, anklebenden Teig, welcher sich allen Körpern fest anhängt und kneten und formen läßt (also plastisch ist). Trocknet
nun aber dieser Teig noch mehr aus, dann bildet er eine
feinkrümelige Masse, deren einzelne Krumen die in ihnen noch
vorhandene Feuchtigkeit sehr fest halten und sich in Folge
davon unter einander immer noch stark anziehen. In diesem
krümlichen Zustande sieht er dem Lehme sehr ähnlich, ist
indessen noch leicht von dem letzteren dadurch zu unterscheiden,
daß sich seine Masse am Fingernagel glättet und
zwischen den Fingern theils zu dünnen, nicht
berstenden, Blättchen breit drücken, theils in
dünne, biegsame, nicht zerreißende, Stengel auswalzen läßt, lauter Eigenschaften, welche der Lehm wenig
oder nicht zeigt. Trocknet endlich ein solcher krümlicher Thon
allmählich ganz aus, so zerfällt er in eine staubige oder pulverige Masse, welche dann bei vollständiger Durchnässung
wieder Schlamm bildet. Eigenthümlich für diesen Schlamm

ist nun, daß er, wenn er gefriert, bei später erfolgender, all=
mählicher Aufthauung nicht wieder zu Schlamm, sondern
zu einer krümlichen Erde zerfällt, dagegen bei plötzlich ein=
tretendem Thauwetter wieder zu Schlamm wird.

Alle diese ebenerwähnten Eigenschaften stehen im Zu=
sammenhange mit dem Verhalten des Thones zum
Wasser. Wohl kein anderer mineralischer Körper besitzt
nemlich eine so große Feuchtigkeitsanziehungs = und Wasser=
haltungskraft wie der Thon. In ganz sand= oder kalkfreiem
Zustande vermag derselbe 70 Procent Wasser in sich aufzu=
nehmen und festzuhalten; von 100 Theilen eingesogenen
Wassers läßt derselbe bei $+ 15^{\circ}$ R. in 4 Stunden nur
32 Theile verdunsten. Diese Anziehung übt er nun nicht
allein gegen reines Wasser, sondern auch gegen alle im Wasser
gelösten Substanzen, ja sogar gegen andere Flüssigkeiten,
z. B. gegen Farbebrühen, Düngerjauchen und Oele aus.
Durch dieses alles aber wird der Thon ein wahres Magazin
von allen Substanzen, welche das einen Thonboden durch=
ziehende Wasser mit sich führt; aber eben dadurch wird er
auch zur Mutterbrust, welche den an ihr saugenden Pflanzen=
wurzeln unermüdlich die ihnen nöthige Nahrung darreicht.
Indessen kann er auch durch die ihm vom Wasser zugeleiteten
und von seinen Massetheilen angesogenen und festgehaltenen
Substanzen so umgewandelt werden, daß er ein anderer
Körper wird und in Folge davon auch andere Eigenschaften
annimmt; der Lehm und Mergel, von denen im Folgenden
noch die Rede sein wird, bestätigen diese Andeutung. —
Endlich liegt eben in dieser Begierde des Thones, Wasser
in sich aufzusaugen, auch der Grund, warum der Thon
um so mehr sich einem feuchten Körper — z. B.
der feuchten Lippe oder Zunge — anhängt, je mehr er
sich der Austrocknung nähert. Außer Flüssigkeiten
und in denselben aufgelösten Substanzen vermag der Thon

nun auch noch Gase aller Art — z. B. Kohlensäure, Ammoniak, Schwefelwasserstoffe u. s. w. — in sich aufzusaugen und fest zu halten, woher es auch kommt, daß aller Thon beim Erhitzen oder Anhauchen einen unangenehmen, dumpfen, gewöhnlich ammoniakalischen Geruch (sogenannten Thongeruch) von sich gibt.

Es ist bis jetzt nur im Allgemeinen von der Eigenschaft des Thones, Wasser und all' der in dem letzteren gelösten Substanzen in sich aufzusaugen, die Rede gewesen; da nun aber diese Eigenschaft von der größten Wichtigkeit einerseits für die verschiedenartigsten Veränderungen in der Masse eines Bodens und andererseits für die Ernährung der Pflanzenwelt ist, so ist es nöthig, dieselbe noch etwas näher ins Auge zu fassen und namentlich die Fragen: Zeigt jede Art des Thones eine gleichgroße Aufsaugungskraft vorzüglich von Salzlösungen? Vermag der Thon zu gleicher Zeit mehrere verschiedenartige Salze in sich aufzunehmen und verändert sich hierdurch seine Natur? — näher zu erörtern.

In Beziehung auf die Kraft der Thonsubstanz überhaupt, Lösungen verschiedener Stoffe in sich aufzusaugen, lehrt die Erfahrung einerseits, daß eine und dieselbe Thonmasse am gierigsten Lösungen in sich aufsaugt, wenn sie mäßig feucht ist, so daß sie sich gerade noch kneten läßt, dagegen als feinzertheilter, ganz vom Wasser durchdrungener, Schlamm nur sehr wenig von fremdartigen Lösungen aufnimmt, ja sogar einen Theil der von ihr im feuchten Zustande angesogenen Salze durch Auslaugung wieder verliert. Andererseits aber zeigt auch die Erfahrung, daß unter allen Abarten des Thones diejenige, welche mit 3—5 Procent Eisenoxydhydrat oder auch mit feinzertheilter Humussubstanz untermengt ist, die stärkste Ansaugung von wässerigen

Lösungen zeigt, während der ganz reine, weiße, eisen-
und humusfreie, als Kaolin oder Porzellanerde bekannte,
Thon nur sehr schwer und wenig Lösungen in sich aufsaugt.

Alles dieses vorausgesetzt fragt es sich nun weiter:
Zeigt der Thon gegen jede Art von Lösungen, welche im
Boden vorkommt, eine gleich starke Aufsaugungskraft und vermag er zu gleicher Zeit mehrere verschiedenartige Lösungen
in sich aufzunehmen? — Soweit die bis jetzt gemachten Erfahrungen lehren, besitzt der Thon die stärkste Aufsaugung
gegen die schon in reinem Wasser löslichen Salze der Alkalien
und nächst diesen zu den in Kohlensäure oder Humussäuren
haltigen Wasser gelösten Salzen der alkalischen Erden, namentlich der Kalkerde und der Kieselsäure; sodann aber auch zu
den feinzertheilten Humussubstanzen. Dabei wird man indessen bemerken, daß, wenn eine Thonmasse sich zuerst voll
schwer und nur in Kohlensäure haltigem Wasser löslicher
Substanzen (z. B. kohlensaurem Kalk) gesogen hat, sie von
leicht und schon in reinem Wasser löslichen Stoffen nur
wenig noch aufnimmt. Zugleich aber wird man auch beobachten, daß Thon von leicht löslichen Salzen zu gleicher Zeit
mehrere Arten in sich aufnehmen kann, ja daß er, wenn er
sich zuerst mit einer einzelnen Salzart, z. B. mit kohlensaurem Kali, vollständig gesättigt hat, er dann doch noch eine
andere Salzart, z. B. Kalksalpeter, in sich aufzusaugen vermag. Endlich wird man bei all' dieser Aufsaugungskraft des
Thones noch die sehr zu beachtende Erscheinung finden, daß,
wenn eine Thonmasse zu gleicher Zeit Salze verschiedener
Art in sich aufgenommen hat, diese Salze sich gegenseitig zersetzen können, wenn die einen derselben
Bestandtheile enthalten, zu welchen die Bestandtheile der anderen größere Anziehungs- und Verbindungskraft besitzen, als zu den schon mit ihnen
verbundenen. Ein Beispiel wird diesen Fall erläutern.

Wenn eine Thonmasse schwefelsaures Eisenoxydul (d. i. Eisenvitriol) in sich aufgenommen hat und dann später vielleicht
durch Düngung mit Asche kohlensaures Kali erhält, so tauscht
dieses letztere mit dem Eisenvitriol die Säure, so daß aus
diesem kohlensaures Eisenoxydul und aus dem Kalisalze
schwefelsaures Kali entsteht, wie folgendes Schema zeigt:

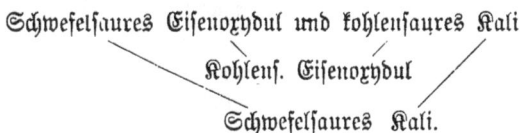

Schwefelsaures Eisenoxydul und kohlensaures Kali

Kohlens. Eisenoxydul

Schwefelsaures Kali.

In ganz ähnlicher Weise bildet sich im Thone aus einer
von ihm aufgesogenen Lösung von phosphorsaurem Kalk und
Eisenvitriol durch Austausch der Säuren schwefelsaurer Kalk
(d. i. Gyps) und phosphorsaures Eisenoxydul (d. i. Vivianit)
ein, beiläufig gesagt, für die Fruchtbarmachung des Thones
schlechter Austausch, da ihm nun gerade die Phosphorsäure
durch die Unlöslichkeit des Vivianits verloren geht.

Es können demnach, wie aus den eben angegebenen Beispielen erhellt, durch die gegenseitige Zersetzung der vom
Thone eingesogenen Salze, ganz neue Arten von Salzen entstehen, welche natürlicher Weise nun auch ganz andere Eigenschaften besitzen und demgemäß auch ganz anders auf die in einem
Thonboden wachsenden Pflanzen einwirken, als die ursprünglichen Salze. Es ist dieses in der That ein wohl zu beach-
tender Wink für die Arten der Düngmittel, welche man einem
Thonboden einverleiben will. Ganz vorzüglich ist derselbe zu
berücksichtigen bei einem Boden, welcher Reste von Schwefeleisen, wie es z. B. gar nicht selten durch Teichschlamm in
Ackerboden gebracht wird, enthält; denn dieses Schwefeleisen
entwickelt aus sich stets zweifach schwefelsaures Eisenoxydul,
welches sogar auf den Thon selbst einwirkt und ihn theilweise
in schwefelsaure Thonerde und Alaun verwandelt.

§. 71. **Chemische Bestandtheile und mecha=
nische Beimengungen der Thonsubstanz.** — Soviel
über die Auffaugekraft des Thones, welche derselbe aus=
übt, so lange er nicht allzustark vom Wasser durchdrungen
und dünn schlammig gemacht wird, und solange noch Pflanzen
in ihm wurzeln, welche ihm immer und immer wieder einen
Theil seiner eingesogenen Salze rauben, so daß er sich nie
mit den letzteren sättigen kann. Für die Pflanzenernährungs=
kraft des Thones ist zugleich diese seine Auffaugekraft von
der größten Wichtigkeit; denn ohne sie würde er, wenigstens
im ganz reinen, ausgebildeten Zustande, den in ihm wurzeln=
den Pflanzen keine Spur von Nahrung bieten können, da er
alsdann nur aus ganz **unlöslichem kieselsaurem Thon=
erdehydrate** besteht, in welchem weiter nichts als

47,05 Kieselsäure,
39,21 Thonerde,
13,74 Wasser

vorhanden sind.

So rein aber findet sich die Thonsubstanz in der Natur
nur selten, höchstens in manchem Kaolin. Gewöhnlich er=
scheint ihre Masse auf die mannichfachste Weise verunreinigt,
theils durch halb chemisch mit ihr verbundene, durch bloßes
Schlämmen mit reinem Wasser nicht von ihr entfernbare,
Stoffe, so durch erstarrte Kieselsäure (Kieselmehl), kieselsaure
Alkalien oder kohlensaure Salze des Kalkes, der Magnesia,
des Eisen= oder Manganoxydules, theils durch ihr rein
mechanisch beigemengte und durch reines Wasser von ihr ab=
schlämmbare Mineralreste, so durch Eisenoxyd, verschieden=
artigen Sand, im Wasser lösliche Salze oder auch durch fau=
lige oder kohlige Organismenreste. Die Ursachen von dieser
Verschiedenartigkeit in dem Bestande der Thonsubstanz liegen
einerseits in ihrer Entstehungsweise und andererseits in ihrer
Wasseransaugungskraft.

Da die Thonsubstanz der letzte Ueberrest von zersetz=
baren Silicaten ist, so liegt es auf der Hand, daß sie nicht
eher vollkommen rein erscheinen kann, als bis alle anderen
Bestandtheile der in Zersetzung begriffenen Silicate vollständig
ausgelaugt worden sind. Indem nun aber diese Auslaugung
nur ganz allmählich vor sich geht, so können schon hierdurch
eine Menge Abstufungen von den ersten Anfängen sich ent=
wickelnden Thones bis zum vollständig ausgebildeten Thone
entstehen, von denen schon viele wenigstens die physischen
Eigenschaften des letzteren an sich tragen. Dazu kommt nun
noch, daß schon die ersten Spuren des sich entwickelnden
Thones die Eigenschaft besitzen, Wasser und alles, was sich
in demselben befindet, in sich aufzusaugen und so mit ihrer
Masse zu verbinden, daß jeder seiner kleinsten Theile irgend
ein Quantum von der eingesogenen Lösung empfängt und
dann auch festhält. Hierdurch kann aber der eben erst ent=
standene Thon die aus der Zersetzung seines Mutterminerales
freigewordenen Auslaugungsproducte, wie Kieselsäure, Alkali=,
Magnesiasilicate, oder Kalk= und Eisenoxydulcarbonat, gleich
wieder, wenn auch nicht chemisch, doch aber so innig und fest
mit seiner Masse verbinden, daß diese angesogenen Substanzen
selbst nach ihrer Erstarrung durch einfaches Schlämmen
mit reinem Wasser nicht wieder vom Thone zu entfernen
sind und in dieser Weise scheinbar zu chemischem Gehalt des
Thones werden. Daß so aus einfachem Thone Lehm, Mergel,
Eisenthon, thoniger Spatheisenstein u. s. w. werden kann, wird
in Folgendem gezeigt werden.

§. 72. Abarten der Thonsubstanz. — Die im
Vorigen angegebenen Beimengungen des Thones können theils
durch Wasserfluthen auf rein mechanischem Wege mit der
Thonmasse zusammengeschlämmt worden, theils durch Lösungen
im Wasser in die Thonmasse gelangt und dann von dieser in
sich aufgesogen worden sein. Im ersten Falle bestehen die=

selben theils aus kleineren und größeren Mineralresten, so
namentlich aus Sandkörnern und Geröllen, theils aus Stück=
chen, Schüppchen, Lamellen und Fasern von halbverwesten
oder vertorften Pflanzenresten. In diesem Falle aber sind
alle diese Beimengungen nicht so gleichmäßig und nicht so
innig mit der Thonsubstanz gemischt, daß man sie nicht schon
mit dem bloßen Auge oder doch durch das Gefühl erkennen
könnte; ja sie lassen sich in diesem Falle sogar durch ein=
faches Zusammenrühren mit Wasser von der sie umhüllenden
Thonmasse abschlämmen. Anders ist dieses Alles mit den
Beimengungen, welche als wirkliche Lösungen mit der Thon=
masse untermischt worden sind. In diesem Falle nemlich saugt
diese letztere die im Wasser gelösten Substanzen so in ihre
Masse ein, daß auch jedes kleinste Theilchen derselben ein
bestimmtes Quantum — und das eine grade soviel als jedes
andere — erhält, so daß also eine ganz gleichmäßige und innige
Mischung entsteht, in welcher man die Beimengungen nur
dann noch mit dem Auge erkennen kann, wenn dieselben der
Thonsubstanz irgend eine bestimmte, für ihre Erkennung
charakteristische, Färbung verleihen; aber in diesem Falle sind
die Beimengungen des Thones auch nicht mehr durch bloße
Schlämmung mit kaltem Wasser, sondern nur noch durch die
Einwirkung von Säuren oder alkalischen Laugen oder auch
wohl durch anhaltendes Kochen mit Wasser vom Thone los=
zutrennen. Ein Beispiel möge das eben Ausgesprochene
deutlich machen. Wenn man auf eine nur mäßig feuchte
Thonmasse eine Lösung von doppeltkohlensaurem Kalk schüttet,
so saugt die Thonmasse diese Lösung vollständig in sich auf.
Läßt man nun die Thonmasse allmählich vollständig aus=
trocknen, wodurch zugleich der im Wasser lösliche doppelt=
kohlensaure Kalk zu unlöslichen einfachkohlensauren wird, so
zeigt die Thonmasse auch beim Schlämmen keine Spur von
Kalk; wenn man sie nun aber mit Salzsäure überschüttet, so

brauſt ſie in ihrer ganzen Maſſe bis zum kleinſten Theilchen
auf, — ein Beweis, daß jedes Theilchen des Thones ein
Quantum des kohlenſauren Kalkes erhalten hat, und daß
demnach die Miſchung des Thones mit dem Kalke eine ganz
gleichmäßige und innige war.

Nach allem dieſen kann man nun die Beimengungen der
Thonſubſtanz eintheilen:

1) in mechaniſche, durch Waſſer ausſchwemmbare, zu denen
Mineral= und Organismenreſte verſchiedener Art und
Größe gehören;

2) in halbchemiſche, feſt mit der Thonſubſtanz verwach=
ſene und darum auch nicht durch reines Waſſer ab=
ſchlämmbare, ſondern nur durch Säuren, alkaliſche Lau=
gen oder wenigſtens theilweiſe durch Kochen mit Waſſer
ausziehbare, zu denen namentlich kohlenſaurer Kalk,
Eiſenoxydhydrat, Gyps und Bitumen gehören.

Durch dieſe verſchiedenen Beimengungen werden nament=
lich die phyſiſchen Eigenſchaften der Thonſubſtanzen mannich=
fach verändert und eben durch dieſe Veränderungen auch die
Pflanzenproductionskraft des Thonbodens oft ganz anders.
Dieſes iſt vorzüglich der Fall bei der mit halbchemiſchen Bei=
mengungen verſehenen Thonſubſtanz, welche durch innige und
gleichmäßige Beimiſchungen von kohlenſaurem Kalk oder er=
ſtarrter Kieſelſäure (Kieſelmehl) um ſo mehr von ihrer Zähig=
keit, Bindigkeit, Klebrigkeit, Näſſe und Kälte verliert, und in
Folge davon die auf ihr wohnende Pflanzenwelt um ſo mehr
ändert, je reicher ſie an einer dieſer Beimengungen iſt; da=
gegen um ſo mehr an Feuchtigkeitsanziehung und Waſſer=
haltung gewinnt, je mehr ihr feinzertheilte Humusſubſtanzen
und Eiſenoxydhydrat (Eiſenocker) beigemiſcht ſind, während
wiederum der von rothem Eiſenoxyd durchdrungene Thon
ſehr zur Erhitzung und Waſſerverdunſtung geneigt iſt. —
Aus allen dieſen Gründen muß man von der Thonſubſtanz

18*

je nach der Art ihrer halbchemischen Beimengungen mehrere Arten oder vielmehr Abarten unterscheiden.

A. Einfache, reine Thonarten. — Zu ihnen gehört: der Kaolin oder die Porzellanerde, welche im reinen Zustande weiß ist, durch beigemischtes Eisenoxyd aber gelblich oder röthlich erscheint, ein specifisches Gewicht = 2,2 zeigt, sich im trockenen Zustande mager anfühlt und wenig an der feuchten Lippe klebt; im durchfeuchteten Zustande aber sehr formbar ist und dabei nur wenig den sie bearbeitenden Instrumenten anhaftet. Im Feuer erhitzt, frittet sie zusammen und wird so fest und hart, daß sie Glas ritzen kann, aber sie schmilzt nicht. Im Mittel besteht sie aus 37,1 Kieselsäure, 39,2 Thonerde und 13,7 Wasser; sehr häufig erscheint sie indessen verunreinigt durch Mineralreste von denjenigen Felsarten, aus deren Verwitterung sie entstanden ist, so namentlich durch Quarzkörner, Feldspathstückchen und weiße Glimmerblättchen.

Die Porzellanerde ist vorherrschend ein Verwitterungsproduct der kieselsäurereichen und kalk= und eisenoxydularmen Feldspathe, so namentlich des Orthoklases, Albites und kalkfreien Oligoklases. Sie findet sich daher auch am meisten in der Umgebung von feldspathreichen Felsarten, so namentlich des Granites, Syenites, glimmerarmen Gneißes, Felsitporphyres, Trachytes und Granulites, zumal wenn diese Felsarten wenig oder keinen schwarzen Glimmer und wenig Hornblende enthalten. Außerdem bildet sie auch — wenn Wasser sie von ihren Mutterstätten weggeschlämmt hat — Lager in den Gebieten der jüngeren Erdrindebildungen, so vorzüglich in der Formation des Buntsandsteines, in welcher sie sogar als Bindemittel des weißen, sogenannten Kaolinsandsteines auftritt

Als Pflanzenträgerin steht übrigens die Porzellanerde weit hinter den anderen Thonarten zurück, weil sie wenigstens im ausgebildeten Zustande keine alkalischen Salze enthält und auch nur wenig Salzauffaugungskraft besitzt.

Der Porzellanerde ähnlich ist der fettig anzufüh=lende, weißliche oder grauliche, aber 10 — 12 Procent abschlämmbaren Kieselmehls haltige, Fette sehr begierig auffaugende, Pfeifen=, Walker= oder Kollerthon.

B. Durch halbchemische Beimengungen verun=reinigte Thonarten.

Sie sind scheinbar gleichartige Gemenge von kohlensaurem Kalk, Kieselmehl, Eisenoxydhydrat, Eisenoxyd oder Humus mit Thonsubstanz und theils grau, theils ockergelb, theils braunroth, theils auch rauchbraun oder schwarzgrau ge=färbt. Je nach diesen ihren Beimengungen und den durch sie hervorgerufenen Eigenschaften kann man sie in folgende Uebersicht bringen:

Thone, welche mit Säuren betropft

nicht aufschäumen:		mehr oder minder stark aufschäumen:
Im trocknen Zustande hart, sich am Fingernagel glättend und spiegelnd; im feuchten Zustande klebrig, teigartig, sehr fein walz= und streckbar.	Im trocknen Zustande mürbe bis bröckelig, und sich wenig oder nicht am Fingernagel glättend; im feuchten Zustande fast nicht klebrig, krümelig, wenig walz= und nicht streckbar.	Alle enthalten kohlen=sauren Kalk und bilden III. Die Arten des Mergels.
I. Fette Thone.	II. Magere Thone.	

I. Die fetten Thone, welche nach der eben gegebenen Uebersicht sich dadurch auszeichnen, daß sie im trockenen Zu=stande steinharte Knollen und Scheiben, im durchfeuchteten Zustande aber einen zähen, antlebenden, sehr formbaren Teig bilden, welcher sich in dünne, nicht berstende, Blätter auswalzen und ebenso in dünne, biegsame Stengel ausziehen läßt, enthalten keinen (oder doch nur sehr wenigen) kohlen=sauren Kalk und auch um so weniger — durch kochende Kali=

lauge ausziehbares — Kieselmehl, je zarter und klebriger
ihre durchfeuchtete Masse ist; dagegen erscheint ihre Masse
stets theils mit ockergelben oder rothbraunem Eisenoxyde,
theils mit humosen Substanzen so innig und gleichmäßig
untermischt, daß die ersteren Beimengungen nur durch Säuren,
die Humusbeimengungen aber nur durch alkalische Laugen
von ihrer Thonmasse entfernt werden können.

Unter diesen fetten Thonen macht sich am meisten
bemerklich:

1) Der gemeine Thon, Klay oder Töpferthon,
welcher die Grundsubstanz der meisten Ackererden, der Thonablagerungen in den verschiedenen Sand- und Kalksteinforma-
tionen, des Lehmes, Mergels und aller der Ablagerungen
bildet, welche durch den Schlamm der Flüsse und der Meeres-
wogen auf den von ihnen überflutheten Landesgebieten abgesetzt werden. — Er ist vorherrschend graulich-, grünlich- oder
blaulichockergelb, wird beim Brennen durch Entwässerung
seines beigemengten Eisenoxydhydrates braun- oder ziegelroth
und verglast in sehr starker Hitze. Sein specifisches Gewicht
beträgt 2,₅₃ — 2,₆₆. Seine Masse enthält außer der mit der
Thonerde chemisch verbundenen Kieselsäure gewöhnlich noch
10—12 Proc. beigemengter, durch Aetzkali ausziehbarer,
Kieselerde und stets mehrere (2—5) Procent mechanisch beigemengten Eisenoxydhydrates, welches
nicht nur die ockergelbe Farbe bedingt, sondern
auch die Eigenschaft des Thones, Wasser und alle
wässerige Lösungen in sich aufzusaugen und
festzuhalten, stark erhöht, so daß er unter allen übrigen Thonarten die oben beschriebenen allgemeinen Eigenschaften am ausgeprägtesten zeigt. Die Ursache von dieser Erscheinung liegt in der Eigenschaft des feinzertheilten Eisenoxydhydrates, selbst Lösungen von Salzen und Gase in sich
aufzusaugen und festzuhalten. Mit dem Thone innig gemischt,

muß es daher die Eigenschaften dieses letzteren verstärken. —
Außer den eben genannten Beimengungen enthält nun aber
auch der Thon häufig noch mehr oder minder verschieden=
artige Beimischungen von Silicaten, kohlensaurem Kalk, Gyps,
Kochsalz, Glaubersalz, Alaun u. s. w. je nach seinen Abla=
gerungsorten. Am wenigsten zeigt noch der in den breiten,
von Gewässern durchzogenen, Thälern der Sandsteingebiete
lagernde Thon Beimengungen; er erscheint als eine durch
das Wasser allmählich ausgelaugte Masse.

Für die Pflanzenwelt ist der reine, gemeine Thon eine
schlechte Heimathsstätte. Immer naß und kalt und leicht zur
Schlammbildung geneigt macht er einen Boden gar bald
sumpfig und pfuhlig und gestattet dann nur langwurzeligen
Sumpf= und Wasserpflanzen, sich in ihm für die Dauer an=
zusiedeln. Dabei hat er noch das Unangenehme, daß er im
schlammigen Zustande die Pflanzenwurzeln mit einer Schlamm=
rinde überzieht, welche dann beim Austrocknen namentlich die
feineren Wurzelfasern fest umschließt und sie am Wachsthume
hindert, ja zuletzt zerreißt, indem sie bei ihrer vollen Aus=
trocknung berstet.

2. Der Eisenthon, eisenschüssige Thon oder
Bolus: Ein rothbrauner, im durchnäßten Zustande schmie=
riger, Thon, welcher in sonnigen Lagen vermöge seiner dun=
kelen Farbe sich stark erwärmt und in Folge davon leicht
austrocknet und dann in ein loses Haufwerk von kleinen
Schieferblättchen zerfällt. Er entsteht vorherrschend aus
Eisenglimmerschiefer und feldspatharmen Gneiß und enthält
darum außer 5—20 Proc. Eisenoxyd auch gewöhnlich noch
mehrere Procente Quarzkörner, Feldspathstückchen und oft so
viel feine, silberweiße, messinggelbe oder braunrothe Glimmerblättchen, daß seine ganze Masse glimmerig glänzt. Seine
Hauptheimath befindet sich zunächst in den Buchten und
Thälern der Urthonschiefer, Glimmer= und Gneißgebirge;

außerdem aber auch im Gebiete der Conglomerate, Sand=
steine und Schieferthone des Rothliegenden und des Bunt=
sandsteines.

Für die Pflege der Pflanzenwelt zeigt er sich weit gün=
stiger als der gemeine Thon, da er eben in Folge seiner
rothbraunen Farbe viel empfänglicher für die Sonnenwärme
ist und in Folge davon in nicht zu nasser oder schattiger
Lage leichter das aufgenommene Wasser verdunstet und lockerer
und für die Aufnahme von Luft zugänglicher wird; an sehr
sonnigen Lagen freilich kann er auch ganz ausdürren.

3) Humoser oder bituminöser Thon oder Schie=
ferletten: Ein von verschiedenartigen Humussubstanzen
oder kohligen Lamellen ganz durchdrungener, rauch= bis
schwärzlichgrauer, im durchnäßten Zustande fetter, zäher und
schmieriger, im ausgetrockneten Zustande aber sich blätternder
Thon, welcher beim Glühen zuerst verbleicht, dann aber
ockergelb und zuletzt roth wird. Er findet sich am häufigsten
auf der Sohle von alten Fluß=, Teich= und Seenbetten, aber
auch von Torfmooren und Braunkohlenlagern, sowie in dem
Gebiete der Keuperletten. — In der Regel erscheint er mit
seinem Quarzsande, nicht selten aber auch mit schwarzen
Körnchen von Schwefeleisen untermengt und gibt dann im
letzten Falle einen Fauleiergeruch von sich, wenn man ihn
mit Salz= oder Schwefelsäure befeuchtet. Außerdem hat er
das Eigenthümliche, daß er im frischen, schlammigen Zustande
in Folge der in ihm vorhandenen Humus= (Quell= und Crün=)
Säure blaues Lakmuspapier röthet.

Vermöge seines Gehaltes an freien Säuren wirkt er im
frischen Zustande auch nicht gut auf Ackerpflanzen ein. Aus
diesem Grunde muß er vor der Anwendung als Dünger erst
längere Zeit an der Luft liegen, damit sich die Humussäuren
in Kohlensäure umwandeln können. Enthält er nun außer=
dem noch Schwefeleisen, so ist seine Ausbreitung an der Luft

ſchon deßhalb nothwendig, damit ſich das Letztere durch An=
ziehung von Sauerſtoff in leicht durch Regenwaſſer auslaug=
bares oder durch Zuſatz von Kalk oder Aſche zerſetzbares,
ſchwefelſaures Eiſenoxydul umwandeln kann.

II. Die mageren Thone ſind immer Gemiſche von
Thonſubſtanz mit wenigſtens 5 Procent Eiſenoxydhydrat und
wenigſtens 10 Procent, nur durch Kalilauge abſcheidbaren,
Kieſelmehles, enthalten aber außerdem noch eine mehr oder
minder große Menge von feinem, durch kochendes Waſſer ab=
ſcheidbaren, Sand; ja gewöhnlich auch gröberen, ſchon beim
Reiben mit den Fingern fühlbaren, Sand. In Folge aller
dieſer innig beigemiſchten Subſtanzen können ſich aber ihre
einzelnen Thontheilchen nicht mehr ſo innig anziehen und ſo
feſt mit einander verbinden, daß ſie eine ganz gleichmäßige,
wie aus einem einzigen Guße beſtehende und wie Seife
ſchneidbare, Maſſe bilden, ſondern nur noch ein aus feinen
Krumen beſtehendes, locker zuſammenhängendes, Aggregat
darſtellen, welches beim Austrocknen nicht mehr zu ſteinharten
Knollen zerberſtet, ſondern krümlich wird und im feuchten
Zuſtande ſich zwiſchen den Fingern nur noch wenig breit
drücken und nicht mehr zu dünnen Stengeln auswalzen läßt.
Die hieher gehörigen Thonſubſtanzen ſaugen in Folge ihres
Thon= und Eiſenockergehaltes wohl noch ſtark Waſſer ein,
aber ſie halten es nicht mehr ſo feſt, wie der fette Thon,
weil ſie in Folge ihres ſtärkeren Kieſelmehl= und Sandgehal=
tes nicht nur lockerer und der Luft zugänglicher gemacht,
ſondern auch für die, zur Verdunſtung ihres Waſſers anre=
genden, Wärmeſtrahlen der Sonne empfänglicher werden.

Die aus ihnen gebildeten Bodenarten zeigen ſich daher
wohl feucht, aber auch luftig, warm und nie ſo zäh und
klebrig, wie die aus fettem Thon zuſammengeſetzten. Darum
aber ſind ſie auch für die meiſten Pflanzenarten, ganz vor=

züglich aber für alle Getreidearten und guten Wiesengräser,
die beste Heimath.

Unter den hierher gehörigen, oft nur local auftretenden,
mageren Thonabarten ist nun vor allen zu erwähnen:

Der Lehmthon, Grundlehm oder eigentliche
Lehm. Dieser allbeliebte Gemengtheil des Erdbodens ist ein
inniges und gleichmäßiges, gewöhnlich unrein ockergelbes oder
lederbraunes, Gemisch von Thonsubstanz mit 7—10 Procent
Eisenoxydhydrat und wenigstens 15 Procent, nicht durch
Schlämmen absonderbaren, Kieselmehles, enthält aber außerdem meistens auch noch wenigstens 15 Procent, durch Kochen
mit Wasser abschlämmbaren, sehr feinen Sandes. Er ist ein
merkwürdiges Gemenge, welches sich nicht durch mechanische
Mischung von Thon und feinen Sand, wie es z. B. beim
Umpflügen geschieht, sondern nur dadurch bilden läßt, daß
Wasser, welches gelöste Kieselsäure enthält, von einer Thonmasse in der Weise aufgesogen wird, daß jedes Theilchen
derselben eine Quantität Kieselsäure erhält und sie auch mit
sich verbunden hält, wenn ihr Lösungswasser verdunstet und
sie zu Kieselmehl erstarrt. So ist die ursprüngliche Lehm-
substanz, wie sie unmittelbar aus der Verwitterung der
glimmer-, hornblende- und augitreichen krystallinischen Felsarten entspringt und schon bei ihrer Entstehung die durch die
Zersetzung ihrer Muttergesteine freiwerdende Kieselsäure in
sich aufsaugt; so aber findet sie sich nur selten in der unmittelbaren Umgebung, z. B. in Buchten und Schluchten, ihrer
Muttergesteine. So wie sie nemlich durch Wasser von ihrer
Geburtsstätte fortgefluthet, in zarten Schlamm umgewandelt
und dann mit feinem Sand tüchtig umgerüttelt wird, so daß
ein gleichmäßiges Gemenge entsteht, dann bleiben die beigemischten Sandkörner zwischen den Lehmtheilchen kleben und
werden von diesen so umhüllt, daß sie sich von selbst trotz
größeren Gewichtes nicht mehr aus dem Lehme absondern

und zu Boden senken können. Aus allem dem geht nun aber
auch hervor, daß, wenn man auf künstlichem Wege wirklich
Lehm — und nicht sandigen Thon — darstellen will, man
Thon erst in zarten, dünnen Schlamm umwandeln und dann
mit zugesetztem Sand tüchtig umrühren muß, damit der
Letztere gleichmäßig mit dem Thonschlamme gemischt wird.
Das alles geht nun freilich auf einem Thonacker im Großen
nicht; darum aber wird auch der in ihm untergeackerte Sand
nie gleichmäßig vertheilt und sich allmählich aus dem Thone
absondern und zu Boden senken, wenn nicht alle Jahre ein
solcher gesandeter Thon gehörig umgearbeitet wird.

Der ächte Lehm unterscheidet sich nun, wie auch im
Vorigen schon angedeutet worden ist, von dem gemeinen Thon
durch folgende Eigenschaften: Im trockenen Zustande
fühlt er sich rauh an und ritzt auch wohl Glas, wenn man
ihn hart aufreibt; am Fingernagel gerieben glättet er sich
nur wenig oder gar nicht; er bildet auch keine steinharten
Knollen, sondern nur eine locker zusammenhängende, mulmige
Erdmasse, welche leicht zerfällt; in der Sonne liegend wird
er nicht so schnell warm, aber er bleibt länger warm als der
gemeine Thon. Weil nun die Theile seiner Masse nicht so
innig und fest beim Austrocknen aneinander haften, wie beim
gemeinen Thone, erscheint dieselbe auch im ganz trockenen
Zustande porös, aber eben deßhalb auch viel leichter zugänglich für die atmosphärische Feuchtigkeit, z. B. für Thauniederschläge. Die Folge davon ist, daß der Lehm in der Natur
nie so stark austrocknen kann wie der Thon, und, wenn er
dem vollen Austrocknungspunkte nahe ist, schon nach einem
tüchtigen Regenniederschlage wieder ganz durchfeuchtet erscheint
und zu einer krümlichen Erdmasse zerfällt. Etwas abgeändert wird dieses Verhalten des trockenen Lehmes zur Feuchtigkeit, wenn seine durchfeuchtete Masse fest zusammengestampft
oder gepreßt wird, wie dieses z. B. bei der Verfertigung von

Lehmbacksteinen geschieht; denn dann verliert sie ihre Porosität
um so mehr, je mehr sie zusammengepreßt worden ist, und
hierdurch zugleich ihre Feuchtigkeitsanziehung nach dem Austrocknen. — Im durchfeuchteten Zustande aber besitzt
der Lehm eine um so stärkere Wasseransaugungs- und Wasserhaltungskraft, je weniger er Sand beigemengt enthält; er
kann in diesem Zustande wohl 40—50 Proc. Wasser in sich
aufnehmen. Trotzdem wird er in Folge seines Sandgehaltes
alsdann nicht so leicht schlammig und klebrig wie der Thon,
läßt er sich auch nicht, wie dieser, in so feine Gestalten formen und in so dünne Blättchen oder in so lange und dünne
Stengel auswalzen. Wenn nun auch der Lehm viel Wasser
in sich aufzunehmen vermag, so hält er es doch nicht so fest,
wie der Thon, weil er leichter von der Wärme durchdrungen
wird; daher erscheint auch der von ihm gebildete Boden nie
so naß und nie so kalt, als der Thonboden. Schließlich muß
noch erwähnt werden, daß der Lehm vermöge seiner Porosität
weit stärker gasförmige Substanzen, wie z. B. Kohlensäure
und Ammoniak in sich aufzusaugen vermag, als der Thon,
woher es auch kommt, daß er schon bei geringer Erwärmung
einen üblen Geruch entwickelt. Ganz besonders kann man
diese Erscheinung in Viehställen beobachten, deren Wände
mit Lehm belegt sind. Aber eben dieser Eigenschaft wegen
geben auch alte Lehmbacksteine ein gutes Düngmittel.

Den besten Lehm findet man in den Buchtenthälern des
Granites, Gneißes, Syenites und Diorites. In diesen Ablagerungsorten erscheinen noch viele größere und kleinere
Trümmer von den eben genannten Felsarten seiner Masse
beigemengt, welche dann den Lehm bei ihrer allmählichen
Zersetzung unaufhörlich mit löslichen kiesel- und kohlensauren
Salzen der Alkalien versorgen, woher es auch kommt, daß
in diesen Thalgebieten nicht blos die üppigsten Wiesenmatten,
sondern auch prächtige Wälder — aus Bäumen verschiedener

Art, vorzüglich aus Eichen, Eschen, Ulmen, Buchen und
Ahornen, gemischt — auftreten. Außerdem aber treten auch
beträchtliche Lehmablagerungen in den Buchten und Thälern
der Granit=, Gneiß= und Porphyrconglomerate des Roth=
liegenden, sowie des bunten und Keupersandsteines, also von
lauter Felsarten auf, welche bei ihrem einfachen Zerfallen
Lehm produciren können. Indessen ist dieser Lehm, ebenso
wie der in den weiten Auen des jüngeren Schlämmlandes
nicht so üppig fruchtbar, wie der oben beschriebene Verwitte=
rungslehm, weil er eben auf seinem Transporte im Wasser
schon gar manche seiner löslichen Salze und verwitterbaren
Steintrümmer verloren hat.

III. **Die kalkhaltigen Thonsubstanzen oder
Mergelarten.** Alle hierher gehörigen Erdkrumenarten sind
dadurch charakterisirt, daß sie namentlich als Pulver
mit erwärmten Säuren (z. B. Salzsäure) in ihrer
ganzen Masse gleichmäßig mehr oder weniger
stark aufschäumen und sich dabei — wenn man Salz= oder Sal=
petersäure angewendet hat — bis auf einen mehr oder weniger
starken Rückstand von schlammigen Thon auflösen. Durch das
gleichmäßig durch die ganze Masse erfolgende Auf=
schäumen unterscheiden sie sich von den mechanischen Gemen=
gen von Thon und Kalksand, welche stets nur da aufbrausen,
wo sich gerade ein Kalkkorn befindet, durch den thonigen Rück=
stand aber von pulverigen oder erdigen Kalkstein. — Filtrirt
man nun die erhaltene Lösung von ihrem Thonrückstande ab
und versetzt dann dieselbe so lange mit oxalsaurem Ammoniak,
als noch ein Niederschlag erfolgt, so erhält man oxalsauren
Kalk. Und filtrirt man diesen auch ab und glüht ihn dann,
so wird er wieder in genau soviel kohlensauren Kalk umge=
wandelt, als zuerst von demselben in dem Mergel vorhanden
war. Auf diese Weise kann man also die Bestandtheile eines
Mergels ziemlich genau erfahren, wenn man sorgfältig den=

selben zuerst mit soviel Salzsäure versetzt, bis aller vorhandene
Kalk aufgelöst worden ist, und dann wieder die erhaltene Lö=
sung so lange mit oxalsaurem Ammoniak mischt, bis ihr sämmt=
licher Kalk ausgeschieden ist.

Die Mergelarten sind demnach innige und gleich=
mäßige Gemische von kohlensaurem Kalk oder auch Dolomit
mit Thon oder auch Lehm und sind in ähnlicher Weise, wie
dieser letztere, dadurch entstanden, daß wässerige Lösungen von
doppeltkohlensauren Kalk durch Thon oder Lehm in der Weise
aufgesogen wurden, daß jedes einzelne Massetheilchen dieser
letzten beiden Substanzen gleichviel Kalklösung in sich aufnahm
und den Kalk derselben dann auch als dessen Lösungswasser
verdunstete, so fest mit sich verbunden hielt, daß er durch
Schlämmen mit Wasser nicht wieder vom Thon
abzuscheiden ist, ein Umstand, durch welchen sich der
Mergel ebenfalls von den obenerwähnten, rein mechanischen
und darum durch Schlämmen mit Wasser trennbaren, Ge=
mengen von Thon mit Kalkpulver unterscheidet.

Da nun aber in den verschiedenen Mergeln nicht immer
gleich viel kohlensaurer Kalk, ja oft statt dieses letzteren Do=
lomit, d. i. kohlensaure Magnesia=Kalkerde, vorhanden ist; da
ferner auch die einen Mergel aus Kalk und gemeinen Thon,
die anderen aber aus Kalk und Lehm oder sandigen Thon
bestehen und oft auch von humosen und bituminösen Substan=
zen ganz durchdrungen sind; da endlich je nach dieser Ver=
schiedenheit in ihren Gemengen die physischen Eigenschaften
und das Verhalten der Mergel gegen die Pflanzenwelt ver=
schieden sein müssen, so hat man vom Mergel verschiedene
Abarten aufgestellt, unter denen die folgenden, zum großen
Theile schon im I. Abschnitte §. 22 erwähnten, hier besonders
hervorgehoben werden müssen:

1) Mergelthon, ein von 5—10 Proc. Kalk durchdrungener,

nur im pulverisirten Zustande und mit heißer Salzsäure aufbrausender, Thon oder Lehm:

2) **Thonmergel**, ein von 12—25 Proc. Kalk durch- drungener, mit Säuren nur schwach aufbrausender und einen starken (78—85 Proc.) Thonrückstand lassender, Mergel;

3) **Gemeiner Mergel** mit 25—50 Proc. Kalk, 50—80 Proc. Thon und nicht selten auch noch mit 5—10 Proc. kohlensaurer Magnesia, mäßig aufbrausend mit Säuren:

4) **Kalkmergel** mit 50—90 Proc. Kalk und 10—15 Proc. Thon nebst mehr oder weniger Kieselmehl, stark und rasch mit Säuren aufbrausend;

5) **Dolomitmergel** mit 10—30 Proc. Kalk, 10—40 Proc. Magnesia und 20—50 Proc. Thon; nur als Pulver mit warmer Salzsäure allmählich, aber lange aufbrausend:

6) **Lehmmergel** mit 15—25 Proc. Kalk, 20—50 Proc. Thon und 25—75 Proc. feinem Sand, welcher sich beim Behandeln mit Salzsäure ausscheidet:

7) **Thonkalk**,. ein Kalkstein mit 10 Proc. Thon unter- mischt;

8) **Gypsmergel**, ein von Gyps durchzogener und in Folge der leichten Löslichkeit dieses letzteren sehr ver- änderlicher Thon.

Das Aussehen dieser verschiedenen Mergelarten ändert mannichfach ab je nach der Größe ihres Kalkgehaltes und je nach der Art ihrer Beimengungen, in Folge deren Mergel mit großem Eisengehalte ockergelb bis braunroth, mit starkem Humus- oder Bitumengehalt dunkelgrau bis grauschwarz, mit starkem Kalkgehalte weiß oder weißgrau aussehen. Bis- weilen sehen die Mergel dichten Kalksteinen oder eisenschüssigen Schieferthonen sehr ähnlich: ja es kommt auch vor, daß sie, so lange sie im Untergrunde von thonigem Boden liegen, schwärzlich oder weiß aussehen und dann, wenn sie durch

tiefes Umarbeiten des Bodens mit der Luft in Berührung
kommen, ihre Farbe ändern, und nach einander blau, grün,
ockergelb und zuletzt braunroth werden. Diese Farbenwand=
lung wird durch den Eisengehalt der Mergel hervorgebracht.
Nicht selten nemlich enthalten Mergel, welche an luftver=
schlossenen Orten, z. B. im Untergrunde von thonigen Boden=
arten oder auch auf der Sohle von Mooren und Sümpfen
lagern, kohlensaures Eisenoxydul und sehen dann weiß aus.
Sowie aber diese Mergel an die Luft kommen, so saugt ihr
Eisen Sauerstoff an und wird dadurch zuerst gelbgrünes und
ockergelbes Eisenoxydhydrat und dann später unter dem Ein=
flusse der Sonnenwärme und unter Ausstoßen seines Wasser=
gehaltes zu braunrothem Eisenoxyd.

Wie das äußere Ansehen, so hängen nun auch die übrigen
physischen Eigenschaften des Mergels, vor allen die Consistenz
oder Bindigkeit seiner Masse und sein Verhalten gegen
Wärme, Wasser und Lösungen zunächst von der Größe seines
Kalkgehaltes, sodann aber auch von der Art und Menge seiner
Beimengungen, namentlich seiner Eisenoxyde und seines Sandes,
ab. In dieser Beziehung läßt sich im Allgemeinen über alle
diese Eigenschaften und Verhältnisse Folgendes feststellen:

1) In Folge ihres Thongehaltes besitzen alle Mergel
eine starke Feuchtigkeitsanziehung, jedoch am stärksten
die thonreichen, weit schwächer die kalkerdereicheren, und am
schwächsten die kalkreichen und zugleich auch sandhaltigen.
Ganz ebenso ist es mit der Wasserhaltungskraft des
Mergels, welche sich am stärksten bei den Thonmergeln, am
schwächsten bei den Kalkmergeln zeigt.

2) Der Grund von diesem verschiedenen Verhalten gegen
das Wasser liegt in der verschiedenen Erwärmungs= und
Wärmehaltungskraft der Mergelarten, der zu Folge

a) kalkreiche Mergel sich langsam erwärmen, dann aber
   auch lange warm erhalten, so daß sie allmählich ganz

austrocknen und zu einer pulverig-krumigen Masse zerfallen, welche sich nur wenig mit Thau beschlägt;

b) thonreiche Mergel sich um so weniger erwärmen, um
so kälter erscheinen und überhaupt um so mehr in ihrem
Verhalten gegen die Wärme dem thonigen Erdboden
nähern, je weniger sie Kalk und Sand enthalten, so daß
ihre Masse um so klebriger und consistenter erscheint, je
feuchter oder schuttiger ihre Ablagerungsorte sind.

Indessen wird dieses Verhalten der Mergel mannichfach
abgeändert durch ihren Gehalt an Sand, Eisenoxyd und
Humus:

a) Sandreiche Mergel verhalten sich bei mittlerem Kalkgehalte fast wie sandiger Lehm; sie saugen beträchtlich
Wasser auf, verdunsten dasselbe aber zum großen Theile
wieder und erhitzen sich während des Tages stark, kühlen
sich aber des Nachts wieder ab, so daß sie sich stark bethauen. Enthalten jedoch diese Mergel viel Kalk, so erhitzen sie sich stark, bleiben lange warm und zerfallen
zuletzt in staubiges Pulver, zumal, wenn sie an sonnigen
Orten lagern.

b) Eisenschüssige, braunrothe Mergel erhitzen sich
in Folge ihrer dunkelen Färbung sehr leicht. Sind sie
nun kalkreich, dann bleiben sie auch lange warm und
trocknen in Folge davon so aus, daß sie in ein loses
Haufwerk von Schieferblättchen und Pulver zerfallen;
sind sie aber thonreich, dann geben sie beim Austrocknen
ein lockeres, zur Schieferung geneigtes, mäßig die Feuchtigkeit haltendes, Erdreich.

c) Mit feinzertheilten Humussubstanzen gleichmäßig
untermischte Mergel sind rauchgrau bis graulichschwarz
gefärbt und nehmen in Folge davon die Tageswärme
stark auf, kühlen sich aber auch des Nachts wieder so
ab, daß sie sich stark bethauen. Da nun aber alle

Humussubstanzen unter dem Einflusse von Wärme, Luft und Feuchtigkeit fort und fort Kohlensäure aus sich entwickeln, welche den in den Mergeln vorhandenen Kalk in doppeltkohlensauren Kalk umwandelt, welcher sich in der Bodenfeuchtigkeit auflöst und dann von den Pflanzenwurzeln gierig aufgesogen wird, so bewirken diese Substanzen im Laufe der Zeit, daß aus einem früher kalkreichen Mergel zuletzt ein kalkleerer Thon wird.

3) Sehr bemerkenswerth ist das Verhalten der Mergel gegen Salzlösungen, welche ihnen durch das Wasser zugeführt worden sind. Vermöge seines Thongehaltes vermag der Mergel eben so gut wie der Thon und Lehm Salzlösungen der verschiedensten Art in sich aufzusaugen und anzusammeln. Durch diese in seine Masse eindringenden Salze aber kann er auf verschiedene Weise umgewandelt werden, sobald nemlich dieselben eine Säure besitzen, zu welcher die Kalkerde des Mergels eine stärkere Verbindungsneigung besitzt, als zu der schon mit ihr verbundenen Kohlensäure. Ganz besonders gilt dieses vom schwefelsauren und phosphorsauren Eisenoxydul. Kommen diese beiden Salze in Lösung mit dem kohlensauren Kalke des Mergels in Berührung, so wird aus dem letztgenannten Kalksalze schwefelsaurer Kalk (Gyps) und phosphorsaurer Kalk, während das seiner Säuren beraubte Eisenoxydul sich mit der Kohlensäure des Kalk zu kohlensaurem Eisenoxydul verbindet und sich dann weiter durch Anziehung von Sauerstoff und unter Ausstoßung seiner eben erst erhaltenen Kohlensäure in Eisenoxyd umwandelt. Es ist demnach durch die obengenannten beiden Eisensalze der ursprüngliche Mergel in ein Gemenge von Gyps oder phosphorsaurem Kalk mit Eisenoxyd haltigem Thon umgewandelt worden. Diese Art der Mergelumwandlung kommt überall da vor, wo Mergel Eisen= oder Kupferkiese beigemischt ent=

hält, oder wo Mergel mit Schwefeleisen haltigem Wasser=
schlamme gedüngt worden ist. — Eine andere Art von Um=
wandlung erleidet der Mergel dann, wenn er mit stickstoff=
haltigen Düngstoffen versorgt wird. Aus diesen Düngstoffen
entwickelt sich zwar zunächst kohlensaures Ammoniak, kommt
aber dieses mit dem Kalke des Mergels in Berührung, so
treibt dieser das Ammoniak an, durch Anziehung von Sauer=
stoff Salpetersäure zu bilden, mit welcher sich dann der Kalk
zu leicht löslichem Kalksalpeter verbindet. Und wie in diesem
Falle, so wird überhaupt der Kalkgehalt des Mergels durch
alle Humusflüssigkeiten theils in löslichen doppeltkohlensauren
Kalk, theils in Kalksalpeter umgewandelt, so daß sich unter dem
Einflusse von diesen Humussubstanzen ein Mergel früher oder
später in gemeinen Thon umbildet. — Soll daher ein Mergel
auch Mergel bleiben, so darf er nicht so stark mit Humus=
substanzen, namentlich stickstoffhaltigen, oder mit Salzen verso rgt
werden, zu deren Säuren sein Kalk eine starke Verbindungs=
neigung hat, muß er mit Salzen versehen werden, deren
Säuren er nicht beansprucht, wie dieses der Fall bei dem
einfach kohlensauren Kali oder Natron ist, oder welche ihre
Säuren dem Kalke nicht abtreten, wie dies bei dem salpeter=
und schwefelsauren Kali und Natron stattfindet.

Soviel über die Eigenschaften des Mergels. Aus ihnen er=
gibt sich nun auch zugleich seine Anwendung als Verbesse=
rungsmittel von Bodenarten. Nach dem eben Mit=
getheilten wird der Mergel einerseits die physischen Eigen=
schaften einer jeden Bodenart verbessern können, sobald diese
letztere die entgegengesetzten Eigenschaften des
ihr beigemischten Mergels besitzt, sobald also eine
thonreiche Bodenart mit kalkreichem, eine sand= oder kalkreiche
aber mit thonreichem Mergel versorgt wird; denn durch seinen
Kalk erwärmt er einen thonreichen Boden, bringt dessen über=
flüssiges Wasser zur Verdunstung und macht ihn locker,

krümlich und luftig, so daß die in ihm vorhandenen Ver=
wesungsstoffe sich leichter zersetzen können, mit seinem Thone
aber kühlt er den sandreichen Boden ab, hält dessen Feuchtig=
keit zusammen und macht ihn bindiger. Andererseits aber
vermehrt der Mergel durch seinen Kalkgehalt auch die Nah=
rungsmittel, welche ein thoniger oder sandiger Boden den in
ihm wurzelnden Pflanzen gewähren kann; denn eben dieser
Kalk gibt mit Kohlensäure haltigem Wasser löslichen doppelt=
kohlensauren, und mit Humussubstanzen leicht löslichen sal=
petersauren Kalk. — So spielt also der Mergel in Folge
seiner eigenthümlichen Zusammensetzung und seinen aus der=
selben hervorgehenden Eigenschaften eine dreifache Rolle: er
verändert die physischen Eigenschaften eines Mineralbodens,
er befördert ferner die Zersetzung der in einem Boden
liegenden Thier= und Pflanzenstoffe; er vermehrt endlich die
Pflanzennahrungsmittel eines Bodens. Soll er nun aber
alle diese Geschäfte in einem Boden ausführen, so ist es nicht
genug, daß er, wie oben angegeben worden, dem für sein
Wirthschaften geeigneten Boden beigemengt wird, sondern er
muß auch dem Boden recht gleichmäßig und in gehöriger
Menge einverleibt werden.

Wohl ist es daher dem Landwirthe nicht zu verdenken, daß
er nach Mergel=Ablagerungen sucht, aber er muß auch die
Mergelarten nach ihren Bestandtheilen und Eigenschaften
genau kennen lernen, damit er bei der Anwendung derselben
keine Fehlgriffe begeht. Aus diesem Grunde sind die Mergel=
arten im Vorstehenden genauer betrachtet worden, als es der
Zweck dieser Arbeit erheischt.

Was nun die Lagerstätten des Mergels betrifft,
so sind dieselben schon im I. Abschnitte, §. 22 bei der Be=
schreibung der Mergelsteine genauer angegeben worden; hier
sei daher nur noch erwähnt, daß der Verwitterungsboden
des Basaltes auch mergeliger Natur ist und auf einem

lehmigen oder sandigthonigen Boden vortreffliche Dienste
leistet, vorausgesetzt daß dieser letztere eine nicht zu nasse
Lage besitzt.

b. Der Erdboden.

§. 73. Verhältniß des Felsschuttes und der
Erdkrumen zur Erdbodenbildung. — Wie schon
im vorigen Abschnitte gezeigt worden ist, so versteht man
unter einer Erdkrume die pulverige oder krümelige Substanz,
welche bei der vollständigen Verwitterung von kieselsauren
Mineralien als letzter, nicht weiter durch die Verwitterungs=
agentien zersetzbarer, Rest übrig bleibt. Unter allen den
krümeligen Substanzen nun, welche bei der Verwitterung von
Mineralien entstehen, hat nun nach dem früher schon Mit=
getheilten nur die, mit Eisenoxydhydrat gemischte, Thon=
krume, also der gemeine Thon, eine Bedeutung für die Erd=
bodenbildung. Dieser Thon verhält sich zur Erdbodenbildung
ganz so, wie ein einfaches krystallinisches Mineral zur Fels=
artenbildung; denn wie z. B. Quarz in seiner massigen Ent=
wickelung den Quarzfels und im Gemenge mit Feldspath und
Glimmer den Granit darstellt; geradeso kann auch die Thon=
krume für sich allein in massiger Entwickelung den Thonboden
und im Gemenge mit Sand den sandigthonigen Erdboden
bilden. Die Erdkrumen sind also die Bildungsmittel des
Erdbodens. Zu diesen Bodenbildungsmitteln gehören indessen
nicht blos die Erdkrumen, sondern auch alle Felstrümmer,
mögen dieselben in der Gestalt von Geröllen, Blöcken oder
Sand auftreten, ja selbst die letzten Producte aller Orga=
nismen = Verwesung, die sogenannten Humussubstanzen, machen
sich, wie wir später noch zeigen werden, als Gemengtheile des
Erdbodens bemerklich.

Wenn nun aber auch von allen den ebengenannten Bo=
denbildungsmitteln jedes für sich allein schon weit ausgebreitete
Erdrindemassen darstellt, so ist doch keines derselben ver=

mögend, für sich allein eine solche Erdbodenmasse zu bilden,
welche den verschiedenen Gliedern des Pflanzenreiches für die
Dauer alles das gewähren konnte, was sie zu ihrer vollkom=
menen Entwicklung ihres Körpers nothwendig brauchen; ver=
mag auch keins derselben den Einfluß von Wasser, Luft und
Wärme so zu regeln, wie es für das Gedeihen der Pflanzen=
welt stets zuträglich ist. Es ist daher als eine weise Ein=
richtung im Haushalte der Natur zu betrachten, daß schon
bei der Entstehung der oben genannten Bodenbildungsmittel
zunächst immer eine solche Mischung derselben stattfindet, daß
das Eine die schädlichen Eigenschaften des Anderen mehr
oder weniger abstumpft, sodann auch die Ablagerungsweise
der einzelnen dieser Bodensubstanzen von der Art ist, daß
Bodengemengtheile von entgegengesetzten Eigenschaften mit=
einander gemischt erscheinen oder sich in abwechselnder Lage=
rung befinden.

So, um das eben Gesagte durch ein paar Beispiele zu
erläutern, wird man bemerken, daß der aus der Verwitterung
der Felsarten entstehende Boden mit sehr wenigen Ausnahmen
aus einem Gemische von einer Thonart und noch unzersetzten
oder doch nur halbverwitterten Felstrümmern, seien es nun
Gerölle, Grus, Sand oder Blättchen, kurz von Mineralresten
besteht, welche die an sich kalte, immer nasse und allzu bin=
dige Thonmasse erwärmen, zur Verdunstung treiben und locker
machen. Ebenso kann man an dem meisten, von Gewässern
abgesetzten, Schlamme bemerken, daß er entweder aus einer
innigen Mengung von Thon mit Sand besteht oder, wenn
sich auch diese beiden Bodengemengtheile in Folge ihrer ver=
schiedenen Schwere von einander trennen, doch in abwechseln=
den Lagen von diesen Gemengtheilen auftritt. Endlich wird
man finden, daß nur dann ein Gewässer den von ihm fort=
geflutheten Stein= und Erdschutt nicht in bunter Mischung,
sondern in mehr oder weniger streng von einander geschie=

denen, wagrechten Lagen über einander absetzt, wenn es einer=
seits die Thonsubstanzen möglichst fein geschlämmt enthält und
andererseits an einem Orte lange stehen bleibt, so daß sich
die einzelnen Arten seines Schuttes je nach ihrer Schwere
vollständig von einander trennen und absetzen können. Aber
selbst in diesem Falle wird noch eine Mengung seiner Schutt=
arten stattfinden; denn wenn sich auch zuerst seine groben
Gerölle zu Boden senken, so werden sich doch die später nieder=
fallenden Sand= und Thonschlammmassen noch so lange in die
zwischen den Geröllen vorhandenen Lücken einschieben, bis
diese ausgefüllt sind und erst dann abgesonderte Lagen über
denselben bilden, wenn von ihnen nach Ausfüllung aller Ge=
röllzwischenräume noch Massen übrig bleiben. Also nur in
diesem Falle können sich über Geröll= und Sandablagerungen
auch reine Thonlagen bilden.

Alles dieses vorausgesetzt wird man nun alle diejenigen
Ablagerungsmassen, welche aus Gemengen entweder

von Erdkrumen mit Erdkrumen, oder

von Erdkrumen mit Steinschutt, oder

von Erdkrumen und Steinschutt mit verwesenden Or=
ganismenresten

bestehen, Erdboden oder Ackerboden nennen und diesem
gemäß nun von demselben unterscheiden

I. den Mineral= oder Rohboden, welcher nur aus
mineralischen Substanzen besteht, und

II. den Humus= oder Culturboden, welcher aus einem
Gemenge von Rohboden mit verwesenden Organismen=
resten besteht.

I. Nähere Betrachtung der Arten des Mineral= oder Rohbodens.

§. 74. Die Bestandtheile desselben im All=
gemeinen. — In jedem Mineralboden sind seiner Ent=

stehung nach — so lange er nicht durch Wasser ausgelaugt oder ausgeschlämmt worden ist — zweierlei Bestandtheile vorhanden, nemlich:

a) durch Wasser nicht lös=, sondern nur schlämm= oder rollbare, welche zwar die eigentliche Bestandesmasse eines Bodens bilden, aber doch in Beziehung auf die Boden= zusamensetzung wieder von verschiedenem Werthe sind, indem

1) die Einen das wesentliche Bildungsmaterial eines Bodens abgeben oder mit anderen Worten die Boden= krume zusammensetzen, während

2) die Anderen nur als Beimengung dieser Krume auf= treten und daher auch in seinem Boden fehlen können, ohne daß dadurch das Wesen seiner Krume verändert wird.

Zu den ersteren oder die Bodenkrume bildenden Theilen gehören die verschiedenen Abarten der Thonsubstanz, also gemeiner Thon, Lehm und Mergel; zu den zweiten aber oder den Bodenbeimengungen gehören die verschiedenen Arten des Steinschuttes, als Gerölle, Grus, Kies und Sand.

b) Außer den unlösbaren, die Bestandesmasse eines Bo= dens bildenden, Mineralsubstanzen kommen aber in jedem Boden noch wechselnde Mengen von, im reinen oder Kohlensäure haltigen Wasser lösbaren Mineral= stoffen vor, welche theils einem mannigfachen Einfluß auf die Veränderungen der Bodenmasse ausüben, theils auch die Nahrungsmittel bilden, welche der Boden den in seiner Masse wurzelnden Pflanzen spendet. Zu ihnen gehören vorzüglich alle im Wasser löslichen Bodensalze, welche theils aus der Zersetzung der in einem Boden noch vorhandenen Mineralreste, theils auch aus der vollständigen Verwesung der auf oder in einem Boden vorhandenen Organismenreste entstehen, theils aber auch vom Wasser dem Boden zugefluthet werden.

Von allen diesen, in einem Erdboden auftretenden, Sub=
stanzen ist schon vielfach im Vorigen die Rede gewesen; es
ist auch bei der Beschreibung des Geröll= und Sandschuttes
(§. 56 und §. 62) gezeigt worden, daß man veränderlichen
oder zersetzbaren und unveränderlichen oder nicht weiter zer=
setzbaren Steinschutt unterscheiden muß und daß nur der letz=
tere einen stabilen Bestandtheil des Bodens bildet, während
der zersetzbare durch seine Zersetzungsproducte einerseits die
Bestandesmasse eines Bodens mannigfach verändert und an=
dererseits den in einem Boden wurzelnden Pflanzen so lange
Nahrungsstoffe liefert, als eben von ihm noch zersetzbare Reste
vorhanden sind. Endlich sind auch schon im I. Abschnitte
Capitel unter A. a. §. 10 u. ff. alle die Salze beschrieben wor=
den, welche im Wasser eines Bodens gelöst vorkommen können.
Alle diese Bodensubstanzen bedürfen daher an dieser Stelle
keiner weiteren Beschreibung mehr. Nur über die in einem
Boden auftretenden, im Wasser löslichen, Salze mögen hier
noch einige Andeutungen gestattet sein, da von ihnen zum
großen Theile die Pflanzenproductions= und Pflanzenernäh=
rungskraft eines Bodens abhängt.

Wie schon im §. 9 erwähnt worden ist, so sind die
unter den gewöhnlichen Verhältnissen in einem Boden vor=
kommenden Salze theils Verbindungen des Chlors mit Na=
trium, Kalium, Ammonium, Calcium oder Magnesium, so vor
allen das Chlornatrium oder Kochsalz und das Chlorammo=
nium oder der Salmiak, theils Verbindungen

der Kohlensäure			Kali			Carbonaten
Salpetersäure	mit		Natron	zu		Nitraten
Phosphorsäure			Ammoniak			Phosphaten
Schwefelsäure			Kalkerde			Sulfaten.
			Magnesia			

1) Die Carbonate oder kohlensauren Salze sind
theils schon in reinem Wasser, so das kohlensaure Kali, Natron
und Ammoniak, theils erst in Kohlensäure haltigem Wasser

löslich, so die kohlensaure Kalkerde und Magnesia. Versetzt man eine Lösung derselben — z. B. das aus einer Boden= masse ausgepreßte Wasser — mit Barytwasser, so bilden sie einen Niederschlag von kohlensaurem Baryt, welcher sich dann bei Zusatz von Salzsäure unter Aufschäumen wieder auflöst.

Ihre Bildungsstätte ist unermeßlich; denn sie entstehen in jedem Boden, welcher Reste von kohlensaurem Kalk und Dolomit, von zersetzbaren Silicaten, z. B. von Feldspath, Glimmer, Hornblende und Augit, oder von Gesteinen, welche aus diesen Silicaten gebildet werden, enthält, sobald nur Kohlensäure haltiges Regenwasser auf sie einwirken kann. Außerdem aber erzeugen sich auch ihre einzelnen Arten bei dem Verwesungsprocesse aller Pflanzen; denn die bei der vollständigen Zersetzung jeder Pflanzensubstanz übrig bleiben= den, durch kohlige Theile gewöhnlich grau oder schwarzgefärb= ten, erdigen Substanzen sind zum größten Theile nichts weiter als humussaure Salze der Alkalien und alkalischen Erden, welche sich dann weiter durch Anziehung von Sauer= stoff in doppelt kohlensaure Salze umwandeln und nun durch Regenwasser aufgelöst und dem Boden einverleibt werden. Es müßten demnach schon in jedem Boden, welcher eine Decke lebender Pflanzen trägt, diese Carbonate in reichlicher Menge vorkommen. Wenn man nun aber trotzdem diese Salze mit Ausnahme des kohlensauren Kalkes, immer nur in sehr ge= ringen Mengen in dem Wasser eines Bodens findet, so hat dieses seinen Grund

1) in der leichten Löslichkeit und in Folge davon in der leichten Auslaugbarkeit dieser Salze,

2) in der Begierde aller Pflanzen, diese Salze als ihre Hauptnahrungsmittel mit ihren Wurzeln aufzusaugen,

3) in der Eigenschaft aller Thonsubstanzen, diese Salze in sich aufzusaugen und sie in ihrer Masse so fest zu halten,

daß eben nur die Pflanzenwurzeln sie sich aneignen können und endlich

4) in der leichten Umwandlung aller im Wasser löslichen Carbonate durch die salpeter=, schwefel= und phosphor= sauren Salze der Schwermetalloxyde, der zu Folge sie, sobald sie mit den ebengenannten Schwermetallsalzen — z. B. mit schwefelsaurem Eisenoxydul oder Eisen= vitriol — in Berührung kommen, sich mit den Säuren dieser Salze zu schwefel=, phosphor= oder salpetersauren Salzen verbinden und ihre Kohlensäure ausstoßen oder auch an die beraubten Schwermetalloxyde abgeben. Und ebenso wandeln sie sich unter Ausstoßung ihrer Kohlen= säure in salpetersaure Salze um, sobald sie mit Ammo= niak oder stickstoffhaltigen Verwesungsmassen in Be= rührung kommen, wie bei der Beschreibung der Nitrate noch näher gezeigt werden soll.

Unter den in einem Boden auftretenden kohlensauren Salzen erscheinen am bedeutsamsten das kohlensaure Kali oder die Potasche, das kohlensaure Ammoniak und die kohlensaure Kalkerde. Das erste dieser Salze befördert die Zersetzung nicht bloß aller in einem Boden vor= kommenden Mineralreste, sondern auch die Verwesung aller Organismensubstanzen, das zweite liefert das Material, aus welchem sich Kali, Natron und Kalkerde die Salpetersäure zu ihrer Salpeterbildung schaffen, die kohlensaure Kalkerde aber wandelt die Thonsubstanzen in Mergel um. Alle sind demnach schon für die verschiedenen Umwandlungen, welche in der Masse eines Bodens vorkommen können, von großer Wichtigkeit, aber noch wichtiger werden sie dadurch, daß wohl keine Pflanze dieselben als Nahrungsmittel entbehren kann. Nur müssen sie in diesem Falle doppelt kohlensauer sein; denn — abgesehen davon, daß manche, wie eben der kohlensaure Kalk, als gewöhnliche einfachkohlensaure Salze im Wasser unlöslich und dadurch unfähig erscheinen, von den Pflanzenwurzeln aufgesogen zu werden, — wirken alle einfach kohlensauren Alkalien und alkalischen Erden ätzend und zerstörend auf die vegetabilischen Substanzen ein, wie man leicht erkennen kann, wenn man zerriebene Kartoffeln oder Sägemehl mit einer Auflösung von Potasche kocht, und verlieren dieses Aetzvermögen nur dann erst, wenn sie noch einen Theil Kohlensäure mit sich verbinden, also doppeltkohlensauer werden.

2) Die Nitrate oder salpetersauren Salze sind unter dem Namen: „Salpeter" allgemein bekannt und alle schon in reinem Wasser leicht löslich. In ihren Lösungen geben sie mit Barytwasser und auch mit Salzsäure keinen Niederschlag, aber wenn man ein etwa erbsengroßes Stückchen grünen Eisenvitriols in dieselben wirft und ein paar Tropfen Schwefelsäure zusetzt, so färben sie den Eisenvitriol um so schneller braun, je mehr in ihnen Salpeter vorhanden ist. Außerdem kann man sie auch bei größerer Menge in einem ausgetrockneten Boden daran erkennen, daß der letztere mit Funkensprühen umherspritzt, sobald man ihn auf glühende Kohlen wirft. Sie kommen indessen selten nur in großer Menge im Boden vor, weil sie zu leicht vom Wasser ausgelaugt werden können und für alle Pflanzen das wichtigste Mittel zur Darstellung ihrer Stickstoffsubstanzen — des Eiweißes, Käsestoffes und Klebers — bilden. Ihre Hauptbildungsstätte befindet sich in jedem Boden, welcher reichlich mit Stickstoff haltigen Organismenresten, so z. B. mit Thiersubstanzen — untermengt erscheint und kohlensaure Alkalien und alkalische Erden, welche den Stickstoff dieser Reste durch Anziehung von Sauerstoff zur Salpetersäurebildung antreiben, enthält. Im Uebrigen vergleiche man hierzu das schon im §. 15 über die Salpeterarten Mitgetheilte.

3) Der Phosphate oder phosphorsauren Salze

können zweierlei in einem Boden vorkommen, nemlich schon
in reinem Wasser lösliche und nur in Kohlensäure oder
humussaurem Ammoniak lösbare. Zu den ersteren gehören
die, nur selten und stets in sehr kleinen Mengen vorkommen=
den, phosphorsauren Alkalien; zu den nicht in reinem Wasser
lösbaren aber sind vor allen die phosphorsauren alkalischen
Erden, so namentlich die phosphorsaure Kalkerde, zu rechnen.
Indessen sind auch diese letzteren in einem reinen Mineral=
boden nur wenig und am ersten noch dann zu finden,
wenn derselbe Reste von Basalt, Kalkhornblende, Augit, Kali=
glimmer, Apatit, bituminösem Kalksteine und Thierverstei=
nerungen in reichlicher Menge besitzt; denn alle diese Sub=
stanzen geben bei ihrer Zersetzung etwas phosphorsauren
Kalk. Anders freilich ist es mit einem Boden, welcher reich=
lich mit Knochen, Haaren, Horn, Blut, Urin, Guano, Dünger=
jauche und anderen thierischen Resten versorgt worden ist, da
alle diese Bodenbeimengungen nicht blos phosphorsauren
Kalk enthalten, sondern denselben auch durch das, aus ihnen
sich entwickelnde, humussaure Ammoniak dem mit ihnen
untermischten Boden in gelöster Form übergeben. Trotz die=
ser reichlichen Quellen kann es nun aber doch vorkommen,
daß die in Lösung befindlichen Phosphate aus einem Boden
verschwinden, ehe sie noch von den Pflanzen haben aufge=
nommen werden können. Dieses ist der Fall, wenn ein
Boden schon von seiner Entstehung an oder durch Düngung
mit Sumpf= oder Teichschlamm Schwefeleisen besitzt. Denn
sobald sich dieses durch höhere Oxydation in schwefelsaures
Eisenoxydul umgewandelt hat, tauscht es mit den gelösten
Phosphaten die Säuren, so daß aus diesen letzteren Sulfate
werden, während sich das Eisenoxydul mit ihrer Phosphor=
säure zu unlöslichem Eisenphosphat verbindet.

Ein Boden, welcher reichlich mit phosphorsaurem Kalk
versorgt ist, vermag hauptsächlich üppiges Getreide und Hül=

senfrüchtler oder Schmetterlingsblüthler zu produciren. Wo
daher diese letzteren in größter Mannichfaltigkeit und Fülle
auftreten, da kann man schon das Vorhandensein von phos=
phorsauren Kalk vermuthen. Noch sicherer aber erfährt man
dieses Vorhandensein von gelösten Phosphaten in einem Bo=
den, wenn man den letzteren mit Wasser auslaugt und ein
Pröbchen der so erhaltenen Lösung mit Silberlösung versetzt.
Ein jetzt erfolgender gelber oder gelblichweißer Niederschlag
zeigt Phosphorsäure an. Ebenso muß beim Vorhandensein
von Phosphaten mit Barytwasser in der Bodenflüssigkeit ein
weißer, durch Salzsäure ohne Aufschäumen wieder löslicher,
Niederschlag entstehen. Ist freilich die Menge der Phosphate
nur eine sehr geringe, dann versagen gewöhnlich die eben=
genannten Reagentien mehr oder weniger ihre Dienste. In
diesem Falle muß man die Bodenlösung mit ein paar Krüm=
chen molybdänsauren Ammoniaks versetzen; wird alsdann die
Lösung schön gelb, dann deutet dieses auf Phosphate hin.

4) Die Sulfate oder schwefelsauren Salze sind
schon im §. 14 nach ihren Eigenschaften, ihrer Bildungsweise
und ihrem Verhalten zur Pflanzenwelt so ausführlich be=
schrieben worden, daß sie hier nur noch einmal übersichtlich
erwähnt zu werden brauchen. Nach eben diesem §. entstehen
alle die hierher gehörigen Salze entweder aus der Oxydation
von Schwefelmetallen, so namentlich das schwefelsaure Eisen=
oxydul und die durch die Verwesungsjauche von Organismen=
resten in den Boden gelangenden schwefelsauren Alkalien, oder
sie werden durch die Einwirkung von schwefelsauren Schwer=
metalloxyden auf kohlen=, salpeter=, phosphor= und kieselsaure
Alkalien und alkalische Erden erzeugt, oder sie gelangen fix
und fertig durch die Aschenbestandtheile sich zersetzender
Pflanzentheile in den Boden. In ihrem Verhalten zum
Wasser zeigen sie sich von dreifacher Weise: die meisten sind
in demselben leicht lösbar, so die Sulfate des Kali, Na=

trons, Ammoniaks, der Magnesia, der Kali=Thonerde (Alaun)
und des Eisenoxydules, dagegen löst sich der schwefelsaure
Kalk oder Gyps nur in sehr vielem Wasser, und die Sulfate
der Baryt= und Strontianerde, sowie des Bleioxydes erschei=
nen unter den gewöhnlichen Verhältnissen gar nicht löslich.
Alle lösbaren Sulfate sind von großer Wichtigkeit für das
Pflanzenleben, denn sie sind die Hauptsubstanzen, welche den
Pflanzen den zur Darstellung ihres Eiweißes, Klebers und
Käsestoffes nöthigen Schwefel liefern, aber sie können auch
schädlich auf den Pflanzenkörper einwirken, sobald in ihnen
die Schwefelsäure mit ihren Eigenschaften vorherrscht — sobald
sie also blaues Lakmuspapier röthen — wie dieses namentlich
bei dem zweifachschwefelsauren Eisenoxydul (d. i. dem Eisen=
vitriole) der Fall ist; denn dann zerätzen sie mit ihrer
Schwefelsäure die Zellenmasse des Pflanzenkörpers. — In
ihren Lösungen kann man sie leicht daran erkennen, daß sie
mit Barytwasser einen weißen Niederschlag geben, welcher sich
in Salzsäure nicht wieder auflöst.

Außer diesen eben beschriebenen Salzen kommen in dem
Verwitterungsboden der, aus kieselsauren Mineralarten be=
stehenden, Felsarten und in dem, reichlich mit zersetzbaren
Silicattrümmern untermengten, Schlämmboden, in Kohlensäure
haltigem Wasser lösbare kieselsaure Alkalien vor, welche
dadurch entstehen, daß eben Kohlensäure haltiges Wasser aus
Alkalien haltigen Silicaten — z. B. aus Feldspath oder
Glimmer — die in ihnen vorhandenen kieselsauren Alkalien
unzersetzt auflöst und dann auslaugt. Man bemerkt sie in=
dessen immer nur in kleinen Mengen, weil sie theils sich durch
den Einfluß ihres kohlensauren Lösungswasser in kohlensaure
Alkalien und freie lösliche Kieselsäure zersetzen, theils durch
alle Thonsubstanzen angesogen und festgehalten werden, theils
eine Hauptnahrung bilden für eine große Schaar von Pflan=
zen, so für alle Nadelhölzer, Eichen, Eschen, Ulmen, Birken,

Aspen, vor allen aber für alle Gras= und Getreidearten,
welche mit Hülfe derselben die Zellenmembran ihrer Stengel
und Blätter fest und hart machen. Am ersten zeigen sie sich
noch in dem Quellwasser, welches aus Gneiß=, Glimmer=
schiefer=, Granit= und Porphyrbergen hervorsprudelt, und in
dem Boden der Buchtenthälern zwischen diesen Bergen, woher
es auch kommt, daß man in diesen Landesgebieten so üppig
schöne Grasmatten und so prächtige Eichen und Eschen findet.
— Will man übrigens ihr Vorhandensein in einem Boden
ausfindig machen, so muß man den letzteren tüchtig mit war=
men Wasser auslaugen, diese letztere dann von der Boden=
masse abfiltriren, eindampfen und endlich mit Salzsäure ver=
setzen. Bei dem Vorhandensein von kieselsauren Alkalien
kommt alsdann eine weiße, schleimige oder gallertartige Trü=
bung oder bei größerer Menge von diesen Salzen sogar ein
Niederschlag in dem Wasser zum Vorschein.

Soviel über die in einem Boden vorhandenen, theils in
reinem, theils in kohlensaurem Wasser, löslichen Salze. Sie
alle sind für die Pflanzenwelt von der größten Wichtigkeit;
denn einerseits liefern sie den Pflanzen mit ihren Säuren
die Nahrungsmittel in einer Form, in welcher dieselben die
zarten Zellenmembran des Pflanzenkörpers nicht anätzen
können, wie dieses leicht geschehen könnte, wenn Kohlen=,
Salpeter=, Phosphor= und Schwefelsäure im freien Zustande
von den Pflanzen in ihren Körper aufgenommen würden
andererseits sind sie die Hauptsubstanzen, durch welche die
Pflanzen ihren Bedarf von Kohlenstoff, Stickstoff, Schwefel
und Phosphor zur Darstellung ihres Stärkemehles, Eiweißes,
Klebers (Fibrins) und Käsestoffes (Caseïns oder Legumins),
kurz aller Substanzen ihres Körpers empfängt, und endlich
liefern diese Salze in ihren Basen, sei es Kali, Natron oder
Kalkerde, die Mittel, welche die in einer Pflanze sich ent=

wickelnden organischen Säuren neutralisiren und mit sich zu
unlöslichen Salzen verbinden, welche sich dann an die zarten
Wände der Zellenmassen im Pflanzenkörper absetzen und diese
dadurch verdicken und fest und haltbar machen. Folgende
Uebersicht wird diese Bedeutung der im Wasser des Bodens
vorkommenden Salze veranschaulichen:

Diese Salze, welche hauptsächlich aus der Zer=
setzung von Mineral= und Pflanzenresten entstehen,
sind Verbindungen namentlich der Alkalien (Kali,
Natron und Kalkerde) mit

Kohlensäure, Salpetersäure, Phosphorsäure, Schwefelsäure.

Diese Säuren liefern den Pflanzen

Kohlenstoff,   Stickstoff,   Phosphor,   Schwefel,

aus denen die Pflanze mit Hülfe des Wassers darstellt:

Zellsubstanz,   Eiweiß,   Fibrin,   Caseïn.
aber auch organische Säuren (Gerb=, Oxal=,
Wein= u. s. w. Säure), mit welchen sich nun
wieder die, aus den aufgenommenen Salzen frei
gewordenen alkalischen Basen verbinden zu

organischsauren Salzen,
mittelst deren die Pflanze ihre Zellgewebe fest und haltbar macht.

Schon aus den eben angegebenen Ursachen ergibt es sich
nun, daß die in einem Boden vorkommenden, löslichen Salze
ihrer Menge und Art nach sehr veränderlich sein müssen.
In der That ist ihre Menge abhängig:

1) von der Jahreszeit. Im Herbste und Winter ruht
die Pflanzenwelt und entnimmt dem Boden nur sehr
wenig oder auch gar nichts, aber gerade in dieser Zeit
übergibt dieselbe durch Absterben und Verwesen ihrer
Körperreste nicht nur reichlich Säuren (Humussäuren),
durch welche die Mineralreste des Bodens zersetzt und zur
Production von löslichen Salzen genöthigt werden, son=

dern selbst auch lösliche Salze, indem sich ihre organischsauren Salze bei dem Verwesungsproceß in kohlen= und salpetersaure Salze umwandeln. Demgemäß wird der Boden im
Frühjahre der wieder erwachenden Pflanzenwelt ein volle-
res Nahrungsmagazin darreichen, als im Sommer;

2) von der Bodentiefe. Die oberen Lagen eines Bodens,
in denen sich die immer durstigen Pflanzenwurzeln ausbreiten, werden stets weniger lösliche Salze enthalten, als
die unteren, wurzelfreien, schon deshalb, weil alle Salzlösungen in Folge ihrer größeren Schwere sich nach der
Tiefe senken. Ueberhaupt aber sind die tieferen Lagen
des Bodens das Salzmagazin, aus welchem die Salzmen-
gen ersetzt werden, welche in den oberen Lagen durch die
Pflanzen verloren gehen;

3) von der Witterung, indem viele und starke Regengüsse
die leicht löslichen Bodensalze theils in die tieferen Lagen
eines Bodens, theils auch ganz aus dem Boden wegfluthen, was zumal der Fall ist, wenn der Boden eine
geneigte Lage oder eine zerklüftete, durchlässige Sohle hat.
Außerdem rauben bei anhaltendem Regen die ein Bodengebiet überfluthenden Fließwasser demselben viel Salze;
sie führen freilich demselben auch Salze und Material zu
neuer Salzbildung zu;

4) von der Menge der in einem Boden vorhandenen, zersetzbaren Mineralreste, und

5) von der Mannichfaltigkeit und Ueppigkeit der auf einem
Boden vorhandenen Pflanzendecke.

§. 75. Eintheilung und Beschreibung der
wichtigeren Bodenarten. — Nach den im vorigen §.
mitgetheilten Angaben erscheint jeder Mineralboden
als ein deutliches oder undeutliches Gemenge
von irgend einer Thonsubstanz mit einem größeren oder kleineren Quantum veränderlicher und

unveränderlicher Mineraltrümmer, hauptfäch=
lich von Sand. Hiernach kann man nun je nach dem in
seinem Gemenge am meisten hervortretenden Bestandtheile
folgende Arten desselben unterscheiden:

1) Sandreiche Bodenarten, welche wenigstens 80
Procent Sand von verschiedenen Mineralien, aber nicht von
kohlensaurem Kalk, und höchstens 20 Procent abschlämmbarer
Thonsubstanz enthalten.

2) Thonreiche Bodenarten mit wenigstens 60 Pro=
cent gemeinen Thones und höchstens 40 Procent fühl= und
abschlämmbaren Sandes. Von ihnen sind aber weiter wohl
zu unterscheiden:

α) Kalkloser Thonboden, welcher nicht mit Säuren
braust;

β) Kalkhaltiger Thonboden, welcher mit einer
größeren oder kleineren Menge abschlämmbaren Kalk=
sandes untermengt ist und darum mit Säuren mehr
oder weniger, aber stets ungleichmäßig, aufbraust.

3) Lehmreiche Bodenarten mit 35 bis 60 Procent
abschlämmbaren Sandes und 40 bis 65 Procent eigentlicher
Lehmmasse. Indessen ist auch bei ihm wieder zu unter=
scheiden:

α) Kalkloser Lehmboden,

β) Kalksandhaltiger Lehmboden.

4) Kalkreiche Bodenarten mit höchstens 75 Proc.
gemeinen Thones und wenigstens 15 Proc. theils abschlämm=
baren theils nur durch Salzsäure lostrennbaren kohlensauren
Kalkes. Je nach der Beimischungsart seines Kalkgehaltes
erscheint derselbe nun weiter

α) als Kalkthonboden, welcher mit Säuren ungleich=
mäßig aufbraust und ein mechanisches Gemenge von
viel Kalksand und wenig Thon ist,

β) als Mergelboden, dessen Hauptmasse Mergel ist,

20*

welche oft noch mit mehr oder weniger viel Kalksand
untermengt erscheint.

§. 76. Betrachtung der sandreichen Boden=
arten. — Wie eben erklärt worden ist, so versteht man
unter einem sandreichen Boden einen solchen, welcher wenig=
stens 80 Procent Sandkörner und höchstens 20 Procent ab=
schlämmbarer Thonsubstanz besitzt. Für ihn ist also die große
Menge seines Sandes bezeichnend; dieser ist darum ganz
besonders ins Auge zu fassen.

Der Sand besteht, wie schon im §. 64. u. f. gezeigt worden
ist, aus pulver= bis erbsengroßen Körnern verschiedener Mi=
neralarten. Je nach der Art der ihn bildenden Mineralarten
erscheint er demnach bald veränderlich, bald unveränderlich.
Veränderlich d. h. zersetzbar in Erdkrume und lösliche
Salze sind alle diejenigen seiner Körner, welche aus zusam=
mengesetzten kieselsauren Mineralien, so namentlich aus Feld=
spath, Glimmer, Hornblende, Augit oder kleinen Trümmern
solcher Felsarten bestehen, welche eins oder mehrere der eben
genannten Mineralien enthalten. Zu dieser veränderlichen
Art von Sandkörnern gehört demnach der bei weitem meiste
Verwitterungssand der gemengten krystallinischen Fels=
arten. — Unveränderlich dagegen ist aller Sand, welcher
aus Mineralkörnern besteht, die unter den gewöhnlichen Ver=
hältnissen nicht weiter zersetzbar sind, wie dieses namentlich
bei den Quarzkörnern der Fall ist, welche wohl durch
unaufhörliches Hin= und Herreiben zwischen den Geröllen
eines Gewässers mechanisch zu Mehl zerkleinert, aber in ihrer
Masse nicht weiter zersetzt werden können. — Dieses voraus=
gesetzt wird man nun auch zugeben, daß ein Sandboden,
welcher vorherrschend aus verwitterbaren Sandkörnern besteht,
im Zeitverlaufe immer ärmer an Sandkörnern werden, seinen
Charakter als Sandboden verlieren und zuletzt zu einem vor=
herrschend thonigen oder lehmigen Boden werden muß. Dieses

ist z. B. der Fall bei allen, durch Verwitterung der gemeng=
ten krystallinischen Felsarten entstandenen Bodenarten, unter
denen nur diejenigen, welche Quarzkörner in ihrem Gemenge
besitzen, wie z. B. der Granit, Gneiß, Glimmerschiefer und
Felsitporphyr, in ihrem Verwitterungsboden noch Sandkörner
und zwar unveränderliche, zeigen. Aber ebenso wird man
zugeben müssen, daß aller eigentliche Sandboden
vorherrschend aus Quarzkörnern bestehen muß
und außerdem nur noch Reste von schwer verwit=
terbaren Mineralien, z. B. von Orthoklasfeldspath
und Kaliglimmer, enthalten kann. Und wenn er nun
aber doch noch eine größere Menge (10—30 Proc.) zersetz=
barer Mineralkörner enthält, wie dieses z. B. nicht selten bei
dem Sande des norddeutschen Tieflandes der Fall ist, so muß
irgend ein Mittel in dem Sandgehäufe vorhanden sein, wel=
ches die Zersetzung dieser Körner verhindert. In der That
geschieht dieses bei dem Sande des deutschen Tieflandes durch
die Eisenockerrinde, welche jedes Sandkorn so umhüllt, daß
von Außen her kein Verwitterungsagens zu dem eingeschlosse=
nen Sandkorne gelangen kann.

Außer seinem Sandgehalte ist bei dem eigentlichen Sand=
boden, die Art und Menge seiner Erdkrume ins Auge zu
fassen. Diese kann nur aus solchen Erdsubstanzen bestehen,
welche sich schlämmen und hierdurch mit dem Sande innig
mengen lassen. Zu ihnen gehören außer dem gemeinen Thone
vorzüglich Lehm, Eisenocker, Mergel und feinzertheilte Humus=
oder auch Torfsubstanz. Je nachdem nun die eine oder die
andere dieser Substanzen in dem Gemenge eines Sandbodens
vorherrscht, unterscheidet man thonigen, lehmigen, mer=
geligen, eisenschüssigen und kohligen oder humo=
sen Sandboden.

Nachdem wir die Gemengtheile des sandreichen Bodens

kennen gelernt haben, müssen wir auch noch seine Eigenschaften und Ablagerungsorte untersuchen.

Was nun zunächst die Eigenschaften des sandreichen
Bodens betrifft, so stimmen dieselben im Allgemeinen mit
denen überein, welche wir schon im §. 64. bei der Beschreibung der Eigenschaften des Sandes kennen gelernt haben.
Der sandreiche Boden ist hiernach im ausgetrockneten Zustande
um so bindungsloser, je ärmer er an wahrer Erdkrume ist;
die geringe Menge seiner Erdkrumentheile wird durch die
tägliche starke Erhitzung seiner Sandkörner allmählich so
staubig, daß etwas heftige Windströmungen sie dem Boden
entführt, wodurch dieser zuletzt zu einem fast reinem Sand=
gehäufe wird. Wird er nun auch einmal vom Regen durch=
näßt, so hält doch diese Durchnässung um so weniger an, je
ärmer an Erdkrume und je reicher an groben Quarzsand=
körnern er ist. Am längsten halten noch diejenigen Sand=
bodenmassen sich feucht, welche entweder eine thon= oder
lehmreiche, oder auch eine torfige Unterlage, — welche alles
Wasser, was der über ihr befindliche Sandboden zur Tiefe
sinken läßt, haushälterisch in sich ansammelt und dann all=
mählich wieder an ihre sandige Decke abgibt —, oder an ihren
einzelnen Sandkörnern eine eisenockerige, thonige oder auch
kohlige Rinde haben, welche die angesogene Feuchtigkeit fest=
hält. Ein Glück ist es noch, daß gerade der am stärksten
verdunstende, quarzreiche Sandboden sich des Nachts am
stärksten abkühlt und in Folge davon am stärksten bethauet.
Leider aber wird diese an sich gute und für die auf dem
Sandboden wachsende Pflanzenwelt sehr zuträgliche Eigen=
schaft dadurch wieder getrübt, daß eben in Folge seiner star=
ken Abkühlung und Bethauung auf keinem anderen Boden die
auf ihm wohnenden Pflanzen nach kalten und auf heißen
Frühlingstagen folgenden Nächten so leicht erfrieren wie auf
ihm. — Nach allem diesen wird daher der sandreiche Boden

der Pflanzenwelt nur dann eine irgend behagliche Wohnstätte
darbieten, wenn er

1) eine Lage hat, in welcher er nicht allzusehr durch die
Tageshitze durchglüht werden kann, sei es nun, daß er
an der Nordseite von Bergen lagert, sei es, daß er von
fortwährend Wasser an ihn abgebenden Gewässern durch=
zogen wird, sei es auch, daß er von einzelnen Bäumen
in der Weise beschattet wird, daß die Morgensonnen=
strahlen nicht so grell auf ihn einwirken und seine wäh=
rend kalter Nächte erstarrten Pflanzen nicht zu rasch berüh=
ren und aufthauen können;

2) in seinem Untergrunde eine Masse besitzt, welche das von
ihm durchgelassene Wasser festhält, so daß sie ihn in der
Zeit des Austrocknens immer mit Feuchtigkeit versorgen
kann, mag nun diese Unterlage fester Fels, Thon, Lehm
oder Torf sein. Liegt freilich diese Unterlage zu nahe
der Oberfläche, so kann sie auch bewirken, zumal wenn
die ganze Bodenablagerung eine beckenförmige Lage hat,
daß der an sich so sehr zur Austrocknung geneigte
Sandboden ein Wasser= oder Sumpfpfuhl und in Folge
davon zur Heimath der Torf bildenden Wassermoose
und Moorhaiden wird.

Soviel über die Eigenschaften des sandreichen Bodens
Es bleibt noch übrig, auch Einiges über dessen Bildung,
Veränderung und Ablagerungsorte mitzutheilen.

Wie schon bei der Beschreibung des Steinschuttes ange=
deutet worden ist, so kann zunächst jedes krystallinische Ge=
stein, welches Quarzkörner und schwer verwitterbare Silicate
enthält, wenigstens beim Beginne seiner Verwitterung einen
sandreichen, freilich veränderlichen, Boden bilden, sodann aber
auch jeder Sandstein, welcher nur wenig Bindemittel besitzt,
durch den Einfluß des Regenwassers zu einem sandreichen
Boden zerfallen. Im Verlaufe der Zeit werden indessen diese

Verwitterungssandböden unter dem Einflusse der Verwitterungsagentien und des Wassers mannichfach verändert. Der aus den krystallinischen Gesteinen entstehende Boden verliert immer mehr von seinem Sande und wird zuletzt zu einem, oft nur noch wenig Sand haltigen, thonigen oder lehmigen Boden, und mit dem aus Sandsteinen entstehenden ist es ebenso, sobald die Sandsteine neben ihren Quarzkörnern viel Feldspathreste enthalten, wie es namentlich bei den Sandsteinen der Grauwacke-, Zechstein- und Buntsandsteinformation nicht selten der Fall ist. Indessen können aus den Verwitterungssandboden-Arten doch auch eigentliche dauernd sandreiche Bodenarten entstehen, wenn dieselben durch Wasserfluthen ihrer abschlämmbaren Krumentheile beraubt werden. Wenn Regenströme den Verwitterungsboden durchweichen, dann führen sie seine Krumentheile bergab den Buchten und Thälern zu und setzen sie in den letzteren ab, während sie Gerölle und Sand an den Berggehängen liegen lassen, woher es auch kommt, daß sich oft in den Buchtenthälern die fettesten Lehmlager befinden, während an den anliegenden Bergen Gehäufe von magerem Sand und Grus liegen. Wenn ferner Ströme ihre Uferländereien überfluthen und dann sich mit Schnelligkeit wieder in ihre Betten zurückziehen, so nehmen sie oft die Erdkrumentheile in solcher Menge mit sich fort, daß aus dem ehemals sandigen Thonboden dieser Ländereien ein thoniger Sandboden wird. Noch schlimmer wirthschaftet die Meereswoge: sie überfluthet den Strand und raubt seinem Boden bei ihrem Rückzuge die Krumentheile; dann kehrt sie wieder und bewirft den Strand mit gewaltigen Sandmengen, welche weiter der geschäftige Seewind landeinwärts treibt und über den fruchtbarsten Ländereien ausbreitet, so daß diese zu öden Sandsteppen werden.

Nach allem eben Mitgetheilten nun finden sich die sandreichen Bodenarten hauptsächlich in den Tiefländern da, wo

die Wogen und Winde des Meeres ihre Sandauswürfe aus=
breiten können, sodann aber auch in den Gebieten der binde=
mittelarmen Sandsteine vorzüglich da, wo Wasserströmungen
die erdigen Theile derselben leicht fortschlämmen können.

§. 77. Die thonreichen Bodenarten sind Ge=
menge von wenigstens 60 Procent gemeinen Tho=
nes und höchstens 40 Procent Sandes verschie=
dener Mineralien, enthalten aber außerdem 2—7 Proc.,
nur durch Kali= oder Natronlauge ausziehbaren, Kieselmehles
und 4—5 Proc. fein beigemischten, ockergelben oder braun=
rothen Eisenoxydes und erscheinen durch dieses letztere grau=
lich=ockergelb oder braunroth gefärbt. Sie nähern sich in
ihren Eigenschaften um so mehr dem gemeinen Thon (§. 72.),
je mehr ihre sandigen Beimengungen in seiner Masse zurück=
treten. Je nach diesen letzteren werden nun folgende Abarten
unterschieden:

1) Gemeiner oder strenger Thonboden: Ein
zäher, den ihn bearbeitenden Geräthschaften anklebender und
beim Umpflügen große, an der Schnittfläche glänzende und
dann umknickende Schollen (daher sein Namen: Knick oder
Schlick) bildender, Boden, welcher höchstens 35 Proc. feinen,
nur beim Umrühren mit warmem Wasser sich ausscheidenden,
Sandes enthält und darum in seinen Eigenschaften dem ge=
meinen Thone am nächsten steht. Unter allen mineralischen
Bodenarten hält er das Wasser am festesten und eben darum
ist er auch am meisten zur Sumpfbildung geneigt, zumal
wenn er einen beckenförmigen Ablagerungsort oder einen
felsigen, undurchlässigen Untergrund besitzt. Ist er durch
Wasseranschlämmungen entstanden, dann hat sich auch sein
feiner Sandgehalt so aus seiner Masse abgeschieden, daß er
aus einer oberen, nur aus reinem Thon bestehenden, und
aus einer unteren, nur aus feinem Sande gebildeten, Lage
zusammengesetzt ist. Ganz besonders tritt diese Scheidung da

hervor, wo er an Flußufern oder am Meeresstrande (z. B.
in den Marschen) lagert. Seine Hauptablagerungsorte be=
finden sich vorzüglich in den von Flüssen durchzogenen Auen
und Thälern und am flachen, durch wässerige Niederschläge
gebildeten, Meeresgestade; außerdem auch an den sanften
Gehängen der, aus bindemittelreichen Thonsandsteinen bestehen=
den, flachwellenförmigen Hügelgebiete der meisten, aus Sand=
steinen und Schieferthonen bestehenden, älteren und jüngeren
Erdrindebildungen; seltener dagegen in den Becken und Mul=
denthälern der feldspathreichen krystallinischen Felsarten.

2) Sandiger oder milder Thonboden, welcher
40—50 Proc. feineren und gröberen, schon beim
Reiben mit der Hand fühlbaren und schon durch
kaltes Wasser abschlämmbaren Sandes enthält
und sich in seinen Eigenschaften dem Lehme um so mehr
nähert, je gleichmäßiger sein Sand dem Thone beigemischt ist.
Er ist nie so naß, kalt und klebrig wie der gemeine Thon,
besitzt im mäßig feuchten Zustande eine krümliche, leicht zu
bearbeitende, Masse und wird beim Austrocknen nur dann
hart und rissig, wenn sein Gemenge ungleichmäßig ist. In
seinem Sandgehalte machen sich sehr häufig noch zahlreiche
Reste von zersetzbaren Mineralien, z. B. von Feldspath,
Glimmer und Hornblende, bemerklich, welche ihn bei ihrer
Zersetzung unaufhörlich mit löslichen kohlen=, kiesel= und
phosphorsauren Alkalien versorgen. — Seine Hauptablage=
rungsorte befinden sich theils auf den Plateau's, an den
sanften Gehängen und in den Thalmulden quarzreicher Gra=
nite, Porphyre, Gneiße, Glimmer= und Thonschiefer, theils
in dem Gebiete der flachwellenförmigen und von Flüssen
durchzogenen Thalgebiete der älteren Sandsteinformationen,
namentlich des Buntsandsteines.

3) Eisenschüffiger Thonboden, ein von ocker=
gelbem oder braunrothem Eisenoxyd ganz durch=

drungener und darum intensiv ockergelber oder braunrother Thon, welcher in der Regel mit kleineren oder größeren Mineralresten, so namentlich von Glimmer, Hornblende, Kieselschiefer und Melaphyr, ungleichmäßig unter= mengt ist. In Folge seiner dunkeln Farbe erhitzt er sich an schattenlosen Lagen so stark, daß er zuerst in ein loses, dürres Haufwerk von eckigen Stückchen und Blättchen und dann in ein pulverförmiges, fast bindungsloses Erdreich zerfällt; in schattigen, nicht allzu nassen Lagen dagegen bildet er eine mulmige, krümelige, warme und mäßig feuchte Bodenmasse welche durch ihre noch zersetzbaren Mineralreste selbst unge= nügsamen Pflanzen einen behaglichen Wohnsitz gewährt; in nassen Lagen aber zeigt er sich schmierig, schlammig und zu Versumpfungen geneigt. — Seine Hauptablagerungsorte be= finden sich vorzüglich an den unteren Gehängen und in den Thälern der Eisenglimmerschiefer= und Melaphyrberge, sowie der Conglomerate, Sandsteine und Schieferthone des Roth= liegenden und des unteren Buntsandsteines.

4) Kalkiger Thonboden. Derselbe zeigt sich je nach der Beimischungsart seines Kalkgehaltes sowohl in seinen Eigenschaften wie in seinem Verhalten zur Pflanzenwelt von doppelter Art, so daß man von ihm zweierlei Varietäten unterscheiden muß:

a) Die eine Abart dieses Bodens, welchen man kalk= haltigen Thonboden nennt, ist ein ungleichmäßi= ges, oberflächliches Gemenge von gemeinem Thon mit 6 bis 10 und mehr Procent größerer und kleinerer Stückchen und Körner von Kalkstein, welche man schon durch Wasser von der sie umgebenden Thonmasse abschlämmen kann. Be= feuchtet man diese Bodenart mit Salzsäure, so braust sie ungleichmäßig und immer nur da auf, wo gerade ein Kalkstückchen liegt, wodurch sie sich von der nächst= folgenden Art unterscheidet. In ihren übrigen Eigenschaften

nähert sie sich dem gemeinen Thonboden um so mehr, je
weniger sie Kalk enthält. Demgemäß erscheint sie beim Aus=
trocknen hart, berstend und Knollen bildend, im ganz durch=
näßten Zustande aber schmierig und zur Schlammbildung
geneigt; aber in einer schattigen, nicht zu nassen Lage bildet
sie ein krümliches, sehr fruchtbares Erdreich, welches den auf
ihr wachsenden Pflanzen reichlich doppeltkohlensauren Kalk
bietet. Wenn unter dem Einflusse von Verwesungssubstanzen
die Kalkreste dieser Bodenart allmählich sämmtlich in doppelt=
kohlensauren Kalk umgewandelt und dann von der Thonmasse
des Bodens gleichmäßig aufgesogen werden, dann wird sie
m e r g e l i g, wie man an allen ihren Lagerorten, welche sich
vorzüglich im Gebiete der Muschelkalk=, Jura= und Kreide=
formation befinden, bemerken kann. Durch diese innige und
gleichmäßige Mischung des Thones mit (4—10 Proc.) kohlen=
saurem Kalk wird aber der kalkhaltige Thonboden

b) zum m e r g e l i g e n T h o n b o d e n, eine der frucht=
barsten Bodenarten, welche mit erwärmter Salzsäure befeuchtet
zwar schwach, aber ganz gleichmäßig aufbraust, immer
feucht, aber nicht naß erscheint und nur in ganz durchnäßtem
oder ganz ausgetrocknetem Zustande noch ihre Thonnatur er=
kennen läßt, indem sie im ersten Zustande schlammig, im letz=
ten aber hart, knollig und rissig wird. Dieser Boden, welcher
eine Uebergangsstufe vom kalkigen Thonboden zum eigentlichen
Mergelboden bildet, findet sich vorzüglich mit dem erstbetrach=
teten Boden zusammen oder auch für sich allein an den un=
teren Gehängen und in den Thälern der von thonigen Zwi=
schenlagen durchzogenen Kalkberge.

§. 78. Die l e h m i g e n B o d e n a r t e n. — Vorherr=
schend ockergelbe oder lederbraune, stets krümliche, Boden=
arten, in welchen Lehm mit 35 bis 60 Procent gröberen und
feineren, schon durch das Gefühl bemerkbaren und durch ein=
fache Schlämmung abscheidbaren, Sandes verschiedener Mi=

neralien gleichmäßig untermengt erscheint. Je nach der
Menge und Art des in ihnen vorhandenen Sandes unter=
scheidet man von ihnen sandigen Lehm, welcher 20 bis 30
Procent abschlämmbaren Sandes enthält, kalkigen Lehm,
welcher neben seinem Quarzsand auch mehr oder weniger,
abschlämmbare Kalkkörner enthält und darum stellen=
weise mit Salzsäure aufbraust, — und mergeligen Lehm,
dessen Masse neben ihrem Kieselmehlgehalt auch 4 bis 10
Procent innig und gleichmäßig beigemischten Kalkpulvers ent=
hält, mit Salzsäure gleichmäßig in ihrer ganzen Masse auf=
braust und als eine Mischung von Lehm mit Mergel zu be=
trachten ist. — Außerdem aber hat man bei den lehmigen
Bodenarten noch nach der Art ihrer Entstehung und ihrer
Ablagerungsorte zu unterscheiden: Verwitterungs= und
Schlämmlehmboden. Der Erstere, welcher sich vorzüg=
lich an den sanfteren Gehängen und in den Buchtenthälern
der aus Granit, Gneiß, Glimmerschiefer, Syenit und Por=
phyren bestehenden Gebirge oder auch in den Wellenthälern
der mit lehmigen Bindemittel versehenen Sandsteinberge be=
findet, enthält in der Regel außer seinen Quarzkörnern noch
eine größere Menge von Resten seiner ebengenannten Mutter=
gesteine und ist in Folge davon ein ergiebiges Magazin für
die Bildung von löslichen Salzen der Alkalien, ja die Haupt=
vorrathskammer des löslichen kieselsauren Kalis und eben=
deshalb auch der fruchtbarste Standort für alle möglichen
Holzgewächse und Kräuter, vor allen der besten Wiesengräser.
— Der Schlämmlehmboden dagegen, welcher durch
Wasserfluthen zusammengeschwemmt und dann überall da ab=
gesetzt worden ist, wo diese Fluthen längere Zeit stehen blie=
ben, bildet mächtige Ablagerungen, welche aber sehr ge=
wöhnlich nicht ihrer ganzen Masse gleichen Bestand haben,
sondern abwechselnd aus fetteren und mageren, sandreicheren
und sandärmeren, Lagen bestehen und in Folge ihres Trans=

portes auch viele ihrer veränderlichen Mineralreſte verloren
haben, ſo daß dieſe Schlämmlehmlager troh ihrer oft bedeu=
tenden Mächtigkeit bei weitem nicht ſo fruchtbar ſind, als die
oft weit weniger mächtigen Verwitterungslehm=Ablagerungen.

Alles dieſes vorausgeſeht erſcheint der lehmige Boden,
ſo lange ſein Gehalt an eigentlicher Lehmſubſtanz nicht unter
25 Procent herabſinkt, als eine der fruchtbarſten Bodenarten.
Immer feucht und mäßig warm und immer locker und mürbe
geſtattet er der Luft ſtets Zutritt in das Innere ſeiner Maſſe,
ſo daß ſich ſowohl die in dieſer lehteren vorhandenen Mine=
raltrümmer, wie auch die ihm beigemengten Organismenreſte
leicht zerſehen und Pflanzennahrſtoffe entwickeln können. Er=
höht wird noch dieſe Fruchtbarkeit, wenn er einige Procente
kohlenſauren Kalkes und 6 bis 10 Procente Humusſubſtanzen
enthält, wenn aber ſein Lehmgehalt unter 25 Procent herab=
ſinkt und der ihm mechaniſch beigemengte Sandgehalt ſtark
zunimmt, dann verdunſtet er namentlich in luftiger, ſonniger
Lage zu ſtark und wird in Folge davon in ſeinem ganzen
Verhalten einem lehmigen Sandboden ähnlich, dann nehmen
auch die ſaftigen, hochhalmigen und breitblättrigen Wieſen=
gräſer ab und machen kurzhalmigen, ſchmalblättrigen Triften=
gräſern Plah.

§. 79. Die kalkreichen Bodenarten. — Sie ſind
gleichmäßige oder ungleichmäßige Gemenge von gemeinem
Thon oder Lehm mit wenigſtens 15 Procent kohlenſauren
Kalkes, enthalten aber außerdem noch ſehr gewöhnlich mehr
oder weniger fühlbaren Sand und nicht ſelten auch Gyps
oder phosphorſauren Kalk. In Folge ihres höheren Kalk=
gehaltes gehören alle hierhergehörigen Bodenarten zu den
warmen, leicht verdunſtenden; denn wenn ſie auch nur lang=
ſam die Sonnenwärme in ſich aufnehmen, ſo halten ſie die
einmal in ſich aufgenommene dann auch um ſo länger feſt,
ſo daß ſie einerſeits ſich des Nachts weniger bethauen wie

irgend eine andere Bodenart, und andererseits nach anhaltend
trockener, warmer Witterung lange Zeit brauchen, um ihre
ausgedorrte Masse mit soviel Feuchtigkeit zu versorgen, als
nöthig ist, um ihre theils zu harten Steinknollen, theils zu
staubigem Pulver zerfallene Masse wieder in richtige Erd=
krume umzuwandeln. Recht auffallend treten diese Eigen=
schaften der kalkreichen Bodenarten hervor an denjenigen Ab=
lagerungsorten derselben, welche ganz schattenlos sind und
während des ganzen Tages von der Sonne beschienen werden,
wie dieses z. B. an den südlichen Gehängen und auf den
Plateaus der Kalkberge der Fall ist. So lange diese Ab=
lagerungsorte mit einer dichten, die volle Wirkung der Sonnen=
strahlen abschwächenden, Pflanzendecke, z. B. mit Wald, bedeckt
sind, erscheint ihr Boden üppig fruchtbar und erzeugt die
verschiedenartigsten Gewächse. Es vermag in der That keine
andere Bodenart eine so mannichfaltige, bunte Flora zu pro=
duciren, als eine solche kalkreiche. Aber wie ändert sich dieses
anmuthige, buntfarbige Gewand, sobald die schützenden, ab=
kühlenden Wälder oder die den Boden gegen die Gluth der
Sonnenstrahlen deckenden Matten der Kräuterwiesen ver=
schwunden sind? — Schon nach wenigen Jahren bietet der
nun ausgedorrte Kalkboden dem Auge nichts weiter als dürr=
halmige, borstenblättrige Schwingelgräser und nur da und
dort einen genügsamen Wachholder oder einige dem Boden
angedrückte Lippenblümler. Und es ist noch ein Glück für
den armen Kalkboden, wenn diese genügsamen Gewächse ihn zu
bedecken suchen, denn sonst jagen Wind und Regen seine staub=
gewordene Bodenmasse nach allen Richtungen hin aus einan=
der, so daß namentlich an kahlen Kalkbergsgehängen von ihr
nichts weiter übrig bleiben als die ihr früher beigemengten
Steine oder das felsige Gerippe ihrer Unterlage. Aber was
ist an diesem Verfalle des kalkreichen Bodens schuld? — Nichts
weiter als sein eigenthümliches Verhalten gegen die Wärme

und gegen die in seiner Masse vorhandenen Verwesungs=
substanzen der Pflanzen. Ist nemlich der kalkreiche Boden
von einer saftigen Pflanzendecke beschattet, dann hält diese
seine Masse nicht blos kühl und feucht, sondern gibt ihm auch
alljährlich mit ihren absterbenden Körpergliedern ein reich=
liches Material zur Entwicklung von Kohlensäure, welche
sich nun mit der Feuchtigkeit des Bodens verbindet und die
in seiner Masse vorhandenen Kalktheile in löslichen doppelt=
kohlensauren Kalk umwandelt, so daß die in ihm wurzelnden
Pflanzen unaufhörlich mit ihrer Lieblingsnahrung versorgt
werden können. Wenn nun aber eine solche Pflanzendecke
verschwindet, dann dürrt die Sonne nicht nur den Boden,
sondern auch die auf ihm noch vorhandenen Pflanzenreste so
aus, daß diese letzteren zu einer harten, staubig=kohligen
Masse (zu sogenanntem kohligen oder tauben Humus) zer=
fällt, welche wegen Mangel an Feuchtigkeit nicht weiter ver=
west und folglich nun auch keine Kohlensäure mehr aus sich
entwickelt; ja es verdunstet sogar das kohlensaure Lösungs=
wasser des im Boden noch vorhandenen gelösten Kalkes, so
daß dieser den Pflanzen keine Nahrung mehr gewähren kann.
— So ist es mit dem kalkreichen Boden, wenn er schattenlose,
trockene und luftige Lagerungsorte hat. Anders verhält es
sich mit ihm an schattigen, feuchten oder von Gewässern durch=
zogenen Orten — z. B. in den engen Quer= und Buchtenthälern, ja selbst schon an den nach Norden abfallenden
Flächen der Kalkgebirge, da wirkt die Sonne mit ihren
Wärmestrahlen nur wohlthätig auf seine Masse ein, da er=
scheint er immer feucht, mäßig warm und mulmig und da
bietet er mit seinem Kalkgehalte ein fortwährendes Zersetzungs=
mittel ,der in und auf seiner Masse liegenden Verwesungs=
substanzen.

Es ist bisjetzt vorherrschend von dem Verhalten des
kalkreichen Bodens gegen die Wärme die Rede gewesen.

Eigenthümlich aber ist auch sein Verhalten gegen das Regenwasser. Enthält er viel Thon und sind seine Kalktheile nicht gleichmäßig durch seine Masse vertheilt, dann verhält er sich ähnlich wie der kalkhaltige Thonboden und wird demgemäß bei starker Durchnässung klebrig, schlammig und zäh, so daß er beim Umackern große Schollen bildet; ist er dagegen wenigstens mit 75 Procent Kalk untermengt, dann wird er bei offener sonniger Lage selbst nach starken Regengüssen bald wieder trocken und feinkrümelig, so daß er nur bei feuchter Lage die so gerühmte Fruchtbarkeit des Kalkbodens offenbart.

Soviel im Allgemeinen über den kalkreichen Boden. Im Besondern nun theilt man die kalkreichen Bodenarten je nach der Art ihrer Mischung mit dem kohlensauren Kalke ein:

1) in Mergelbodenarten, wie sie schon im §. 72 unter III und im I. Abschnitte §. 22 näher beschrieben worden sind, und

2) in Kalkthonbodenarten, auf welche sich die obengegebene Beschreibung bezieht.

II. Nähere Betrachtung des Humus haltigen oder Culturbodens.

§. 80. Entstehung desselben. — Wenn die mit Wasserdunst beladenen Strömungen des atmosphärischen Luftmeeres die nackte Wand irgend einer Felsmasse benetzen, dann behauchen sie dieselbe nicht nur mit luftförmigen, die Felsmasse anätzenden, Atmosphärenstoffen, sondern auch mit unzähligen, dem bloßen Menschenauge nicht sichtbaren, Keimen von Schurfflechten, den kleinsten und doch hartnäckigsten und kräftigsten aller Pflanzen. Ja, hartnäckig und kräftig sind diese Zwerge der Pflanzenwelt, denn ohne eigentliche Wurzeln vermögen sie sich doch so fest an die einmal von ihnen in

Besitz genommene Felswand anzuklammern, daß nur des
Meisels schneidige Schärfe sie davon abzuschürfen vermag.
Und haben sie nun einmal eine Felswand mit ihren, wie
farbige Staubüberzüge aussehenden, Colonieen ganz bedeckt,
dann helfen sie unermüdlich den atmosphärischen Verwitterungs=
agentien zur Zersetzung des harten und scheinbar für die
Ewigkeit geschaffenen Felsgesteines, denn mit ihren Ueber=
zügen machen sie die Oberfläche dieses letzteren rauh und
dadurch empfänglich für die Einwirkung wechselnder Tempe=
raturen, so daß der Zusammenhalt seiner Oberflächentheile
rissig, mürbe und zugänglich wird für die Aufnahme der
Atmosphärilien; zugleich aber saugen sie fortwährend Feuchtig=
keit an, welche die rissig gewordene Felsmasse durchzieht und
vorbereitet zur Aufnahme des Sauerstoffes und der Kohlen=
säure; und endlich entwickeln sie aus ihren kleinen Körpern,
namentlich bei deren Verwesung, gar mancherlei Säuren, vor
allen Kohlensäure, welche die Zersetzung der von ihnen be=
wohnten Felswand herbeiführen. — Wie aber in diesem Falle
die Flechten das harte Gestein zersetzen helfen, so thun sie es
auch bei dem losen Gehäuse des Sandes. Immer erscheinen
sie da, wo eine Mineralmasse in Erdkrume umgewandelt und
zum Wohnsitze für die Pflanzenwelt vorbereitet werden soll.
Aber die Flechten sind blos die ersten Colonisten auf dem
Erde bildenden Felsgesteine; haben sie dann soviel Erdkrume
aus ihm geschaffen, daß auch andere Gewächse auf derselben
wachsen und gedeihen können, dann ist ihr Werk vollbracht;
sie sterben im Ueberflusse des von ihnen geschaffenen Bodens
ab und überlassen denselben anderen, schon mehr Ansprüche
an ihren Wohnsitz machenden, Pflanzengeschlechtern, welche
das Werk der Flechten fortsetzen und für noch ungenügsamere
Gewächse vorbereiten. Und so schafft eine Pflanzenart ohne
ihr Wissen und Wollen der anderen die Wohnstätte aus ur=
sprünglich festem Gesteine; so arbeitet eine Pflanze der an=

deren in die Hände, so wandelt die Pflanzenwelt die öde Mineraldecke des Erdkörpers in einen Pflanzengarten um, welcher so lange blühend und üppig bestehen wird, als nicht Stürme der Natur oder die cultivirende Hand des Menschen störend und zertrümmernd auf das so geregelte Schöpfungswerk der Natur einwirken.

Nach allem diesen ist demnach jeder durch den Verwitterungsprozeß entstehende Boden schon, wenigstens theilweise, ein Werk der Pflanzenwelt, ist also jeder Verwitterungsboden schon von seiner Entstehung an ein Gemenge von mineralischen Verwitterungs- und vegetabilischen Verwesungsproducten; kann überhaupt nur da vielleicht von einem rein mineralischen Boden die Rede sein, wo ein Mineraliengehäufe aus nicht weiter durch die Verwesungsstoffe des Pflanzenreiches zersetzbaren Substanzen, z. B. aus Quarzkörnern oder reinem Thone, besteht und sich dabei in einem Gebiete der Erdoberfläche befindet, wo die dürre Atmosphäre nicht einmal des Nachts den für das Pflanzenleben so wichtigen Thau spenden kann.

Wenn nun aber auch strenggenommen jeder mit irgend einer Art und Menge von verwesenden Organismenresten untermengter Mineralboden ein Humus haltiger genannt werden kann, so gilt doch im Sprachgebrauche und practischen Leben nur derjenige Boden als ein Humus haltiger, welcher solche und soviel Humussubstanzen in seiner mineralreichen Masse besitzt, daß selbst Bäume und andere höhere, schon viele Ansprüche an den Boden machende, Gewächse, vor allem aber die vom Menschen gezogenen oder cultivirten Pflanzenarten für längere Zeit hin auf ihm gedeihen können. Und von dieser Art des Humus haltigen Bodens soll namentlich im Folgenden die Rede sein. Zu diesem Zwecke aber ist es nöthig, daß wir vor Allem

21*

das Wesen der ihn charakterisirenden Humussubstanzen näher
kennen lernen.

§. 81. **Bildung der Humussubstanzen.** — Wenn
Organismen, namentlich Pflanzen, — von denen hier vorzugsweise die Rede sein soll —, absterben, so verändern sie
zuerst ihre natürliche Farbe, die Säfte ihres Körpers und
das Gewebe ihrer Körperglieder; sodann verschwindet allmählich die Form ihres Körpers; und endlich zerfällt der früher
organische Körper in eine Anfangs lederbraune, zuletzt aber
bräunlich oder graulich schwarze, erdige Masse, welche gewissermaßen das Uebergangsglied von organischer zu mineralischer Substanz bildet und am Schlusse ihrer vollständigen
Zersetzung in der That auch aus nichts weiter als aus einer
Mischung verschiedener Salze und Säuren besteht. Diesen
Zersetzungsgang der organischen Substanzen kann man in
seiner ganzen Vollständigkeit schon an jedem einzelnen Pflan-
zenblatte beobachten. Wenn in Folge seiner unausgesetzten
Thätigkeit und dem abnehmenden Reize des Sonnenstrahles
im Spätsommer die Lebenskraft eines solchen Blattes mehr
abnimmt, dann kommen auf seiner grünen Fläche immer mehr,
anfangs grünblaue, dann rothe und zuletzt lederbraune Flecken
zum Vorscheine. Hat endlich die lederbraune, den Tod des
Blattes anzeigende, Farbe die ganze Ober- und Unterfläche des
Blattes in Besitz genommen, dann schrumpft dasselbe mehr und
mehr zusammen und fällt zur Erde. Unter dem Einflusse der
Feuchtigkeit zerreißt seine Substanz und wird nun allmählich
in die obengenannte schwärzliche Erdmasse umgewandelt, welche
unter dem Namen H u m u s gewöhnlich als das letzte Verwesungs-
product aller abgestorbenen Organismenreste angesehen wird.

So ist der Verwesungsgang einer organischen Substanz,
wie er sich äußerlich dem Auge darstellt. Complicirt aber
erscheint derselbe, wenn man nach den ihn einleitenden Potenzen und Agentien, nach den während seines Verlaufes

zum Vorschein kommenden Stoffen und nach dem Einflusse fragt, welche diese Stoffe auf die mineralischen Substanzen des Bodens und auf die Ernährung der Pflanzen ausüben. Wir wollen versuchen, im Folgenden alles dieses darzulegen, da gerade diese Verhältnisse für die Natur des Bodens und des Pflanzenlebens von der größten Wichtigkeit sind.

Wenn die Lebenskraft in dem Körper einer Pflanze schwächer wird und in Folge davon die Ausscheidungs= oder Verdunstungsorgane an den grünen Gliedern derselben zu= sammenschrumpfen und sich schließen, dann kann die Pflanze nicht mehr das in ihrem Körper angehäufte und überflüssige Wasser, auch nicht mehr den von ihr, bei der Bereitung ihrer Körpersubstanzen, ausgeschiedenen Sauerstoff verdunsten. In Folge dessen bleiben zunächst die neu gebildeten orga= nischen Substanzen weich und schwammig, sodann aber wan= deln sich die in jedem Pflanzenkörper vorhandenen, oxal=, gerb= und anderen organischsauren Alkalien eben unter dem Einflusse des überflüssigen Sauerstoffes in kohlensaure Alka= lien um. Diese Umwandlung der alkalischen Salze in kohlen= saure aber ist die erste Veranlassung zur Zersetzung der kohlen=, sauer= und wasserstoffreichen Pflanzensubstanzen, z. B. des grünen Farbemehles (Chlorophylls), Stärkemehls, Zuckers, so wie der Zellen= oder Pflanzenfasersubstanz, in die oben genannten Humussubstanzen. Die eben erst entstandenen kohlensauren Alkalien nemlich haben eine große Verbindungs= neigung zu den aus der Zersetzung der organischen Substan= zen entstehenden, H u m u s s ä u r e n; sobald sie daher mit ab= gestorbenen Pflanzenmassen in Berührung kommen, so treiben sie die Kohlenstoff haltigen Substanzen derselben an, durch Anziehung von Sauerstoff sich in Humussäuren umzuwandeln, mit welchen sich dann die Alkalien selbst unter Ausstoßung ihrer, bis daher besessenen, Kohlensäure zu h u m u s s a u r e n A l k a l i e n verbinden.

1) **Erklärung**: Will man sich diesen Proceß versinn=
lichen, so fasse man folgendes Schema ins Auge:
Sägemehl von Buchen= oder Eichenholz bestehe aus:

Holzfasersubstanz und gerbsaurem Kali

Durch Anziehung von Sauerstoff entsteht zunächst aus:

---

der **Holzfaser** unter   dem **gerbsaurem Kali**
Entwickelung von Kohlen=   **kohlensaures Kali**, welches
säure und Wasser eine   nun auf die Humusmasse
kohlenreichere und darum   einwirkt.
braungefärbte **Humus**-
masse.

Die Humusmasse aber bildet nun mit dem Kali **humus=
saures Kali**, wobei das Kali seine Kohlensäure freigibt.

2) **Versuch**: Man kann sich diesen Proceß auch auf
künstlichem Wege leicht darstellen, wenn man Säge=
mehl mit kohlensaurem Kali oder besser mit reiner
Kalilösung kocht. Die hierdurch erhaltene dunkel=
oder kaffeebraune Lösung besteht alsdann aus **hu=
mussaurem Kali**. Versetzt man dann diese
Lösung mit viel Salzsäure, so entfärbt sie sich unter
Abscheidung von braunen Flocken. Diese Flocken
nun bestehen aus nichts anderem als aus **reiner
Humussäure**, welche durch die Verbindung des
Kali's mit der zugesetzten Salzsäure frei geworden ist.

Aus dem eben angegebenen Versuche erfährt man zugleich
zweierlei, nemlich

1) daß die Verbindungen der Alkalien mit der Humussäure
braun sind und sich im Wasser auflösen, und

2) daß die Humussäure für sich allein im Wasser un=
löslich ist.

Der Verwesungs= oder Humificationsproceß der absterb=
benden Pflanze wird demnach, — sobald nur erst unter dem

Einflusse von Wärme, Luft und Feuchtigkeit die Gewebemasse
des Pflanzenkörpers zerrissen und die in dem letzteren vor=
handenen organischsauren Alkalien in einfach kohlensaure
Salze umgewandelt worden sind —, um so schneller und um
so vollständiger sich entwickeln und vollenden, je mehr einer=
seits in der Pflanze kohlensaure Alkalien und je weniger an=
dererseits in ihr Stoffe vorhanden sind, welche die Gewebe=
massen des Pflanzenkörpers einhüllen und so gegen den Ein=
fluß von Feuchtigkeit, Luft und alkalischen Salzen schützen.
Alles das können wir alljährlich in der Pflanzenwelt sattsam
beobachten; denn da werden wir stets bemerken,

1) daß die weicheren, saftreicheren, von der Luft leichter
   angreifbaren und viel Alkalien haltigen Pflanzenglieder
   schneller verwesen als die hartholzigeren, saftlosen, alka=
   lienärmeren;

2) daß die saftarmen, mit harzigen oder wachsartigen
   Stoffen erfüllten oder viel Kieselsäure haltigen Pflanzen=
   theile weit langsamer verwesen, als die harz= oder kiesel=
   säurearmen. Wie äußerst langsam verwesen die harz=
   oder wachshaltigen Nadeln und Stammtheile der Nadel=
   hölzer und Haiden oder die kieselsäurereichen Stamm=
   theile der Eichen, Birken, Eschen oder auch der borsten=
   blättrigen Gräser. Alle diese Gewächse enthalten auch
   alkalische Salze, aber dieselben können nicht auf die von
   Harz, Wachs oder Kieselsäure umhüllte Zellengewebmasse
   ihres Körpers einwirken.

Aber wir können auch bemerken, daß in der ersten Pe=
riode des Verwesungsprozesses, in welcher die Pflanze noch
viel alkalische Substanzen enthält, die Zersetzung der Pflanzen=
substanz noch rascher vorwärts schreitet, als in der zweiten
Periode, in welcher die Menge der alkalischen Salze immer
mehr in Folge der Bildung von humussauren Salzen und
der Auslaugung derselben durch Wasser abnimmt, ja daß

zuletzt, wenn die Pflanzensubstanz in der eben erwähnten Weise ihren ganzen Gehalt von Alkalien verloren hat, die Verwesung scheinbar ganz stillsteht, so daß von der Pflanzenmasse eine schwarzbraune erdige Masse übrig bleibt, welche sehr kohlenreich und fast leer von alkalischen Salzen und unter dem Namen des „kohligen oder tauben oder auch staubigen Humus" bekannt ist.

Ganz still steht indessen die Verwesung dieses kohligen Humus nicht, sie schreitet nur sehr langsam fort und zwar in Folge der merkwürdigen Eigenschaft ihres Kohlengehaltes, aus der Atmosphäre Wasser, Sauerstoff und Stickstoff in sich aufzusaugen und mit Hülfe des eingesogenen Wassers aus dem Stickstoffe Ammoniak zu bilden, welches nun wie ein Alkali wirkt und den Kohlengehalt des Humus anregt, Sauerstoff anzuziehen und sich mit ihm zu Kohlensäure zu verbinden, mit welcher Säure dann das Ammoniak kohlensaures Ammoniak, das beste aller Pflanzennahrungsmittel, bildet.

Dieser Prozeß läßt sich in folgender Weise versinnlichen:

der kohlige Humus zieht an Wasser und Luft,
das Wasser besteht aus Wasserstoff und Sauerstoff,
die atmosphärische Luft aber aus Stickstoff und Sauerstoff.

Es treten mithin in Berührung:

Kohlenstoff + Sauerstoff + Wasserstoff + Stickstoff

verbinden sich   verbinden sich
zu Kohlensäure   zu Ammoniak
(2. Product)   (1. Product)

verbinden sich mit einander zu
kohlensaurem Ammoniak (3. Product).

Das Ammoniak wirkt demnach, wie eben angedeutet worden ist, ganz so, wie Kali, Natron oder Kalkerde, zersetzend auf jede absterbende organische Substanz, ja man darf annehmen, daß es die Universalbasis ist, welche die Natur anwendet, um jede abgestorbene Organismenmasse zur vollen Verwesung zu bringen. Denn es entwickelt sich nicht blos in

der oben angegebenen Weise in dem kohligen Humus aus
dem atmosphärischen Stickstoffe, sondern auch i n a l l e n O r =
g a n i s m e n r e s t e n , d e r e n M a s s e a u s K o h l e n =,
W a s s e r =, S a u e r = u n d S t i c k s t o f f besteht, aus der
Verbindung von deren Stickstoff= und Wasserstoffgehalt und
macht sich dann gleich bemerklich durch seinen stechenden oder
urinösen Geruch. Wir werden es aber nur dann bemerken,
wenn eine Pflanzen= oder Thiersubstanz arm oder leer an
Kali, Natron oder Kalkerde ist; denn sind diese letztgenannten
Alkalien vorhanden, so zersetzen sie augenblicklich das sich ent=
wickelnde Ammoniak, indem sie den Stickstoff desselben an=
regen, durch Anziehung von Sauerstoff Salpetersäure zu
bilden, mit welcher sich dann die genannten Alkalien zu s a l =
p e t e r s a u r e n S a l z e n verbinden. In diesem Falle wird
also auch das Ammoniak eher aus der Verwesungsmasse
verschwinden, als es auf diese letztere zersetzend einwirken
kann. Sind indessen die Alkalien erst vollständig in salpeter=
saure Salze umgewandelt worden, dann zersetzt auch das sich
nun entwickelnde Ammoniak die noch übrige Humusmasse.

Es kann indessen das Ammoniak in seiner eben beschrie=
benen Thätigkeit auch gehemmt werden, wenn verwesende
Organismenreste neben ihrem Stickstoffgehalte auch mehr oder
weniger Schwefel enthalten, wie dies z. B. der Fall ist bei
den meisten thierischen Substanzen; denn dann entsteht aus
dem Stickstoff=, Wasserstoff= und Schwefelgehalte dieser Sub=
stanzen zu gleicher Zeit Ammoniak und Schwefelwasserstoff,
zwei Substanzen, welche sich augenblicklich mit einander zu
S c h w e f e l w a s s e r s t o f f = A m m o n i a k oder S c h w e f e l =
a m m o n i u m , jenem allbekannten, durch seinen häßlichen
Fauleiergeruch ausgezeichneten und die Verwesungsjauche
schmutzig grünlichbraun färbenden, Gase, verbinden. Tritt aber
das Ammoniak in diese Schwefelverbindung ein, dann hält es
der Schwefel so gefesselt, daß es nicht mehr auf die Humus=

substanz einwirken und aus ihr Säuren erzeugen kann. Nur
wenn die Verwesungssubstanz auch noch kohlensaure Alkalien
enthält, kann dann die Zersetzung derselben weiter fortschreiten,
indem diese Alkalien dem Schwefelammonium seinen Schwefel=
gehalt rauben, wodurch einerseits aus ihnen selbst sich
S ch we fe l a l k a l i e n   oder S ch we fe l l e b e r n   entwickeln,
welche sich in der Verwesungsjauche mit lederbrauner Farbe
lösen und unter Luftzutritt in s ch we fe l s a u r e A l k a l i e n
umwandeln, und andererseits das Ammoniak wieder frei wird
und nun auch wieder zersetzend auf die noch vorhandene
Humussubstanz einwirken kann.   Alle diese Processe kann
man deutlich in der Natur beobachten. Wenn ein Stück
Fleisch zu verwesen beginnt, so entwickelt es auch augenblick=
lich den widerwärtigen Geruch von Ammoniak und Schwefel=
wasserstoff. Allmählich verschwindet derselbe und es bleibt
dann zuletzt eine schwärzliche krümliche Humusmasse übrig,
welche anfangs fast geruchlos ist und erst nach einiger Zeit
wieder etwas Ammoniak entwickelt, und dann sich auch weiter,
wenn auch nur langsam, zersetzt. Wenn man nun aber diese
faulige Fleischmasse mit Asche (d. i. kohlensaurem Kali) oder
mit gebranntem Kalk (d. i. Kalkerde) bedeckt, so verschwindet
rasch der faule Geruch und das Fleisch wird sehr schnell
vollständig zersetzt, so daß nur wenig krümliche Humusmasse
übrig bleibt; bedeckt man diese wieder mit Aschenlauge, so
verschwindet auch die letzte Spur des Humus. Läßt man
endlich die hierdurch erhaltene Jauche oder auch die durch
Zusatz von Wasser erhaltene, unrein braun aussehende, Lösung
in einem flachen Napfe an der Luft stehen, so verschwindet
allmählich ihre braune Farbe und untersucht man nun die=
selbe chemisch, so erhält man aus ihr salpeter= und schwefel=
saure Alkalien (Kali und Kalkerde), sowie kohlensaures Am=
moniak, lauter ausgezeichnete Pflanzennahrungsstoffe.

Von dieser Beobachtung des Verwesungsprocesses macht

man auch im practischen Leben mannichfache Anwendung: Um abgestorbene Organismenreste rasch zur vollen Verwesung zu bringen, um die aus Cloaken und Latrinen sich entwickelnden, widerlich riechenden und der Gesundheit nachtheiligen, Gase zu verbannen, und um schwer zersetzbare Pflanzenmasse rasch in guten Dünger umzuwandeln, untermischt oder bedeckt man sie mit Asche und gebranntem Kalk. Ebenso untermischt man die Jauchen der Fäulnißsubstanzen mit den ebengenannten alkalischen Stoffen, sammelt sie dann in flachen, weiten Gruben an, rührt sie von Zeit zu Zeit um, damit auch der Sauerstoff der Luft gehörig mit den vorhandenen Schwefelalkalien und humussauren Salzen in Berührung komme, und bereitet sich in dieser Weise eine Mischung von kohlen=, schwefel= und salpetersauren Salzen.

Doch nun genug über die Zersetzungsweisen abgestorbener Organismenreste. Werfen wir nun nochmals einen Sammelblick auf alles eben Besprochene, so erhalten wir für die Zersetzung der Pflanzen folgende Resultate:

1) Die Hauptsubstanzen des Pflanzenkörpers bestehen

a) aus Faser= und Zellgeweben, welche theils stickstofffreie, theils stickstoffhaltige Substanzen umfassen und	b) aus organischsauren Alkalien und alkalischen Erden, welche gewöhnlich die Zellen und Fasern umhüllen und sie hart und fest machen.
α) entweder aus: Kohlen=, Wasser= und Sauerstoff	β) oder aus Kohlen=, Wasser=, Sauer= und Stickstoff nebst Schwefel

bestehen.

2) Wenn nun eine absterbende Pflanzenmasse sich unter dem steten Einflusse von Wärme, Feuchtigkeit und Luft zersetzt, so werden zunächst die unter a. genannten Säfte und Gewebe unter Bildung von Wasser und Kohlensäure in eine anfangs hell=, später dunkelbraune, kohlenstoffreiche, erdige

Masse umgewandelt, welche man Humussubstanz nennt. Zugleich aber werden bei der Bildung dieser letzteren die unter b. angegebenen organischsauren Salze in einfach kohlensaure umgewandelt und aus dem Stickstoffgehalte der unter α. β. genannten Stickstoffsubstanzen (z. B. Eiweiß, Kleber, Casëin ꝛc.) Ammoniak oder auch Schwefelammonium gebildet.

3) Sowohl die kohlensauren Alkalien, wie auch das Ammoniak treiben die an sich indifferente (d. h. weder wie eine Säure noch wie eine Salzbasis wirkende und im Wasser ganz unlösliche) Humussubstanz an, durch Anziehung von Sauerstoff die sogenannten Humussäuren zu bilden, mit welchen sich dann das Kali, Natron oder Ammoniak der obengenannten kohlensauren Salze zu in Wasser löslichen, gelb- oder kaffeebraunen, humussauren Salzen verbinden.

4) Indessen ist bei dieser Einwirkung des Kalis, Natrons oder Ammoniaks noch Folgendes ins Auge zu fassen:

a) Ist eine Pflanzenmasse stickstofffrei, so werden aus ihrer sich entwickelnden Humussubstanz nur durch die in ihr vorhandenen Alkalien humussaure Alkalien erzeugt. Je mehr daher in ihr Alkalien vorhanden sind, um so rascher und um so stärker schreitet ihre Zersetzung vorwärts. — Reicht nun aber die Menge der Alkalien nicht aus, um alle Humusmasse in Säure umzuwandeln, so bleibt zunächst kohliger Humus übrig, welcher sich aber durch Entstehung von Ammoniak aus, in sich aufgenommener, Luft dann ebenfalls allmählich in Humussäuren umwandelt, bis auch seine letzte Spur verschwunden ist. Hat endlich eine stickstofffreie Pflanzensubstanz gar keine Alkalien, so entwickelt sich schon von vorn herein aus ihrer in der Humification begriffenen Masse, freilich nur sehr allmählich, durch Aufnahme und Verdichtung von Feuchtigkeit und Luft, Ammoniak, welches dann die Weiterzersetzung des kohligen Humus besorgt, wenn anders die Umgebung der humificirenden Masse nicht zu trocken ist.

b) Ist nun aber eine Pflanzensubstanz stickstoffhaltig und dabei auch mit Schwefel versehen, dann kann wieder ein doppelter Fall eintreten:

α) Enthält nemlich eine solche Substanz keine Alkalien, dann entwickelt sich aus ihr im Anfange nur Schwefel= wasserstoff=Ammoniak, aus welchem sich unter Aufnahme von Sauerstoff schwefelsaures Ammo= niak erzeugt, und erst nach Verbrauch allen Schwefels kohlensaures Ammoniak, welches alsdann die noch übrige Humusmasse in Humussäuren umwandelt.

β) Enthält nun aber eine solche Substanz neben ihrem Stickstoff=Schwefelgehalte auch Kali, Natron oder Kalk= erde, dann entwickeln sich aus ihr

zuerst Schwefelammonium und kohlensaure Alkalien, welche sich mit den aus dem Humus erzeugten Humussäuren zu humussauren Al= kalien verbinden;

dann durch Umtausch der Säuren humussaures Ammoniak und Schwefelalkalien (Schwe= felkalium, Schwefelnatrium oder Schwefelcalcium), aus denen dann unter Luftzutritt schwefel= saure Alkalien werden;

dann aus der nach Verbrauch des Schwefelgehaltes noch übrigen Humusmasse, wenn dieselbe noch Alkalien und Stickstoffsubstanz besitzt, salpeter= saure Alkalien;

endlich aus der nach Verbrauch des Alkalien= und Stickstoffgehaltes noch übrigen kohligen Humus= masse in der oben schon erwähnten Weise so lange noch humussaures Ammoniak als noch unwandelbare Masse übrig ist.

§. 82. Eigenſchaften der Humusſubſtanz und
ihrer Säuren. — Es iſt im Vorigen hauptſächlich die Bil=
dungs= und Umwandlungsweiſe der Humusſubſtanz beſprochen
worden. Nun hat aber dieſe Subſtanz mehrere Eigenſchaften,
welche nicht nur für das Pflanzenleben, ſondern auch für die
Bodenbildung, ja auch für die Umwandlung feſter und ſchein=
bar unlösbarer Mineralien von großer Wichtigkeit ſind. Es
müſſen darum dieſe Eigenſchaften noch beſonders ins Auge
gefaßt werden.

Wie nun oben ſchon angedeutet worden iſt, ſo müſſen von
der Humusſubſtanz von vorn herein dreierlei Modificationen
unterſchieden werden, von denen die erſte als die im Ent=
ſtehen begriffene oder unreife, die zweite als die in voller
Entwicklung begriffene oder reife, die dritte endlich als die
überreife oder ausgeſogene Humusſubſtanz anzuſehen iſt.

Die erſte Art von Humusſubſtanz oder die erſt in der
Entwickelung begriffene, welche auch Ulmin oder Baum=
erde genannt wird, ſieht gelb= oder lederbraun aus, bildet
eine faſerige Erdmaſſe und gibt mit einer Löſung von kohlen=
ſauren Alkalien gekocht, im Waſſer lösliche, weingelbe Al=
kalien (ſogenannte ulminſaure Alkalien). Unter Zutritt
von Luft und Feuchtigkeit, alſo unter Anziehung von Sauer=
ſtoff, wird ſie allmählich dunkelbraun und wird nun zur
zweiten Humusart, nemlich zu dem in voller Umwandlung
begriffenen reifen oder milden Humus, welchen man auch
Humin nennt. Dieſe zweite, dunkel= bis ſchwarzbraun und
ſchon ganz pulverig erdig ausſehende Art iſt es, welche man
gewöhnlich als eigentlichen Humus bezeichnet. In ihr iſt die
Entwicklung von humus= oder huminſauren Alkalien im
vollen Gange. Dieſe geben ſchon in reinem Waſſer eine Lö=
ſung, welche um ſo dunkler brauner iſt, je mehr ſich humin=
ſaure Alkalien in der Humusmaſſe befinden. Hat nun Regen=
waſſer alle dieſe Salze ausgelaugt und befinden ſich in der

nun noch übrig bleibenden Huminmasse auch keine Alkalien mehr, dann wird diese Huminmasse zur überreifen, kohlen= reichen, alkalienleeren oder tauben Humussubstanz, welche nur noch durch das in ihr sich entwickelnde Ammoniak oder durch künstlichen Zusatz von kohlensauren Alkalien (Asche) oder Kalk Huminsäuren aus sich entwickeln und sich vollständig zersetzen kann.

Unter diesen Modificationen der Humussubstanz ist die zweite und dritte die am meisten in dem Erdboden vorkom= mende; von ihr ist daher im Folgenden vorzugsweise die Rede.

Die reife Humussubstanz oder das Humin, — welches also nach dem eben Mitgetheilten im ersten Stadium seiner Entwicklung aus einer Mischung von kohlenstoffreicher Hu= musmasse und kohlen= oder huminsauren Alkalien, im zweiten Stadium aber nur aus kohlenstoffreicher Humusmasse besteht —, bildet im ausgetrockneten Zustande eine erdigpulverige Aggre= gation, welche dunkelrauchgrau oder bräunlichschwarz aus= sieht und zwar im Wasser ganz unlöslich ist, aber wegen ihres feinzertheilten Kohlengehaltes gierig Wasser und alles, was in dem letzteren aufgelöst ist, in sich aufsaugt und davon zuerst wie ein Badeschwamm aufquillt, dann aber zu einem breiartigen Schlamme zerfließt, dessen Theile beim vollstän= digen Austrocknen sich so stark zusammenziehen, daß ihre Masse zuletzt in lauter feste, harte, napfförmige Scherben zerfällt. Durch diese Eigenschaften sowohl, wie auch dadurch, daß, wenn die schlammige Humusmasse gefriert, sie bei spä= terem Aufthauen und Austrocknen sich nicht mehr zu einer festen, harten, steinähnlichen Masse zusammenzieht, sondern nur zu einem kohlenartigen Pulver zerfällt, welches wohl noch Wasser und alle im Wasser löslichen Substanzen in sich aufsaugt, aber keinen Schlamm mehr bildet, nähert sich die Humusmasse der Thonsubstanz. Aber diese Aehnlichkeit in

den ebengenannten Eigenschaften ist nun auch die Ursache,
daß Humus= und Thonsubstanz in ihrem feinzer=
theilten Schlammzustande sich gegenseitig nicht
nur innig mischen, sondern auch so fest aneinan=
dersaugen, daß jedes, auch das kleinste Masse=
theilchen dieser Mischung aus irgend einem
Quantum Thon und Humus besteht, — so wie man
es z. B. an manchem Teich= oder Flußschlamme bemerken
kann. Dieses Gemisch bildet dann beim Austrocknen oder
Ausfrieren eine feinkrümliche, mürbe, stets feuchte Boden=
masse, in welcher sich der Humus viele Jahre hindurch un=
verändert erhält und so eine äußerst fruchtbare Erdbodenart
darstellt, welche unter dem Namen der Dammerde be=
kannt ist.

Wenn nun aber die frische Humussubstanz sich voll
Wasser und Luft saugt und diese Stoffe in sich zusammen=
preßt und verdichtet, so muß dadurch nach und nach aus
denselben alle ihre gebundene Wärme frei werden. Und diese
frei werdende Wärme ist es nun, welche die kohlereichen
Theile der Humusmasse anregt, zunächst sich mit dem Sauer=
stoffe der Luft zu Kohlensäure zu verbinden, welche nun
ihrerseits wieder den Stickstoff der eingesogenen Luft antreibt,
mit dem Wasserstoffe des in dem Humus vorhandenen Wassers
Ammoniak zu bilden, so daß sich endlich kohlensaures Ammo=
niak entwickelt, — in der Weise, wie schon früher angegeben
worden ist. — Diese Eigenschaft der Humusmasse, sowie
jeder frischen Kohlensubstanz, ist auch die Ursache, warum
dieselbe beim Erwärmen stets kohlensaures Ammoniak ent=
wickelt, warum ferner auf Kohlenmeilerstätten die Pflanzen=
welt sich so reich entfaltet, warum endlich auf einer frischen
Humusmasse (oder auch auf Kohlenpulver) die Stecklinge
und Samen der Pflanzen so leicht gedeihen und keimen.

Aber eben die in der Humusmasse sich entwickelnde

Wärme ist es auch, welche das Wasser derselben theilweise zum Verdampfen bringt, so daß eine Humusmasse, so lange sie mit der Luft in steter Verbindung steht und nicht an einem allzuschattigen, immer feuchten Orte lagert, nie so schlammig und sumpfig wird, wie gemeiner Thon.

Sieht man von dem Gehalte von beigemischten alkalischen Salzen ab, so ist, wie schon früher mitgetheilt worden ist, die reine Humussubstanz für sich allein ganz indifferent und als solche für das Pflanzenleben nichts weiter als eine gewöhnliche, den Pflanzenwurzeln wohl einen Standort, aber keine Nahrung bietende, Erdbodenmasse. Aber kann sie auch nicht selbst den Pflanzen als Nahrung dienen, so bildet sie doch ein Magazin, aus welchem sich so lange, als noch eine unwandelbare Spur von ihr vorhanden ist, Nahrungsmittel für die Pflanzen entwickeln, denn es erwachsen aus ihr, wie wir schon früher gesehen haben, alkalische Salze der verschiedensten Art, vor allen aber die humussauren Alkalien, welche wegen ihrer eigenthümlichen Natur und ihrer Wichtigkeit näher betrachtet werden müssen.

Die kohlenstoffreiche Substanz des Humus nemlich besitzt die Eigenthümlichkeit, daß, wie ja auch früher schon bemerkt worden ist, unter dem Einflusse von Ammoniak, Kali, Natron, Kalkerde und überhaupt von allen starkbasischen Metalloxyden (d. h. solchen Oxyden, in denen 1 Theil Metall mit 1 Theil Sauerstoff verbunden erscheint —) aus ihr sich kohlenstoffhaltige Säuren (sogenannte Humussäuren), entwickeln, welche für sich allein im Wasser unlöslich sind, mit denen sich aber trotzdem alle die ebengenannten Oxyde sehr gern zu Salzen verbinden, unter welchen nun alle die Kali, Natron oder Ammoniak haltigen schon in gewöhnlichem Wasser löslich, dagegen diejenigen, welche eine alkalische Erde, z. B. Kalkerde, oder ein Schwermetalloxyd besitzen, unlöslich erscheinen.

Die in gewöhnlichem Wasser schon lösbaren humussauren
Alkalien, vor allen das humussaure Ammoniak, besitzen die
merkwürdige Eigenschaft, daß sie alle im Wasser un=
löslichen Salze, und zwar nicht nur die humus=
sauren, sondern auch die mit anderen Säuren,
z. B. mit Kohlen=, Schwefel=, Phosphor= oder auch Kiesel=
säure versehenen Salze in sich aufzulösen ver=
mögen. Kommt also demgemäß eine wässerige Lösung von
humussaurem Ammoniak mit an sich unlöslichem phosphor=
saurem Kalk (z. B. Knochen oder Phosphorit) in dauernde
Berührung, so löst sie denselben in sich auf.

In diesem Verhalten liegt der Grund, warum in
Düngerjauchen Knochen, zumal im vorher gepulverten
Zustande, so leicht aufgelöst werden.

Dabei ist nun noch das ganz besonders zu beachten, daß
diese humussauren Alkalien nicht blos eine, sondern zu glei=
cher Zeit mehrere verschiedene Salzarten, z. B.
zugleich kohlen=, schwefel= und phosphorsauren Kalk, in sich
aufzulösen vermögen. Durch diese Eigenschaften werden die
humussauren Alkalien von größter Wichtigkeit nicht nur für
die Zersetzung und Lösbarmachung der in einem Boden vor=
handenen, scheinbar unzersetzbaren, Mineralreste, sondern auch
für die Ernährung der Pflanzen, denn sie sind es, welche den
letzteren an sich unlösbare Stoffe, wie eben den phosphor=
oder kohlensauren Kalk, im aufgelösten und nun von ihren
Wurzeln aufnehmbaren Zustande zuführen. Und wie die im
Wasser gelösten humussauren Alkalien einzelne Mineralreste
des Bodens zu lösen vermögen, so können sie auch die Masse
von Felsen, an deren Wänden sie herabfließen oder deren
Klüfte sie füllen, zersetzen, umwandeln und theilweise lösen.
Hierdurch läßt es sich erklären, warum auch Pflanzen auf
scheinbar nacktem Gesteine noch leben und wachsen können.
Die alljährig absterbenden Glieder dieser Pflanzen geben bei

ihrer Verwesung humussaure Alkalien, welche vom Regen=
wasser gelöst den felsigen Standort dieser Pflanzen anätzen
und aus ihm heraus lösbare Pflanzennahrung bereiten.

Die von einem humussauren Alkali aufgelösten Mineral=
salze können nun in ihrer Lösung theils unverändert in ihrer
Masse bleiben, theils sich gegenseitig zersetzen oder verändern.
Unverändert bleiben sie, wenn sie alle schon mit denjenigen
Säuren verbunden sind, zu denen ihre Basen die größte
Verbindungskraft besitzen; verändert dagegen werden sie
in ihrer Masse, wenn die einen der gelösten Salze Säuren
oder Basen haben, welche zu den Säuren oder Basen der
anderen eine größere Verbindungskraft besitzen. Wenn z. B.
humussaures Kali kieselsauren Kalk in sich aufgelöst enthält,
so tauscht das Kali mit dem Kalke die Säuren, so daß einer=
seits lösliches kieselsaures Kali und andererseits unlöslicher
humussaurer Kalk entsteht. Ebenso bildet sich aus der gleich=
zeitigen Lösung von phosphorsaurem Eisenoxydul und kohlen=
saurem Kalk in der alkalischen Humuslösung phosphorsaurer
Kalk und kohlensaures Eisenoxydul, also zwei neue, aber doch
noch in der Humuslösung lösbare Salze. Schon aus diesen
beiden Beispielen ersieht man, welche wichtige Rolle die hu=
mussauren Alkalien nicht blos bei der Zersetzung, sondern
auch bei der Umwandlung von Mineralien spielen können.

Das Merkwürdigste bei diesen humussauren Alkalien ist
nun aber, daß sie nicht immer gleich große und gleich starke
Lösungskraft besitzen, sondern daß ein und dasselbe hu=
mussaure Alkali bald nur ein Mineralsalz, bald
zwei, bald auch mehr als zwei solcher Salze in
sich aufzusaugen vermag, und daß es zuletzt alle
aufgelösten Salze, gewöhnlich in krystallischer Gestalt,
wieder ausscheidet. Der Grund von dieser Eigenthümlich=
keit liegt in der Veränderlichkeit der Humussäure, so=
bald sie mit Alkalien verbunden ist. Diese nemlich treiben die

22*

Humussäure an, immer mehr Sauerstoff an sich zu ziehen, wodurch sie natürlich je nach der Menge des angezogenen Sauerstoffs schnell (in andere Arten von Säuren) umgewandelt und mit andern Eigenschaften begabt wird. In dieser Weise entsteht unter dem Einflusse der Alkalien, vorzüglich des Ammoniaks aus der in Zersetzung begriffenen organischen Substanz

zuerst eine Humussäure, welche blaßgelb ist und als humussaures Alkali nur ein Salz in sich aufzulösen vermag; diese hat man Ulminsäure genannt. Aus ihr entsteht durch Mehranziehung von Sauerstoff

dann die dunkelbraune Humussäure, welche als humussaures Alkali zwei verschiedene Salze in sich auflösen kann. Diese Huminsäure wird durch Mehranziehung von Sauerstoff

weiter zur weingelben Quellsäure, der einzigen schon für sich allein im Wasser löslichen und darum im Wasser der Quellen und der Wasserpfützen auf lehmigen und thonigen, mit Düngstoffen wohl versorgten, Aeckern nicht selten vorkommenden Humussäure. Mit Ammoniak verbunden ist sie die stärkste aller Humussäuren; denn sie bildet nicht nur mit allen Metalloxyden im Wasser lösliche Salze, sondern vermag auch vier verschiedene Salze mit einem Male in sich aufzulösen. Durch Anziehung von Sauerstoff aber wird sie wieder schwächer, indem sie sich

nun in Quellsatzsäure umwandelt, welche nicht nur in Wasser wieder unlöslich ist, sondern auch mit Ammoniak verbunden nur noch zwei bis drei Salze in sich auflösen kann. Aus ihr wird durch Aufnahme von Sauerstoff

endlich Kohlensäure, welche zwar in ihren wässerigen Lösungen noch kohlen=, schwefel=, phosphor= und manche

kieselsaure Salze in kleinen Mengen aufzulösen vermag,
aber dieselben in Folge ihrer leichten Verdunstbarkeit
bald wieder ausscheidet.

Mit der Bildung der Kohlensäure aber hat die Zer=
setzung und Umwandlung nicht blos der Humussubstanz über=
haupt, sondern auch der Humussäuren ihr Ende erreicht.
Denn die so entstehenden kohlensauren Alkalien saugt nun die
lebende Pflanze als Hauptnahrung in sich auf; mittelst ihrer
allein schafft sie alle die Säfte und Gewebe, welche die
Grundmasse ihres Körpers bilden. Die Humussäuren
selbst im Verbande mit den Alkalien können nicht
als solche von der Pflanze benutzt werden: sie
würden als Gährungs= oder Verwesungsproducte nur die
inneren Organe des Pflanzenkörpers ebenfalls zur Verwesung
anregen; — sie sind nur die Mittel, welche die absterbende
Pflanze sich schafft, um aus ihrem mineralischen Standorte
diejenigen Salze zu gewinnen, welche ihren lebenden Nach=
kommen zur Nahrung dienen können.

§. 83. Die Torfsubstanz. — Wie im Vorstehenden
gezeigt worden ist, so werden Pflanzenmassen nur dann voll=
ständig verwesen und eigentlichen Humus bilden können, wenn
ununterbrochen Luft auf sie einwirken kann. Wenn nun aber
absterbende Pflanzensubstanzen, welche schon in der Humi=
fication begriffen sind, dem Einflusse der Luft entzogen und
unter Wasser versenkt werden, wie man dieses bei allen, in
Teichen, Sümpfen und anderen stehenden Gewässern wachsen=
den, Pflanzen oder auch bei den in solche Gewässer gefallenen
Blättern bemerken kann, dann hört mit einem Male alle
Humusbildung auf, und es beginnt die Vertorfung oder
Verkohlung der abgestorbenen Pflanzenmassen. Durch die
über ihnen befindliche Wasserdecke nemlich werden diese humi=
ficirenden Pflanzenreste so zusammengepreßt, daß aus ihren
wässerigen Säften so viel Wärme frei wird, daß sie unter

Entwickelung von Ammoniak und Kohlenwasserstoffsubstanzen
verkohlen. Man kann diesen Verkohlungsproceß schon in
jedem massigen und von Feuchtigkeit durchdrungenen Dünger=
haufen beobachten, ja bei ihm erscheint die Wärmeentwicke=
lung im Innern so stark, daß er beim Auseinanderreißen
seiner Masse stark raucht und sogar in Flammen ausbrechen
kann, uud daß in Folge von starker Zusammenpressung
nasses Heu sich beim Auseinanderwerfen entzünden kann,
ist allbekannt. Daß aber bei dieser eigenthümlichen Art
von Verkohlung sich Ammoniak und Kohlenwasserstoff ent=
wickelt, lehrt einerseits schon der Geruch und andererseits die
Entstehung von Flammen bei Zutritt von Luft.

Wenn man den an verkohlenden Pflanzenresten über=
reichen Schlamm von Sumpfgewässern und Teichen mit
einer Stange umrührt, so steigen große Blasen aus dem=
selben in die Höhe, welche aus einem Gemenge von
Kohlen=, Phosphor= und Schwefelwasserstoff bestehen.

Das letzte Product dieses Verkohlungsprocesses ist die
allbekannte Torfsubstanz. Diese nun hat, so lange sie
noch nicht vollständig verkohlt, also, wie man zu sagen pflegt,
unreif ist, das Ansehen einer strohgelben oder gelb= bis
dunkelbraunen aus lauter halbverkohlten Pflanzenresten zu=
sammengefilzten Masse, ist aber ihre Verkohlung vollendet,
also reif, dann bildet sie im ganz frischen nassen Zustande
entweder einen graulich braunschwarzen, knet= und formbaren,
Schlamm, welcher dem gewöhnlichen Teich= oder Sumpfschlamm
sehr ähnlich ist und Schlamm= oder Baggertorf ge=
nannt wird, oder eine klebrige, seifige, schneidbare und an der
Schnittfläche wachsartig glänzende, fast pechschwarz aussehende
Masse, welche gewöhnlich Pechtorf genannt wird und fast
keine Spur von Pflanzenresten mehr wahrnehmen läßt.

Alle Torfsubstanz, vorzüglich aber die reife, besitzt in
ihrem frischen, durchnäßten Zustande eine so große Wasser=

ansaugungs= und Wasserhaltungskraft, daß sie 50 bis 90 Pro=
cent Wasser in sich aufnehmen kann, ohne es tropfenweise
wieder fahren zu lassen; dabei quillt sie so lange auf, bis sie
sich zuletzt in einen zarten, klebrigen, trägfließenden Schlamm
verwandelt. Setzt sich dieser Schlamm, so bildet er allmäh=
lig eine so undurchlässige Ablagerungsmasse, daß alles Wasser
auf ihr stehen bleibt und oft tiefe, ganz klar und durchsichtig
aussehende Teiche bildet. Trocknet aber die Torfsubstanz
einmal vollständig aus, dann verliert sie diese gewaltige
Wasseranziehungskraft und erhält sie auch nicht wieder, wenn
sie auch noch so lange unter Wasser liegt.

So lange die Torfsubstanz noch in der Entwickelung be=
griffen ist, entwickelt sie unaufhörlich quellsaures Ammo=
niak, welches sich in der von ihr angesogenen Wassermasse
auflöst; sobald sie aber reif geworden ist, zeigt sie sowohl in
ihrer Masse selbst, wie auch in der sie umgebenden Flüssigkeit
Ammoniak und Torfsäure, ein Gemisch von Quell= und
Gallus= oder Brenzsäure, welches mit Eisenoxydul eine tinten=
ähnliche, blauschwarze Flüssigkeit bildet und dabei eine so
große Begierde nach Sauerstoff zeigt, daß es nicht blos allen
Schwermetalloxyden, mit denen es längere Zeit in Berührung
kommt, sondern auch allen Organismenresten, z. B. Holz=
stämmen und Thierleichen, welche in der Torfbrühe liegen,
den Sauerstoff entzieht, wodurch dieselben gegen Fäulniß ge=
schützt und in einen angekohlten Zustand versetzt werden.

Eben in Folge dieser Sucht nach Sauerstoff ist nun aber
die frische, nasse, Torfsubstanz und Torfbrühe auch ein schlech=
tes Düngungsmittel für den Erdboden; denn nicht genug, daß
sie die Verwesung der in einem Boden vorhandenen Pflanzen
und Thierreste hemmt, kann sie auch in jedem ockergelben, also
Eisenoxydhydrat haltigen Lehm, Thon= oder auch Sandboden
durch Auflösung seines Eisengehaltes Veranlassung zur Bil=
dung des früher schon beschriebenen Raseneisensteines geben.

Zu allem dem kommt nun noch ihre gewaltige Wasser=
anziehungskraft, der zu Folge sie einen an sich schon zur
Nässe geneigten thonreichen Boden zu einer wahren Sum=
pfung umwandeln kann. Einem sehr zur Austrocknung ge=
neigten, sand= oder kalkreichen Boden indessen kann diese
Eigenschaft der frischen Torfsubstanz doch zuträglich werden,
zumal dem kalkreichen Boden, welcher es auch vermag, durch
seinen Kalkgehalt die Torfmasse und ihre Säuren noch in
eigentliche Humussubstanz umzuwandeln, vorausgesetzt, daß
dieselbe noch nicht ganz vollständig vertorft ist. — Besser als
diese reife Torfsubstanz wirkt in vielen Fällen die noch un=
reife, sich im ersten Stadium ihrer Vertorfung befindliche,
Filztorfsubstanz. Diese, welche aus sich heraus quellsaures
Ammoniak entwickelt und dabei auch Wasseranziehungs= und
Wassererhaltungskraft im reichlichen Maße besitzt, bildet nicht
nur unter Verhältnissen eine gute, feuchthaltende, Nahrungs=
mittel schaffende, Beimengung oder Unterlage für alle sand=
und kalkreichen Bodenarten, sondern kann auch in lockeren,
luftigen Bodenarten, zumal wenn dieselben kalkhaltig sind
oder mit Kalisalzen versorgt werden, noch leicht zu eigentlicher
Humussubstanz umgewandelt werden.

§. 84. Die Humussubstanzen als Bodenbil=
dungsmittel. — Unter den, im Vorigen beschriebenen,
Humussubstanzen können nur die im Wasser unlöslichen für
die Zusammensetzung eines Erdbodens von Bedeutung sein.
Diese unlöslichen Humusmassen nun können, ähnlich der
Thonsubstanz, entweder für sich allein zusammenhängende
Erdbodenlagen bilden, oder mit den mineralischen Gemeng=
theilen eines Bodens untermischt auftreten. Ist das Erste
der Fall, dann bilden sie entweder die Decke eines Bodens
oder Zwischenlagen in seiner mineralischen Masse; treten da=
gegen die Humussubstanzen im Gemenge mit den mineralischen
Bodenbestandtheilen auf, dann zeigen sie sich theils in größeren

oder kleineren Putzen oder Fasern theils in zarten Lamellen, welche die körnigen Mineraltheile des Bodens umhüllen, theils als feines, mit den thonigen, lehmigen oder mergeligen Krumentheilen des Bodens innig und gleichmäßig untermischtes, schuppiges oder zaseriges Pulver.

Unter allen diesen Formen des Auftretens sind die gewöhnlichsten und am weitesten verbreiteten diejenigen, welche durch das alljährliche Absterben von den auf einem Bodengebiete wachsenden Pflanzen erzeugt werden; denn sie werden unaufhörlich und alljährlich von Neuem erzeugt, so lange noch Pflanzen auf einem solchen Boden wachsen; sie geben fort und fort dem Boden im erhöhten Maaße wieder, was die abgestorbenen Pflanzen während ihres Lebens mit unermüdlicher Thätigkeit dem sie tragenden Boden abgenommen und mit haushälterischer Sparsamkeit in ihren Körpergliedern angesammelt haben; sie sind demnach das Magazin, in welchem jede Pflanze die Lebensmittel für ihre Nachkommen aufgespeichert hat, sie sind daher auch unserer vollen Beachtung werth.

Was nun zunächst die auf einem Boden auftretenden Humusdecken betrifft, so entstehen sie theils aus den alljährlich absterbenden, weichen und saftigen Körpergliedern, namentlich den Blättern, theils auch aus den abgestorbenen, holzigen Theilen — den Stämmen und Aesten — der auf dem Boden lebenden Pflanzen und entwickeln sich da am vollständigsten, wo Wärme, Luft und Feuchtigkeit in gleichmäßiger Kraft auf die abgestorbenen Pflanzenmassen einwirken können. Anfangs nur aus einer Lage bestehend, vermehrt sich im Verlaufe der Jahre und bei ungestörter Entwickelung ihre Masse so, daß sie, wie dieses z. B. in den Urwäldern der heißen Zone der Fall ist, mehrere Fuß Höhe erreicht. Indessen bleibt ihre Mächtigkeit immer schwankend, da in dem Grade, wie ihre Humification vorwärts schreitet, ihre

Masse immer mehr zusammensinkt, so daß aus einer fußdicken Lage nach Verlauf eines Jahres kaum noch eine zolldicke übrig bleibt. Dabei aber wird man bei einer geregelten Entwicklung ihrer Humusmasse immer drei über einander=liegende Decken beobachten können, von denen

die oberste aus dem diesjährigen Pflanzenabfalle besteht, noch die Formen der humificirenden Pflanzentheile er=kennen läßt, gelbbraun ist und den Bildungssitz für die ulminsauren Alkalien darstellt;

die mittlere aus dem vorjährigen Pflanzenabfalle besteht, nur noch wenig die ehemaligen Pflanzentheile wahrnehmen läßt, sich zu schwarzbrauner Erde zerkrümelt und der Bildungssitz für die huminsauren Alka=lien ist;

die untere endlich aus den alten Pflanzenabfällen besteht, eine fast schwarze, stark moderig riechende, torfähnliche Masse bildet und aus sich heraus vorherrschend quellsaures Ammoniak entwickelt und stets naß ist, ja sogar pfuhlig werden kann.

Wo daher das Wirthschaften der Natur nicht gestört wird, da werden dem unter dieser dreifachen Humusdecke lagernden Rohboden alle möglichen humussauren Alkalien und durch dieselben auch alle möglichen Mittel zur Zersetzung seiner Mineralreste [und zur Erzeugung aller Arten von Pflanzen=nahrmitteln dargeboten. Indessen können diese Decken doch auch zur Bildung von fauligen Wasserpfuhlen, Sumpfungen, ja selbst von Torfmooren Veranlassung geben. Wenn nemlich durch Wind oder Regenströmungen abgestorbene und schon in der Humification begriffene Pflanzenreste in feuchte, schattige oder von Gewässern durchzogene Schluchten und Buchten geführt und dicht auf einander gefluthet werden, dann tritt eine Veränderung oder „Verstockung“ derselben ein, deren Endproduct sogenannter „fauliger oder saurer Humus“ ist, welcher einem blättrigen Torfe sehr ähnlich sieht und bei vollständiger Entwässerung und Durchlüftung noch zu Humin=substanz werden kann.

Endlich können aber auch die Humusdecken eines Bodens durch Steinschutt, welchen Wasserfluthen auf sie wälzen, ganz verschüttet werden. In Buchtenthälern, welche von steinigen Berggehängen umschlossen sind, oder auf flachen Uferländereien kommt dieses nach starken und anhaltenden Regengüssen oder bei Flußüberströmungen nicht selten vor. Sind in diesen Fällen die aufgeflutheten Schuttdecken sandiger oder steiniger Natur, dann geht die Weiterzersetzung der überschütteten Humusdecken ungehindert, wenn auch langsamer, vor sich und wirkt sogar günstig auf die Zersetzung der sie überlagernden Schuttmassen ein; bestehen aber die Schuttdecken aus fein=erdigem Thonschlamme, dann tritt bei den vergrabenen Humusmassen die „faulige Gährung“ und Vertorfung ein, wenn anderes nicht ihre Schlammdecke durch Umarbeitung des Bodens gelockert und der Luft zugänglich gemacht wird.

Außer in Decken treten die Humussubstanzen auch fein zertheilt und in inniger und gleichmäßiger Untermengung mit den mineralischen Bestandtheilen eines Bodens auf. Dieses ist hauptsächlich da der Fall, wo Wasserfluthen ihren zarten Schlamm absetzen. Ströme und Flüsse, welche mit Humus wohl versorgte Ackerländereien überfluthen, nehmen bei ihrem Rückzuge stets eine größere Menge von dem leichtschlämm=baren Humusboden mit sich fort; ebenso bekommen sie durch Regenfluthen von den waldigen Gehängen der sie umgeben=den Berge mit Erde untermengte Humussubstanz zugeführt; endlich bildet sich auch aus den durch den Wind ihnen zuge=flutheten Pflanzenabfällen oder aus den in ihrem Bette wohnenden Wasserpflanzen fort und fort Humussubstanzen, welche sie nun bei heftigen Strömen mit Erdschlamm unter=mischt oft weit weg schwemmen und da, wo sie ihre Ufer

übertreten, auf den angrenzenden Bodengebieten absetzen. In=
dessen, wenn auch die Ströme des Festlandes da, wo sie all=
jährlich das sie umgebende Land überfluthen, die Ländereien
mit befruchtendem Humusboden überkleiden, so vermögen sie
das doch nicht in dem Maaße, in welchem die landabsetzende
Meereswoge es kann. In Folge der höheren Lufttemperatur
ist das Wasser des Oceans zur Zeit des Sommers angefüllt
mit unendlichen Mengen verwesender Organismenreste. Wenn
nun zu dieser Zeit die täglich wiederkehrende Fluthwelle be=
laden mit erdigen und humosen Schlammtheilen ihr flaches
Gestade überschreitet, dann setzt sie all' diese Schlammtheile
zwischen und über den am Strande lagernden Steinschutt=
massen ab. Jede Fluthwelle bringt neuen Schlamm; jede
vermehrt die Ablagerungen desselben so lange, bis dieselben
so hoch geworden sind, daß sie durch später nachfolgende
Wellen, wenn sie nicht durch Sturm ungewöhnlich hoch ge=
trieben werden, nicht mehrüberfluthet werden können. Die hier=
durch entstehenden und unter dem Namen der „Marschen"
allbekannten Bodenbildungen sind demnach innige und gleich=
mäßige Gemenge von feinzertheilter Humussubstanz und mine=
ralischem Schlamm — sogenanntem Schlick —. Sie sind die
fruchtbarsten aller Bodenarten; denn außer ihren Verwesungs=
substanzen enthalten sie auch noch eine große Menge von
Salzen, welche das Meereswasser in ihnen zurückgelassen hat.
— Ueberhaupt aber erscheinen alle diejenigen Bodenarten,
welche ihre Humussubstanzen feinzertheilt und in gleichmäßiger
Untermengung mit den mineralischen Bodenbestandtheilen
enthalten, fruchtbarer, als diejenigen, welche die Humussub=
stanzen nur zur Decke haben, weil ihr feinzertheilter Humus
einerseits leichter verwest, wenn anders ihre Masse nicht
gegen die Einwirkungen der Luft und des Verdunstungsprocesses
verschlossen ist, und andererseits gleichmäßiger auf alle ihn
umgebenden Bodentheile einwirken kann.

In der Landwirthschaft gilt daher auch die Regel: Zur Nässe geneigte, sich gegen die Luft verschließende, thonreiche Bodenmassen, müssen „langen" Dünger erhalten, welcher aus vielen Halmen und Stengeln, kurz aus Substanzen bestehen, welche den Boden locker erhalten und für die Luft und Wärme empfänglich machen; leicht erhitzbare und stark verdunstende, lockere, sand- oder kalkreiche Bodenarten dagegen müssen „kurzen" oder „nassen" Dünger bekommen, welcher sie abkühlt, feucht erhält und bindiger macht.

Je nach der Menge der in einem bestimmten Quantum mineralischen Erdbodens vorhandenen Humussubstanz unterscheidet man nun:

1) humosen Boden, welcher 5 bis 20 Procent innig beigemischter und durch Kochen mit Aetznatron auslaugbarer Humussubstanz enthält, dunkelgrau ist, aber beim Glühen lichtgrau, weißlich oder braunroth wird, sich stets feucht, dabei aber doch warm zeigt und je nach seinem mineralischen Gemenge unterschieden wird als humoser Mergelboden oder Kalkthonboden, zu welchem auch der Kleiboden der Marschen gehört, als humoser Lehmboden, zu welchem auch meistens der Schlickboden der Meeres- und Flußmarschländereien gehört: als humoser Thonboden, ein sehr zur Nässe und darum an feuchten Ablagerungsorten zur Versumpfung geneigter, zäher, schwer zu bearbeitender, aber doch fruchtbarer Boden, zu welchem wenigstens zum Theil der sogenannte Knick der Marschen und Schlämmländereien zu rechnen ist: und als humoser Sandboden, welcher theils aus mehlartigen, von feinzertheiltem Humus umschlossenen, theils aus hirsekorngroßen, von blei- oder schwarzgrauen, harzigen Humushäuten überzogenen, Sandkörnern besteht und im letzten Falle unter dem Namen „Bleisand" wegen seiner Unfruchtbarkeit berüchtigt ist.

2) Humusboden, welcher ſeiner Hauptmaſſe nach aus halb= oder ganz humificirten Pflanzenſtoffen beſteht, beim Glühen unter Entwickelung eines Geruches — bald nach verbrannten Federn bald nach Talg oder Wachs — 30 bis 50 Procent ſeiner Maſſe verliert und in der Regel nur in ſeinen unterſten, unmittelbar mit dem Rohboden in Berührung ſtehenden, Lagen mit Mineraltheilen untermengt erſcheint. Von ihm unterſcheidet man wieder den eigentlichen oder milden Humusboden, welcher ganz die Eigenſchaften der oben ſchon ausführlich beſchriebenen, in voller Verweſung begriffenen, Humusſubſtanz beſitzt; den Haidehumusbo= den, welcher aus der Verweſung der Haidearten entſteht, namentlich unter den Haidewäldern bisweilen fußdicke Ab= lagerungen bildet, beim Verbrennen unangenehm talgartig riecht, 2 bis 20 Procent durch Weingeiſt ausziehbares Wachs= harz enthält und ſich nur unter dem Einfluſſe von Feuchtig= keit, Kalk oder Aſche allmählich in eigentlichen Humus um= wandelt; — und endlich den Torfboden (Scholl= oder Bunkerde), welcher ſich an der Oberfläche trocken gelegter Torfmoore, namentlich aus dem noch unreifen Torfe, ent= wickelt, ein filzigerdiges, faſt wie zuſammengehäuftes Säge= mehl ausſehendes, weißgraues oder gelbbraunes, ſäuerlich moderig, beim Glühen aber unangenehm talgartig riechendes Gemenge, welches ſich unter dem Einfluſſe der Luft allmählich in eine pulverige, ſchwarzbraune, hart anzufühlende, viel Kieſelſäure, aber wenig Alkalien haltige, Humusmaſſe um= wandelt.

Die Lagerungsverhältniſſe und Formationen der Bodenarten.

§. 85. Lagerorte und Mächtigkeit der einzelnen Bodenarten. — Wie in der feſten Erdrinde jede einzelne

Felsart einen bestimmten Ablagerungsraum einnimmt, so hat auch jede Erdbodenart auf der Oberfläche des Erdkörpers einen bestimmten Lagerort. Die einzelne Bodenart nun kann diesen ihren Lagerort entweder noch auf derjenigen Stelle haben, an welcher sie durch die Verwitterung einer festen Gesteinsmasse entstanden ist, oder durch Stürme und Wasserfluthen von dieser ihrer Mutterstätte mehr oder weniger weggeschwemmt worden sind. Ist das Erste der Fall, ruht sie also noch auf der Oberfläche ihres Muttergesteines, dann rechnet man sie zu den Arten des Verwitterungsbodens. Ein solcher Verwitterungsboden enthält in seiner Erdkrumenmasse noch mehr oder weniger viel größere oder kleinere Reste seines Muttergesteines, sei es allein oder in Untermengung mit Humussubstanzen, und besitzt in der Regel keine große Mächtigkeit, zumal wenn er an den Gehängen von Felsbergen lagert, sei es nun, daß die Felsart, aus welcher er entstanden ist, und welche noch immer seinen Untergrund oder seine Sohle bildet, nur schwer verwittert, sei es, daß er selbst durch rutschende Schneemassen oder durch Regenströme theilweise von seiner Lagerstätte fortgefluthet wird, was zumal dann der Fall ist, wenn er nicht durch eine starke lebende Pflanzendecke gegen die Stürme der Witterung geschützt ist. In Oertlichkeiten, in welchen er sich ungehindert und vollständig hat entwickeln können, besteht er, so lange ihn das Reich der Pflanzen noch nicht vollständig in Besitz genommen hat, in der Regel

zu oberst aus einer Lage von Erdkrume, welche mit kleinem Grus seines Muttergesteines durchzogen ist, aber nicht selten auch fast nur aus Erdkrume besteht, und

darunter aus einer Lage von gröberem oder kleineren, mit Erdkrume untermengten, Steinschutt, welcher nach unten in die noch aus festem, frischem oder

halbverwitterten, Gesteine bestehende Bodensohle
übergeht.

Hat aber das Pflanzenreich einen solchen Verwitterungs=
boden schon seit langer Zeit in Besitz, dann zeigt er

zu oberst eine mehr oder minder starke Decke von abgestor=
benen, noch in der Humification begriffenen, Pflan=
zenresten;

darunter eine schwarzbraune, moderig riechende, feuchtwarme,
erdige Humuslage;

darunter den eigentlichen Verwitterungsboden in Untermen=
gung theils mit feinzertheiltem Humus theils mit
halbzersetzten Wurzelresten;

zu unterst endlich zuerst geröllreichen Mineralboden, dann Ge=
rölle oder festes Gestein.

Ein solcher vollständig entwickelter Verwitterungsboden
ist eine wahre Nahrungsschatzkammer selbst für die ungenüg=
samsten Pflanzenarten, zumal wenn er aus feldspath=, glim=
mer=, hornblende= oder augitreichen Gesteinen entstanden ist
und an Orten lagert, an denen er einerseits nicht zu sehr
von den Sonnenstrahlen angegriffen wird und andererseits
nicht zu viel durch Feuchtigkeit zu leiden hat. In dieser
Weise erscheinen für ihn als die günstigsten Lagerstätten die
sanften Gehänge, zumal in ihren unteren Regionen, und
flachen Muldenthäler der Gebirge; dagegen kann er auch die
Wohnsitze von Sumpfungen und Mooren bilden, wenn er auf
den beckenförmigen Plateau's hoher, häufig in Wolken und
Nebel gehüllter, Gebirgsrücken oder in den schluchtigen, von
wilden Gebirgsbächen durchrauschten, Thälern lagert.

Der Formation des Verwitterungsbodens stehen die
Bildungen des Schwemmbodens gegenüber. Während
der erstere nur ein mehr lokales und hauptsächlich in Gebirgs=
ländern, in denen noch die festen Felsgesteine ihre Massen zu
Tage treten lassen, vorkommendes Gebilde ist, erscheint der

zweite in allen Gebieten der Erdoberfläche, zu denen ehedem
oder noch jetzt Gewässer hingelangen können. Die Thalsohlen
und Vorländer der Gebirge, die von Fließgewässern aller
Art durchzogenen Auen und Ebenen, vor allen die Tiefebenen
und flachen, von der Meeresfluth fortwährend überschwemm=
ten, Strandländereien — sie alle sind hauptsächlich von Arten
des Schwemmbodens bedeckt und enthalten höchstens nur da,
wo eine feste Felsmasse inselförmig aus ihrer Oberfläche her=
vortritt, Verwitterungserde.

In der Beschaffenheit seiner Bestandesmasse und seines
Untergrundes ist der Schwemmboden dem Verwitterungsboden
bald ähnlich bald unähnlich. — Aehnlich erscheint er dem
letztern, wenn er aus einer Erdkrumenmasse besteht, in welcher
noch mehr oder minder zahlreiche Trümmer seiner Mutter=
gesteine eingebettet liegen, und einen aus compacter Felsmasse
bestehenden Untergrund besitzt. Alles dieses ist der Fall bei
gar manchem Schwemmboden der Gebirgsländer; denn wenn
Regenströme und Schneemassen den an den Gehängen der
Berge lagernden Verwitterungsboden in die Thäler schwem=
men, oder die Gebirgsbäche den ihnen durch Regenfluthen
zugeführten Verwitterungsschutt da, wo sie ihre Ufer seitwärts
überschreiten, absetzen — bildet sich eine Bodenformation,
welche ihrem Bildungsmateriale nach einem Verwitterungs=
boden gleicht und sehr oft auch noch wie dieser letztere auf
einem felsigen Untergrunde lagert. — In diesem Falle ist
indessen der Schwemmboden von dem Verwitterungsboden
dadurch zu unterscheiden, daß seine Masse

1) viel tiefgründiger ist, ja in tief einschneidenden Gebirgs=
   buchten oft eine mehrere hundert Fuß umfassende Mäch=
   tigkeit zeigt, wie unter anderen die tiefen Nebenthäler
   der Centralalpen wahrnehmen lassen;

2) nicht blos Trümmer seiner Mutterfelsart, sondern Gerölle
   von allen den Felsarten enthält, denen die Gewässer

Verwitterungsschutt raubten, und außerdem weit mehr
verwesende Pflanzenreste umschließt;

3) sehr oft eine mehr oder weniger deutlich hervortretende
Abtheilung in Schichtlagen, von denen dann die unterste
die meisten und größten Gerölle, die darüberlagernden
aber vorzüglich groben und feinen Sand und die ober=
sten das meiste Erdreich besitzen, wahrnehmen läßt; und

4) sehr häufig auch eine Felsart zum Untergrunde hat, von
welcher weder die Erdkrumenmasse noch die in derselben
liegenden Gesteinstrümmer abstammen.

Von diesem Verwitterungs= oder Gebirgsschwemmboden,
welcher unstreitig zu den fruchtbarsten Bodenarten gehört und
durch die Mannichfaltigkeit seiner Pflanzenwelt ausgezeichnet
ist, muß nun wohl der Tiefebenen= und Auenschwemm=
boden unterschieden werden.

Als ein Product der Roll=, Schwemm= und Schlämm=
kraft des Wassers wird er sich stets nur da in voller Ent=
wickelung zeigen, wohin Gewässer gelangen können, und wo
sie — sei es durch die schwache Neigung ihrer Fließebene
oder die geringe Tiefe ihres Bettes, sei es auch durch Blöcke,
Gerölle, Bäume und andere Gegenstände in ihrem Fließraume
selbst oder an dessen Ufern, sei es endlich durch tief in das
Uferland einschneidende Buchten — genöthigt werden, langsam
zu fließen oder ganz still zu stehen, also mit anderen Worten
ihre Tragkraft aufzugeben. Demgemäß wird das Material,
welches die Gewässer zur Bildung des Schwemmbodens be=
nutzen, im Allgemeinen theils aus mineralischen Verwitterungs=
substanzen, theils aus halb= und ganz verwesten Organismen=
resten, also in seiner Hauptmasse aus Blöcken, Geröllen, Grus,
Kies, Sand und Erdkrume — sei es allein, sei es in Unter=
mengung mit Organismenresten — bestehen. Aber demgemäß
wird es alle diese gerollten und geschlämmten Massen zusam=
men nur an solchen Orten niedersinken lassen, wo es durch

eine ſeiner Fließrichtung und Fließkraft ſich entgegenſtemmende
Potenz zum Stillſtande gezwungen wird, wie dieſes unter
anderen an der Mündung der Flüſſe in tiefe Seenbecken oder
auch tief ins Land einſchneidenden, aber mit engem Eingange
verſehenen Buchten an den Ufern der Flüſſe der Fall iſt.
Unter dieſen Verhältniſſen wird daher ein Fließgewäſſer all
ſeinen Landesſchutt nach und nach ſinken laſſen, ſo daß der
aus ihm gebildete Niederſchlag aus über einander liegenden
Schichten und zwar zu unterſt aus Geröllen mit zwiſchen
ihnen befindlichen

> Kies, Sand und Erdſchlamm,
>> darüber aus Kies mit Sand und Erdſchlamm,
>> darüber aus Sand mit Erdſchlamm,
>> zu oberſt nur aus Erdſchlamm

beſteht. — Wo dagegen ein Fließwaſſer nur durch die ab=
nehmende Tiefe ſeines Bettes und geringer werdende Neigung
ſeiner Fließebene zum Abſatze ſeines gerollten und geſchlämm=
ten Materiales genöthigt wird, da bildet dieſes letztere
wenigſtens Anfangs nicht Ueber=, ſondern Nebeneinander=
Ablagerungen; da bemerkt man, wie auch ſchon früher erwähnt
worden iſt,

a) in den Räumen ſeines Fließbettes ſelbſt da, wo das
Gewäſſer noch in voller Kraft dahinrauſcht, wie es in
den Gebirgsthälern der Fall iſt, hauptſächlich grobe
Blöcke und nur hinter jedem derſelben eine ſpitz zulau=
fende Zunge von übereinander befindlichen Lagen von
Geröllen, Sand= und Erdboden; da aber, wie es im
Gebirgsvorlande der Fall iſt, wo die Geſchwindigkeit
und Reißkraft des Gewäſſers abnimmt, nur noch Abla=
gerungen von Geröllen, Kies mit wenig Sand und noch
weniger Erdboden; dann weiter in denjenigen Landesge=
bieten, in denen das Gewäſſer nur noch langſam und in
großen Schlangenwindungen (ſogenannten Serpentinen)

hinzieht, nur Ablagerungen von viel Sand und mehr
Erdschlamm; und wo endlich nun das Gewässer, wie es
in den Flachländern vorkommt, nur noch schleichend seinen
Lauf fortsetzt, wenig Sand und viel Erdschlamm;

b) auf den Ländereien, welche zu beiden Seiten eines Fließ=
wassers lagern, die größten Blöcke zunächst der Flußufer,
die kleineren Gerölle hinter ihnen landeinwärts und den
feinen Sand und Schlamm am weitesten vom Ufer ent=
fernt und hauptsächlich da, wo das Uferland höher ist
und die Tragkraft des Wassers am meisten schwächt, so
daß auf dem Landesgebiete an den Ufern eines Ge=
wässers mehrere Schwemmlandszonen neben und hinter
einander zum Vorschein kommen, wie z. B. in folgen=
dem Schema:

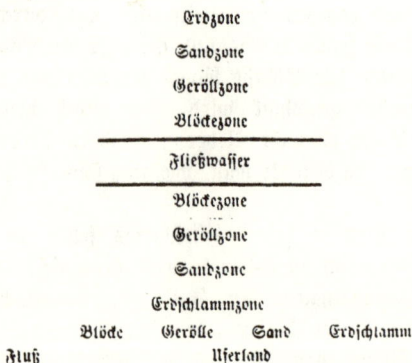

Erdzone

Sandzone

Geröllzone

Blöckezone

――――――――

Fließwasser

――――――――

Blöckezone

Geröllzone

Sandzone

Erdschlammzone

	Blöcke	Gerölle	Sand	Erdschlamm
Fluß			Uferland	

Die eben angegebenen Ablagerungsweisen werden indessen
nur dann vorkommen, wenn ein Fließwasser all das zu ihrer
Erzeugung nothwendige Material besitzt. Dieses ist aber
nicht immer der Fall; vielmehr wird man bemerken, daß ein
und dasselbe Gewässer nicht blos in verschiedenen, nach einander
folgenden, Jahren, sondern selbst schon in den einzelnen
Zeiträumen eines und desselben Jahres Ablagerungen von

sehr verschiedenem Bodenmateriale bilden kann. So setzt
z. B. das Meer in kühlen, nassen Sommern vorherrschend
humusarmen und in warmen Sommern namentlich humus=
reichen Schlick ab; ebenso bildet es innerhalb eines und
desselben Jahresraumes im Winter und Frühjahre humus=
arme und im Sommer humusreiche Niederschläge. Nächst
der mineralischen Beschaffenheit des Landesgebietes, aus
welchem ein Fließwasser das von ihm zu transportirende
Material erhält, üben in dieser Beziehung die Witterungs=
verhältnisse innerhalb eines Jahresraumes einen mächtigen
Einfluß auf die Bodenbildungen durch ein Fließwasser aus.
So kann es kommen, daß, während in dem einen Jahre ein
Gewässer auf einer und derselben Landesstelle alle die oben=
genannten Bodenbildungsmaterialien auf einanderhäuft, das=
selbe Gewässer im nächsten Jahre vielleicht nur eins der
genannten Materialien absetzt; daß während also in dem
einen Jahre von einem Gewässer Geröll=, Sand= und Erd=
krumenlagen regelrecht über einander abgesetzt worden sind,
im nächsten Jahre nur Gerölle und Sand oder auch nur
Erdschlamm niedergeschlagen werden. Ja es kann sogar der
Fall eintreten, daß ein Gewässer trotz der günstigsten Witter=
ungsverhältnisse eine Reihe von Jahren hindurch gar kein
Bodenbildungsmaterial absetzt und dann auf einmal wieder
Niederschläge bildet. Hat z. B. Regenwasser von kahlen
Berggehängen alle Verwitterungsproducte so abgespült, daß
das nackte feste Felsgestein des Berges zum Vorschein
kommt, dann kann es so lange den Fließgewässern kein Ma=
terial zum Transport überliefern, als sich nicht eine neue
lose Verwitterungsmasse auf der Oberfläche des Berges ge=
bildet hat. Ebenso kann das Regenwasser der Oberfläche
von Bergen oder Hügeln nichts mehr rauben, wenn dieselbe
mit einer dichten, das Fortschlämmen des Erdbodens hindern=
den, Pflanzendecke versehen worden ist. Welchen Einfluß in

dieser Beziehung die Bepflanzung der Berge mit Wäldern ausübt, ist allbekannt.

Alles dieses vorausgesetzt, wird man bei allen, durch das Wasser zusammengeflutheten Erdbodengebieten folgende Erscheinungen beobachten:

1) Da der Schwemmboden durch Wasserfluthen erzeugt worden ist, so muß er vor allem aus Substanzen bestehen, welche sich durch Wasser leicht fortbewegen lassen, also hauptsächlich aus feinem Sand, Thon, Lehm, Mergel und feinzertheilten Humussubstanzen. Unter diesen Bildungsmaterialien werden die nicht schlämmbaren, wie der Sand, in der Regel die untersten; die leicht schlämmbaren, wie Thon mit Humus, die obersten Lagen bilden. Da aber, wo die Gewässer mit voller Wucht wirken können, wie z. B. in den, mit stark abfallender Sohle versehenen Thälern und Vorlandsgebieten der Gebirgsländer oder an dem flachen Strande des Meeres, da bilden in der Regel Gerölle, ja oft sogar Blöcke die unterste Lage des Schwemmbodens. Dieser grobe Steinschutt stellt dann eine Art Fangnetz dar, welches allen sandigen und erdigen Schutt des ihn überfluthenden Wassers zurückhält und so die Schwemmlandsbildung befördert.

2) Ist ein Schwemmboden nur durch eine einmalige Wasserfluth entstanden, dann besteht er auch nur aus einer einzigen Ablagerungsmasse. Diese letztere aber kann nun wieder entweder nur aus einem einzigen Bodenbildungsmittel, z. B. nur aus Thon oder nur aus Sand, oder aus mehreren, Lagen verschiedenartiger Bodensubstanzen, bestehen, welche dann in bestimmter Ordnung, je nach ihrer verschiedenen Schwere und Schwemmbarkeit mehrere über einander folgende Ablagerungen bilden. Ist das Erste der Fall, dann nennt man ein Schwemm-

landsgebiet eine einfache Bodenformation; besteht dagegen ein solches Schwemmlandsgebiet aus mehreren über einander lagernden, verschiedenen Schichtmassen, dann bildet sie eine zusammengesetzte Boden=formation.

3) Eine einfache Bodenformation wird also nach dem eben Mitgetheilten nur aus einer einzigen Bodenart, sei es nun aus einer einfachen Erdkrumenart, sei es aus einem Gemenge von Erdkrume mit Sand, Geröllen oder Organismen, gebildet. Sie lagert gewöhnlich auf festem Gesteine oder auch auf einer mehr oder minder mächtigen Masse von Geröllen und zeigt sich am meisten an Orten, an denen gegenwärtig kein Gewässer mehr fließt und zu denen auch unter den gewöhnlichen Verhältnissen keine Wasserfluth mehr gelangen kann. Zu diesen einfachen Bodenformationen gehören unter anderen die oft gewaltigen Thon= und Lehmablagerungen in Thälern und Buchten, welche mehr oder minder weit von allen jetzigen Fließwassern entfernt liegen. Indessen ist der Verwitterungs=Schwemmboden in den Thälern und Vorländereien der Gebirge, selbst wenn er nur aus einer einzigen Bodenbildungsmasse besteht, nicht hierher zu rechnen, weil er sich mit Hülfe von Regengüssen noch fortwährend verändert, sei es nun, daß ihm durch diese neues Bildungsmaterial zugeleitet, sei es, daß ihm von seiner Bestandesmasse geraubt wird.

4) Eine zusammengesetzte Bodenformation läßt dagegen stets mehrere über einander befindliche, ihrer Bildungsmasse nach verschiedenartige, Ablagerungen bemerken, so z. B.

von oben nach unten: Einfache Lehm=, Thon= oder Mergellage,

darunter: sandige Lehm=, Thon= oder Mergellage,

darunter: lehmige, thonige oder mergelige Sandlage,

darunter: mehr oder minder mächtige einfache
Sandlage,

zu unterst: Gemenge von etwas Erdkrume oder
Sand mit einer starken Geröllage;

oder wie an den Warfen in Ostfriesland:

zu oberst: Klei (mergelig),

darunter: Knick (fettthonig),

darunter: Darg (alter Torf),

darunter: Sand oder Lehm,

zu unterst: Grober, ockergelber Sand (Geest);

oder auch, wie im Werrathale bei Eisenach:

humoser Lehmboden,

humusarmer, fetter Lehm,

humusloser, sandiger Lehm,

lehmiger Sand,

reiner Sand,

Felsunterlage.

Unter diesen verschiedenen Ablagerungsmassen, welche als
die Anschwemmungsproducte von einer einzigen oder auch
von der Thätigkeit der Wasserfluth innerhalb eines bestimmten
Zeitraumes, z. B. eines Jahres, zu betrachten sind, erscheinen
in der Regel die erdkrume= und humusreichen als oberste,
die erdkrumearmen, sand= oder geröllreichen als die untersten
Ablagerungen. Nun kommt es aber auch vor, daß über den
oberen erdkrumereichen Ablagerungen wieder sand= oder ge=
röllreiche, also über den leicht schwemmbaren wieder schwer
schwemmbare auftreten, ja daß sich diese Wechsellagerung von
Erdkrume und Sand oder auch Geröllen mehrfach wiederholt,
wie z. B.

im Hörselthale bei Eisenach, wo

I. $\left\{\begin{array}{l}\text{humusreicher Lehm,}\\ \text{humusleerer, sandiger Lehm,}\\ \text{Sand}\end{array}\right.$

II. { humusreicher Lehm,
humusleerer, sandiger Lehm,
Sand

III. { humusreicher Lehm,
humusleerer, sandiger Lehm,
Sand

dreimal über einander folgen, oder wie bei Emden, wo in einem Vorloche

I. { Marsch,
Darg (alter Torf),
bituminöser Sand,

II. { Marsch,
Darg,
bituminöser Sand
u. s. w.

viermal über einander folgen. Ist dieses der Fall, dann muß man annehmen, daß die Bildungsverhältnisse, unter denen sich eine zusammengesetzte Bodenformation (z. B. die unter III angegebene) in einem gegebenem Zeitraume entwickelt hat, sich in den darauffolgenden Zeiträumen immer und immer so wiederholten, daß sich auf der im ersten Zeitraume gebildeten e i n f a c h zusammengesetzten Formation I in jedem darauffolgenden Zeitraume eine II., III. u. s. w. Formation in ganz derselben Bildungs= weise absetzen konnte. Ein solches aus mehreren einfach zusammengesetzten Formationen bestehendes Bodengebiet nennt man dann eine m e h r f a c h zusammengesetzte For= mation oder eine B o d e n g r u p p e.

Wie wir im Vorstehenden gesehen haben, so bilden die Fließgewässer eine äußerst wichtige Rolle bei der Bildung derjenigen Massen der Erdoberfläche, welche den Wohnsitz der Pflanzenwelt und durch diese des Thier= und Menschenreiches darstellen sollen. Indessen strenggenommen dürfen wir die

Gewässer eigentlich nicht als Bodenbildungsmittel, sondern nur als die Gehülfen der schaffenden Natur ansehen, welche das Bodenmaterial, was die Verwitterungsagentien aus festem Gestein präparirt haben, transportiren und dann an denjenigen Stellen der Erdoberfläche, wo Lücken ausgefüllt und neue Landesmassen geschaffen werden sollen, anhäufen und ausbreiten. Und so darf es uns nun auch nicht auffallen, daß die Gewässer diejenigen Bodenablagerungen, welche sie in dem einen Zeitraume an einer Stelle der Erdoberfläche abgesetzt haben, in einer späteren Zeit vielleicht wieder wegfluthen, wenn diese Stelle an dem Ufer eines Gewässers lagert und in sanft geneigter Ebene gegen das letztere abfällt; denn in diesem Falle wird jede Fluth, welche von ihrem Bette aus die Bodenstelle überschwemmt, bei ihrem Rückzuge all das leicht abschlämmbare Erdreich von seinem Lageorte mit sich fortführen, so daß am Ende nur die schwerer transportirbaren Massen des gröberen Sandes und der Gerölle zurückbleiben. Gar manche Erdstrecke am Strande des Meeres ist in dieser Weise aus fruchtbarem Culturlande zu unfruchtbarem Sandgehäufe geworden. Wer denkt dabei nicht an die, unter dem Namen der „Geest" übel berüchtigten, Sandwellen, welche das Flachlandsgebiet des nordwestlichen Deutschlands durchziehen? Aber nicht blos am Gestade des Meeres oder an den Ufern der Flüsse bemerken wir diesen Erdbodenraub durch die Gewässer, sondern auch, wie oben schon bemerkt worden ist, an den Gehängen der Berge, denen ja jeder starke Regenguß die Erdkrume so lange entführt, als noch irgend eine Spur derselben zu entreißen ist. — Nur da, wo die Natur das erst vom Wasser geschaffene Land mit einer kräftigen Pflanzendecke, — deren einzelne Individuen fest an einander schließen, wie zu gegenseitigem Schutz und Trutz, und einerseits mit ihrem weit und breit umherkriechenden Wurzelnetze alle Krumen ihres Bodens fest zusammenklammern und an-

bererseits mit ihren zähen Stengeln und Zweigen die Kraft
des überfluthenden Wassers nicht nur brechen, sondern auch
die von ihm schon geraubten Erdkrumentheile wieder abneh=
men, — gegen die Angriffe des Wassers verschlossen hat, —
nur da kann das vom Wasser geschaffene Bodengebiet sich
nicht nur erhalten, sondern auch noch weiter entwickeln, wenn
anders nicht der Mensch störend in den Haushalt der Natur
eingreift oder die Strömungen der Atmosphäre die Entwicke=
lung eines Bodengebietes und seiner Pflanzendecke zerstören
oder doch in ihrer Natur ganz verändern.

Ja, diese Fluthungen der atmosphärischen Luft,
zumal die unter dem Namen der Sturmwinde und Or=
kane gefürchteten, üben auf die Bildung und Veränderung
eines Bodengebietes einen sehr großen, ja in mancher Be=
ziehung einen größeren Einfluß als selbst die Gewässer aus.
— Die über die Meeresfläche hin zum angrenzenden Lande
fluthende Luft führt dem dürren Felsboden der weißen Kreide=
oder Kalkküste ebenso wie den sterilen Sandwellen am flachen
Meeresstrande nicht nur den mit Salztheilen mancher Art
beladenen Meeresdunst, sondern auch unzählige Keime von
Flechten zu, mittelst deren die unfruchtbaren Steinmassen der
Küsten zur Bildung von Erdboden angeregt und befruchtet
werden; leider aber häufen auch dieselben Luftströmungen den
leichtbeweglichen Sand des Strandes zu den unwirthbaren
Hügelreihen der Dünen auf und wandeln dann mit deren
Sand nicht blos die angrenzenden, sondern auch die weiter
landeinwärts liegenden Culturländereien in öde Wüsteneien
um, füllen aber auch mit eben diesem Sande Seebecken und
Moore aus, so daß aus ihnen ergiebige Bodengebiete werden.
In Nord=, West= und Süddeutschland sind die Bodenforma=
tionen, welche unter einer massigen, humosen Sandbodendecke
und lehmigem Sandboden eine Unterlage von verrottetem
Torf (Darg) besitzen, keine Seltenheit. — Die Luftströmungen

aber führen ferner auch die von tobenden Vulcanen in die
Höhe geschleuderten Wolken vulcanischer Asche weit weg und
bilden mit denselben über weite Strecken Landes hin eine oft
viele Fuße mächtige, im Verlaufe der Zeit zur fruchtbaren
kalkig lehmigen Erdkrume zerfallenden, Bodendecke. — Die
Luftströmungen endlich entführen den kahlen Gehängen der
Kalkgebirge pulverige und staubige Kalktheile und streuen sie
über thonige und lehmige Ländereien der Thäler aus, so daß
ihr Boden mergelartig wird; aber sie rauben auch dem, in
der Hitze des Sommers staubig gewordenen, thonig sandigen
Ackerboden so viel von seinem Thongehalte, daß er zuletzt
ganz sandig erscheint. Kurz, die Strömungen der atmosphärischen Luft wirken ebenso an den Veränderungen eines
Bodengebietes, wie die Fluthungen des Wassers; sie wirken
aber gewöhnlich nur heimlicher und allmählicher und erscheinen
uns darum in ihren Wirkungen nicht so bedeutsam wie die
gewöhnlich gewaltsam losbrechenden und rasch alles Land ver-
schlingenden Fluthen des letzteren.

Der Erdboden und die Pflanze.

§. 86. Allgemeine Lebensansprüche der
Pflanze. — Wer die Vegetation eines Landesgebietes mit
verschieden gestalteter Oberfläche und verschiedenen Bodenarten
genau beobachtet, der wird schon bald bemerken, daß nicht
überall in diesem Gebiete ein und dieselben Pflanzenarten
auftreten, sondern

1) daß der kalkreiche Boden andere Pflanzenarten trägt, als
der kalklose, der sandreichere andere als der sandlose, der
humusreiche andere als der humusleere, mit einem
Worte, daß „nicht jeder Boden vermag, auch jegliche
Pflanze zu pflegen";

2) daß ein und derselbe Boden an der Sonnenseite der
Berge andere Pflanzenarten zeigt als an der Schatten-

seite derselben, auf sonnigen, trocknen Bergplateaus wieder andere wie in schattigen, feuchten Thälern, — kurz, daß er in verschiedenen Lagen auch verschiedene Vegetation darbietet;

3) daß, wenn auch ein und derselbe Boden in verschieden= beschaffenen Oertlichkeiten gleiche Pflanzenarten producirt, diese dann doch nicht in gleichstarker Entwickelung ihrer Körperglieder auftreten;

4) daß es aber doch auch Pflanzenarten giebt, welche gleich gut auf allen Bodenarten gedeihen, wenn diese letzteren nur eine ihnen zusagende Lage besitzen;

5) daß endlich nicht alle Pflanzenarten einer Gegend in einer und derselben Zeit des Jahres blühen und Früchte tragen, sondern sich in dieser Beziehung verschieden zeigen, einerseits nach der Temperatur einer Jahreszeit, andererseits aber auch unter sonst gleichen Verhältnissen nach der Bodenart, auf welcher sie wohnen, und nach der Beschaffenheit der Localität, in welcher sie auf= treten.

Alle diese Vegetationsverhältnisse deuten offenbar darauf hin, daß jede Pflanze bestimmte, aber je nach ihrer Art ver= schiedene Ansprüche an ihre Umgebung macht, wenn sie unter dem Einflusse dieser letzteren leben und vollständig gedeihen soll. In der That bedarf jede Pflanze zur vollkommenen Entwickelung aller ihrer Körperglieder vor allem einen Raum, in welchem sie die Körperglieder ihrer Natur gemäß entfalten und sich mit ihrer Wurzel befestigen kann gegen die von Außen her auf sie eindringenden Stürme, sodann ein be= stimmtes Maaß von Wärme, Luft und Feuchtigkeit, endlich aber auch gewisser Nahrungsmittel von verschiedener Art oder Menge. Da sie sich nun nicht, wie das Thier, willkürlich bewegen und die Mittel zur Befriedigung ihrer Lebensansprüche aufsuchen kann, sondern in dem Boden und an dem Orte,

wo sie sich von ihrer Geburt an befestigt hat, für ihre ganze
Lebenszeit bleiben muß, so folgt daraus von selbst, daß sie
die Befriedigung dieser ihrer Lebensansprüche von ihrem ein=
mal gewählten und gewissermaßen mit ihr fest gewachsenen
Wohnsitze begehrt; kann dieser sie nun nicht in der von ihr
gewünschten Art und Weise befriedigen, so verkümmert und
stirbt sie ab oder sucht sie im günstigsten Falle ihre Körper=
glieder so umzuformen, daß sie befähigt werden, aus dem für
ihr Gedeihen ungünstigen Wohnsitze doch noch die für die
Erhaltung ihres Lebens nothwendigen Lebensagentien zu er=
halten.

Die Landschaft oder das Gebiet der Erdoberfläche also,
in welchem eine Pflanzenart ihren Wohnsitz aufgeschlagen
hat, sollen der Pflanze alles das gewähren oder ersetzen, was
das ewig bewegliche Luftmeer einerseits mit seiner beständig
wechselnden Menge von Kohlensäure und Feuchtigkeit und an=
dererseits mit seinen schwankenden Temperaturverhältnissen ihr
nicht bieten kann. Das Landesgebiet, in welchem eine Pflanze
wohnt, ist demnach seiner Lage, Oberflächenform, Feuchtigkeit
und Bodenart nach der Regulator, durch welchen alles das,
was die Sonne, das Luftmeer und überhaupt das Klima
einer Gegend der Pflanzenwelt nicht in dem ihr nöthigen
Maaße gewähren kann, ersetzt oder doch in der Weise ihr
dargereicht werden soll, wie sie es zu ihrem Gedeihen braucht.
Wenn nun aber auch die Oberflächenform, Lage und Feuch=
tigkeit eines Landesgebietes das Klima eines Pflanzenwohn=
sitzes im Allgemeinen regeln, so ist ein solches Landesgebiet
für sich allein doch nur erst das Magazin, in welchem alle
die Materialien, mit denen die Pflanze sich erhalten soll,
niedergelegt und angesammelt werden; der eigentliche Regu=
lator aller Lebensverhältnisse einer Pflanze selbst aber ist,
wie auch schon §. 69 angedeutet worden, dann der in diesem
Gebiete auftretende Erdboden.

§. 87. Verhalten des Erdbodens zur Pflanze.
— Betrachtet man die Landschaft, in welcher eine Pflanzenart
ihre Heimath gefunden hat, als eine Stadt oder ein Dorf, so
ist nun der Erdboden das Haus, in dessen einzelnen Räumen
diese Pflanzenart ihren eigentlichen Wohnsitz hat. Als solcher
muß er nun seiner Bewohnerin, wenn sie anders in ihm sich
behaglich fühlen soll, vor allem so viel Raum gewähren, als
sie nöthig hat, um ihre Wurzeln nicht nur gegen die Stürme
der Atmosphäre und die Fluthen des Wassers zu befestigen,
sondern auch ihrer Natur gemäß entfalten zu können, sodann
aber muß er die Temperaturverhältnisse der Atmosphäre und
namentlich seiner näheren Umgebung so reguliren, daß die in
ihm wurzelnden Pflanzen dasjenige Maaß von Wärme, was
sie zu ihrem Wohlbefinden brauchen, auch dann noch erhalten,
wenn Sonne und Umgebung ihnen dasselbe nicht mehr ge=
währen können. Ferner muß er aber auch noch die Eigen=
schaft besitzen, aus der Atmosphäre und seiner Umgebung so=
viel Wasser anzusaugen, als die ihn bewohnenden Pflanzen
zu ihrem Ernährungsprozesse nöthig haben, und dasselbe auch
bis zu einem bestimmten Maaße festzuhalten, so daß seine
Pflanzen in Zeiten, wo ihnen die Atmosphäre kein Wasser
darreichen kann, von ihm noch wenigstens mit dem zur Be=
friedigung ihrer Lebensbedürfnisse nöthigsten Wasser versorgt
werden. Endlich muß er ja auch das Magazin bilden, in
dessen Masse sich nicht nur die Materialien zur Erzeugung
neuer Pflanzennahrmittel, sondern auch die Vorrathskammern
befinden, in welchen die durch das Wasser und die Luft von
Außen her eingeführten Nahrstoffe aufgespeichert werden, —
und bei allem dem soll er nun auch einer jeden in ihm wur=
zelnden Pflanze nicht nur die Art, sondern auch die Menge
der ihr gebührenden Nahrung gewähren.

Der Erdboden hat demnach viele Pflichten gegen die ihn
bewohnenden Pflanzen zu erfüllen. In welcher Weise und

durch welche Mittel er nun alle diese Pflichten erfüllt, wollen
wir im Folgenden untersuchen.

§. 88. Der Erdboden als Wohnungsraum für
die Pflanzen. — Wie eben schon erwähnt worden ist, so
soll der Erdboden in seiner Masse den Wurzeln der ihn bewohnenden Pflanzen nicht bloß einen Raum gewähren, in
welchem sie sich ihrer Natur gemäß strecken und allseitig ausdehnen können, sondern auch eine Substanz darbieten, welche
sie auch mit ihren zartesten Wurzelfasern leicht durchdringen
können.   Der Wurzelausbreitungsraum eines
Bodens nun wird bedingt durch die Stärke,
Tiefe oder senkrechte Mächtigkeit seiner Ablagerungsmasse.

In der Praxis des Land- und Forstwirths unterscheidet man in dieser Beziehung flachgründigen (1—6
Zoll tiefen), mittelgründigen (6—9 Zoll tiefen),
tiefgründigen (9—12 Zoll tiefen) und sehr tiefgründigen (über 12 Zoll tiefen) Boden.

Die Durchdringlichkeit eines Bodens aber
hängt ab von der Art seiner Massentheile. Je
sandiger aber kalkiger eine Erdkrumenmasse ist, um so lockerer
und leichter durchdringbar ist sie; je mehr dagegen Thonsubstanz in ihr vorherrscht, um so zäher, anklebender und schwerer
zu durchdringen erscheint sie; ja die sehr thonreichen Bodenarten sind im ganz ausgetrockneten Zustande so hart, daß sie
namentlich für zartere oder weichere Pflanzenwurzeln fast un-
durchdringlich erscheinen, während sie im ganz von Wasser
durchdrungenen Zustande so weich schlammig werden, daß
sie kurzästigen und zarteren Wurzeln keinen festen Haftpunkt
gewähren.

Wo nun die Natur frei und ungehindert wirthschaften
kann, da pflanzt sie

a) auf flachgründige Bodenablagerungen

1) mit leicht zu durchdringender, sein sandiger oder kalkiger, nur im ganz durchfeuchteten Zustande bindiger werdenden, Masse nur Gewächse mit oberflächlich ziehenden, nach allen Seiten hin sich mit zahlreichen, langen Zweigen strahlig ausbreitenden Wurzeln, welche mit unendlich vielen Seitenzasern jedes Sandkörnchen und Krümchen umklammern, um hierdurch ihrer Pflanze einen festen Haftpunct zu gewähren.

2) mit mehr bindiger, sandig lehmiger, thonigkalkiger oder auch mergeliger, schon mehr Halt gewährender, Erdkrume Gewächse mit zwar kurzen, aber ast= und faserreichen Büschelwurzeln, welche nach allen Seiten hin mehr oder weniger zahlreiche, lange Ausläufer und an jedem Ende dieser letzteren wieder ein Wurzelbüschel treiben.

Bei dieser ihrer Pflanzweise zeigt aber die Natur noch die Sorgfalt, daß sie auf alle flachgründigen Bodenablagerungen vorherrschend gesellig wachsende Pflanzen bringt, welche sich stark vermehren und eben hierdurch sehr bald auf ihrem Standorte eine dichte Decke erzeugen, durch welche die Masse ihres armen Bodens einerseits gegen die auseinandertreibende Kraft des Windes und andrerseits gegen die austrocknende Kraft der Sonne geschützt wird. — Nur da, wo ein solcher flachgründiger Boden einen brüchigen oder vielfach zerklüfteten Felsuntergrund besitzt, kommen dann auch noch ungenügsamere Gewächse mit nach der Tiefe ziehenden Pfahlwurzeln vor.

b) Auf einem mehr tiefgründigen, 6—12 Zoll mächtigen Boden, wie er z. B. in den Gebirgsländern auf niedern Bergplateaus mit leicht verwitternden Gesteinsmassen, an den sanft geneigten Berggehängen oder auch in den

Thälern mit sanft abfallender Sohle vorkommt, da hat die Natur eine reichere und buntere Pflanzencolonie gegründet; da sind hauptsächlich Kräuter mit Büschel=wurzeln zu finden.

1) Ist nun die Bildungsmasse eines solchen Bodens sehr sandreich, dann zeigen sich auf ihm nament=lich gesellig wachsende Pflanzen mit schon tiefer in die Bodenmasse eindringender, schwer ausziehbarer, sehr stark verästelter, äußerst zaserreicher, Büschel=wurzel (Filzwurzel), aber oft auch mit langbüsche=liger, seitlich zahlreiche, lange Ausläufer treibender Wurzel, aus deren Stock dann nicht selten auch noch mehr oder weniger lange, beblätterte, auf der Ober=fläche des Bodens umherkriechende und abwärts Klammerwurzeln in die Erde treibende, Stengel her=vortreten. — Haiden= und Borstengräser siedeln sich am liebsten auf einem solchen Boden an.

2) Ist dagegen die Masse eines mittelgründigen Bodens lehmig oder mergelig, dann bildet sie die Hei=math vorzüglich von Staudengewächsen mit leicht ausziehbarer, einfacher, kurzästiger, wenig oder keine Ausläufer treibender, Wurzel und freudig grünen, saftigen Blättern. Unsere guten Wiesengräser und unter den Holzgewächsen die meisten Sträucher, sowie unter den Bäumen die Eschen, Bergahorne und überhaupt die vorherrschend wagrecht ziehende Wur=zeln treibenden treten vorzüglich im Bereiche eines solchen Bodens auf.

c) Auf einem sehr tiefgründigen Boden endlich, wie er sich z. B. in großen Gebirgsmulden, sanftgeneigten, breiten, von Bächen durchzogenen, Auen der Gebirgs=vorländer und namentlich am Meeresstrande sowie in den von zahlreichen Flüssen gespeisten Flachländern zeigt,

da ist die Heimath der mit mächtiger Pfahlwurzel tief
in die Bodenmasse eindringenden Gewächse. Nur wenn
dieser Boden allzu sandreich ist, zeigen sich vorzugsweise
Pflanzengeschlechter in ihm, welche außer einer tiefein=
greifenden Pfahlwurzel auch zahlreiche, lange, nach allen
Seiten hin sich wagrecht ausstreckende, Wurzeläste treiben.
Und ist er zu thonreich, dann kommen namentlich Ge=
wächse zum Vorschein, welche von ihrem Wurzelstocke
aus mit mehreren langen, peitschenförmigen, Wurzel=
stämmen in den Tiefen, ihres immer zur Nässe geneig=
ten und darum leicht schlammig werdenden, Wohnsitzes
festere Haftpuncte suchen, die auch nie so stark austrocknen,
und so fest werden, daß sie die Wurzeln der den thon=
reichen Boden bewohnenden Gewächse zerquetschen oder
zerreißen. — Außerdem aber bietet der tiefgründige
Boden, zumal der thonigsandige, lehmige und mergelige,
den verschiedensten Pflanzengeschlechtern den behaglichsten
Wohnsitz; denn in seiner Masse ist Raum genug für die
Ausbreitung aller Arten von Wurzeln.

§. 89. Der Erdboden als Temperatur=Ver=
mittler. — Die Atmosphäre wird als der Wärmespender
für die Pflanzenwelt betrachtet; sie ist es in der That auch,
sobald sie erst durch die festen Massen des Erdkörpers dazu
befähigt worden ist. Vermöge ihrer leicht durchdringbaren,
in ewiger Bewegung befindlichen, Gasmasse kann sie nemlich
weder den sie durchdringenden Strahlen der Sonne ihre
Wärme entziehen, noch die ihr zugesendete Wärme festhalten.
Soll sie daher warm erscheinen, so müssen ihr die festen
Körper der Erdoberfläche, mit denen sie in Berührung steht,
von der, in ihnen erst durch die Sonnenstrahlen erzeugten,
Wärme unaufhörlich mittheilen. Indem nun aber diese erst
dann von ihrer Wärme an die Atmosphäre abgeben, wenn
sie selbst sich zuvor mit Wärme gesättigt haben, so folgt daraus

von selbst, daß die Atmosphäre nicht zu allen Zeiten des
Jahres soviel Wärme besitzen und an die Pflanzenwelt abgeben kann, als diese zu ihrem Gedeihen braucht. Soll
daher das Reich der Gewächse überall auf Erden gedeihen,
so muß ihm auch überall ein Mittel geboten werden, welches
nicht blos die Atmosphäre mit der ihm nöthigen Wärme versorgt, sondern auch die Eigenschaft besitzt, soviel Wärme in
sich anzusammeln und festzuhalten, daß es auch in denjenigen
Zeiten des Jahres, in welchen die Sonne nur sehr wenig
oder gar keine Wärme in einer Gegend der Erdoberfläche
erzeugen kann, wenigstens den Wurzeln der Pflanzen noch
soviel Wärme spenden kann, als zu ihrer Lebenserhaltung
nothwendig ist. Dieses Mittel ist der Erdboden.

Dreierlei hat demnach der Erdboden als Temperatur-
Vermittler zu thun: Er soll Wärme erzeugen; er soll die
Atmosphäre erwärmen; er soll aber auch für sich selbst soviel
Wärme ansammeln und festhalten, als für die Erhaltung
des Lebens der in ihm wurzelnden Pflanzen nöthig ist.

Wohl die meiste Wärme entsteht im Erdboden dadurch,
daß seine Massetheile die auf sie eindringenden Wärmestrahlen
der Sonne mehr oder weniger in sich aufzusaugen und festzuhalten vermögen. Aber der Erdboden kann auch der erst von
ihm erwärmten Luft die Wärme wieder entziehen. Und endlich kann sich auch in seiner Masse selbst mehr oder weniger
Wärme entwickeln. Unter welchen Verhältnissen dieses alles
geschieht, wollen wir jetzt untersuchen.

1) Von der Sonne erhält der Erdboden die
Wärme durch Strahlung. Nun aber ist nicht jede
Bodenart gleich stark empfänglich für die strahlende Wärme.
Am schnellsten und stärksten nimmt der vorherrschend aus
Sand bestehende Boden diese Wärme auf, aber er strahlt
sie auch schnell und stark wieder aus, sobald das Wärme
spendende Tageslicht verschwindet. Solche sandreiche Boden-

arten werden sich demnach während des Tages sehr stark er=
hitzen, aber in der Nacht auch wieder sehr stark abkühlen,
indem sie dann alle ihre Wärme an die Atmosphäre abgeben.
Anders ist es mit den kalkreichen Bodenarten. Diese
nehmen die Wärmestrahlen der Sonne nur langsam auf, aber
sie halten sie dann auch lange fest, so daß sie auch des Nachts
warm bleiben. Da nun die Thaubildung von der Tempera=
tur des Erdbodens abhängt, indem eine mit Wasserdunst ge=
sättigte Luftmasse nur dann ihren Dunst zu Wassertropfen
verdichtet, wenn sie mit einem stark abgekühlten Boden, welcher
ihrem Dunste rasch alle Wärme entzieht, in Berührung kommt,
so wird demgemäß auch unter sonst gleichen Verhältnissen
der sandreiche Boden sich am stärksten, der kalkreiche aber am
schwächsten oder gar nicht mit Thau beschlagen. Welchen
Einfluß dieses aber auf die Pflanzenwelt eines Bodens aus=
übt, werden wir später zeigen. — Die thonreichen Boden=
arten endlich verhalten sich gegen die Wärmestrahlen in zwei=
facher Weise, je nachdem ihre Masse ganz ausgetrocknet oder
ganz durchnäßt ist. Im ganz ausgetrockneten Zustande nehmen
sie nemlich die Wärmestrahlen der Sonne ähnlich dem Sande
sehr stark auf, halten sie aber auch lange fest: im ganz durch=
näßten Zustande dagegen nehmen sie wohl auch die Wärme=
strahlen stark auf, aber dieselben bleiben wirkungslos für die
Bodenmasse selbst, indem das in ihr befindliche Wasser alle
Wärme in sich verschluckt, um verdunsten zu können, und
dann bei seiner Verdunstung dieselbe mit sich fortnimmt, wes=
halb auch durchnäßte Bodenarten immer kalt sind.

In mancher Beziehung abgeändert wird dieses Verhalten
der genannten Bodenarten gegen die strahlende Wärme durch
die Farbe ihrer Masse, indem z. B. weißer Sand die ange=
sogenen Wärmestrahlen weit fester hält, sich in der Nacht
nicht so stark abkühlt und darum auch nicht so stark bethaut,
als ockergelber, brauner oder dunkelgrauer Sand; und ebenso

dunkelgefärbter Kalk sich leichter abkühlt und darum auch mehr bethaut, als hellgefärbter. Ueberhaupt kann man sagen, daß alle dunkelgefärbten Bodenarten durch die Wärmestrahlen der Sonne sich weit stärker erhitzen, aber auch schneller abkühlen, als hellgefärbte, wenn anders nicht die dunkele Färbung von reichlich beigemengten Humussubstanzen herrührt; denn diese Substanzen besitzen, wie wir weiter unten noch sehen werden, das Vermögen bei ihrer Zersetzung aus sich heraus Wärme zu entwickeln und in dieser Weise auch einen an sich leicht kalt werdenden Boden warm zu erhalten.

Endlich wird aber auch noch das Verhalten einer Bodenart gegen die strahlende Wärme abgeändert durch die Substanzen, welche die Decke seiner Oberfläche bilden. Sind diese Substanzen von der Art, daß sie selbst die Wärmestrahlen gierig aufnehmen, aber auch festhalten, oder daß sie selbst in ihren Massen Wärme entwickeln, dann werden sie einerseits den sich rasch erhitzenden, aber auch schnell wieder abkühlenden Sandboden immer mäßig warm erhalten, aber auch andererseits den lang heiß bleibenden Kalkboden mehr kühl und in Folge dessen auch feucht erhalten.

2) Der Boden erhält nun aber, wie auch oben schon angedeutet worden ist, nicht blos durch die Sonne, sondern auch durch die mit ihm in Berührung stehende Luft und Bodendecke Wärme. Gegen diese Art der Erwärmung, welche stets vor sich geht, sobald ein warmer Körper mit einem kälteren in Berührung kommt, verhält sich indessen die Masse eines Erdbodens anders wie gegen die strahlende Wärme. Während nemlich der vorherrschend aus Sandkörnern bestehende oder dunkelgefärbte Boden die strahlende Wärme sehr rasch in sich aufnimmt, aber auch schnell wieder ausstrahlt, entzieht derselbe Boden der mit ihm in Berührung stehenden warmen Luftschichte oder Bodendecke

die Wärme nur langsam, hält sie dann aber auch lange in sich fest und bleibt in Folge davon auch lange warm, und während der mehr feinkrumige oder pulverig und hellgefärbte Boden die strahlende Wärme nur langsam in sich aufnimmt, aber dann auch lange in sich festhält, entzieht derselbe Boden der Luft und Bodendecke rasch die Wärme, gibt sie aber auch schnell wieder an seine Umgebung ab. Bei dieser Art von Erwärmung findet also das Gegentheil von der durch Strahlung mitgetheilten Wärme statt, wie folgendes Schema versinnlichen wird:

Ein Erdboden, welcher

sandreich ist, also eine körnige Masse hat und:				sandarm ist, also eine feinkrumige pulverige oder dichte Masse hat und:			
hellgefärbt ist, wird durch		dunkelgefärbt ist, wird durch		hellgefärbt ist, wird durch		dunkelgefärbt ist, wird durch	
Sonnenwärme	Luftwärme	Sonnenwärme	Luftwärme	Sonnenwärme	Luftwärme	Sonnenwärme	Luftwärme
langsam erwärmt u. bleibt lange warm.	schnell erwärmt und gibt die Wärme bald ab.	schnell erwärmt wärmt und schnell wieder der abgekühlt.	langsam erwärmt u. bleibt lange warm.	langsam erwärmt und bleibt lange auch warm.	schnell erwärmt u. wärmt bald wieder kühl.	schnell warm und schnell kühl.	langsam warm u. bleibt warm.

In vielen Fällen würde dieses eigenthümliche Verhalten des Bodens gegen Sonnen= und Luftwärme oder mit anderen Worten: gegen strahlende und geleitete Wärme die Fruchtbarkeit eines Bodens beeinträchtigen, wenn nicht die auf dem Boden wohnende Pflanzenwelt selbst den hierdurch erwachsenden Schaden wieder ausglich und zum Besten des Bodens umänderte. Wenn nemlich ein Boden z. B. die Eigenschaft besitzt, sich am Tage stark zu erhitzen, des Nachts aber wieder

so abzukühlen, daß er sich stark mit Thau beschlägt, so siedelt
sich auf ihm eine Colonie von Gewächsen an, deren Arten
gerade diese Verhältnisse von ihrem Standorte begehren,
z. B. Flechten und filzende Borstengräser. Indem aber diese
Gewächse sehr stark wuchern, bilden sie bald eine mehr oder
weniger dichte Decke auf ihrem Standorte, welche alle Sonnen=
wärme in sich auffängt und sie nur allmählich an den unter
ihr befindlichen Boden abgibt, aber dann auch in ihm fest=
hält, so daß er sich nicht mehr abkühlen und in Folge davon
auch nicht mehr stark bethauen kann. Da nun aber die auf
ihm wohnenden Gewächse reichlichen Thau zu ihrem Gedeihen
begehren, so ist die weitere Folge, daß diese Gewächse allmählich
absterben und ihren Bodenbesitz anderen Pflanzengeschlechtern
überlassen, welchen eben die gerade bestehenden Temperatur=
verhältnisse des Bodens willkommen sind. Die neuen An=
siedler können nun durch ihren Schirm und ihre Abfälle
wiederum den Einfluß der Sonnen= und Luftwärme auf den
Boden allmählich so abändern, daß auch sie nicht ferner mehr
auf dem letzteren gedeihen können und dann solchen Pflanzen=
arten überlassen müssen, denen nun wieder die jetzt in ihrem
Standorte herrschenden Temperaturverhältnisse angenehm sind.
So hat denn die Natur für alle diese Bodenverhältnisse ihre
Ansiedler aus dem Pflanzenreiche, welche indessen immer nur
so lange auf einem Bodengebiete gedeihen werden, als ihnen
dasselbe außer Feuchtigkeit und Nahrung gerade diejenigen
Temperaturverhältnisse gewähren kann, wie sie dieselben
brauchen. So aber bildet auch gerade die auf einem Boden
wohnende Pflanzencolonie eine Decke, durch welche das Ver=
halten einer Bodenmasse gegen die strahlende und geleitete
Wärme mannichfach abgeändert wird.

3) Aber wie diese Pflanzendecke schon in rein mechanischer
Weise auf die Erwärmung und Wärmehaltung einer Boden=
masse einwirkt, so thut sie dieses auch auf chemischem

Wege während ihrer Zersetzung. Es ist allbekannt — und man kann es an jeder Anhäufung von vegetabilischen Ver= wesungsstoffen beobachten, — daß alte Pflanzenreste bei ihrer Fäulniß oder Verwesung große Wärmemengen entwickeln, welche sogar unter günstigen Verhältnissen die Verwesungs= massen entzünden oder verkohlen können. Wenn nun auf oder in einem Boden solche Verwesungsmassen vorhanden sind, so wird durch dieselben um so mehr Wärme entwickelt, je größer ihre Menge ist, und auch um so mehr festgehalten, je lockerer und grobkrümeliger seine Masse ist, ja es kann durch diese Substanzen der an sich selbst kalte Thonboden so erwärmt werden, daß er einen Theil seines Wassers verdun= sten läßt und trockener und lockerer wird. — Außer dieser Hauptquelle für Bodenwärme dürfen endlich aber auch nicht die mancherlei Zersetzungen und Umwandlungen von den mi= neralischen Bestandtheilen eines Bodens außer Acht gelassen werden. Liefern dieselben auch nur sehr kleine Mengen von Wärme mit einem Male, so darf man doch behaupten, daß sie für eine Bodenart, welche reich an sich zersetzenden Mineralresten ist, bemerkbar werden kann.

Nach allem eben Mitgetheilten kann also ein Erdboden auf mannichfache Weise Wärme erhalten und in sich festhalten. Ob er sie nun aber auch im gehörigen Maaße in sich an= sammeln und auch auf längere Zeit in sich zusammen halten kann, das hängt, wie eben gezeigt worden ist, einerseits von der Art seiner Masse und Decke und andererseits auch von der Beschaffenheit seiner Unterlage, der Mächtigkeit seiner Ablagerung und der Menge des in ihm vorhandenen Wassers ab.

In dieser Beziehung ist hauptsächlich folgendes zu be= merken:

1) Die Unterlage eines Bodens wird stets gün= stig auf die Temperaturverhältnisse des über ihr lagernden

Erdbodens einwirken, wenn sie in ihrem Verhalten zur Wärme
gewissermaßen die entgegengesetzten Eigenschaften des letzteren
besitzt, wenn sie also z. B. die in dem Boden eingedrungene
Wärme in sich anzusammeln vermag, während der über ihr
lagernde Boden sie schnell ausstrahlen läßt, oder wenn sie
die Bodenfeuchtigkeit in sich festhält und durch diese den über
ihr lagernden, sich leicht erhitzenden und stark verdunstenden
Boden abkühlt. Ein kalkreicher, sich stark erhitzender und
lange heiß bleibender oder ein sandreicher, sich wohl stark er=
hitzender, aber seine Wärme schnell ausstrahlender Boden wird
demgemäß durch einen lehm=, thon= oder torfreichen Unter=
grund zu einem dauernd und mäßig warmen, feuchten Boden
umgewandelt, wie umgekehrt aber auch ein kalter, nasser
Thonboden durch eine sand= oder geröllreiche Unterlage mäßig
warm und verdunstend wird. — Die Unterlage eines Bodens
wirkt demnach eben so regelnd auf die Temperaturverhältnisse
des letzteren ein, wie dessen Decke.

2) Bei allem diesen spielt aber auch die Menge des
Wassers, welche ein Boden in sich aufnehmen und festhalten
kann, eine große Rolle bei dem Verhalten eines Bodens gegen
die Wärme. Wasser verschluckt stets sehr viel Wärme, um
verdunsten zu können; je mehr daher eine Bodenmasse Wasser
in sich aufsaugt und festhält, um so mehr geht für sie Wärme
verloren; hat sie nun nicht einen Untergrund, welcher ihr mit
seiner aufgespeicherten Wärme aushelfen kann, so wird sie
immer nur eine sehr niedrige Temperatur besitzen.

3) Endlich ist aber auch die Mächtigkeit einer
Bodenablagerung von Bedeutung bei den Temperaturverhält=
nissen eines Bodens. Je flachgründiger ein Boden ist, um
so mehr ist seine Temperatur abhängig von der Sonne und
der Atmosphäre, um so schneller und greller wechseln in ihm
hohe und niedere Temperaturgrade, wenn anders nicht eine
geeignete Unterlage vermittelnd einwirkt.

Hält man nun all' das eben Mitgetheilte fest, so gelangt man zu dem Resultate, daß ein Boden nur dann zum dauernden Vermittler der Temperaturverhältnisse werden kann, wenn er in seinem eigenen Verhalten zur Wärme unterstützt wird durch eine geeignete Unterlage und Decke.

Für das Pflanzenleben ist dieses Verhalten eines Bodens zur Wärme von der größten Wichtigkeit. Wohl bedarf die Pflanze zur Entwickelung ihrer Knospen, Blüthen und Früchte der Wärme, welche ihr durch die Sonne und Atmosphäre gespendet wird. Die belebende Kraft der Sonnenwärme kann ihr nicht allein durch die Temperatur des Bodens ersetzt werden, — so wenig als dem Menschen die Wärme des Ofens und Wohnzimmers alles das gewähren kann, was ihm die Körper und Geist erfrischende Wärme der Frühlingssonne darbietet: aber zur Erhaltung und Erhöhung ihres Wurzellebens, zur Umwandlung der von der Wurzel eingesogenen Nahrungsstoffe in Körpersubstanzen und zur Erzeugung und Ausbildung ihrer inneren Organe kann sie die Wärme des Bodens absolut nicht entbehren. Das Alles kann man beim Erwachen der Pflanzenwelt im Frühlinge erkennen. Wohl vermag dann die Pflanze ihre schon im vorhergehenden Jahre innerlich entwickelten Knospen mit Hülfe der sie anhauchenden Sonnenwärme entfalten, wenn aber zu dieser Zeit noch das Eis des Winters die Temperatur des Bodens bis zum Frostpuncte niedergedrückt hält, kann die Wurzel noch nicht ihre Thätigkeit beginnen und Nahrungsstoffe in die obererdischen Glieder der Pflanze senden, so daß noch die Weiterentwickelung dieser letzteren so lange ruhen muß, bis durch Hülfe der Sonne sich der Erdboden erst mit der nöthigen Wärme versorgt hat.

§. 90. Der Erdboden als Feuchtigkeitsspender. — Ohne Wasser kann kein organisches Geschöpf leben, am

wenigsten die Pflanze; denn das Wasser macht ihren Stand=
ort geschmeidig und weich, daß ihre Wurzeln denselben leichter
durchdringen können; das Wasser löst ferner die Nahrstoffe
des Bodens und der Luft in sich auf, daß sie nicht nur von
den öffnungslosen Saugzasern der Wurzel, sondern auch von
den ganz geschlossenen Zellen ihres Körpergewebes aufgesogen
werden können; das in das Innere der Pflanze eingedrungene
Wasser muß endlich nicht nur den Stoffwechsel im Gewebe
des Pflanzenkörpers vermitteln, sondern auch durch seinen
Sauer= und Wasserstoff alle Hauptsubstanzen der Pflanze
bilden helfen. Wenn nun die Pflanzenwelt nur von dem
Wasser leben sollte, welches ihr die Atmosphäre durch ihre
wässerigen Niederschläge spendet, so würde sie in denjenigen
Zeiten des Jahres, in welchen die versengenden Strahlen der
Sonne und heiße, dürre Luftströmungen ihre Glieder zur
übermäßigen Verdunstung anregen und selbst mächtige Ge=
wässer bis zur vollen Trockenheit aufsaugen, nicht blos küm=
mern und welk werden, sondern sogar vollständig verdursten.
Indessen wird dieses Verderbniß nur da eintreten, wo der
Erdboden nicht helfend und rettend einwirken kann.

Der Erdboden also muß auch für den Wasserbedarf der
in seiner Masse wurzelnden Pflanzen sorgen. Er vollbringt
dieses Geschäft einerseits durch sein Vermögen, Wasserdunst
oder Luftfeuchtigkeit in sich einzusaugen und sich von tropf=
barem Wasser durchdringen zu lassen, andererseits durch seine
Kraft, das aufgenommene Wasser mehr oder weniger stark in
seiner Masse festzuhalten.

Was nun zunächst die Wasseransaugungskraft
(oder die sogenannte Hygroscopicität) einer Bodenmasse betrifft,
so äußert sich dieselbe nicht blos in der Ansaugung von
Luftfeuchtigkeit, sondern auch in der Ansaugung des Wassers
aus ihrem Untergrunde und aus den Gewässern, welche in

ihr Gebiet eingebettet sind. Im Allgemeinen gelten in dieser Beziehung folgende Erfahrungen:

1) Unter sonst gleichen Verhältnissen wird eine Bodenmasse um so begieriger Wasser in sich aufsaugen, je mehr sie sich ihrem Austrocknungspuncte nähert. Ist sie aber einmal vollständig ausgetrocknet, dann wird sie das in sie eindringende Wasser ohne Aufenthalt mechanisch und um so rascher durch sich durchfließen lassen, je grobkörniger und lockerer sie ist. Bei diesem Durchzuge wird jedoch das Wasser alle die von ihm benetzten Erdbodentheile anfeuchten, wodurch in ihnen die Wasseransaugungskraft von Neuem und zwar um so stärker erwacht, je mehr sich ihre Massetheile berühren, je feinkrümeliger sie also sind. Hat nun eine solche Bodenablagerung einen Untergrund, welcher undurchlässig ist und demgemäß das von oben her zu ihm dringende Wasser festhalten kann, — ähnlich wie der thönerne Untersatz eines Blumentopfes, — dann wird die über ihm lagernde und vom durchziehenden Wasser feucht gewordene Erdbodenmasse allmählich alles Wasser wieder in sich aufsaugen und demgemäß später wieder ganz durchfeuchtet erscheinen, als sei sie von Neuem von der Luft aus mit Wasser versorgt worden. Für alle sich stark erhitzenden und in Folge davon stark verdunstenden Bodenarten ist darum ein solcher undurchlässiger, Wasser ansammelnder, Untergrund, welcher namentlich aus Thon, Torf oder auch Fels mit beckenförmiger Oberfläche besteht, von der größten Wichtigkeit, da er einen an sich zur Ausdürrung geneigten — z. B. sandreichen — Boden feucht erhält.

2) Je feinkörniger oder zartkrümeliger die Masse eines Bodens ist, um so enger sind in seiner Masse die zwischen seinen einzelnen Theilen befindlichen Ritzen oder Haarröhrchen, um so mehr können sich dann dieselben in ihrer Feuchtigkeits-Anziehung unterstützen und um so stärker ist dann dieselbe.

3) Unter den einzelnen Gemengtheilen eines Bodens zeigt

der Sand um so weniger Feuchtigkeits-Anziehung, je grob=
körniger er ist und je weniger seine einzelnen Körner eine
erdige, ockerige oder humose Schale haben. Die Thon, Hu=
mus= und Torf=Substanz dagegen besitzt die stärkste Feuchtig=
keits=Anziehung, so lange sie feucht ist; ist sie aber einmal
vollständig ausgetrocknet, dann verliert sie diese Anziehung
um so mehr, je inniger und fester sich ihre Massetheile mit
einander verbunden haben, und bekommt sie auch erst nach
langer Durchnässung, aber allmählich, wieder.

Mit der Wasseranziehungskraft darf indessen nicht die
Wasserfassungs= und Wasserhaltungskraft eines
Bodens verwechselt werden. Die erstere besteht in dem Ver=
mögen desselben, eine bestimmte Menge Wassers in seiner
Masse so festzuhalten, daß auch nicht ein Wassertropfen aus
ihr abfließen kann, so lange das von ihr faßbare Maaß nicht
überschritten wird; unter der Wasserhaltungskraft eines
Bodens aber versteht man sein Vermögen, das von ihm an=
gesogene Wasser kürzere oder längere Zeit in sich festhalten
zu können. Unter den verschiedenen Gemengtheilen eines
Bodens besitzen die Humus= und Torfsubstanzen die
stärkste Wasserfassungs= und Wasserhaltungskraft, so daß sie
selbst eine ganz bindungslose Sandablagerung immer naß er=
halten und in kühlen schattigen Lagen sumpfig machen können.
Ihnen nahe stehen die hellgefärbten Thonsubstanzen,
während der dunkele — graue oder rothbraune — Thon wohl
starke Wasserfassungs=, aber geringe Wasserhaltungskraft be=
sitzt, indem er in Folge seiner dunklen Färbung sich stark er=
hitzt und dann auch stark verdunstet. Je reicher daher Boden=
arten an gemeinem Thone sind, um so mehr sind sie zur
Nässe und bei schattiger Lage sogar zur Versumpfung geneigt.
Die geringste Wasserfassungs= und Wasserhaltungskraft besitzt
der Sand. Wenn indessen seine einzelnen Körner eine mehr
oder weniger dicke Rinde von Eisenocker oder feinzertheilter

Humussubstanz haben, dann erhalten sie auch eine größere
Wasserhaltungskraft. Sind in diesem Falle die Sandkörner
sehr fein, wie es beim feinen Quell= und Mehlsande zu be=
merken ist, dann kann ihre Ablagerungsmasse das Wasser,
von welchem sie durchdrungen ist, sehr festhalten. — Mäßig
in ihrer Wasserhaltung und darum unter den gewöhnlichen
Verhältnissen wohl immer durchfeuchtet, ohne eigentlich naß
zu erscheinen, sind alle die gleichmäßigen Mischungen von
Sand oder pulverigem Kalk mit Thonsubstanz, welche wir
früher schon als Lehm, sandigen oder kalkigen Thon und
Mergel kennen gelernt haben.

Aus allem eben Mitgetheilten können wir folgende Re=
sultate ableiten:

1) Je reicher an Humusmassen oder Thonsubstanz ein
   Boden ist, um so stärker; je reicher an Sand oder Kalk,
   um so schwächer ist sein Wasserhaltungsvermögen.

2) Je mehr einem Boden Substanzen beigemengt sind, welche
   seine Masse lockern, wie dieses z. B. der Fall ist bei
   reichlicher Untermengung von grobem Sand und Ge=
   röllen, hauptsächlich von Kalk, um so mehr nimmt seine
   Wasserhaltungskraft ab. Indessen zeigen sich in dieser
   Beziehung vegetabilische Beimengungen von verschiedener
   Wirkung: harte, holzige Stengel, Büschel und Wurzeln
   (wie z. B. von Haide) mindern die Wasserhaltung, wäh=
   rend röhrige Grashalmen, saftige Blätter u. s. w. die
   Wasserhaltung eines Bodens vermehren, indem sie selbst
   Feuchtigkeit anziehen und festhalten.

Je nach der Größe seiner Wasseransaugungs= und
Wasserhaltungskraft zeigt sich nun der Boden verschieden in
seinem Verhalten gegen die Pflanzenwelt. Stark das Wasser
anziehende und dasselbe auch sehr festhaltende Bodenarten
bilden die Heimath der Sumpfgewächse; während das Wasser
nur sehr wenig festhaltende Bodenablagerungen nur denjenigen

Gewächsen einen geeigneten Standort bieten können, welche
mit ihren saugzaserreichen, nach allen Richtungen hin den
Boden durchrankenden Wurzelfilzen jede Spur von Erdfeuch=
tigkeit, und mit ihren dichtzusammenwachsenden Stengeln und
Blättern jeden Tropfen atmosphärischen Wassers aufzusaugen
vermögen und hauptsächlich vom Nebel und Thau gespeist
werden.   Die beste Heimath für die bei weitem meisten Ge=
wächse bieten diejenigen Bodenarten, welche unter den gewöhn=
lichen Verhältnissen bei starker Wasseransaugung das in
ihnen angesammelte Wasser mäßig festhalten und mäßig ver=
dunsten.

§. 91.   Der Erdboden als Nahrungsspender
der Pflanzen. — Die Pflanze braucht zum Aufbaue ihrer
Körpersubstanzen vor Allem Kohlensäure, Wasser und eine
Stickstoff haltige Masse, außerdem aber auch noch mehrerer
Mineralsalze, welche ihr theils noch die ebengenannten Haupt=
nahrungsmittel liefern theils die Pflanzenorgane zu erhöhter
Lebensthätigkeit und Umwandlung der aufgenommenen Nah=
rungsstoffe in Körpersubstanzen anregen, theils aber auch zur
Festigung und Erhärtung der jungen, zarthäutigen Pflanzen=
organe dienen. Nun liefert zwar die Atmosphäre der Pflanze
Wasser und Kohlensäure und auch bisweilen Ammoniak, aber
keinen Schwefel, keinen Phosphor und keins der so wichtigen
Mineralsalze; außerdem aber vermag sie bei ihrem ewig be=
wegten Zustande selbst nicht immer die für das Pflanzenleben
so nothwendige Kohlensäure und am wenigsten die Stickstoff
spendende Salpetersäure den Pflanzen in dem Maaße zu
spenden, wie sie diese letzteren brauchen. Was aber in dieser
Beziehung die Atmosphäre nicht vermag, das kann der Erd=
boden und wird hierdurch zum Hauptnahrungsspender der
Pflanzenwelt.

Er vollbringt sein schwieriges Amt in dreifacher Weise:
1) So lange er feucht ist, saugt er fort und fort aus der,

mit ihm in Berührung kommenden, atmosphärischen Luft
Kohlensäure und Wasser in sich auf und hält das Auf-
gesogene mehr oder minder fest.

2) Ebenso sammelt er alle im Wasser gelösten Substanzen,
welche bei der Verwesung der in oder auf seiner Masse
lagernden Organismenreste entstehen, haushälterisch in
seinem Schooße an. Ganz dasselbe thut er mit den aus
dem Untergrunde durch das Wasser in seine Masse ge-
langten Mineralsalzen.

3) Endlich bereitet er mit Hülfe der aus der Atmosphäre
oder seiner verwesenden Pflanzendecke in ihn eingedrungenen Säuren aus den in seiner Masse vorhandenen und
zersetzbaren Mineralresten alle die für das Pflanzenleben
so wichtigen Mineralsalze, so vor allen die

kohlen-, salpeter-, schwefel- und phosphorsauren

Salze der

Alkalien und alkalischen Erden,

welche durch ihre Säuren den Pflanzen liefern:

Kohlenstoff, Stickstoff, Schwefel und Phosphor,

also die Hauptbildungsstoffe des Pflanzenkörpers.

Alle diese verschiedenartigen Salze kann indessen ein
Erdboden nur dann aus seiner Masse selbst produciren, wenn
sich in derselben viele noch unzersetzte, aber durch kohlensaures
Wasser oder humussaure Alkalien zersetzbare Mineralreste
der verschiedensten Art beigemengt finden, wie dieses z. B. in
dem Verwitterungsschwemmboden der gemengten krystallinischen
Felsarten der Fall ist. Sind nun diese Mineralreste nicht
alle gleich leicht zersetzbar, sondern lassen sich die einen leicht,
die andern schwer und die dritten nur sehr langsam zersetzen,
so ist auch die Fruchtbarkeit eines Bodens auf eine lange
Reihe von Jahren gesichert. Freilich kann er dann im Zeitverlaufe nicht immer ein und dieselben Nahrungssalze für die
ihn bewohnenden Pflanzen produciren. Während er z. B.

in den ersten Zeiträumen aus den leicht zersetzbaren Kalk=
erdesilicaten viel löslichen kohlensauren Kalk schafft, wird er
nach der gänzlichen Zersetzung dieser Art von Silicaten in
den folgenden Zeiträumen aus den kalklosen Silicaten keinen
Kalk, sondern vielleicht nur noch Kali und Natron erzeugen.
Wenn nun in derjenigen Zeit, in welcher dieser Boden noch
Kalksalze producirte, Kalk begehrende Pflanzenarten auf ihm
wuchsen, so werden diese in dem Grade von ihm verschwin=
den, als die Kalk spendenden Mineralreste in der Bodenmasse
abnehmen, und es wird dann eine neue Colonie von Pflanzen
auf ihm erscheinen, welche keinen Kalk, wohl aber kohlensaure
Alkalien von ihm begehren. Es hängt demnach der Wechsel
der Pflanzenarten auf einem Boden zum großen Theile von
der Art und Menge der in demselben vorhandenen zersetzbaren
Mineralreste und der aus ihnen entstehenden Salze ab.

Im Verlaufe der Jahrhunderte kann indessen auch der
reichste Boden allmählich alle seine zersetzbaren Mineralreste
verlieren, so daß er nun ganz unfruchtbar werden würde,
wenn nicht die Natur Mittel geschaffen hätte, durch welche
dann doch die nöthigen Nahrungsmittel, welche der Mineral=
boden nicht mehr durch seine eigene Masse schaffen kann,
ersetzt werden.

Das erste dieser Mittel bieten die in einem Boden wach=
senden Pflanzen selbst: denn diese geben bei der voll=
ständigen Zersetzung ihrer abgestorbenen Kör=
glieder dem Erdboden, welcher sie gehegt und gepflegt hat,
alle die Mineralsalze, welche sie während ihres Lebens ihm
entzogen haben, meist sogar in concentrirterer Menge zurück,
indem sie während ihres Lebens mit ihren den Boden nach allen
Richtungen hin durchstreichenden Wurzeln haushälterisch jede
Spur von Nahrungssalzen in ihrem Körper aufgespeichert
haben. Aber sie bereichern nicht blos durch ihre verwesenden
Wurzeln den Boden mit Nahrungsstoffen, sondern auch —

und noch viel rascher — durch ihre auf der Oberfläche des
Bodens liegenden Verwesungssubstanzen, ja man darf be=
haupten, daß diese auf dem Boden ausgebreiteten Pflanzen=
reste die Bereicherung des Bodens in der Gegenwart und
nächsten Zukunft besorgen, da sie unter dem Einfluß der
Luft und Wärme, zumal wenn sie recht saftig sind, sich weit
schneller zersetzen, als die, in der Bodenmasse eingebetteten,
Wurzelreste, welche sich weit langsamer zersetzen und darum
erst in einer weiteren Zukunft den Boden mit Nährstoffen
versehen.

Demnach ist als das zweite Bereicherungsmittel eines
Bodens die auf demselben ausgebreitete Decke von ver=
wesenden Pflanzenabfällen anzusehen. Diese, welche
als Humusdecke bekannt ist, bereitet aus ihren Massen
fortwährend humussaure Alkalien, welche nun das Meteor=
Wasser in sich auflöst und dem unterliegenden Mineralboden
zuführt. Am schnellsten thun dieses die weichen, wässerige
Säfte enthaltenden, Pflanzenglieder, langsamer die härteren,
trockenen, holzigen Pflanzentheile, am langsamsten die harz=
oder kieselsäurehaltigen, so daß auch durch diese Decke ver=
wesender Pflanzen für die Fruchtbarmachung des Bodens in
der Gegenwart und Zukunft gesorgt wird, wenn sie ungestört
ihren Verwesungsproceß ausführen kann. Nicht selten gesellt
sich dann noch zu dieser vegetabilischen Decke eine aus auf=
gefluteten Steintrümmern bestehende, welche dann ebenfalls
den Boden mit Nahrungssalzen versorgen kann, wenn sie aus
nicht zu schwer zersetzbaren Steinindividuen von geringem
Umfange besteht.

Indessen nicht blos die mehr durch Zufall auf die Ober=
fläche eines Bodens gekommenen Steintrümmer, sondern auch
die im Untergrunde desselben vorhandenen
Steinmassen sollen einen Boden mit Nahrungssalzen ver=
sorgen. Sie bilden darum, so lange sie aus zersetzbaren

Mineralien bestehen, das dritte Mittel, durch welches ein
Boden mit Nahrungsstoffen versorgt werden kann.

Soll nun aber ein Boden von allen diesen Mitteln einen
richtigen Gebrauch machen, dann muß er auch eine Erdkrume besitzen, welche sowohl von der Decke wie
vom Untergrunde aus das mit Nahrungssalzen
versehene Wasser in sich aufsaugen und sich von
ihm gleichmäßig durchdringen lassen kann und
außerdem das Vermögen besitzt, die in ihre Krumentheile eingedrungenen Salzlösungen so festzuhalten, daß nur die Pflanzenwurzeln mit
ihren Fasern sie aus ihnen heraussaugen können.
Vermag sie dieses, dann ist sie die wahre Mutterbrust der an
ihr saugenden Pflanzen. Und als eine solche erscheint die
mit Thon- und Humussubstanz reichlich untermengte Erdkrume; denn, wie schon früher gesagt, unter den verschiedenen
Gemengtheilen eines Bodens ist nur die Thonsubstanz — und
nächst ihr auch die reife Humusmasse — im Stande alle
möglichen Salzlösungen in sich aufzusaugen, sie auch gleichmäßig an alle ihre einzelnen Krumen zu vertheilen und festzuhalten.

Nach allem diesen wird also ein dauerhaft fruchtbarer
Boden von Oben nach Unten aus folgenden Lagen bestehen:

1) Zu oberst aus einer Decke, welche aus verwesenden
Pflanzensubstanzen oder auch verwitternden Steintrümmern gebildet wird und einerseits die Temperatur-Ver-
hältnisse und den Feuchtigkeitszustand des unter ihr liegenden Bodens regelt und andererseits aus sich heraus
kohlensaure Nahrungssalze entwickelt, welche dann das
Regenwasser dem unter ihr liegenden Boden zusendet.

2) Unter dieser Decke die eigentliche Bodenablagerung, welche ihrer Hauptablagerung nach aus einem

Gemenge von Erdkrume und Mineraltrümmern besteht und in ihrer oberen Region mehr oder minder stark von schon verwesten oder noch in Verwesung begriffenen Pflanzenresten durchzogen erscheint. Sie ist das eigentliche Nahrungsmagazin für die Pflanzen, indem sie nicht blos aus den in ihr vorhandenen Mineralresten Nahrungssalze präparirt, sondern alle Salze, welche sie durch das Wasser von der Decke oder dem Untergrunde zugeleitet bekommt, in sich ansammelt.

3) Die unterste, eigentlich schon nicht mehr zum Boden selbst gehörige, Lage bildet der Untergrund, welcher einerseits das Wassermagazin für die Zeit der Noth oder auch den Wasserableitungscanal für das überflüssige Wasser in dem über ihm lagernden Boden bilden soll, andererseits aber aus seinen zersetzbaren Mineraltheilen dem letzteren Pflanzennahrung liefert.

Wenn nun aber auch ein Boden ganz vollständig entwickelt erscheint, wenn auch seine Masse voll Nahrung spendender Substanzen ist, so vermag er, wenn ihm nicht auf künstlichem Wege alle möglichen Ernährungsstoffe zugeführt werden, doch nicht alle Arten des Pflanzenreiches zu ernähren; weil diese letzteren sehr verschiedene Ansprüche an das Nahrungsmagazin des Bodens machen. In dieser Beziehung können im Allgemeinen folgende Erfahrungssätze aufgestellt werden:

1) Je mehr verschiedene Salzarten ein Boden produciren und darbieten kann, desto verschiedenere Pflanzenarten können unter sonst gleichen Bedingungen auf demselben vorkommen und gedeihen.

2) Wenn nun aber mehrere Pflanzenarten zugleich eine und dieselbe Salzart zu ihrem Gedeihen brauchen, so können folgende Fälle eintreten:

a) Es kann jede dieser Pflanzen nicht mehr und nicht

weniger der beanspruchten Nahrung brauchen, wie
die anderen. Besitzen in diesem Falle ihre Wurzeln
gleiche Größe und gleichstarke Saugkraft, so werden
sie die Bodenschichte, in welcher sie sich ausbreiten,
so aussaugen, daß ihnen allen der Boden am Ende
nichts mehr bieten würde, wenn sie nicht durch ihre
absterbenden Glieder die verloren gegangene Nahrung
zum Theil wieder ersetzten. Wenn aber unter diesen
Pflanzen die einen flachziehende Wurzeln haben,
während die anderen mit ihren Wurzeln sich tief in
den Boden eingraben, dann können sie zwar längere
Zeit neben einander gedeihen, aber sie werden im
Verlaufe der Zeit doch schwächer, bis sie am Ende
eingehen.

b) Es können nun aber auch unter den Pflanzen, welche
gleiche Arten von Nahrstoffen verlangen, die einen
größere Quantitäten derselben begehren, als die an=
deren. In diesem Falle werden die ungenügsameren
vom Anfange an in einem Boden vorherrschen, sowie
sie aber nicht mehr das ihnen nöthige Maas von Nah=
rung erhalten, werden sie verkümmern und den ge=
nügsameren Pflanzenarten Platz machen, aber später
auch wieder zum Vorscheine kommen, wenn durch die
verwesenden Abfälle dieser letzteren der Boden wieder
reicher an Nahrung geworden ist.

c) Wenn unter den Pflanzenarten, welche gleiche Arten
Nahrung von dem sie tragenden Boden begehren,
zuerst flachwurzelige auf einem Boden gestanden und
die oberen Lagen desselben ausgesogen haben, dann
können nach ihnen immer auch noch tiefwurzelnde auf
diesem Boden gedeihen, und ebenso können umgekehrt
nach tiefwurzelnden Pflanzen recht gut auch noch
flachwurzelnde auf einem und demselben Boden leben.

Wo die Natur nicht in ihrem Wirthschaftsplane
gestört wird, da findet man in der Regel diese Auf=
einanderfolge und Verbindung von flach= und tiefwur=
zelnden Pflanzenarten auf einem Boden. Es stört
dann keine die andere; ja es helfen die einen den
anderen insofern, als das Wasser die Verwesungs=
producte der flachwurzeligen Pflanzen in die Tiefe
zu den tiefwurzeligen und ebenso umgekehrt aus der
Tiefe die Zersetzungsproducte der letzteren in die
Höhe zu den flachwurzeligen leitet.

3) Am besten vertragen sich in einem Boden indessen die=
jenigen Pflanzenarten zusammen, welche verschiedene
Nahrungssalze vom Boden verlangen, zumal wenn sie
sich gegenseitig nicht den Wurzelwachsthumsraum im
Boden beengen.

4) Je nach dem Nahrungssalze, welches die verschiedenen
Pflanzenarten von einem Boden hauptsächlich zu ihrem
Gedeihen brauchen, hat man nun Kalk=, Kali= und
Natronpflanzen unterschieden und den Satz aufge=
stellt, daß ein Boden, auf welchem diese Pflanzen in großer
Masse vorkommen, reich an Kalk, Kali oder Natron ist.
In der That darf man annehmen, daß dieses wirklich
der Fall ist in der Zeit, in welcher diese Pflanzen sich
in großer Menge auf einem Boden ansiedeln und gut
gedeihen: für die Folge der Zeit aber trifft dieses wenig=
stens bei dem Culturboden nicht mehr zu, da ja diese
Pflanzen allmählich ihrem Standorte alle die genannten
Salze entziehen. Auch ist es nicht immer richtig, aus
dem Vorkommen einer Pflanze auf Kalkboden zu schließen,
daß diese Pflanze den Kalk als Nahrung begehre. Gar
manche dieser Pflanzen kommen z. B. auch auf ganz kalk=
leerem Sandboden vor und beweisen damit, daß sie in
Ermangelung eines Sandbodens auch auf einem anderen

Boden, eben z. B. auf Kalkboden, auftreten können, wenn
ihnen dieser letztere nur die Temperatur- und Feuchtig-
keitsverhältnisse bieten kann, welche sie zu ihrem Wohlbefinden brauchen.

————————

Soviel über das Verhältniß des Erdbodens zur Pflanze.
— Nach Allem, was wir mitgetheilt haben, ist also der Fels-
das vom Anbeginne der Erdrindebildungen erbaute Magazin
und Laboratorium, aus dessen Mineralbestandtheilen durch
Hülfe der Atmosphärilien, des Wassers, des Temperaturwechsels und der Pflanzenwelt selbst der Grund und Boden geschaffen wurde, auf welchem sich die Welt der Organismen
entfalten sollte; der Erdboden selbst aber, dieses Kind der
starren Felsmutter, ist die Mutterbrust, welche der ihr von
der Natur übergebenen Pflanzenwelt alle Lebensbedürfnisse
in der Art und Menge, wie sie jede einzelne Pflanzenart
braucht, darreicht und für alle Zeiten spenden wird, solange
nicht Stürme der Elemente, vor allen des Feuers, Wassers
und Orkans, ihr stilles, geregeltes Walten zerstören, und so
lange nicht der Mensch durch Unkenntniß ihrer Eigenschaften
und Bestandtheile an sie Ansprüche macht, welche sie nur mit
der größten Mühe und Anstrengung befriedigen kann. Wohl
möchte man mit Beziehung hierauf jedem Pflanzenzüchter die
Worte, welche ein reicher Bauer seinem Sohne zurief, em-
pfehlen: „Lerne den Boden, welchen du bepflanzen willst,
recht genau kennen und dein Reichthum wird wachsen; thust
du dieses aber nicht, dann wird gar bald aus ihm der Bet-
telstab emporsprossen, mit welchem du von Haus und Hof in
die weite Welt wandern mußt."

————————